1. De l'analemme de Ptolomée ou traité des horologes

2. L'usage du Quadran ou de l'horloge Physique universel.

3. Methode nouuelle et infallible pour faire toutes sortes de quadrans sur une seule figure.

4. L'Interpretation des chiffres.

Recueil de quelques traitez de Mathematiques.

DE L'ANALEMME DE PTOLOMEE. OV TRAITTE DES HOROLOGES.

LIVRE PREMIER DES QVADRANTS

Equinoctial, Horizontal, Meridional, Vertical & Polaire

CHAPITRE PREMIER.

Des Definitions.

L'HORISON est vn cercle qui diuise le ciel en deux parties égalles, superieure & inferieure.

Ainsi tout ce que nous voyons du ciel est dessus l'Horison, & ce qui est dessous nous ne pouuons pas voir ; & le Soleil quand il se leue est dans l'Horizon, apres qu'il est leué, il est dessus l'Horizon, & deuant que d'estre leué, il est dessous. Dans ceste figure icy l'Horizon est representee par la ligne A B, & la partie superieure du ciel est A, E, B, & l'inferieure A, F, B. Où il faut remarquer qu'encore qu'vn cercle soit vne superficie, il peut estre representé selon les reigles de la perspectiue par vne ligne droicte, d'autant que si vous le regardiez de costé de sorte que les rayons visuels tombent tous sur la circonference du cercle & non pas sur le plan contenu de laditte circonference, le cercle paroist à nos yeux purement & simplement comme vne ligne droicte. De mesme vne ligne droicte peut estre representée par vn poinct, parce que si les rayons visuels tombent sur aucune extremité de la ligne droicte elle paroist comme vn poinct seulement, & non pas comme vne ligne.

2. *Le poinct Vertical ou Zenith est le pole de l'Horizon egallement distant de toutes les parties de 90. degrez. comme E.*

Il est dit Vertical, parce que c'est le poinct du ciel droict sur nostre teste. Le poinct F opposé droict soubs nos pieds, est appellé Nadir.

3. *Les poles du monde sont les deux points opposez du ciel C & D qui demeurent tousiours immobiles, & au tour desquels toutes les Estoilles fixes & Planet-*

tes se meuuent & font vn tour en 24. heures d'Orient en Occident, gardant tousiours vne mesme distance desdicts poles.

4. *L'Axe du monde est vne ligne tiree entre les deux poles, comme C, D.*

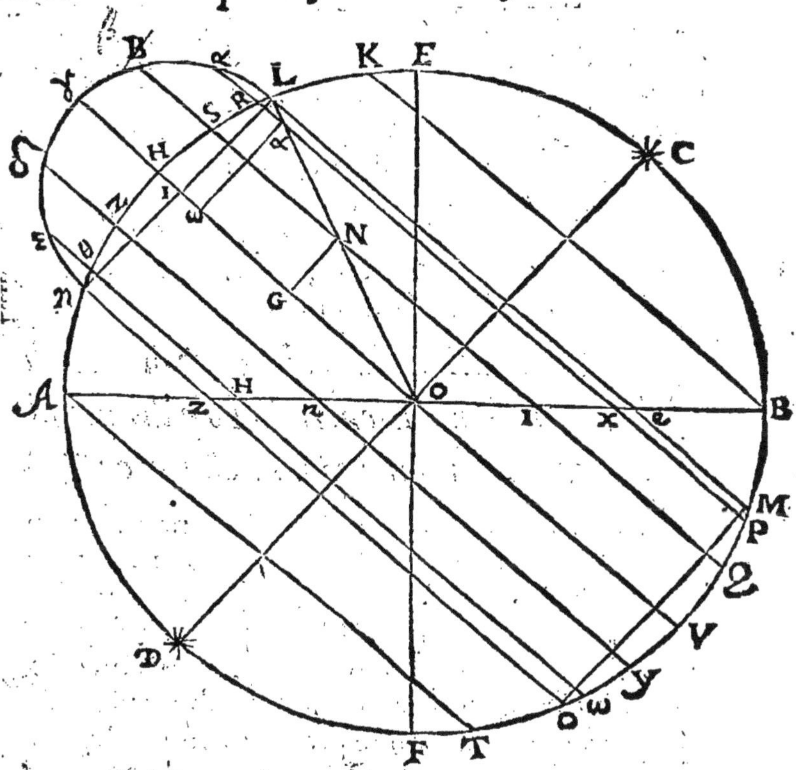

5. *Meridien est vn cercle passant par les poles du monde, & par les poles de l'Horizon, à sçauoir le Zenith* E *&* F, *Nadir & diuisant le ciel en deux parties egalles Orientalle & Occidentalle, comme le cercle* A F, B, E.

Il est appellé Meridien à cause que le Soleil y estant il est tousiours midy és lieux desquels ce cercle est Meridien; car chasque lieu a son Meridien propre, & a le midy seulement quand le Soleil est dans son Meridien, & non pas quand il est dans le Meridien d'vn autre lieu. Pourtant tous les endroicts de la terre egallement distans de l'Occident ou de l'Orient, ont vn mesme Meridien, & midy en mesme temps.

6. *L'éleuation du pole est vn arc du Meridien compris entre le pole du monde éleué & l'Horison; comme est l'arc* C, B.

Ainsi l'Horizon reçoit diuerses denominations droite, oblique, & parallele. Le droict est celuy qui passe par les poles du monde, & alors il n'y a nulle éleuation du pole. L'oblique est celuy qui est distant des poles du monde de moins que 90. degrez. L'Horizon parallele est celuy qui est distant des poles du monde precisément 90. degrez, & alors l'Horizon a le pole du monde pour son pole.

7. *La latitude d'vn lieu est la distance entre son poinct Vertical & l'Equateur comme F, H.*

Elle est tousiours égalle à l'éleuation du pole, C, B, & si F, H, est de 50. deg. C, B sera d'autant, si de 45. l'autre sera aussi de 45. &c.

8. *L'Equateur est vn grand cercle, duquel toutes les parties sont egalement distantes de deux poles du monde, C, & D.*

Il est representé dans ceste figure par la ligne droicte H, O, V. Car dans ceste figure le Meridien seul est representé par vn cercle, & tous les autres cercles sont representez par des lignes droites qui sont lignes de commune section des cercles auec le Meridien, comme A, B est la ligne de commune section du plan de l'Horizon auec le plan du Meridien; car le plan du Meridien est tout ce qui est contenu dans le cercle A, F, B, E. Ainsi H, V, est la ligne de commune section du plan du Meridien auec le plan de l'Equateur; & L, M la ligne de commune section du plan du Meridien auec le plan du Tropique de ♋ & ainsi d'autres.

9. *La hauteur de l'Equateur sur l'Horizon est vn arc du Meridien entre l'Equateur & l'Horizon, comme est l'arc H, A ou l'angle H, O, A.*

Elle eſt touſiours égalle à la diſtance entre le pole & le poinct Vertical E, C, qui eſt complement de l'éleuation du pole C, B, comme H, A, eſt complement de la latitude du lieu F, H, qui eſt touſiours égalle à l'éleuation du pole C, B, comme nous auons dit cy deſſus. Donc en ſçachant l'éleuation du pole C, B, vous trouuerez ayſément H, A, en oſtant C, B, ou F, H, de 90. degrez, & ce qui reſtera apres la ſoubſtraction ſera H. A.

10. *Le Tropique de ♋ ou de ♑ eſt vn cercle parallele à l'Equateur paſſant par le commencement de ♋ ou de ♑.*

Ils ſont repreſentez par la ligne L, M, & par la ligne N, O qui ſont les lignes de commune ſection des Tropiques auec le plan du Meridien A, F, B, E.

11. *Le parallele de ♊ & ♌ eſt vn cercle parallele à l'Equateur paſſant par les commencemens de ♊ & de ♌.*

Il eſt repreſenté dans ceſte figure par la ligne R, P, & ſa diſtance de l'Equateur H, V, eſt de 20. degr. 12. min. de ſorte que l'arc R, L ne ſoit que de 3. deg. 18. min.

12. *Le parallele de ♓ & ♒ eſt celuy qui paſſe par les commencemens de tous les deux.*

Il eſt repreſenté par la ligne ω, θ & ſa declinaiſon eſt auſſi de 20. d. 12. min. & l'arc o,ω,ou θ,N eſt de 3. deg. 12. min.

13. *Le Parallele de ♉ & ♍ & auſſy celuy de ♏ & ♓ eſt le cercle parallele à l'Equateur paſſant par les commencemens deſdits ſignes.*

Le premier de ♉ & ♍ eſt repreſenté par la ligne droicte S,Q, l'autre par la ligne Z,Y, & la declinaiſon de tous les deux eſt de 11.deg. 30. min. & les arcs S,H, & Z,H,d'autant. D'où il eſt ayſé à voir que l'arc S H,ou Z,H,eſt plus grand que S R,ou Z, θ,qui ſont de 8. deg. 42. min. & ceux-cy plus grands que R,L ,ou M,P, ou θ N, qui ne ſont que des arcs fort petits de 3. deg. 18. minut. Auſſi que le Soleil approchant de l'Equateur ſa declinaiſon ſe diminuë plus viſtement és ſignes proches de l'Equateur qu'és ſignes eſloignez ♑ ou ♋, & quand le Soleil s'eſloigne de l'Equateur, ſa declinaiſon s'augmente plus viſtement és ſignes proches de l'Equateur ♎ & ♈ qu'és ſignes eſloignez ♐ & ♊. Car quand le Soleil eſt dans les ſignes touchants l'Equateur ♈ ♎ ♍ ♓ ſa declinaiſon croiſt ou decroiſt cependant qu'il parcour aucun de ces quatre ſignes de 11. degr. 30. min. Mais és ſignes de ♋ ♑ ♐ ♊ ſa declinaiſon croiſt ou decroiſt cependant qu'il parcour aucun de ces quatre ſignes ſeulement de 3. deg. 18. min. Es autres ſignes elle croiſt ou decroiſt de huict degrez, quarante - deux minuttes. C'eſt pourquoy cependant que le Soleil parcour le ſigne de ♋ les iours ne decroiſſent que fort peu, n'eſtant gueres plus courts le 22. de Iuillet que le 21. de Iuin : auſſi cependant qu'il eſt dans le ſigne de ♊ les iours ne croiſſent gueres eſtants quaſi auſſi longs le 21. de May que le 22. de Iuin. Car autant qu'ils croiſſent le Soleil parcourant le ſigne de ♊ ils decroiſſent autant quand le Soleil parcour le ſigne de ♋. Le Soleil eſtant auſſi viſte dans les ♊ que dans le ♋. Auſſi de la meſme façon les iours croiſſent autant depuis le 22. de Decembre iuſques au 22. de Ianuier le Soleil eſtant en ♋ qu'ils decroiſſent depuis le 22. de Nouembre iuſques au 22. de Decembre, le Soleil eſtant en Sagittaire. Mais parce que le Soleil eſt plus viſte dans le ♐ ou ♑ que dãs ♋ ou ♊ ; il s'éloigne ou approche auſſi plus viſtement de l'Equateur, & partant le Soleil eſtant dans ♑ ou ♐ les iours croiſſent ou decroiſſent plus viſtement que dans ♋ ou ♊, d'autant qu'ayant fait le ſigne de ♑ en moins de temps que le ſigne de ♋, ſa declinaiſon eſt decreuë de 3. deg. 18. min. en moins de temps dans ♑ que dans ♋. Et s'augmente auſſi de 3. deg. 18. min. en moins de temps eſtans dans le ♐ que dans les ♊ d'autant que le Soleil parcour le ſigne de ♐ en moins de temps que le ſigne des ♊. Pourtant depuis le 22. de Decembre iuſques au 22. de Ianuier, & auſſi depuis le 21. de May iuſques au 21 Iuin la declinaiſon s'augmente, & les iours ne croiſſent que de bien peu. Auſſi depuis le 22. de Nouembre iuſques au 22. de Decembre & depuis le 22. de Iuin iuſques au 22. de Iuillet ils ne decroiſſent que de bien peu, à ſçauoir 30. min. d'vne heure ou la latitude eſt de 42. degr.

Mais le Soleil eſtant dans les ſignes de ♈ ♎ ♏

♓ les iours croissent ou decroissent plus vistement que dans les autres signes, à cause que sa declinaison croist & decroist plus vistemẽt qu'ailleurs. En ♈ & ♓ les iours croissent mais plus vistement quand le Soleil est en ♓ que dans ♈ à

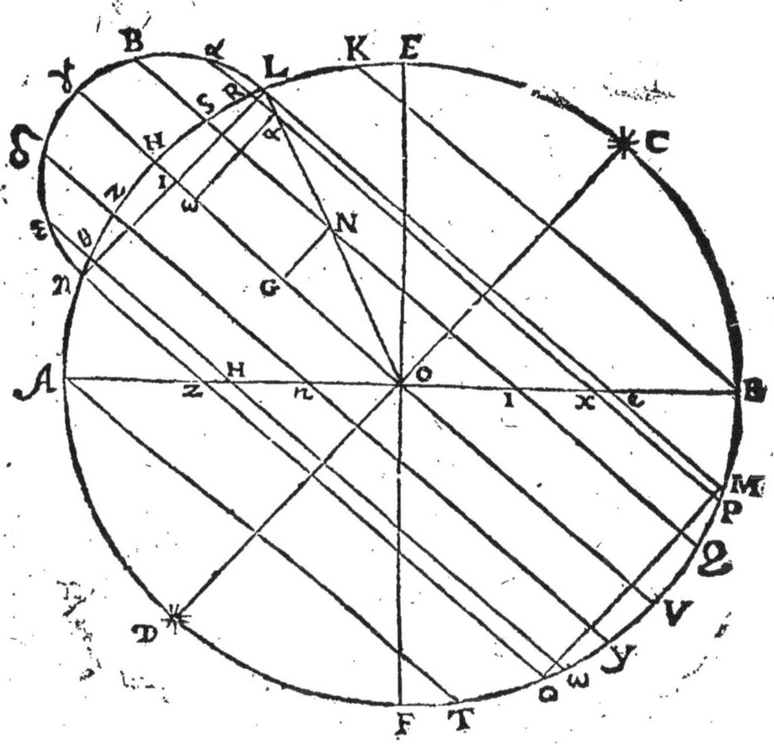

cause que le Soleil est alors plus proche de l'Apogée. Quand le Soleil est en ♎ ou ♍ les iours decroissent, mais plus vistement dans ♎ que dans ♍. Quand le Soleil est dans ♈ le iour croist de

1.h.24.min.& quand il est dans Virgo il decroist d'autant. Et quand il est dans ♓ le iour croist de 1.h.24. min. & dans ♎ il decroist d'autant.

Le Soleil estant dans ♉ ♌ ♏ & ♒ les iours ne croissent ny ne decroissent pas tant comme dans les Signes prés de la ligne Equinoctialle, à cause que la declinaison du Soleil dans ces Signes ne croist ny ne decroist pas tant, ains seulement de 8. deg. 42. min. Quand le Soleil est dans le ♉ le iour croist de 1.h.10. m. dans le pays où le Pole est esleué de 42. deg. & dans ♌ il decroist d'autant; dans ♒ le iour croist de 1.h.10.m. & dans le ♏ il decroist d'autant.

Comment ces paralleles sont tirés par le moyen du demy cercle L, δ, ε, N diuisé en six parties egalles par les poincts α, β, γ, δ, ε, nous demonstrerons cy-dessous. Car ayant tiré des paralleles par les quatre poincts α, β, δ, ε, vous aurez les quatre paralleles entremoyens, & les deux autres L, M, & N, O, sont les Tropiques; & H, V, est l'Equateur.

14. *Le parallele qui est le plus grand de tous ceux qui paroissent tousiours est celuy qui touche l'Horizon & ne le coupe pas & a toutes ses parties égallement distantes du pole du monde esleué, à sçauoir d'autant qu'est l'esleuation du pole.*

Il est representé dans ceste figure par la ligne K, B, qui est la ligne de commune section dudict parallele auec le plan du Meridien.

15. *Le parallele qui est le plus grand de tous ceux qui sont tousiours cachez sous l'Horizon est celuy qui touche l'Horizon & ne le coupe pas, & toutes ses parties sont également distantes du pole deprimé à sçauoir d'autant qu'est la depression ou éleuation du pole.*

Il est representé par la ligne A, T, il comprend en soy toutes les estoiles, qui sont tousiours cachees sous l'Horizon, comme l'autre comprend en sa circonference toutes les estoilles, qui ne se couchent iamais sous nostre Horizon.

16. *Le cercle Vertical est celuy qui passe par les poles de l'Horizon, le Zenith & Nadir; & aussy par les poles du Meridien, le point d'Orient & Occident à sçauoir les poincts d'entre-section de l'Equateur auec l'Horizon. Comme icy F, E.*

Et partant le cercle Vertical coupe le Meridien, comme aussi l'Horizon a angles droicts & diuise le ciel en parties Septentrionale & Meridionale. Les poincts d'entre-section de l'Horizon auec l'Equateur sont appellez les poincts du vray Orient parce qu'ils sont égallement distants du Septentrion & du Midy. Ainsi ces trois, l'Equateur H, V, l'Horizon A, B, le cercle Vertical F, E, ſe rencontrent tous trois en deux poincts oppoſez & n'ont qu'vne ligne de commune ſection qui eſt repreſentée en ceſte figure par le poinct O. Le mot de cercle Vertical eſt auſſi pris amplement pour aucun cercle paſſant par le poinct Vertical, ſoit qu'il faſſe angle droicts ou aigus auec le Meridien.

17. *Les douze cercles des heures égalles ſont ceux qui paſſent par les poles du monde diuiſant l'Equateur en 24. parties ègalles deſquelles chacune contient 15. degrez.*

Car le Soleil par le mouuement de 24. h. faict 15. deg. de l'Equateur en vne heure & 30. degrés en 2. heures, & partant le Soleil ayant fait 15. deg. paſſe d'vn cercle horaire à vne autre. Le Meridien eſt vn de ces cercles & fait l'heure du midy & de minuict, comme C, H, M : mais le Soleil eſtant ailleurs qu'au Meridiē au cercle C, υ, D il eſt vne heure apres minuict, & eſtant dans le cercle horaire G, π, D, il eſt deux heures apres minuict, dans C, λ, D 3. h. dans C, θ, D 4. h. dans C, Z, D 5. h. dans C, ο, D 6. h. C, ι, D faict 7. h. C, e, D 8. h. C, S, D 9. h. C, ω, D 10. h. C, α, D 11. h. C, H, D 12. h. & le midy, & apres midy le Soleil paſſe par autant de demy cercles horaires, iuſques à ce qu'il reuient au Meridien C, B, D ſous l'Horizon qui faict le minuict. Ces heures ſont celles deſquelles nous traicterons dans ce premier liure, à ſçauoir celles qui commencent à midy ou à minuict. Pour ce qui est de celles qui commencent du leuer, ou du coucher du Soleil, nous en traicterons cy-dessous.

Figure des cercles horaires.

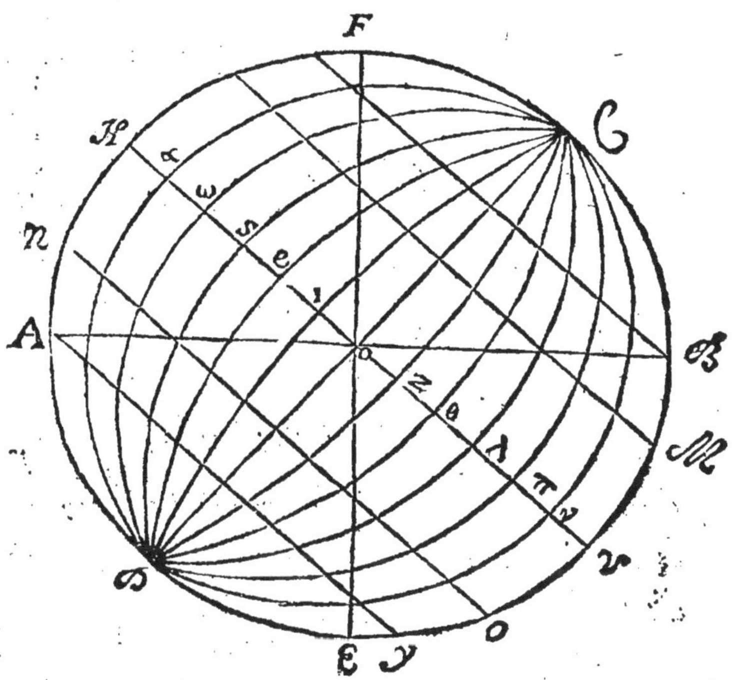

18. *Quadrant Solaire est vn plan où sont descrites toutes les lignes de commune section des cercles horaires & dudict plan de l'Horologe.*

Car les lignes horaires ne sont autre chose que

lignes decommune ſection des plans de cercles horaires & du plan du quadrant, car le plan du quadrant coupe tous les plans de cercles horaires, & partant faict des lignes de commune ſection qui ſont les lignes horaires; & ſi le plan du quadrant eſt parallele à aucun deſdits cercles horaires il coupera les autres & fera lignes de commune ſection, qui ſeront les lignes horaires : mais la ligne horaire du cercle au plan duquel il eſt parallele ne s'y trouuera pas, parce que ce cercle la n'eſt pas coupé par le plan du quadrant, comme ſi vn quadrant eſt parallele au plan du Meridien, la ligne Meridienne ne s'y trouuera pas; & dans vn quadrant duquel le plan eſt parallele au cercle de 6. heures, la ligne de 6. heures ne s'y trouuera pas, parce que le plan du cercle de 6. heures n'eſt pas coupé par le plan de ce quadrant là, & ainſi d'autres.

19. *La ligne Equinoctialle qui ſe tire dans vn quadrant ſolaire eſt la ligne de commune ſection du plan du quadrant & du plan de l'Equateur.*

Mais ſi le quadrant eſt parallele au cercle Equinoctial, il n'y a nulle telle ligne, parce que ce quadrant là ne coupe pas le plan du cercle Equinoctial.

20. *La ligne Horizontalle qui ſe tire dans le plan d'vn quadrant eſt la ligne de commune ſection du plan de l'Horizon*

& du plan du quadrant.

Donc si le plan du quadrant, est parallele au plan de l'Horizon il n'y aura nulle telle ligne, d'autant que le plan du quadrant ne coupera pas le plan de l'Horizon. Car le plan d'vn quadrant coupe toute sorte de grand cercle, horsmis celuy auquel il est parallele, soit l'Horizon ou l'Equinoctial, ou aucun des cercles horaires.

21. *Le Quadrant Equinoctial est celuy qui est parallele au cercle Equinoctial.*

Et partant les lignes horaires diuisent le plan du quadrant en 24. parties égalles d'autant que les 12. cercles horaires diuisent le cercle Equateur en vingt-quatre parties esgalles. Les plans de tous ces cercles se rencontrent tous dans l'essieu du monde, qui est la ligne de commune section de tous les douze plans, le plan de l'Equinoctial se rencontrera auec ceste ligne de commune section dans vn poinct qui sera le centre du monde, & aussi de l'Equateur, & les angles que ces plans font estans esgaux chacun de 15. degrez, tout le plan de l'Equinoctial sera diuisé en 24. secteurs ayant chacun la circonference de 15. deg., & les deux lignes droictes du secteur sont les demy diametres du cercle Equinoctial, & le quadrant Equinoctial est diuisé de mesme en 24. parties égalles.

Il est superieur ou inferieur regardant le pole esleué ou deprimé, & dans tous les deux est la ligne Horizontale, à sçauoir la ligne de commune section du plan de l'Equateur auec le plan du quadrant Horizontal, laquelle ligne est diuisee par les lignes horaires du quadrant Equinoctial en parties inegalles : & la mesme ligne est descrite dans le quadrant Horizontal, & est appellée la ligne Equinoctiale; parce que c'est la ligne de commune section du plan du quadrant Horizontal, auec le plan de l'Equateur.

22. *Le quadrant* Horizontal *est celuy qui est parallele au plan de l'*Horizon.

Il est inferieur ou superieur comme la precedente; la ligne de commune section de l'Equateur & du plan du quadrant Horizontal est appellé icy ligne Equinoctiale, & dans le precedent ligne Horizontale.

23. *Le quadrant Vertical est celuy duquel le plan est parallele au cercle Vertical & regarde directement ou le Septentrion, ou le midy.*

Tels sont ceux qui sont descrits sur des parois ou murailles, qui vont droict d'Orient en Occident & ne declinent aucunement.

24. *Quadrant Meridien est celuy duquel le plan est parallele au plan du Meridien, & regarde ou l'Orient ou l'Occident.*

Où il faut noter que si le quadrant estoit dans le plan du Meridien, il ne couperoit iamais aucun des cercles horaires, & partant on n'y pourroit iamais

iamais descrire aucune ligne horaire. C'est pourquoy il faut sçauoir que le cercle Meridien passe par le sommet du style horaire, qui est le centre du monde, comme font aussi tous les grands cercles, & partant le plan du quadrant qui ne passe pas par le sommet du style, coupe tous les grands cercles horsmis celuy auquel il est parallele. Ainsi le quadrant Horizontal est parallele au plan de l'Horizon qui passe par le centre du monde à sçauoir le sommet du style, & coupe tous les grands cercles, horsmis l'Horizon auquel il est parallele. Mais quoy que le quadrant Horizontal fust dans le plan de l'Horizon, si est-ce qu'il couperoit tous les cercles horaires à cause qu'il n'est pas parellelle à aucũ des cercles horaires; car s'il l'estoit il n'en couperoit aucun estant dans le plan de l'Horizon. De mesme le quadrant Equinoctial estant descrit sur le plan du cercle Equinoctial, coupe tous les cercles horaires, parce qu'il n'est pas parallelle à aucun des cercles horaires. Dans tous les quadrans qui sont parallelles à aucun cercle horaire, les lignes horaires sont toutes parallelles entr'elles, comme nous demonstrerons cy-dessous.

25. *Le quadrant polaire est celuy duquel le plan faict vn angle auec le plan de l'Horizon égal à l'eleuation du pole; ou duquel le plan est parallelle au plan du cercle de six heures.*

Il est aussi inferieur ou superieur, regardant le Zenith ou le Nadir. Les lignes horaires sont toutes parallelles entr'elles, parce que ce quadrant est parallelle au plan d'vn cercle horaire.

62. *Declinant du midy est celuy qui est parallelle à aucun plan du cercle, qui est dit improprement Vertical; c'est à dire, qui faict angles obliques auec le Meridien & droits auec l'Horizon.*

Il regarde le Midy ou le Septentrion.

27. *Declinant de l'Horizon est celuy qui est parallelle au plan d'aucun cercle, qui passe par les poincts d'entre-section de l'Horizon auec le Meridien & faict angles obliques auec tous les deux.*

Il est inferieur & superieur, regardant le Zenith ou le Nadir, le haut ou le bas. Et si la superficie superieure du plan du quadrant regarde l'Occidēt la superficie inferieure regarde l'Orient; & si la superficie superieure regarde l'Orient, l'inferieure regarde l'Occident.

28. *Incliné à l'Horizon est celuy, qui est parallelle au plan d'vn cercle, faisant angles droits auec le Meridien, & angles obliques auec l'Horizon.*

Et partant vn tel cercle passe par les poincts d'Orient & d'Occident à sçauoir les poincts d'ẽtre-section de l'Equateur auec l'Horizon; comme le cercle susdict passe par les poincts du Midy & du Septentrion à sçauoir, les poincts d'entre-section du Meridien auec l'Horizon. Ce quadrant est superieur & inferieur, & la superficie superieure comme aussi l'inferieure regarde par fois le Midy, & par fois le Septentrion.

29. *Incliné & decliné tout ensemble est celuy, qui est parallelle au plan d'vn cercle, qui ne faict point angles droicts, ny auec l'Horizon, ny auec le Meridien.*

Et partant ce cercle ne passe pas par les poincts d'Orient & d'Occident, ny par les poincts du Midy & du Septentrion. Lesquels quatre poincts diuisent l'Horizon en quatre parties égalles. Tels sont les quadrants parallelles à aucun cercle horaire horsmis celuy de 6. heures, & le quadrant Meridien. Aussi vne infinité d'autres quadrans qui sont parallelles à des cercles qui ne passent pas par les poles du monde, & ne font point d'angles droicts, ny auec le Meridien, ny auec l'Horizon.

30. *Le style du quadrant ou gnomon est vn petit baston de fer perpendiculaire sur le plan du quadrant, & faisant ombre, par laquelle les heures se cognoissent, selon ceque le bout de l'ombre tombe sur aucune des lignes horaires.*

Comme dans cette figure la ligne F,Z. Et il faut se souuenir que lebout du style F, est tousiours pris

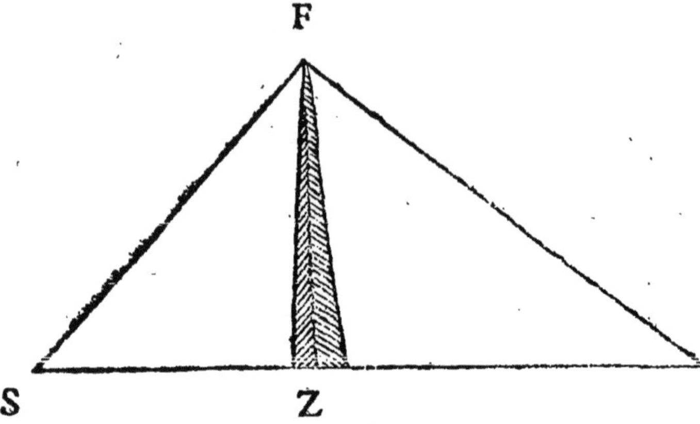

pour le centre du monde & de tous les cercles horaires & aussi de tous les grands cercles, comme de l'Equateur, de l'Horizon, le cercle Vertical, &c. comme nous demonstrerons cy-apres.

31. *L'ombre droite nous l'appellerons la longueur de l'ombre Meridienne le Soleil estant dans le cercle Equinoctial.*

Comme Z, H, qui est la longueur de l'ombre à Midy quand le Soleil est dans l'Equateur, ou bien la distance entre le pied du style & la ligne Equinoctialle descrite dans le quadrant. Mais pour parler selon ce que les Mathemathiciens disent ordinairement, l'ombre droicte est vne ombre iettee par vn style qui est perpendiculaire sur l'Horizon; comme l'ombre verse, est vne ombre iettee par vn style qui est parallelle à l'Horizon.

32. *L'axe, ou eßieu du monde est vne partie de l'eßieu du monde compris entre le sommet du style qui est le centre du monde, & entre le plan du quadrant.*

Comme est la ligne F, S, qui est vne partie de l'essieu du monde, & faict vn angle auec le plan du quadrant égal à l'éleuation du pole sur le plan du quadrant. L'Angle F, S, Z, est égal à l'éleuation du pole dessus l'Horizon, dans vn quadrant Horizontal, & dans vn quadrant Vertical, F, S, Z, est vn angle égal à l'éleuation du pole dessus le plan du cercle Vertical. Or est-il qu'à Paris l'éleuation du pole dessus l'Horizon est de 49. degrés & l'éleuation dessus le cercle Vertical est de 41. deg. Donc dans le quadrant Horizontal fait pour Paris l'angle F, S, Z, doit estre de 49. & dans le quadrant Vertical, l'angle F, S, Z, doit estre de 41. deg. seulement.

33. *Le centre de l'Horologe ou quadrant, est le poinct dans le plan du quadrant où tombe l'axe du monde susdict.*

Il est appellé centre de l'Horologe, parce que toutes les lignes horaires du quadrant se rencontrent dans ce poinct, si le plan du quadrant n'est pas parallelle à l'axe du monde, car alors les lignes horaires estant produittes ne se rencontreront iamais en aucun poinct, d'autant qu'elles sont toutes parallelles entr'elles.

34. *L'ombre verse, est la distance entre le pied du style & le centre de l'Horologe.*

Comme est S, Z, dans les Horologes qui ne sont pas parallelles à l'axe du monde & en ceux-là le triangle F, S, Z, represente le morceau du cuiure ou du fer triangulaire, qui est mis dans les quadrants pour marquer les heures; & l'angle F, S, Z, est tousiours égal à l'éleuation du pole dessus le plan du quadrant, & l'autre angle S, F, Z, est son complement a 90. degr. Comme dans le quadrant Horizontal pour Paris l'angle F, S, Z, est de 49. deg. & S, F, Z, de 41. deg. Et dans le quadrant Vertical pour Paris F, S, Z, est de 41. deg. & S, F, Z, de 49. deg. parce que l'éleuation du pole sur le cercle Vertical, est de 41. deg. à Paris. C'est pourquoy l'ombre droicte dans le quadrant Horizontal est égal à l'ombre verse dans le quadrant Vertical; & au rebours l'ombre verse dans le quadrant Horizontal est égalle à l'ombre droicte dans le quadrant Vertical, en supposant la longueur du style, la mesme en tous les deux. Car dans le triangle Z, F, H, l'angle Z, H, F, est de 41. deg. & Z, F, H, est de 49. deg. & par ainsi dans le quadrant Horizontal le triangle Z, F, H, est égal à S, F, Z, dans le quadrant Vertical; & au rebours le triangle S, F, Z, dans le quadrant Horizontal est égal à Z, F, H, dans le quadrant Vertical.

Mais l'ombre verse pour parler à la façon commune n'est autre chose que l'ombre du style parallelle au plan de l'Horizon, comme si vn style F, Z, est planté dans la superficie de quelque muraille, qui soit à plomb sur l'Horizon & que la ligne Meridienne S, H, aille de haut en bas, l'ombre Meridienne du style quand le Soleil est dans l'Equinoctialle sera Z, S, & partant S, Z, sera ombre verse, parce que le style est parallelle au plan de l'Horizon.

35. *Le diametre de l'Equateur est la partie de la ligne Meridienne dans le quadrant Equinoctial, qui est comprise entre le sommet du style ou centre de l'Equateur, & entre la ligne Horizontalle, dans le quadrant Equinoctial.*

Comme est la ligne F, H, qui est dans le plan du Meridien, & aussi de l'Equateur, & vne partie de la ligne de commune section de l'Equateur auec le Meridien; & le poinct F, est le centre de tous les deux, & le poinct H, est dans la ligne de commune section de l'Equateur & l'Horizon, laquelle est appellee ligne Horizontalle dans le quadrant Equinoctial; & ligne Equinoctialle dans le quadrant Horizontal. Donc la ligne F, H, est la soubtense d'vn angle droict, dans vn triangle rectangle, auquel l'aigu au sommet du style est égal à l'éleuation du pole dessus le plan du quadrant, l'autre F, H, Z, est égal à la hauteur de l'Equateur dessus le mesme plan du quadrant; & les autres deux costez du triangle sont le style F, Z, & l'ombre droicte Z, H. Dans l'autre triangle rectangle l'axe S, F, est la soubtense de l'angle droit l'aigu au sommet du style S, F, Z, est égal à la hauteur de l'Equateur sur le plan du quadrant, & l'autre aigu F, S, Z, est égal à l'éleuation du pole, & les autres deux costez sont le style & ombre verse S, Z, & ce dernier triangle est le morceau du fer ou du cuiure triangulaire qui est fiché dans les plans des quadrants, pour monstrer les heures. D'icy, il est aisé à voir que l'angle S, F, H, est droict, & que le costé opposé ou soubtense est, S, H, somme de l'ombre verse & droicte, & faisant le diametre d'vn cercle passant par les poincts S, F, H, & partant par le sixiesme liure de l'Euclide, le style F, Z, sera tousiours moyen proportionel entre l'ombre verse, & l'ombre droicte; de sorte que sçachant H, Z, & F, Z, vous trouuerez par la regle de trois, l'ombre verse S, Z, & sçachant S, Z, & F, Z, par la regle de trois vous trouuerez l'ombre droicte Z, H.

36. *La superficie conique est vne superficie descritte par vne ligne droicte, de laquelle vne extremité est fixe en vn poinct n'estant pas dans le mesme plan auec ladicte ligne, l'autre extremité se tourne autour d'vn autre poinct, & descrit vn cercle.*

Le poinct s'appelle le sommet de la superficie conique. Mais il faut entendre icy la superficie d'vn cone Isoscele ou droict, car le cone Scalene ne sçaura pas estre descrit par vne telle ligne, puis que toutes les lignes tirees du sommet iusques à la circonference de la base ne sont pas égalles.

37. *Le cone eſt vn corps ſolide compris de deux ſuperficies, la ſuperficie conique, & la baſe qui eſt le plan d'vn cercle,*

Comme ſi vous attachiez le bout d'vn fil au haut d'vn baſton perpendiculaire ſur vn plan, & de l'autre bout vous tiraſſiez vn cercle dans ce plan, la longueur du fil quant-&-quant deſcrira vne ſuperficie conique, & le bout du fil deſcrira le cercle qui ſera la baſe du cone Iſoſcele ou droict. Mais pour deſcrire le cone Scalene il faut premierement deſcrire le cercle qui ſert de baſe & a vn poinct hors le plan du cercle, qui n'eſt pas égallement diſtant de toutes les parties du cercle : appliquez le bout d'vn fil, & faites aller l'autre bout dans la circonference du cercle: tirez en allongeant ou raccourciſſant le fil ſelon ce qu'il ſera beſoin, il vous deſcrira la ſuperficie d'vn cone Scalene.

38. *L'axe du cone eſt vne ligne droicte tiree du ſommet du cone iuſques au centre de la baſe qui eſt le plan du cercle.*

Comme eſt A, E, dans le cone A, C, B.

39. *Le cone droict eſt celuy duquel l'axe faict angles droicts auec le plan du cercle, qui eſt la baſe.*

Ce cone eſt Iſoſcele ayant toutes les lignes tirees ſur la ſuperficie conique du ſommet iuſques à la circonference de la baſe, ſont égalles, d'autant que ces lignes ſont toutes ſoubtenſes des angles droicts égaux & équilateres entre eux; car vn des coſtez des angles droicts eſt touſiours le demy diamettre du cercle qui fait la baſe, l'autre coſté eſt l'axe du cone. Toutes les lignes droictes tirees depuis le ſommet iuſques à la baſe ſur la ſuperficie du cone, ſont coſtez du meſme cone.

40. *Cone Scalene eſt celuy duquel l'axe ne faict pas des angles eſgaux auec toutes les lignes tirees par le centre de la baſe.*

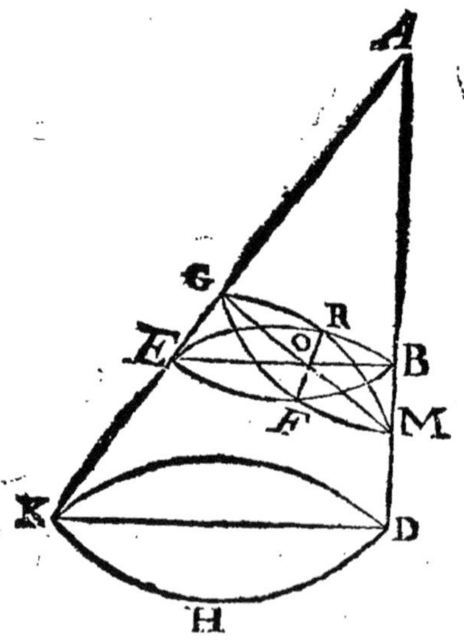

Car dãs vn Scalene l'axe ne faict point angles égaux qu'auec vne ſeule ligne paſſant par le cẽtre de la baſe à ſçauoir auec celle qui eſt perpendiculaire ſur le diametre qui faict le plus grand angle obtus auec l'axe. Les coſtez du Scalene ſont inegaux, ſinon ceux qui ſont égallement diſtants du bout du diametre qui faict le plus grand angle obtus auec l'axe du cone, & les deux lignes qui ſont tirees des deux bouts de cette ligne ſont la plus grande de toutes & la plus petite.

41. *Section conique eſt le plan faict par vn autre plan coupant le cone en quelque façon que ce ſoit.*

Les ſections coniques ſont cinq en nombre à ſçauoir Triangle, Cercle, Parabole, Hyperbole & Ellipſe, dont voicy les definitions.

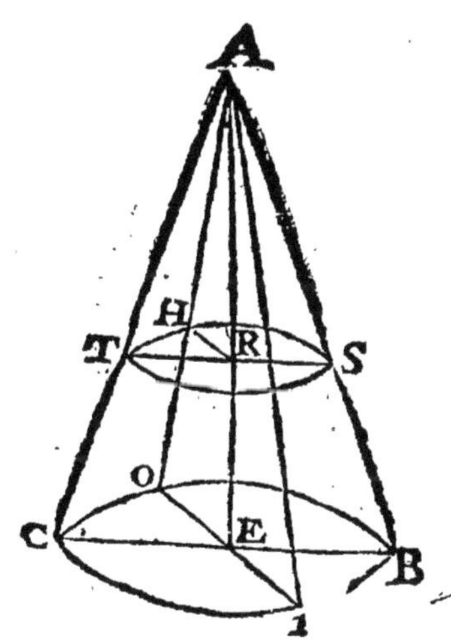

42. *Le triangle du cone eſt vne ſection conique faict par vn plan coupant le cone par le ſommet.*

Comme si vous fendiez vne quille par le sommet iusques à la base, vous auriez vn triangle duquel deux costez sont les costez de la quille, le troisiesme est vne ligne droicte inscrit dans le cercle qui faict la base, laquelle ligne droicte, si elle passe par le centre, le troisiesme costé sera le diametre du cercle, comme le triangle A, B, C.

43. *Cercle est vne section conique faict par vn plan coupant vn cone & parallelle à la base du cone, ou bien faisant les angles alternes égaux de sorte que le petit cone soit equiangle au cone entier.*

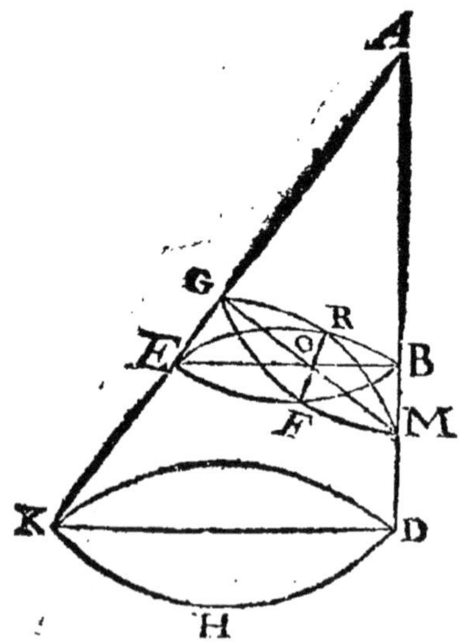

Si le cone est Isoscele il faut necessairement que le plan coupant T, H, S, ou E, R, B, soit parallelle à la base du cone, car autrement il ne sera iamais vn cercle, ains quelqu'autre section conique. Mais dans vn Scalene, si le plan coupant est parallele à la base, il fera vn cercle comme le plan E, R, B, est circulaire, parce qu'il est parallelle à la base K, H, D, Aussi le plan G, R, M, est cercle, parce que l'angle G, M, A, est égal à l'angle D, K, A, & aussi l'angle M, G, A, est égal à l'angle K, D, A, & partant les angles alternes sont égaux. Tout cecy est demonstré dans nostre Trigomemetrie par la 126. 127. & 128. prop. de nos triangles Spheriques, où ie renuoye le Lecteur.

44. *Parabole est vne section conique comprise d'vne ligne courbe, & vne ligne droicte, qui est ou diametre du cercle, ou vne ligne droicte inscrite dans le cercle de la base, & ayant son axe parallelle au costé opposé du cone.*

L'Axe de parabole est vne ligne faisant angles droits auec ladicte ligne droicte, comprenant la parabole, cõme icy dans la parabole T, M, N, l'axe est T, Z, faisant angles droicts auec la ligne M, N, laquelle axe T, Z, est parallelle au costé du cone O, F, lequel costé tombe sur le diametre F, E, qui coupe la base M, N, de la section conique N, T, M, à angles droicts; car le costé du cone, duquel nous parlons icy, tombe tousiours sur le diametre qui coupe la base de la section conique à angles droicts.

46. *Hyperbole est vne section conique comprise d'vne ligne courbe, & d'vne*

ligne droicte, qui est ou diametre de la base, ou vne ligne inscrite dans le cercle de la base, & ayant vn axe qui n'est pas parallelle au costé opposé du cone, laquelle estant produitte du costé où est la base, elle ne se rencontrera iamais auec le costé opposé.

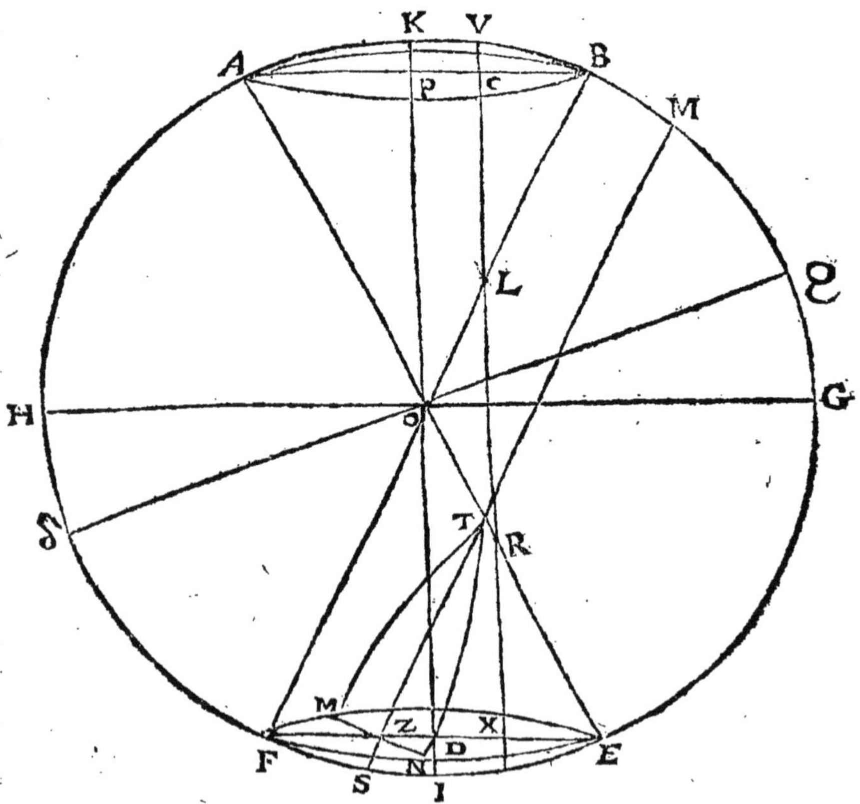

Comme icy la ligne R, X, est axe d'vne Hyperbole, à cause que R, X, estant produit du costé de la base ne se rencontrera iamais auec le coste oppposé O, F, ains en sera tousiours plus & plus esloigné. Mais estant produit du costé du sommet du cone elle rencontrera auec O, F, au poinct L.

46. *Ellipse est vne section conique de laquelle l'axe n'est pas parallelle au costé opposé, ains estant produicte du costé de la base du cone se rencontrera auec le costé opposé du cone.*

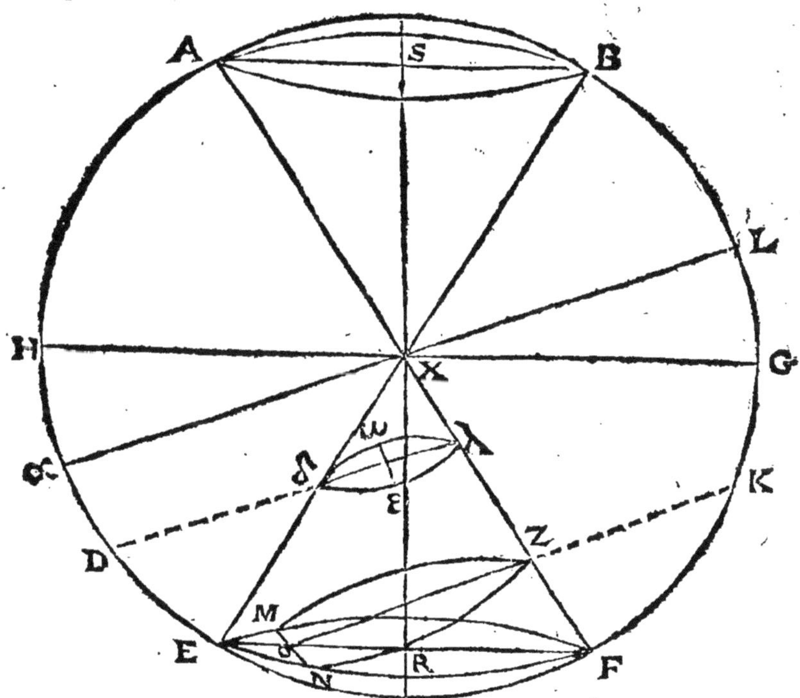

En quoy l'Ellipse differe de la parabole, encore que l'axe de la parabole ne se peut iamais rencontrer auec le costé opposé du cone, dans l'Ellipse l'axe se rencontre necessairement auec le costé opposé; comme en ceste figure δ, λ, axe de l'Ellipse δ, ω, λ, ε, se rencontre auec le costé opposé X, E; ainsi Z, O, axe de l'Ellipse M, Z, N, O, estant produict se rencontrera auec le costé opposé du cone X, E, ou il faut noter que ceste Ellipse a M, N, pour base, qui est vne ligne inscrite dans le cercle de la base, ce qui n'arriueroit pas si le cone estoit plus long, car l'Ellipse M, Z, N, couperoit les deux costez du cone, & ne seroit comprise que d'vne ligne courbe, comme est l'Ellipse δ, ω, λ, ε.

CHAP.

CHAPITRE II.

Du quadrant Horizontal Astronomique.

Prop. I. Theor. I.

EN toute sorte de quadrant Solaire le sommet du style est pris pour le centre du monde.

Car soit le vray centre du monde O, qui est aussi centre de la terre, & Z, le bas du style dans le plan du quadrant Horizontal F, le sommet du style, O, Z, le demy-diametre de la terre, ie dis que vous pourrez prendre le poinct F, pour le centre de tout le monde; aussi bien que le poinct O, à cause que la distance du centre du monde O, au poinct F, à raison de la grande distance entre le Soleil & la terre, & partant l'arc L, A, est aussi pris pour vn rien, & l'angle E, I, A, est égal à l'angle E, O, A, & E, H, C est aussi égal à E, O, A & l'arc E, A, mesure de tous les trois angles, quoy qu'il ne paroist pas d'estre mesure que de l'angle E, O, A, & veritablement la plus grande difference que les Astronomes trouuent entre l'angle E, H, C, & E, O, A, est de 3. minuttes qui est si peu de chose, que nous ne deuons y auoir esgard. De mesme l'angle R, O, B, est égal à l'angle R, S, P, ou R, F, K, ou λ, S, P.

Donc si la hauteur du Soleil est E, A, ou E, C, car c'est la mesme chose, le Soleil estant dans l'Equateur, & R, B, l'eleuation du pole R, Q, sera l'axe du monde, & E, N, l'Equateur & aussi X,

T, le poinct F estãt pris pour le centre du monde, l'arc E, λ, estant pris pour vn rien comme est F, O, & F, estant pris pour le centre du monde X, V, sera l'axe du monde, & l'arc R, λ, est comme vn rien. Donc il est aysé à voir que Z, H, est l'ombre droicte, & Z, S, l'ombre verse, car le plan du quadrant estant S, H, ou C, P, le plande l'Equateur X, T, coupera le plan du quadrant C, P, au poinct H, & partant la distance entre le bas du style Z, & la ligne de commune section qui est re-

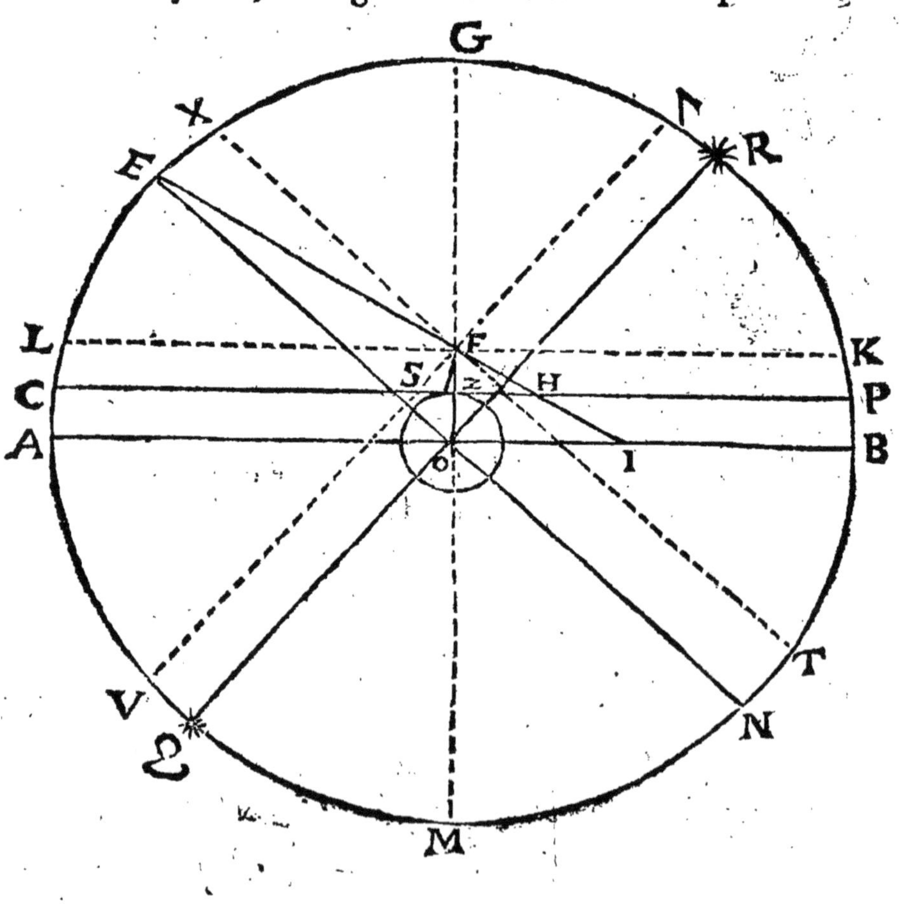

presentee en cette figure par le poinct H, sera l'ombre droicte Z, H, & le Soleil estant dans l'Equateur au poinct X, son rayon tombera sur la ligne de commune section H, & terminera l'ombre du style, & partant F, H, sera vne partie du rayon du Soleil, ou bien vne partie du demy-diametre de l'Equateur X, T, & l'angle aigu F, H, S, est d'autant de degrés qu'est la hauteur de l'Equateur dessus l'Horizon X, A, ou E, A, ou E, L, qui est icy à Paris de 41. deg. & l'angle Z, F, H, est l'éleuation du pole, qui est à Paris de 49. deg. le complement de l'autre a 90.

De mesme λ, F, V, estant l'axe du monde, l'angle λ, S, Z, ou, F, S, Z, sera l'éleuation du pole sur l'Horizon, & l'angle S, F, Z, la hauteur de l'Equateur sur l'Horizon complement de l'autre a 90. deg. de sorte que les deux aigus S, F, Z, de 41. deg. & H, F, Z, de 49. deg. fassent vn angle droict H, F, Z, de 90. degr. & partant le style F, Z, est moyen proportionel entre l'ombre droicte & verse comme nous auons dict cy-dessus.

Coroll. 1. *La distance du plan de l'Horologe* S, H, *du centre du monde* F, *est la longueur du style* F, Z.

Coroll. 2. *Le plan du cercle* L, K, *faisant angles droicts auec le style* Z, F, *est parallelle au plan de l'Horologe*, C, P, *ou* S, H.

Parce que le style Z, F, est perpendiculaire sur tous les deux plans ; & partant, puis que le quadrant Horizontal est parallelle au plan de l'Horizon passant par le sommet du style F, qui est centre du monde, la ligne L, F, K, representera le plan de l'Horizon. Il faut entendre la mesme chose, comme aussi tout ce que nous auons dict cy-dessus, si le plan du quadrant est parallelle à aucun autre cercle; car ce grand cercle est tousiours entendu de passer le centre du monde, qui est le bout du style F.

Prop. 2. Theor. 2.

Le Soleil estant dans aucun des cercles horaires, ou dans aucun grand cercle son rayon tombera tousiours sur la ligne de commune section du plan dudict cercle & du plan du quadrant, & partant ce rayon terminant l'ombre du style, cest' ombre se terminera tousiours à la ligne de commune section.

Car le Soleil estant dans aucun grand cercle qui passe par le centre du monde F, son rayon est tousiours dans le plan dudict cercle, & passe par le centre du monde F, & estant produict coupera tous les plans que coupe ledit grand cercle, & partant tombera aussi sur le plan du quadrant, & ce rayon du Soleil estant tousiours dans le plan dudict grand cercle, ne peut toucher le plan du quadrant ailleurs que dans la ligne de commune section des deux plans, d'autant que le bout du rayon tombant sur le plan du quadrant est aussi dans le plan dudit grand cercle, & partant aussi dans la ligne de leur commune section, & là se termine aussi l'ombre du style; car le rayon & l'ombre se terminent tous deux en mesme poinct & font vn angle aigu, comme F, H, Z, quand le Soleil est dans l'Equateur, & dans le Meridien, l'ombre estant H, Z, & le rayon du Soleil X, H, qui estant dans le plan du Meridien E, A, M, passe par le centre du monde F, & tombe sur le plan du quadrant au poinct H, où le plan de l'Equateur X, T, coupe le plan du quadrant P, C, & partant tombe sur la ligne de commune section des deux plans, là aussi se termine l'ombre du style F, Z.

Coroll. 1. *Donc le bout de l'ombre du style sera tousiours dans la ligne de commune section de quelque cercle, & monstrera en quel cercle horaire le Soleil est, & par ainsi quelle est l'heure du iour.*

Le bout du style estant seulement dans les plans de tous les cercles, le bout de l'ombre seulement est dans la ligne de commune section.

Coroll. 2. *L'axe du monde* F, S, *qui est vn petit baston de fer ou de cuivre, la soubtense d'vn morceau de cuivre triangulaire, iette tousiours son rayon le long de la ligne horaire, qui est la ligne de commune section du cercle horaire auec le plan du quadrant.*

Car icelle ligne est toute dans les plans de tous les cercles horaires, estant axe du monde, & ligne de commune section de tous, & partant son ombre est toute dans le plan du cercle ou est le Soleil & ne peut pas paroistre dans le quadrant, que dans la ligne de commune section dudict cercle, & ainsi va tousiours le long de ceste ligne là.

Prop. 3. Theor. 3.

Le Soleil estant dans le cercle Equinoctial, le bout de l'ombre du style descrit vne ligne droite dans le plan du quadrant, qui est celle là mesme qui est la ligne de commune section de l'Equateur & du plan du quadrant.

Car le bout de l'ombre estant tousiours dans la ligne de commune section des deux plans, tant que le Soleil est dans l'Equateur, par la precedente proposition; le mesme bout de l'ombre sera vn iour entier dãs ladicte ligne de commune section, & partant ledict bout de l'ombre allant d'Occident en Orient, descrira ce iour là, la ligne Equinoctialle dans le plan du quadrant. C'est pourquoy, si le iour que le Soleil est dans l'Equateur le bout de l'ombre ne demeure pas tousiours dans la ligne Equinoctialle du quadrant; ladicte ligne n'est pas bien tiree sur le plan du quadrant; car si elle estoit bien tiree, le bout de l'ombre seroit toute la iournée dans la ligne Equinoctialle.

Et si vous voulez tirer la ligne Equinoctialle dans vn plan ou muraille; le iour que le Soleil est dans l'Equateur, à quelque heure du iour, vous marquerez le bout de l'ombre par vn poinct à vn style que vous y ficherez tout expres, & dans vne heure ou deux apres marquez derechef le bout de l'ombre d'vn autre poinct, & tirez vne ligne droicte par ces deux poincts de telle longueur que vous voudrez, vous aurez la ligne Equinoctialle, qui est la ligne de commune section du plan de l'Equateur, & dudit plan où vous tirerez la ligne.

De mesme si vous voulez sçauoir si le Soleil est dans la ligne Equinoctialle, faictes comme cydeuant, en tirant vne ligne, & si le bout de l'ombre n'est pas toute la iournee dans cette ligne, le Soleil n'est pas dans l'Equateur. Ou bien à trois quatre ou cinq diuerses heures du iour marquez le bout de l'ombre par autant de poincts, & si tous ces poincts ne sont pas dans vne ligne droicte, le Soleil n'est pas dans l'Equateur.

Prop. 4. Theor. 4.

Si plusieurs plans ayant vne mesme ligne de commune section, & sont coupez par vn plan qui n'est pas parallelle à ladicte ligne de commune section, toutes les lignes de commune section de ces plans, & du plan coupant, se rencontreront dans le mesme poinct où laditte ligne de commune section de tous les plans se rencontrera auec le plan coupant.

Car le plan coupant L, P, ne se pouuant pas rencontrer auec ladicte ligne de commune section, A, B, des plans coupez qu'en vn seul poinct, & par la propos. 1. de l'vnziesme d'Euclide, les lignes de commune section N, R, & D, E, que fait le plan coupant, L, P, & lesquelles sont dans le plan coupant L, P, & aussi dans les plans coupez; par la def. 4. de l'vnziesme d'Euclide, ne se peuuent rencontrer aussi que dans ce mesme poinct C; car si elles se rencontrent ailleurs, elles se rencontreroient hors la ligne de commune section des plans, & partant les plans coupez où sont ces lignes, se rencontreroient ailleurs que dans leur ligne de commune section, ce qui est impossible par la propos. 1. de l'vnziesme liure d'Euclide. Or il faut necessairement que ces lignes de commune section N, R, & D, E, se rencontrent quelque part auec A, B, puis qu'elles ne sont pas paralleles, aussi A, B, & M, Θ, &c.

Autrement; soiet les plans coupez S, Z, & H, T, & K, V, ayant la ligne A, B, pour ligne de commune section de tous les trois plans, & les trois lignes de cõmune section N, R, & D, E, & M, O,

Ie dis que ces trois lignes estants produictes se rencontrent toutes auec la ligne A, B, au poinct C. Car si les trois plans estoient estendues en largeur iusques à C, la ligne de commune section de toutes les trois seroient A, C, & l'extremité C, de ceste ligne A, B, C, sera dans le plan L, P, & par-

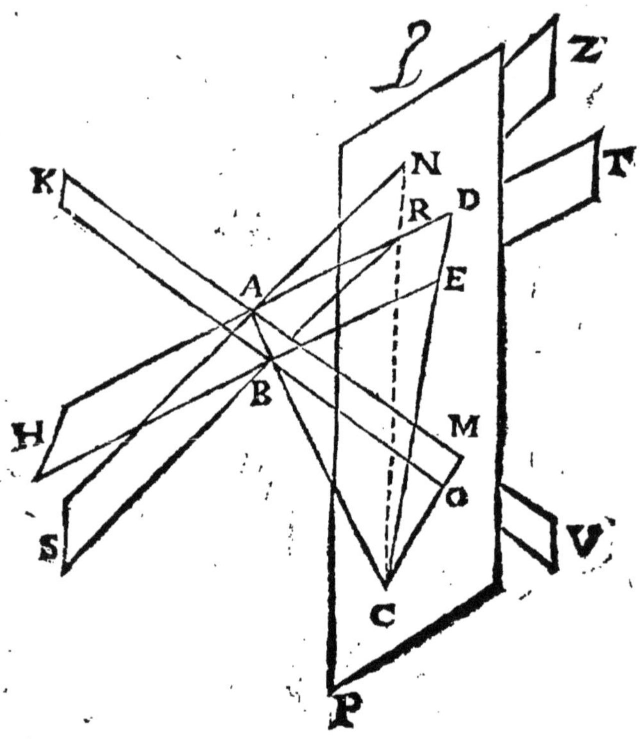

cant sera aussi dans tous les quatre plans, car toute la ligne A, C, est dans les trois plans coupez, & ainsi les poincts D, & E, & C, seront tous trois dans deux plans L, P, & H, T, à sçauoir le poinct D, sera dans tous les deux plans, & aussi E, & aussi C, & partant seront tous trois dans la ligne de commune section des deux plans, qui est vne ligne droicte, & par ainsi, si vous tirez vne ligne droicte entre D, & C, elle passera par le poinct E, & tous ces trois poincts sont dans vne ligne droicte, comme dict est, & partant la ligne de commune section D, E, estant produicte se rencontrera auec la ligne A,B, au poinct C. De mesme parce que le poinct N, est dans les deux plans & aussi C, dans les mesmes deux plans, ces trois poincts sont tous dans la ligne de commune section des deux plans, car vn poinct ne sçaura estre dans deux plans, s'il n'est dans la ligne de commune section; & par ainsi ces trois poincts N, & R, & C, seront tous dans vne ligne droicte, & la ligne N, R, estant produicte se rencontrera auec A, B, au poinct C. De mesme les poincts M, & O, & C, seront tous trois dans la ligne de commune section des deux plans K, V, & L, P, parce que le poinct C, est en tous les deux plans, & aussi les poincts M, & O. Et partant M, & O, estant produicts se rencontrent auec A, B, au poinct C.

Autrement: parce que le poinct C, est dans tous les quatre plans, il sera dans toutes les lignes de commune section de tous les plans, & partant toutes les lignes de commune section se rencontrent au poinct C: car autrement le poinct C, ne pourroit pas estre dans toutes les quatre lignes: & aussi le poinct C, estant dans toutes les quatre plans, il faut necessairement qu'il soit dans toutes leurs lignes de commune section.

Prop. 5. Theor. 5.

Toutes les lignes horaires se rencontrent dans vn poinct, où le plan du quadrant est coupé par l'axe du monde, si le plan du quadrant n'est pas parallelle à l'axe du monde. Ce poinct s'appelle le centre de l'Horologe.

Car le plan du quadrant estant coupé par l'axe du monde en vn seul poinct, & les cercles horaires se rencontrants tous deux dans l'axe du monde & nulle part ailleurs, il est impossible que les lignes qui sont dans les plans des cercles horaires, & aussi dans le plan du quadrant, se peuuent rencontrer ailleurs que dans vn poinct qui est dans les plans de tous les cercles horaires, & aussi dans le plan du quadrant comme est le centre de l'Horologe: car ce poinct qui s'appelle le centre du quadrant, est dans le plan du quadrant, & aussi dans les plans des cercles horaires, parce qu'il est dans l'axe du monde qui est la ligne de commune section de tous les plans; & la ligne de commune section est dans le plan de tous les douze cercles horaires desquels elle est ligne de commune section, & aucun poinct qui est dans ceste ligne, est aussi dans les plans de tous les cercles horaires.

Prop. 6. Theor. 6.

La longueur du style F, Z: *estant donné, trouuer la longueur de l'ombre droiste* Z, H, *à aucune eleuation du pole sur le plan d'aucun quadrant qui coupe l'axe és angles obliques.*

Soit la longueur du style donnée de 12. poulces,

& vous desirez sçauoir la longueur de l'ombre droicte à l'éleuation sur le plan du quadrant de 49. deg. Tirez sur la terre ou sur le papier vne ligne precisément de la longueur de 12. poulces, & à vne extremité de la ligne, faites vn angle égal à l'eleuation du pole à sçauoir de 49. degr. parce que Z, F, H, est d'autant égal à l'eleuation du pole; puis sur l'autre bout de la ligne de douze poulces, faictes vn angle de 90. deg. F, Z, H, ou vne ligne perpendiculaire, & produisez ces deux lignes iusques à ce qu'ils se rencontrent au poinct H, la longueur de ceste perpendiculaire sera pre-

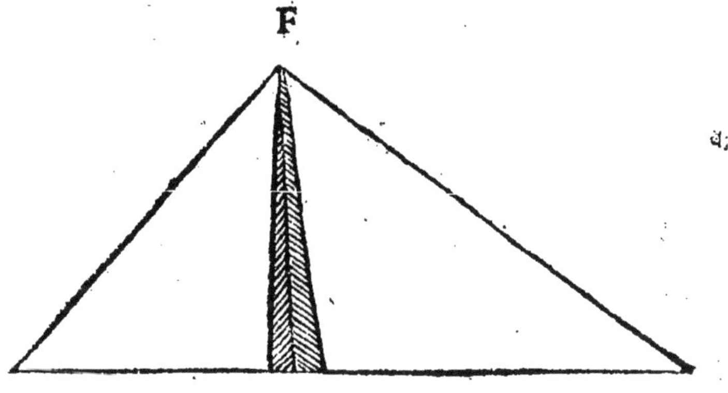

cisément la longueur de l'ombre droicte, à l'éleuation de 49. degr. sur le plan du quadrant, & si vous voulez sçauoir de combien de poulces sera l'ombre droicte, vous n'auez qu'à mesurer ceste ligne, laquelle sera plus longue que le style qui est de douze poulces.

Il faut noter icy que nous supposons qu'on sçache faire vn angle de 40. deg. ou 50. ou 90. ou 49. ou 41. ou d'autant de degrez qu'en voudra, soit par le compas de proportion, soit par la diuision du cercle ou par aucun instrument par lequel on peut faire des angles de grandeur proposee. Mais si le Lecteur ne le sçait pas: nous le renuoyons au second chapitre de nos fortifications Françoises, par lequel il apprendra à faire des angles de telle grandeur qu'on voudra, par la diuision du cercle, ou bien au chapitre 7. des fortifications Françoises, où il apprendra à faire des angles par le compas de proportion.

Par la Trigonometrie, vous le ferez encore plus precisement. Mettez en premier lieu le sinus de F, H, Z, de 41. deg. en second le style F, Z, de 12. poulces, en troisiesme le sinus Z, F, H, de 49. deg. par la reigle de trois vous trouuerez la longueur de l'ombre droite Z, H.

Sinus de F, H, Z, de 41. deg.	*F, Z, 12*	*Sinus de Z, F, H, de 49. deg.*

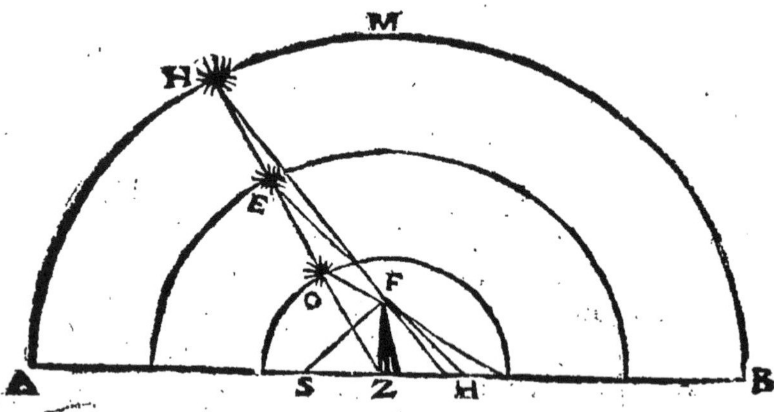

Vous pourrez aussi mettre en premier lieu le rayon 100000. en second F, Z, de 12. poulces, & en traisiesme la Tangente de l'angle Z, F, H, de

49. deg. par la reigle de trois vous trouuerez la longueur de Z, H.

Rayon.	F, Z,	*Tangente de Z, F, H, de 49. deg.*
100000.	12.	

Prop. 6. Probl. 2.

La longueur du style estant donnee auec l'éleuation du pole dessus le plan d'aucun quadrant, trouuer le diamettre de l'Equinoctial F, H, c'est à dire la partie

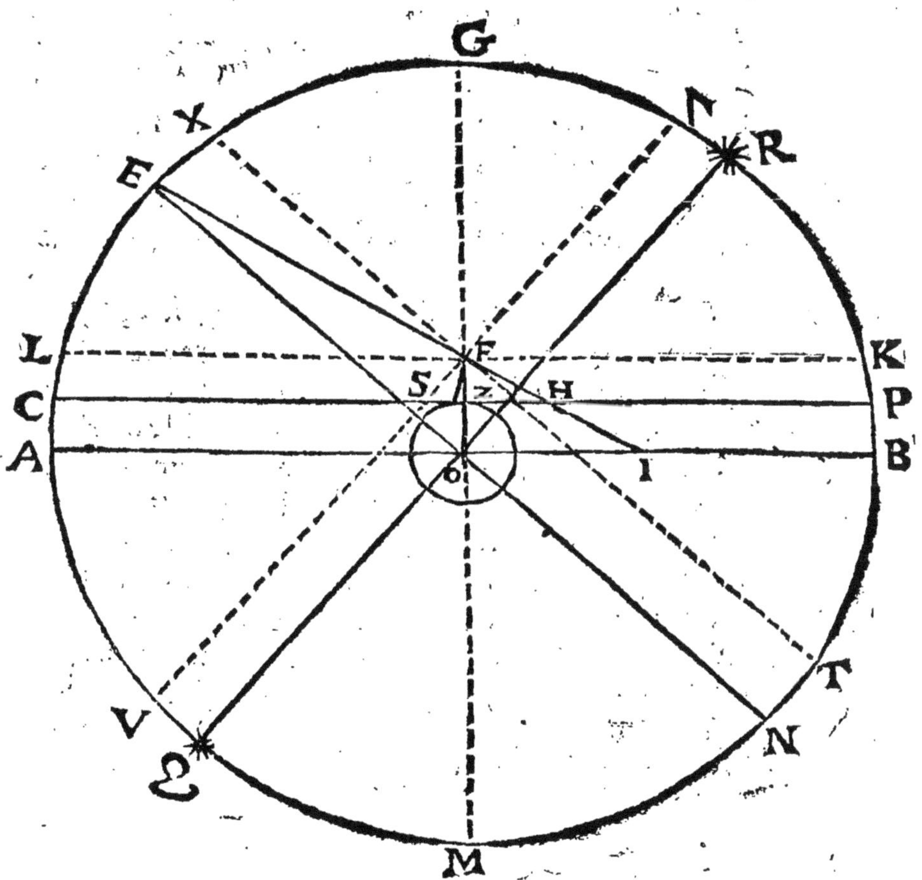

du diametre du cercle Equateur X, T, qui est compris entre le sommet du style F, & le plan du quadrant H.

Faictes comme dessus vn angle de 49. degrez à vn des bouts de la ligne de 12. poulces egalle au style, & á l'autre bout vn angle de 90. deg. & le poinct H, où les deux lignes se rencontrent, sera le bout de l'ombre droicte, dans la ligne Equinoctialle qui est dans le plan du quadrant, & partant F, H, la ligne qui est soubtense de l'angle droict sera le diametre de l'Equateur X, T.

Par la Trigonometrie; Mettez de suite le sinus de F, H, Z, de 41. deg. le style F, Z, 12. poulces, & le rayon, sinus de l'angle droict, par la regle de trois, vous trouuerez la longueur de F, H, qui est la distance entre F, le sommet du style ou centre de l'Equinoctial, & le poinct H, qui est dans le plan du quadrant faisant l'extremité de l'ombre droict.

Sinus de F, H, Z,	*F, Z.*	*Sinus de F, Z, H,*
de 41. deg.	12.	*ou rayon* 100000.

Si l'éleuation du pole dessus le plan du quadrant est de 60. deg. la ligne F, H, sera le double du style à sçauoir de 24. poulces si le style est de 12. car alors l'angle opposé au style F, H, Z, est de 30. deg. qui est la hauteur de l'Equateur sur l'Horizon. Et si la hauteur du pole, est de 30. alors F, H, est double de l'ombre droicte Z, H.

Vous ferez la mesme chose autrement en mettant de suitte, le rayon, le style, la secante de l'angle Z, F, H, de 49. deg. & par la regle de trois vous trouuerez la longueur de F, H.

Rayon.	*F, Z,*	*Secante de Z, F, H,*
	12.	*de 49. deg.*

Il faut noter que nous parlons icy de toute sorte de quadrant Vertical ou Horizontal, inclinant ou declinant, & toute autre qui n'est pas parallele à l'axe du monde.

Prop. 6. Probl. 7.

La longueur du style estant donnee auec l'éleuation du pole sur le plan d'vn quadrant, trouuer la longueur de l'ombre verse S, Z, de ce quadrant là, & aussi de l'axe du monde F, S.

Tirez vne ligne sur le papier ou sur la terre precisement de douze poulces de la longueur du style donnee, & à vn des bouts de ceste ligne, faictes vn angle égal à la hauteur de l'Equateur sur le plan du quadrant, ou le complement de l'éleuation du pole, qui est icy à Paris sur le plan d'vn quadrant Horizontal de 41. deg. & à l'autre bout faite vn angle droite, & produisez ces deux lignes iusques à ce qu'ils se rencontrent au poinct S. qui est le centre de l'Horologe, la ligne faisant l'angle droict sera l'ombre verse, & la ligne qui est soubtense de l'angle droict sera l'axe du monde F, S. Si vous voulez sçauoir la longueur de l'vn & de l'autre, vous n'auez qu'à les mesurer.

Mais si vous voulez sçauoir leur longueur, *par la Trigonometrie*, il y faut proceder ainsi. Mettez de suitte le rayon, le style, la tangente de l'angle aigu de 41. deg. vous aurez par la reigle de trois la longueur de l'ombre verse.

Rayon. *F, Z,* *Tangente de l'angle Z, F, S,*
12. *de 41.*

Pour sçauoir l'axe ; mettez de suite le style & la secante de 41. deg. par la regle de trois vous aurez l'axe F, S.

Prop. 8. Probl. 6.

Le style estant fixe dans vn plan ou la ligne Meridienne est tiree par le bas du style, tirer la ligne Equinoctialle, & trouuer le centre du quadrant, & la longueur de l'ombre verse & droicte, l'éleuation du pole sur le plan du quadrant estant sceuë.

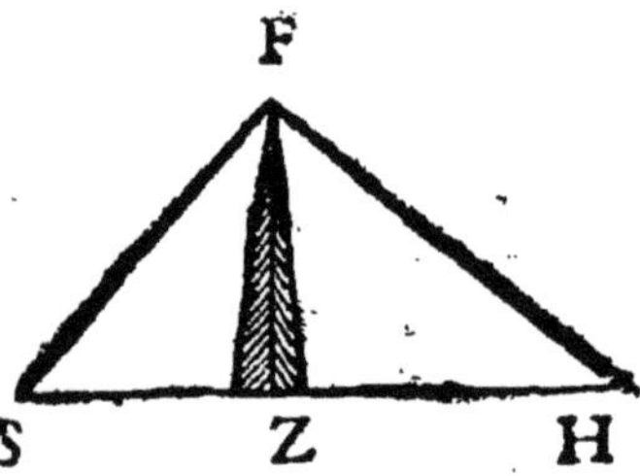

Trouuez la longueur de l'ombre verse par la precedente, mettez vn poinct sur le Meridien autant esloigné vers le midy du bas du style qu'est la longueur de l'ombre verse, & iceluy poinct sera le centre du quadrant, d'où doiuent estre tirees toutes les lignes horaires du quadrant. Apres mettez vn autre poinct sur la mesme ligne Meridienne autant distant du bas du style vers le Septentrion qu'est la longueur de l'ombre droicte, & à ce poinct, faictes vne ligne perpendiculaire sur la Meridienne, icelle sera la ligne Equinoctialle.

Prop. IX. Probl. V.

La longueur de l'ombre droicte estant donnee trouuer la longueur du style, & aussi la partie F, H, du diametre de l'Equateur, en sçachant l'éleuation du pole dessus le plan du quadrant.

Tirez vne ligne sur le papier, ou sur la terre precisement de la longueur de l'ombre droicte comme de 18. poulces, & à vn des bouts de la ligne, faictes vn angle égal à la hauteur de l'Equateur sur le plan du quadrant, c'est à dire le complement de l'éleuation du pole dessus le mesme plan du quadrant; comme à Paris dans le quadrant Horizontal cest angle doit estre de 41. degr. & dans le quadrant Vertical de 49. deg. parce que l'éleuation du pole sur le plan du quadrant Vertical est de 41. deg. & partant la hauteur de l'Equateur sur le mesme quadrant Vertical est de 49. deg. Puis apres à l'autre bout de la ligne faictes vn angle droict, & produisez les deux lignes faisants les angles iusques à ce qu'elles se rencontrent en vn poinct, qui sera le centre du monde ou sommet du style; & la ligne faisant l'angle droict sera le style, l'autre faisant l'angle égal à la hauteur de l'Equateur sera la partie du diametre de l'Equateur.

Donc sçachant la longueur du style, il est aysé par la 7. de trouuer l'ombre verse ou l'axe

Par la Trigonometrie; mettez de suite le rayon, l'ombre droicte de 18. poulces, & la tangente de l'angle F, H, Z, de 41. deg. dans le quadrant Horizontal ou 49. deg. dans le quadrant Vertical, à

Paris, par la regle de trois vous trouuerez la longueur du ſtyle.

Rayon	*Z, H.*	*Tangente de F, H, Z,*
100000.	18.	*de 41. degr.*

Mais ſi vous mettez en troiſieſme lieu la ſecante du meſme angle aigu, par la regle de trois vous trouuerez la longueur de F, H, qui eſt la diſtance entre F, centre du monde, ou le ſommet du ſtyle & l'Equinoctial du quadrant H.

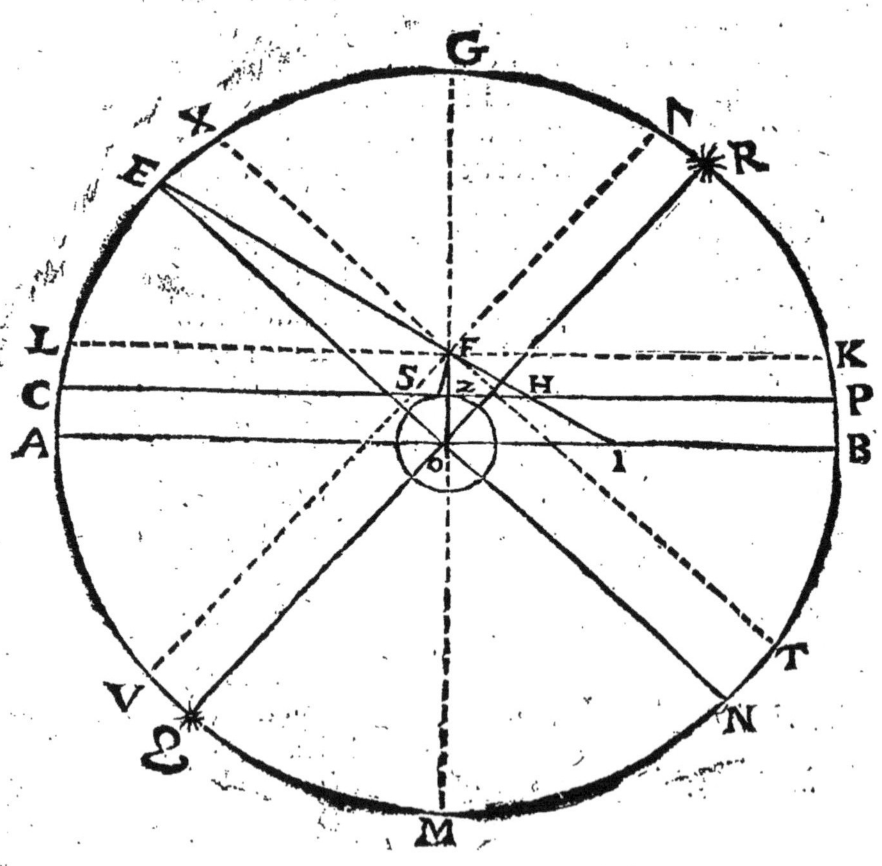

Rayon.	Z, H,	Secante de F, H, Z,
100000.	18.	de 41. deg.

Où il faut ſe ſouuenir que le poinct H, denote la ligne Equinoctialle tiree dans le plan du quadrant Horizontal ou vertical, &c. & laquelle eſt perpendiculaire ſur le plan du quadrant Meridien E, B, M. Car les plans ſont repreſentés dans la figure precedente par des lignes droictes, comme le plan de l'Horizon par la ligne A, B, le plan de l'Equateur par la ligne X, T, mais les lignes droictes ſont repreſentées par vn ſeul poinct, comme la ligne de commune ſection de l'Equinoctial auec le plan du quadrant Horizontal eſt repreſenté par le poinct H. Et la ligne de commune ſection du plan du cercle Vertical E, M, auec le plan de l'Horizon A, B, eſt repreſenté par le poinct O.

Si l'éleuation du pole eſt de 30. degr. le diametre F, H, ſera double de l'ombre droicte, d'autant que l'ombre droicte Z, H, dans vn triangle rectangle eſt oppoſé à vn angle de 30. deg. dont le ſinus eſt la moitié du ſinus de l'angle droict.

Prop. 10. Probl. 6.

L'ombre verſe eſtant cogneuë, trouuer la longueur du ſtyle, l'éleuation du pole ſur le plan du quadrant eſtant auſſy cognüe.

Tirez vne ligne de longueur donnee comme de 10. ou 8. poulces, & à vn des bouts de la ligne faictes vn angle de 49. deg. égal à l'éleuation du pole donnee, & à l'autre bout faites vn angle de 90. deg. en y erigeant vne ligne perpendiculaire,

Paris, par la regle de trois vous trouuerez la longueur du ſtyle.

Rayon	*Z, H.*	*Tangente de F, H, Z,*
100000.	18.	*de 41. degr.*

Mais ſi vous mettez en troiſieſme lieu la ſecante du meſme angle aigu, par la regle de trois vous trouuerez la longueur de F, H, qui eſt la diſtance entre F, centre du monde, ou le ſommet du ſtyle & l'Equinoctial du quadrant H.

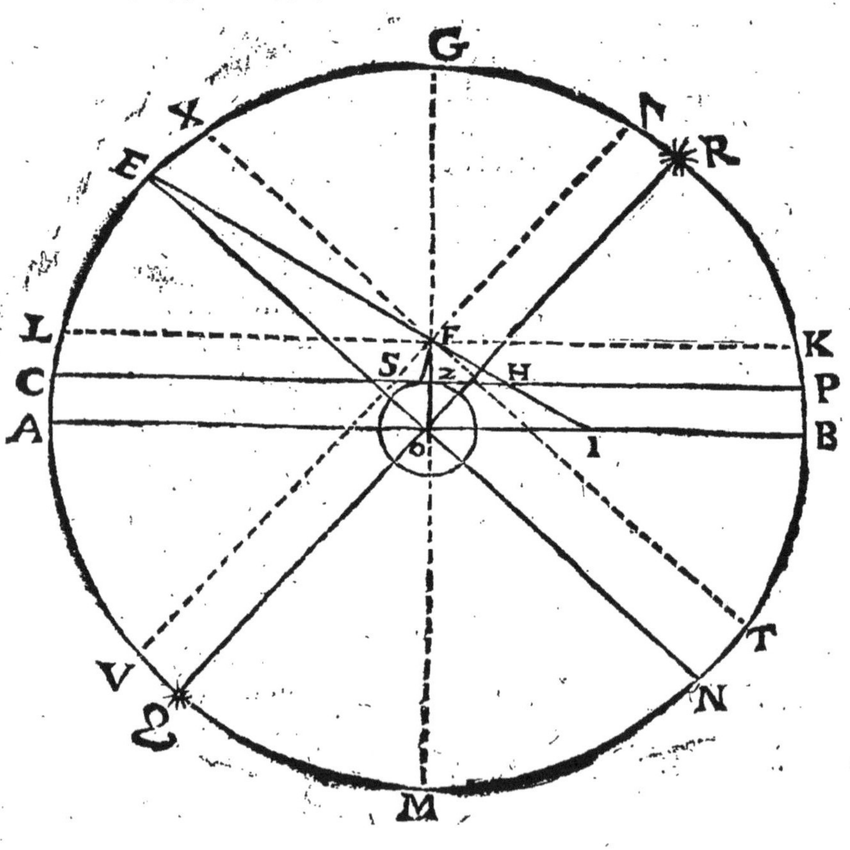

Rayon.	Z, H,	Secante de F, H, Z,
100000.	18.	de 41. deg.

Où il faut se souuenir que le poinct H, denote la ligne Equinoctialle tiree dans le plan du quadrant Horizontal ou vertical, &c. & laquelle est perpendiculaire sur le plan du quadrant Meridien E, B, M. Car les plans sont representés dans la figure precedente par des lignes droictes, comme le plan de l'Horizon par la ligne A, B, le plan de l'Equateur par la ligne X, T, mais les lignes droictes sont representées par vn seul poinct, comme la ligne de commune section de l'Equinoctial auec le plan du quadrant Horizontal est representé par le poinct H. Et la ligne de commune section du plan du cercle Vertical E, M, auec le plan de l'Horizon A, B, est representé par le poinct O.

Si l'éleuation du pole est de 30. degr. le diametre F, H, sera double de l'ombre droicte, d'autant que l'ombre droicte Z, H, dans vn triangle rectangle est opposé à vn angle de 30. deg. dont le sinus est la moitié du sinus de l'angle droict.

Prop. 10. Probl. 6.

L'ombre verse estant cogneuë, trouuer la longueur du style, l'éleuation du pole sur le plan du quadrant estant aussy cognüe.

Tirez vne ligne de longueur donnee comme de 10. ou 8. poulces, & à vn des bouts de la ligne faictes vn angle de 49. deg. égal à l'éleuation du pole donnee, & à l'autre bout faites vn angle de 90. deg. en y erigeant vne ligne perpendiculaire,

& produisez ces deux lignes faisants angles iusques à ce qu'elles se rencontrent dans vn poinct, qui sera le centre du monde ; la ligne perpendiculaire sera le style & la ligne faisant l'angle de 49. sera vne partie de l'axe du monde.

Si l'éleuation du pole est de 60. degr. l'axe du monde F, S, sera double de l'ombre verse S, Z, & si l'éleuatiõ du pole est de 30. deg. l'axe sera double du style, d'autant que le sinus de l'angle droict qui est opposé à l'axe est double du sinus de 30. degr. qui est l'angle aigu opposé au style, l'éleuation estant de 30. deg.

Prop. 11. Probl. 7.

Quelques-vns deux des trois susdits estans donnés trouuer le troisiesme.

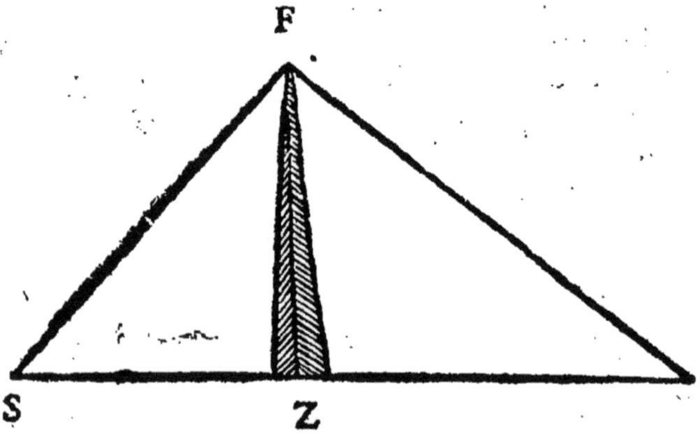

Si l'ombre droicte & le style sont cognus, comme le style de 12. poulces & l'ombre droicte de 18. & vous desirez sçauoir l'ombre verse, faictes vn angle droict duquel vn costé F, Z soit de douze poulces, & l'autre Z, H, de 18. poulces, & tirez la soubtēse F, H, & sur la ligne F, H, au poinct F, faites vn angle de 90. deg. comme est l'angle S, F, H, de sorte que la ligne F, S, faisant angle soit perpendiculaire sur la ligne F, H, & produisez ceste perpendiculaire, & aussi l'ombre droicte Z, H, iusques à ce que ces deux se rencontrent en vn poinct qui sera le centre du quadrant comme S, la production de l'ombre droicte Z, S, sera l'ombre verse. Si vous voulez vous pourrez trouuer le troisiesme proportionel selon la huictiesme du 6. liu. d'Euclide & vous aurez Z, S, d'autant que ces trois sont proportionnels.

Si le style & l'ombre verse sont cognus l'vn de 12. poulces l'autre de 18. il faut faire comme dessus, en faisant vn angle droict S, Z, F, & tirant la soubtense F, S, qui est l'axe du monde, & au poinct F, faisant vn angle de 90. deg. comme S, F, H, la production de l'ombre verse S, Z, à sçauoir Z, H, sera l'ombre droicte. Vous trouuerez le troisiesme aussi par la huictiesme du 6. liure d'Euclide.

Si vous voulez trouuer le troisiesme proportionel par l'Arithmetique, il faut tousiours mettre le style en second & troisiesme lieu, & l'autre cognu en premier. Comme si l'ombre droicte estoit de 18. & le style de 12. pour auoir l'ombre verse il les faut placer ainsi

Z, H,	*F, Z,*	*F, Z,*
18.	12.	12.

Si l'ombre verse est cognuë & vous desirez sçauoir l'ombre droicte placez-les ainsi.

Z, S,	F, Z,	F, Z,
S,	12.	12.

Si l'ombre verſe & l'ombre droicte ſont toutes deux cogneuës, & vous deſirez ſçauoir le ſtyle, faictes vne ligne ſur le papier ou ſur la terre d'vne longueur egalle à toutes les deux, comme ſi vne eſt de 12. l'autre de 8. il faut faire vne ligne de 26. & la diuiſer par le milieu, & du poinct du milieu tirer vn demy cercle qui paſſe par les bouts de laditte ligne, de ſorte que la ligne S, H, ſoit diametre du cercle, apres trenchez de ceſte ligne 8. poulces & du poinct d'entreſection Z, erigez vne perpendiculaire, & produiſez là iuſques à la circonference du cercle, la longueur de ceſte ligne

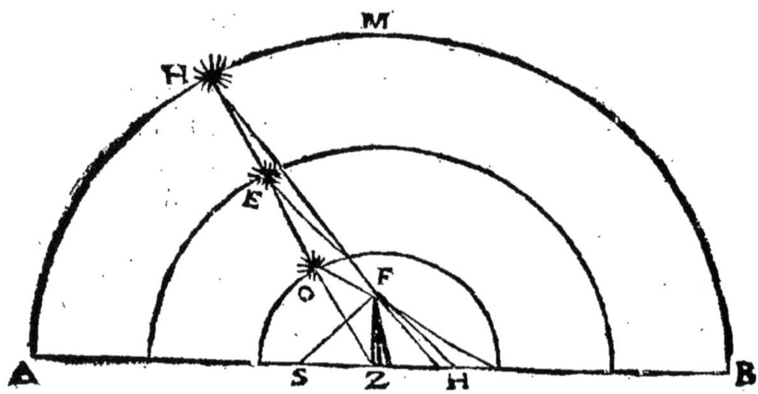

ſera le ſtyle F, Z, car le ſtyle eſt comme vn ſinus droict & les deux ombres comme deux ſinus verſes, qui compoſent le diametre du cercle S, H, de ſorte que le ſtyle ſoit moyen proportionel entre les deux, par la neufieſme du 6. liure d'Euclide Car les deux triangles F, H, Z, & F, S, Z, eſtants equiangles, il est comme le plus grand perpendiculaire Z, H, à la plus petite F, Z, du mesme triangle, aussi dans l'autre triangle la moyenne perpendiculaire F, Z, est à la plus petite S, Z. Et si le pole est esleué moins que 45. degrez dessus le plan du quadrant il sera comme la plus petite Z, H, à la plus grande perpendiculaire F, Z, du mesme triangle, ainsi dans l'autre triangle la plus petite S, Z, sera à la plus grande perpendicuaire Z, S. Et si l'éleuatiõ du pole dessus le plan du

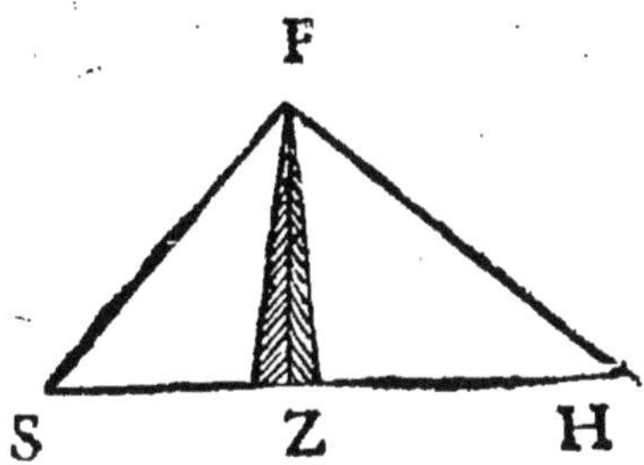

quadrant est precisément de 45. deg. alors toutes les trois Z, S, & F, Z, & H, Z, sont lignes égalles, & sont les demydiametre d'vn cercle faict sur la ligne S, H.

Si vous voulez sçauoir la longueur du style par l'Arithmetique, il faut multiplier les deux ombres 8. & 18. l'vne par l'autre, & vous aurez 144. duquel nombre si vous tirez la racine quarree vous aurez 12. pour la longueur du style, car 12. est moyen proportionèl entre ces deux.

Prop. 12. Probl. 8.

La partie du diametre de l'Equateur F, H, estant

donnee trouuer l'ombre droicte & verse, & la longueur du style.

Tirez sur le papier ou sur la terre vne ligne égalle à la longueur de F, H, & à vn bout faictes vn angle de 90. degrez, & à l'autre bout faictes vn angle égal à la hauteur de l'Equateur dessus le plan du quadrant, comme si la hauteur est de 41. deg. faictes vn angle de 41. deg. & produisez les lignes faisants les angles iusques à ce qu'elles se rencontrent dans vn poinct qui sera le centre du quadrant S. La ligne H, S, faisant vn angle de 41. deg. sera la somme des deux ombres verses & droictes, & est soubtense de l'angle droicte H, F, S. & la ligne perpendiculaire F, S, sera l'axe du monde. Tirez donc du poinct F, vne ligne perpendiculaire sur la ligne S, H, icelle ligne sera la longueur du style, & diuisera la ligne S, H, en deux parties, desquelles l'vne est l'ombre verse, l'autre l'ombre droicte.

Si vous voulez trouuer leur longueur par la Trigonometrie; mettez de suitte le rayon, & F, H, & le sinus l'angle aigu susdict F, H, Z, par la regle de trois vous trouuerez la longueur du style F, Z.

Rayon.	*F, H.*	*Sinus de l'angle*
100000.		*F, H, Z.*

Si l'angle F, H, Z, est de 30. deg. le style F, Z, sera la moitié de la ligne F, H, parce que le sinus de 30. deg. est la moitié du sinus de 90. deg. ou du rayon ou du sinus de l'angle droict.

Prop. 13. Probl. 9.

Sçachant la distance du centre du quadrant à la ligne Equinoctialle, trouuer la longueur du style &

außy l'ombre verse & l'ombre droicte l'éleuation sur le plan du quadrant estant außy donnée.

La distance du centre du quadrant à la ligne Equinoctialle est la somme des deux ombres verse & droicte, & partant est le diametre d'vn cercle passant par le sommet du style. Donc pour trouuer les trois susdits, faictes sur le papier ou sur la terre vne ligne égalle à ladicte distance laquelle ie suppose estre de 60. poulces comme S, N, dans la figure de la 15. propos. suiuante, & ayant fait vne ligne de la longueur de 60. poulces à vn bout de ceste ligne faictes vn angle égal à la hauteur du pole dessus le plan du quadrant, comme de 49. & à l'autre bout faictes vn angle égal à la hauteur de l'Equateur dessus le plan du quadrant, comme de 41. deg. & produisez ces lignes iusques à ce qu'elles se rencõtrent en vn poinct qui est le cẽtre du monde & le sõmet du style horaire, & les deux lignes feront vn angle droict comme S, F, H, ou S, F, N; tirez donc de cest angle droict vne ligne perpendiculaire sur la ligne S, N, & elle sera diuisee en deux parties, desquelles l'vne sera l'ombre droicte, l'autre l'ombre verse. Donc si vous voulez sçauoir de combien de poulces est chacun, vous n'auez qu'à les mesurer toutes trois.

Mais si vous voulez sçauoir leur longueur par la Trigonometrie, trouuez premierement la ligne qui faict l'ãgle de 41. deg. F, N, & apres par la precedente vous pourrez trouuer la longueur du style & des deux ombres. F, H, ou F, N, se trouue ainsi.

Mettez de suite le rayon, & la ligne S, N, ou S, H, & le sinus de 49. deg. opposé à la ligne F, N, ou F, H, par la regle de trois vous trouuerez la ligne F, H, qui eſt la diſtance entre le ſommet du ſtyle & la ligne Equinoctialle.

Rayon	*S, H, ou S, N,*	*Sinus de 49.*
100000,	*60.*	*degrez.*

Sçachant donc la ligne F, H, il eſt ayſé à trouuer toutes les autres lignes par les precedentes propoſitions.

Prop. 54. Theor. 10.

Trouuer la ligne Meridienne dans quelque plan donné.

Tirez ſur quelque quatre ou cinq cercles ayant meſme centre ſur vne piece de bois bien polie, & fichez dans ce plan vn baſton de bois, ou de fer à

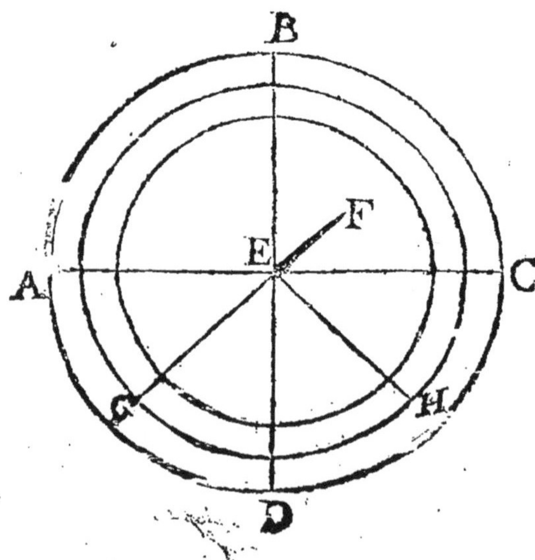

angles droićts ſur ledit plan, par la 15. ſuiuante, & mettez ledit plan parallelle au plan de l'Horizon, & à quelque iour que vous voudrez, remarquez quand le bout de l'ombre du ſtyle E, F, paruient à la circonference de quelqu'vn des cercles deuant midy, & ſuppoſons que l'ombre deuant midy ſoit E, H, de ſorte que l'extremité de l'ombre ſoit dans la circonference du cercle du mitan H, G, & apres midy, prenez garde quand l'extremité de l'ombre paruient à la circonference du meſme cercle H, G, & vous verrez le bout de l'ombre apres midy touchera la meſme circonference au poinćt G, de ſorte que le bout G, ſoit dans la circonference du cercle. Apres diuiſez l'angle G, E, H, par la ligne D, E, B, icelle ſera la ligne Meridienne dudit lieu, & le poinćt B, ſera le midy & le poinćt D, le Septentrion, & le poinćt ſiniſtre A ſera l'Orient, & le dextre C, l'Occident.

La raiſon eſt à cauſe que le ſtyle E, F, eſt dans les plans de tous les cercles paſſant par le poinćt Vertical, & partant vne partie de la ligne de commune ſećtion de tous ces plans là, & partant auſſi l'ombre eſt dans la ligne de commune ſećtion du cercle Vertical (dans lequel eſt le Soleil) auec le plan de l'Horizon. Or il eſt certain que quand le Soleil eſt dans deux cercles Verticaux, égallement diſtants du Meridien, les deux hauteurs ſont égalles, & partant les ombres ſont auſſi égalles, & au rebours; & ainſi les ombres A, C, & A B, eſtant égalles elles ſont lignes de ſećtion commune du plan de l'Horizon des deux cercles Verticaux égallement diſtants du Meridien, qui eſt vn des Verticaux, & partant le cercle Meridien, & auſſi ſa ligne de commune ſection auec le plan de l'Horizon eſt preciſément au milieu de ces deux cercles Verticaux, & auſſi au milieu des deux lignes de communes ſections, E, G, & H, E, qui ſont les ombres.

Sçachant donc la ligne Meridienne deſcrite ſur le plan de l'Horizon, vous trouuerez aiſément la ligne Meridienne ſur quelqu'autre plan inclinant ou perpendiculaire ſur l'Horizon, ainſi. Prenez bien garde quand l'ombre du ſtyle va le long de la ligne Meridienne deſia trouuée, alors prenez vn fil bien ſubtil, & pendez-le à plomb, l'ombre de ce fil ſera la ligne Meridienne, dans le plan duquel vous deſirerez auoir la Meridienne. Car le fil perpendiculaire eſtant dans le plan du Meridien, ſon ombre y ſera auſſi, quand le Soleil eſt dans le Meridien, & ceſt'ombre ſera là ligne de commune ſection du plan du Meridien & du plan ſuſdit.

Prop. 15. Probl. 11.

Placer le ſtyle horaire dans quelque plan du quadrant, de ſorte que le ſtyle ſoit perpendiculaire ſur le plan.

Du poinct, où vous voulez placer le ſtyle, tirez vn cercle comme G, S, N, K, dans la figure ſuiuante, duquel le demydiametre ſoit égal à la longueur du ſtyle, ou plus grand ou moindre ſi vous voulez, apres faictes vn angle droict ſur la terre ou ſur le papier, ayant vn coſté égal à la longueur du ſtile, l'autre égal au demy diametre du cercle, & tirez la ſoubtenſe de ceſt angle droict, vous aurez la diſtance que doit auoir le ſommet du ſtyle de toutes les parties dudict cercle. Placer donc le ſtyle au centre du cercle F, & remuez le ſommet du ſtyle iuſques à ce qu'il ſoit égallement eſloigné de quelqu'vn des deux poincts dudict cercle non diametrallement oppoſez comme K, & G, & que la diſtance du ſommet du ſtyle à ces deux poincts K, & G, ſoit égalle à la ſoubtenſe de l'angle droit ſuſdict.

Ie dis que le ſtyle ſera perpendiculaire ſur le plan du cercle R, K, G, N, d'autãt qu'il fait quatre angles droicts auec les lignes tirees dans le plan du cercle, car le ſtyle faict angles droicts auec F, G, & auec F, K, parce que la ſoubtenſe de chacun de ces angles eſt égalle à la ſoubtenſe de l'angle droict ſuſdict, & les coſtez auſſi égaux aux coſtez chacun au ſien. Donc puis que le ſtyle faict angles droicts auec les lignes F, K, & F, G, il ſera auſſi auec les lignes F, φ & F, 7. qui ſont les productions des autres lignes, & partant puis qu'il faict angles droicts auec ces quatre lignes, il ſera perpendiculaire ſur le plan du quadrant.

Si le morceau de fer ou de cuiure qui ſert de ſtyle eſt large en figure triangulaire, ou autrement, il eſt plus ayſé de le placer dans le plan du quadrant; car il ne faut que faire en ſorte que la ſuperficie de cuiure ſoit à plomb ſur le plan du quadrant, & alors le coſté du triangle faiſant le ſtyle ſera auſſi à plomb.

Prop. 16. Probl. 12.

Conſtruire vn quadrant Equinoctial

sur quelque plan donné.

Tirez vn cercle de la grandeur que peut receuoir le plan donné, & par le centre F, tirez la ligne Meridienne φ, K, & la ligne C, D, perpendiculaire sur la ligne Meridienne sera la ligne

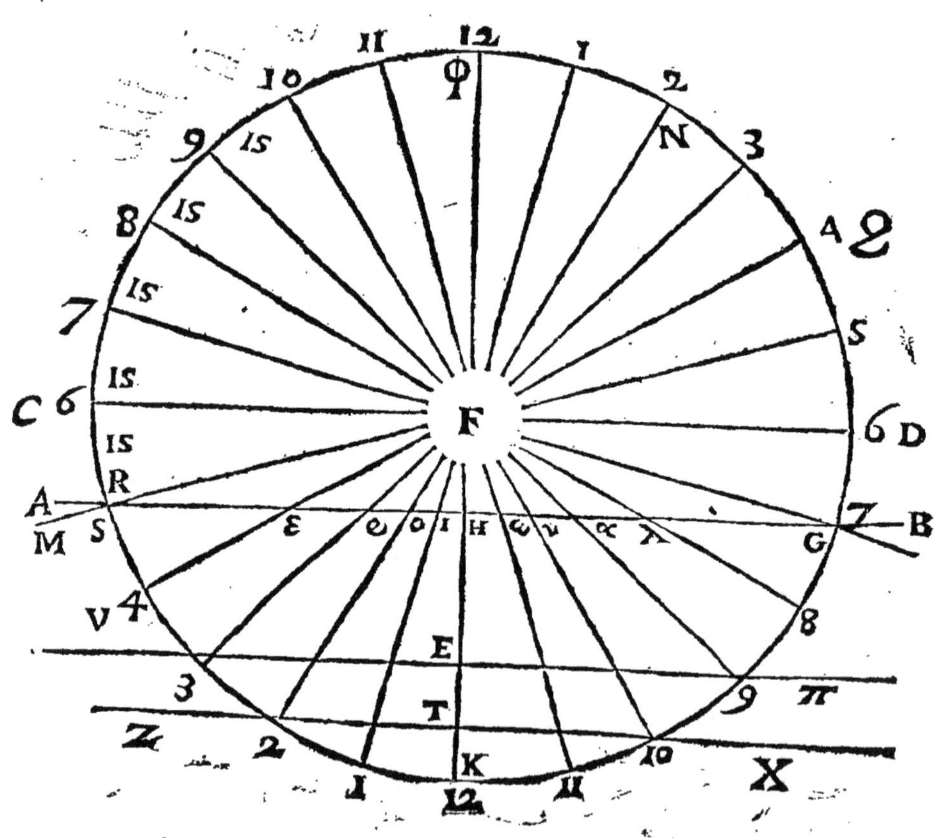

de 6. heures. Apres diuiſez chaſque quart de cercle en deux parties égalles, & vous aurez les lignes de 3. heures & de 9. heures, deuãt & apres le midy ou la minuict. Puis apres mettez le pied du compas au poinct K, & l'ayant ouuert à la diſtance de F, K, mettez l'autre pied ſur la circonference il tombera ſur la ligne de 8. heures & ſur celle de 4. heures deça & delà, & l'angle C, F, 4. ſera de 30. degrez, & K, F, 4. de 60. & l'angle 3. F. 4. de 15. faictes donc tous les autres angles égaux à celuy-cy chacun de 15. degrez, vous aurez le cercle diuiſé en 24. parties égalles, & les lignes tirees dans le plan du quadrant, ſont les lignes de commune ſection des cercles horaires auec le plan de l'Equateur.

Car les cercles horaires diuiſent le cercle Equinoctial en 24. parties égalles, & leurs plans diuiſent auſſi le plan de l'Equateur en 24. parties égalles, le centre du monde estant centre de l'Equateur & aussi de tous les cercles horaires; & tous les angles au centre de l'Equateur sont égaux, parceque les 24. parties égalles du cercle Equinoctial sont les mesures des 24. angles qui sont au centre du monde, & partant les 24. angles sont aussi égaux; & partant tous les angles qui sont dans le plan du quadrant Equinoctial sont aussi égaux, d'autant que le plan du quadrant Equinoctial est parallelle au plan de l'Equateur, & par ainsi, si vn plan coupe tous les deux les lignes de commune section seront paralleles dans les 2. plãs, & si plusieurs plãs coupent tous les deux, elles seront toutes parallelles deux à deux entr'eux à sçauoir ces deux qui sont dans vn mesme plan coupant, & partant l'angle que font deux lignes dans le plan de l'Equateur est égal à vn angle faict par deux par deux lignes parallelles aux autres deux lignes.

Ayant donc tiré toutes les lignes horaires dans le plan du quadrant, placez-le de ſorte que la ligne T, F, faſſe vn angle égal à la hauteur de l'Equateur auec le plan de l'Horizon du lieu, ou auec la ligne Meridienne, comme ſi l'éleuation du pole ſur l'Horizon du lieu eſt de 49. degrez, la hauteur de l'Equateur ſera de 41. deg. donc il faut que la ligne T, F, face vn angle de 41. deg. auec la ligne Meridienne du lieu, & par ainſi le plan de voſtre Horologe ſera parallelle au plan de l'Equateur, comme eſt requis.

Car il faut premierement tirer la ligne Meridienne, par la 14. propoſition, ſur vn plan parallelle au plan de l'Horizon, & l'ayant tiré, tirez auſſi la ligne de 6. heures, à angles droicts ſur la ligne Meridienne, & au poinct de rencontre ficher vn baſton de bois ou de fer qui ſoit à angles droiɛts ſur la ligne de 6. heures, & faſſe vn angle de 49. deg. auec la ligne Meridienne tiree, & ſur ce baſton de bois, ou de fer, appliquez le plan de voſtre quadrant qui faſſe angles droiɛts auec le

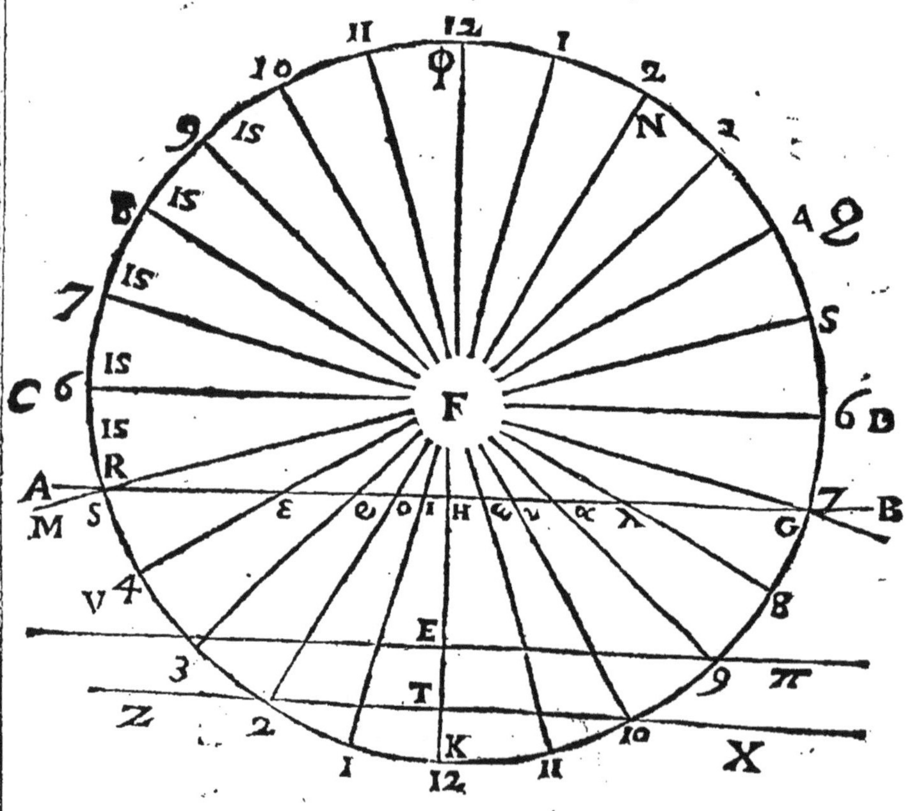

baston de fer, vostre plan sera parallelle au plan de l'Equateur. Apres au centre F, mettez vostre style de fer de quelle longueur vous voulez perpendiculaire sur le plan du quadrant par la 15. le bout de vostre style horaire sera le centre du monde, & le style sera vne partie de l'axe du monde regardant droict le pole du monde; car l'axe du monde est perpendiculaire sur le plan de l'Equateur: & l'ombre du style sera toute dans les lignes horaires & non pas le bout seulement à cause que le style horaire faisant vne partie de l'axe du monde, est toute entiere dans chacun des plans des cercles horaires, & partant son ombre sera aussi toute entiere dans les lignes horaires, quand le Soleil sera dans les cercles horaires. Mais il n'y a ny ombre droicte ny verse à cause que le bas du style est le centre du quadrant, & le Soleil estant dans l'Equateur l'ombre du style va à l'infini, ne se pouuant iamais rencontrer nulle part auec le rayon du Soleil qui la termine, à cause qu'alors le rayon du Soleil & l'ombre sont parallelles, puisque le plan du quadrant & celuy de l'Equateur le sont.

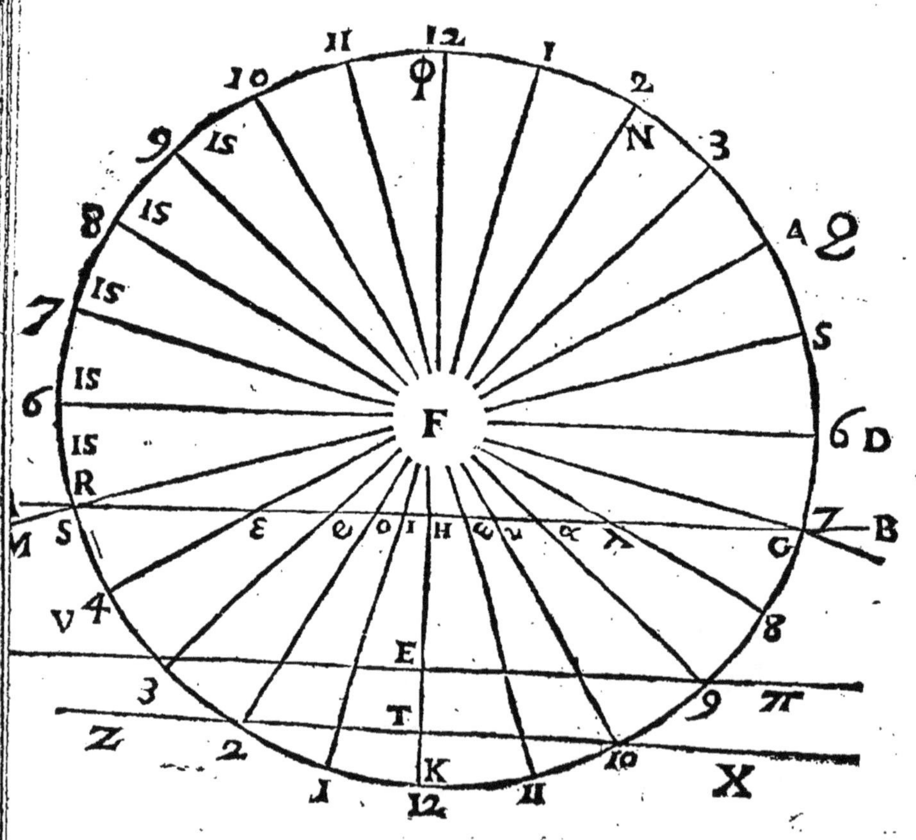

De ce quadrant Equinoctial sont tirez l'Horizontal, Vertical, Polaire & tous les autres, c'est pourquoy nous auons voulu enseigner la construction de celuy-cy le premier, à celle fin qu'on trouue moins de difficulté à la construction des autres.

Prop. 17. Probl. 13.

Sçachant la distance du centre du monde à la ligne Equinoctialle tirée sur le plan de quelque quadrant, c'est à dire la partie du diametre de l'Equateur F, H, trouuer les poincts horaires dans ladite ligne Equinoctialle.

Si on est obligé de faire le style horaire de quelque grandeur ou longueur prescrite, il faut deuant tout trouuer, par la 6. la longueur de la ligne F, H, & apres construire vostre Horologe, comme nous dirons cy-dessous. De mesme si l'ombre verse, où l'ombre droicte est donnee, il faut tousiours trouuer la longueur de la ligne F, H, par les precedentes propositions. Mais si vous n'estiez obligé à rien, pour commencer à faire vostre quadrant, il faut prendre la ligne F, H, de quelle longueur vous voudrez, mais tousiours d'vne grandeur competante, de sorte que le style & l'ombre verse ne soient ny trop grãdes, ny trop petites. Car si vous faictes la ligne F, H, trop grande, le style sera trop grand, & aussi l'ombre verse & le plan du quadrant, de sorte que peut estre le plan où vous le voulez descrire n'y suffira pas à cause de sa petitesse. C'est pourquoy il faut tousiours auoir égard à la grandeur du plan où vous voulés descrire l'Horologe, & à la grandeur de l'ombre verse & droicte pour descrire vn quadrant qui coupe l'axe du monde à angles obliques,

Sçachant donc la longueur de la

ligne F, H, prenez ſur la ligne Meridienne, dans le quadrant Equinoctial, la partie F,H, de la longueur requiſe, & par le poinct H, tirez vne ligne A, B, à angles droicts ſur la ligne Meridienne dans le plan du quadrant Equinoctial, icelle ligne A, B, ſera coupee par les lignes horaires du quadrant Equinoctial en onze poincts, à ſçauoir les cinq deuant midy G, λ, α, υ, ω, ou bien les poincts de 7. 8. 9. 10. 11. heures, & encores les poincts de cinq heures apres midy 1, o, e, ε, & R, qui ſont les poincts des heures 1. 2. 3. 4. 5. apres midy; mais H, eſt le poinct du midy fait par la ligne Meridienne. Et il faut ſe ſouuenir que tous ces poincts horaires eſtants dans la ligne de commune ſection du quadrant Horizontal, & du plan du quadrant Equinoctial, ils ſont tous dans tous les deux plans, & partant les lignes horaires de tous les deux quadrants s'entrecoupent és susdits onze poincts. Pour ce qui est de la ligne de six heures, elle est tousiours parallelle à la ligne Equinoctialle susdicte, & partant ne la peut couper. Si vous voulez vous pourrrez tirer Z, X, pour ligne Equinoctialle, mais alors il faudroit produire les lignes F, M, & F, V, ou F, 4. & F, 3. & F, 8. & F, 9. iusques à ce qu'elles se rencontrent auec ladicte ligne Z, X, & alors F, T, sera la distance entre le centre du monde, ou sommet du style F, & le poinct dans la ligne Equinoctialle le plus proche. Vous pourrez tirer la ligne Equinoctialle par le poinct K, si vous voulez, & F, K, sera la distance entre le sōmet du style F, & la ligne Equinoctialle, ou biē la ligne de commune section de l'Equateur auec le plan du quadrant, & alors il faut produire toutes les lignes horaires susdictes iusques à ce qu'elles coupent la ligne Equinoctialle passant par le poinct K.

Vous pourrez faire le quadrant Equinoctial de ceste maniere : Ayant faict F, H, de quelle longueur vous voulez, faictes vn ligne perpendiculaire A, B, passant par le poinct H, & à l'autre bout F, faictes vn angle de 75. degrez comme est l'angle M, F, K, & produisez les lignes iusques à ce qu'elles se rencontrent en R, apres du poinct F, tirez vn cercle qui passe par le poinct de rencontre R, qui sera le plan de l'Equinoctial (F estant le centre du monde) cōtenant toutes les lignes horaires tout de mesme comme le quadrant Equinoctial. Ou bien si vous voulez vous pourrez faire le rayon du cercle plus grād que F, R, afin d'auoir moins de peine à le diuiser en 24. parties égalles) comme F, M, & ayant tiré le cercle, diuiser le quart de cercle C, K, en six parties égalles, ou bien M, K, en cinq parties égalles, de sorte que chacun soit de 15. deg. car la ligne

C, D, qui eſt celle de 6. heures eſtant perpendiculaire ſur K, F, l'arc C, K, ſera quart de cercle, M, K, eſtant de 75. deg. ſi vous l'oſtez de C, K, 90. reſtera C, F, M, 15. deg. & de meſme façon vous diuiſerez l'autre quart de cercle K, D, & ainſi vous aurez les onze poinɛts ſuſdits.

Prop. 14. Probl. 14.

Ayant trouué les poinɛts horaires dans la ligne Equinoɛtialle, tirer les lignes horaires du centre du quadrant Horizontal, & ainſi faire les angles de chaſque heure du iour chacun de la grandeur qu'ils doiuent auoir,

Premierement ſçachant la partie du diametre de l'Equateur F, H, trouuez, par la 12. la ſomme des deux ombres verſe & droiɛte H, S, & ayant tiré au poinɛt H, vne ligne perpendiculaire ſur la ligne diuiſee A, B, laquelle ſoit égalle à la ſomme des deux ombres, comme est dans ceste figure H, S, le poinct S, sera le centre du

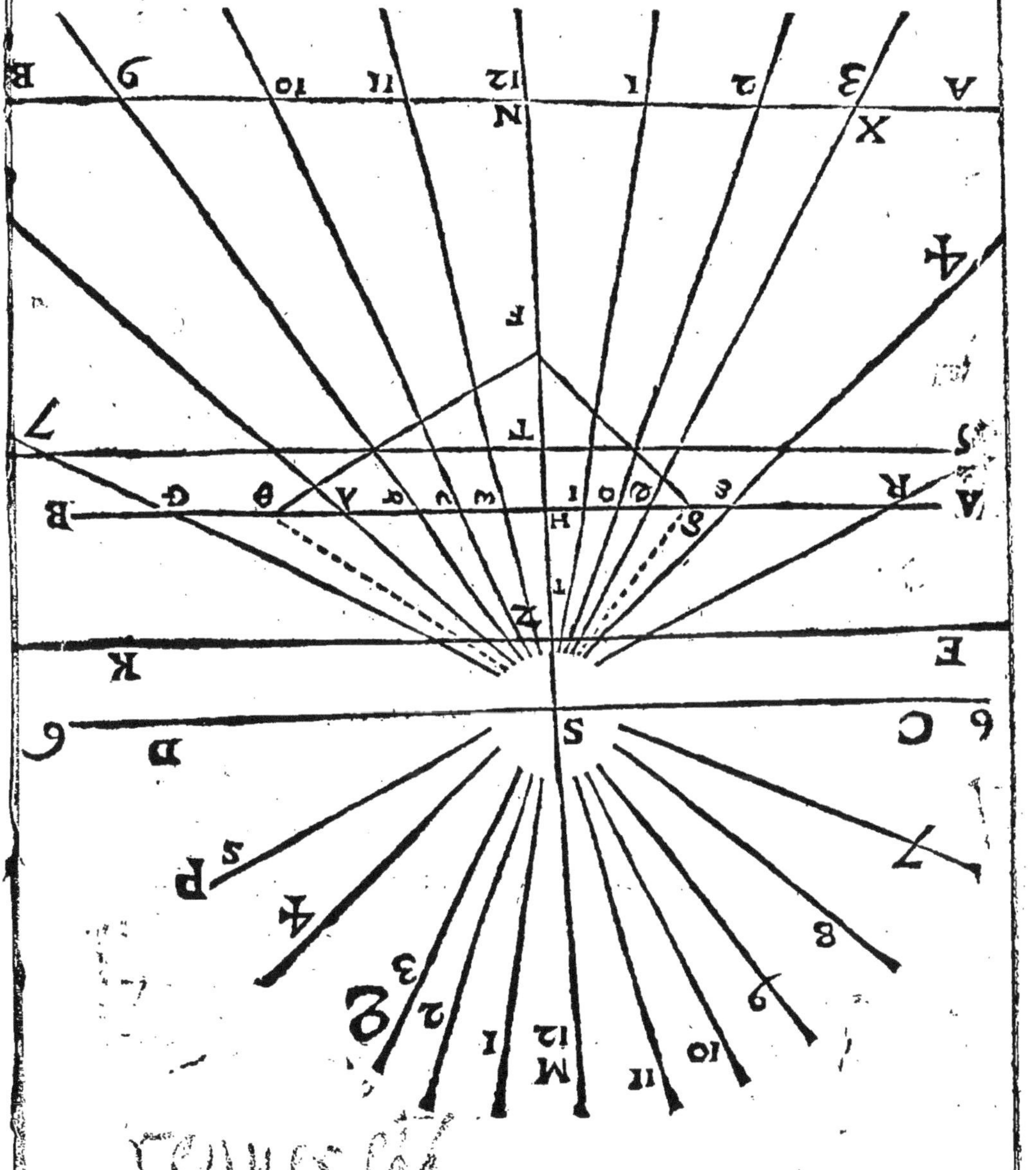

quadrant ; duquel poinct S, si vous tirez vne ligne droicte par chasque poinct horaire R, ε, e, o, 1, H, ω, υ, α, λ, G, vous aurez toutes les lignes horaires depuis six heures au matin iusques à six heures du soir : car la ligne perpendiculaire sur la ligne Meridienne M, N, & passant par le centre du quadrant S, est la ligne de six heures estãt la ligne de cõmune section du cercle de six heures auec le plan du quadrãt, & partant quand le Soleil est dans le cercle de six heures, le bout de l'ombre du style F, sera dans la ligne C, D, d'autãt que toute l'ombre de la ligne F, S, sera dans la mesme ligne C, D. Mais toute l'ombre du style de commune section F, Z, est dans la ligne E, K, qui est la ligne de commune section du cercle Vertical auec l'Horizon, quand le Soleil est dans le cercle Vertical, d'autant que toute la longueur du style est dans le cercle Verti-

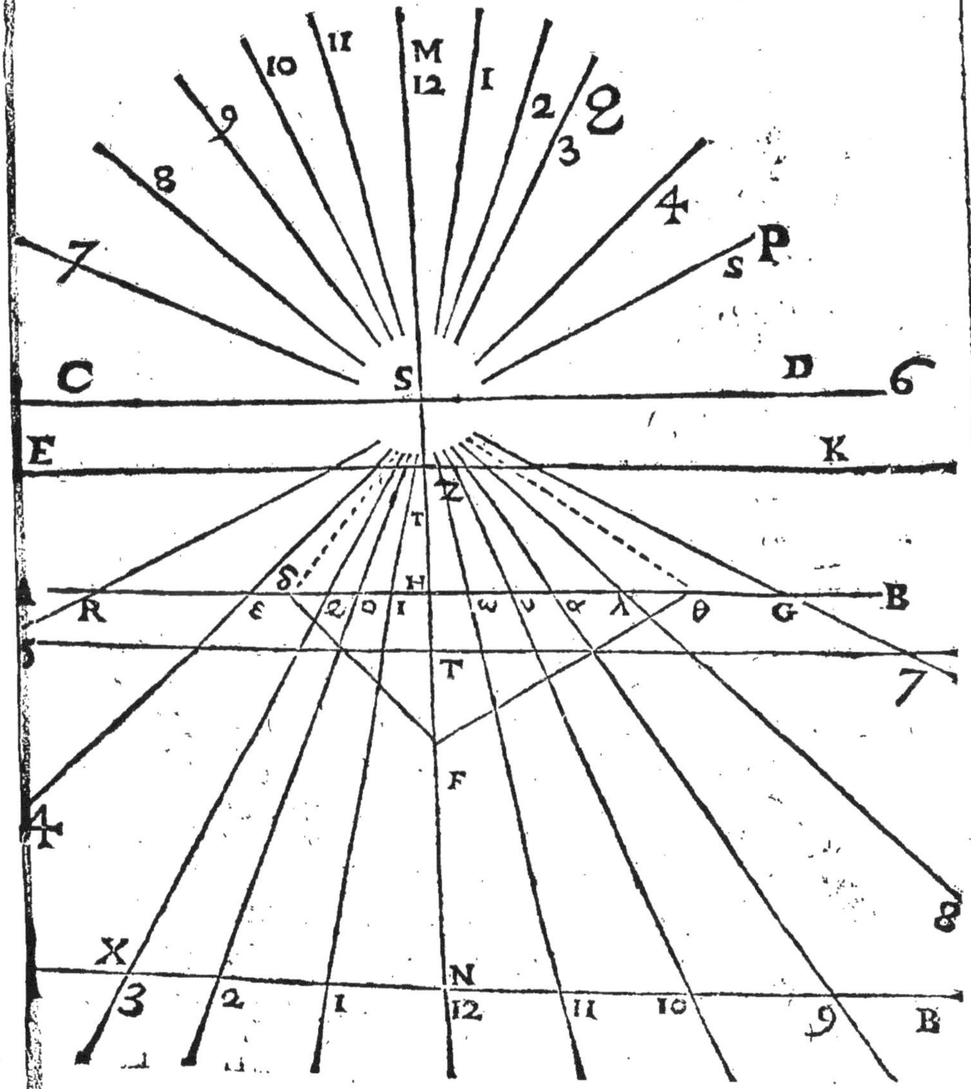

Vertical : c'eſt pourquoy le Soleil eſtant dans l'Equateur en ſe leuant eſt dans le poinct d'entre-section de quatre grands cercles, l'Horizon; l'Equateur, le cercle Vertical, & le cercle de six heures, & partant l'ombre seroit dans tous les quatre à la fois, & partant aussi dans les trois lignes de commune section à la fois, C, D, & E, K, & A, B, le bout de l'ombre estant terminee, mais comme cela est impossible, aussi est-il impossible que le bout de l'ombre puisse estre terminé alors, estant parallelle à l'Horizon, ou au plan du quadrant,

Les heures vers la main droicte sont les heures du matin, & celles vers la main gauche sont celles d'apres midy. Mais pour auoir les heures de deuant minuict, il faut produire les lignes horaires du matin, comme S, G, estant produicte donne 7. heures deuant minuict & S, λ, estant produicte donne 8. heures du soir, S, α, estant produicte donne 9. heures du ſoir. De meſme pour auoir les heures d'apres minuict, il faut produire les lignes horaires d'apres midy, comme S, X, ou S, 4. eſtant produicte donne S, Q, qui eſt la ligne de trois heures, apres minuict, & S, R, eſtant produicte donne S, P, qui eſt la ligne de 7. heures du matin.

Ces lignes horaires eſtant tirees, mettez le pied du compas au poinct S, & tirés vn cercle qui coupe toutes les lignes horaires, & ſur le bord du cercle eſcriués les heures, c'eſt à dire au bout de chaſque ligne eſcriuez le nombre des heures qu'elle denote, comme vous voyez en ceſte figure. Si vous voulez vous pourrez tirer le cercle du centre Z, ou du centre H, ou de quelqu'autre poinct dans la ligne Meridienne. Si vous voulez auſſi au lieu d'vn cercle, vous pourrez faire vn quarré de telle grãdeur que vous voudrez, & alors il faut produire les lignes horaires de toutes parts iusques aux costez du quarré, & sur le bord du quarré escriuez les heures, & quoy que vous fassiez le plan de l'Horologe vingt fois plus grand, il ne sera besoing pour cela de changer ny les angles ny les lignes horaires, ains seulement les produire iusques au bord du plan du quadrant. Vous pourrez aussi faire vostre quadrant en Oualle, ou en Hexagone, ou quelque autre forme que vous voudrez.

Aussi si vous voulez changer la longueur du style, ou l'ombre droicte, ou verse, il n'est pas besoing pour cela de changer ny les lignes, ny les angles horaires ; car les vnes & les autres demeurent tousiours les mesmes, & les angles sont tousiours de mesme grandeur.

Mais si vous changez aucun des trois susdicts, les autres deux se changent aussi, & deuiennent ou plus grandes ou plus petites. Car ſi vous faictes le ſtyle plus grand, l'ombre verſe & l'ombre droicte deuient auſſi plus grande; & ſi vous faictes l'ombre verſe plus grande le ſtyle deuient auſſi plus grand, & ſi vous faites l'ombre verſe petite le ſtyle deuient auſſi petit. Car quoy que le centre de l'Horologe ne change pas de place, le ſtyle eſtant plus grand, il faut qu'il ſoit placé plus eſloigné du centre & plus proche du Septentrion ou du poinct N, à celle fin que le ſommet du ſtyle ou centre du monde ſoit dans l'axe du monde S, F, qui fait touſiours le meſme angle auec le plan de l'Horizon; parce que ſi le ſtyle eſt long, & qu'on le place proche du centre du quadrant le bout du ſtyle paſſera par deſſus l'axe du monde, ce qui ne doit pas eſtre puis que le ſommet du ſtyle eſt le centre du monde, & partant doit eſtre touſiours dans l'axe du monde. De meſme ſi le ſtyle eſt court il doit eſtre placé proche du centre du monde; car

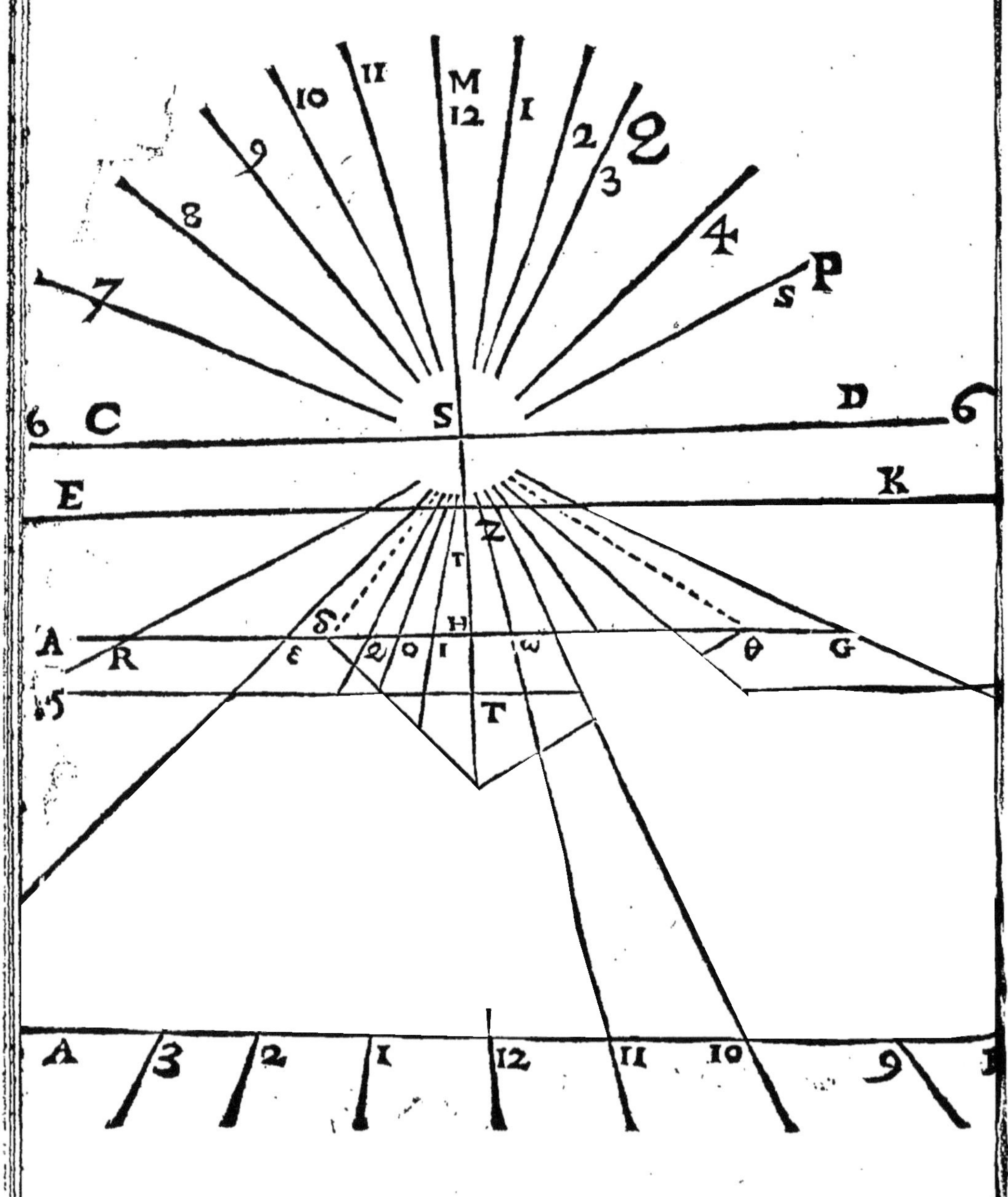

ſi vous l'en eſloignez trop, le ſommet du ſtyle qui eſt court ne paruiendra pas iuſques à l'axe du monde qui faict touſiours vn angle égal auec le plan du quadrant, & partant le ſommet du ſtyle qui eſt le centre du monde ſeroit hors l'axe du monde, ce qui ne peut eſtre. Pour la meſme raiſon, ſi l'ombre verſe eſt grande, il faut que le ſtyle ſoit long, afin que le ſommet puiſſe paruenir à l'axe du monde, & ſi l'ombre verſe eſt petite, le ſtyle doit eſtre auſſi petit.

De la meſme façon ſi le ſtyle eſt long, l'ombre verſe ſera plus grande: car le Soleil eſtant dans l'Equateur, l'ombre Meridienne qui eſt l'ombre droicte ſera plus longue que ſi le ſtyle eſtoit court. Et au rebours, ſi vous changez la place de la ligne A, B, en faiſant l'ombre droicte plus longue ou plus courte, les lignes horaires ny les angles horaires ne ſe changent pas pour cela, mais bien la longueur du ſtyle; & par ainſi l'ombre verſe, auſſi. Car ſi vous tirez la ligne Equinoctialle par le poinct N, les deux autres deuiennent plus grandes, car S, N, ſera la ſomme des deux ombres, qui eſt beaucoup plus grãde que S, H, & partant l'ombre verſe ſera neceſſairement plus grande que ſi la ligne Equinoctialle eſtoit tirée par le poinct H, & il faut neceſſairement que le ſtyle ſoit auſſi plus grand, afin que, le Soleil eſtant dãs l'Equateur, le bout de l'ombre ſoit toute la iournee dans la ligne Equinoctialle A, N, B: mais ſi vous voulez ſçauoir la longueur de l'vne, & de l'autre, vous la trouuerez par la 13. propoſition precedente.

Il faut faire le ſtyle de fer preciſément de la longueur qu'il doit auoir, & le ficher au poinct Z, perpendiculaire ſur le plan du quadrant, ſelon la 15. prop. precedente, & au ſommet du ſtyle appliquer vn autre petit baſton de fer qui ayt l'autre bout fiché dans le centre du quadrant S, & faiſant angle égal à l'éleuation du pole auec l'ombre verſe Z, S, à cauſe que ce fer fait vne partie de l'axe du monde, & partant ſon ombre ira touſiours tout le long des lignes horaires pour marquer les heures quand le Soleil eſt dans les cercles horaires deſquels tous l'axe du monde eſt ligne de commune ſection, & partant eſt dans les plans de tous ces cercles là. Comme ſi le Soleil eſt dans le cercle horaire 4. S, λ, le rayon du Soleil tombera ſur la meſme ligne horaire 4. S, λ, comme au poinct λ, & partant auſſi le bout de l'ombre au meſme poinct λ, or l'autre bout dudit fer eſtant dans la meſme ligne 4. S, λ, au poinct S, les deux bouts de l'ombre ſeront dans la meſme ligne à ſçauoir les deux poincts S, & λ, & partant toute l'ombre ſera dans la meſme ligne droicte, allant du pied du fer S, iusques au bout du rayon du Soleil, qui est le poinct λ; car l'ombre d'vn corps n'est autre chose qu'vne ligne droicte, tiree du pied du corps iusques à l'extremité du rayon du Soleil, comme l'ombre du style du quadrant est vne ligne droicte, tiree du poinct Z, (qui est le pied du style) iusques à l'extremité du rayon du Soleil, & partant le Soleil estant dans le cercle 4. S, λ, le rayon tombera sur la mesme 4. S, λ, en quelque poinct comme en λ, si le Soleil est dans l'Equateur; & la ligne Z, λ, sera l'ombre du style, c'est pourquoy, parce que le pied du style Z, n'est pas dans le mesme cercle, 4. S, λ, l'ombre du style aussi ne va pas le long de ladicte ligne, ains seulement le bout de l'ombre du sommet du style tombe sur la ligne 4. S, λ, à cause que le sommet du style estant le centre du monde est aussi dans le cercle 4. S, λ, comme aussi dans tous les plans des cercles horaires.

Ayant donc descrit vostre Horologe M, A, N, B, mettez le plan sur lequel il est descrit, de sorte que le poinct M, soit droict vers le midy, & N, vers le Septentrion, ainsi que la ligne M, N, soit la Meridienne du lieu, laquelle doit estre trouuee par la 14 precedente.

Prop. 19. Probl. 15.

Trouuer les angles horaires d'aucun Horologe Horizontal ou autre faisant angles obliques auec l'axe du monde, l'éleuation du pole estant donnee.

Soit l'éleuation du pole donnée A, B, de 49. deg. & les cercles horaires A, G, A, R, A, F, A, H, A, o, A, I &, A, B, le Meridien. Tous les angles au pole A, estants égaux chacun de 15. deg. dans le triangle Spherique A, B, I, il y aura trois cognus à sçauoir A, B, de 49. deg. & l'angle B, de 90. deg. & l'angle B, A, I, de 15. deg. Donc pour auoir le costé perpendiculaire B, I, opposé à l'angle cognu de 15. degrez. Mettez le Rayon, & la Tangente de 15. degrez, & en troisiesme le sinus de A, B, de 49. deg par la regle de trois vous trouuerez la tangente de B, I, qui sera de 11. deg.

26. minut. Voyez la 56. proposition de nos triangles Spheriques, par laquelle vous pourrez trouuer la mesme chose en six façons differentes.

Rayon	*Sinus de B, A.*	*Tangente de*
10.	49. *degrez.*	15. *deg.*
	989.	

Apres mettez de suiete le Rayon, la Tangente B, A, O, de 30. deg. & le sinus de B, A, de 49. deg. par la regle de trois vous trouuerez la Tangente de B, O, qui sera de 23. deg. 33. min.

Rayon	*Sinus de B, A,*	*Tangente de 30.*
10.	*de 49. deg.*	*degrez.*

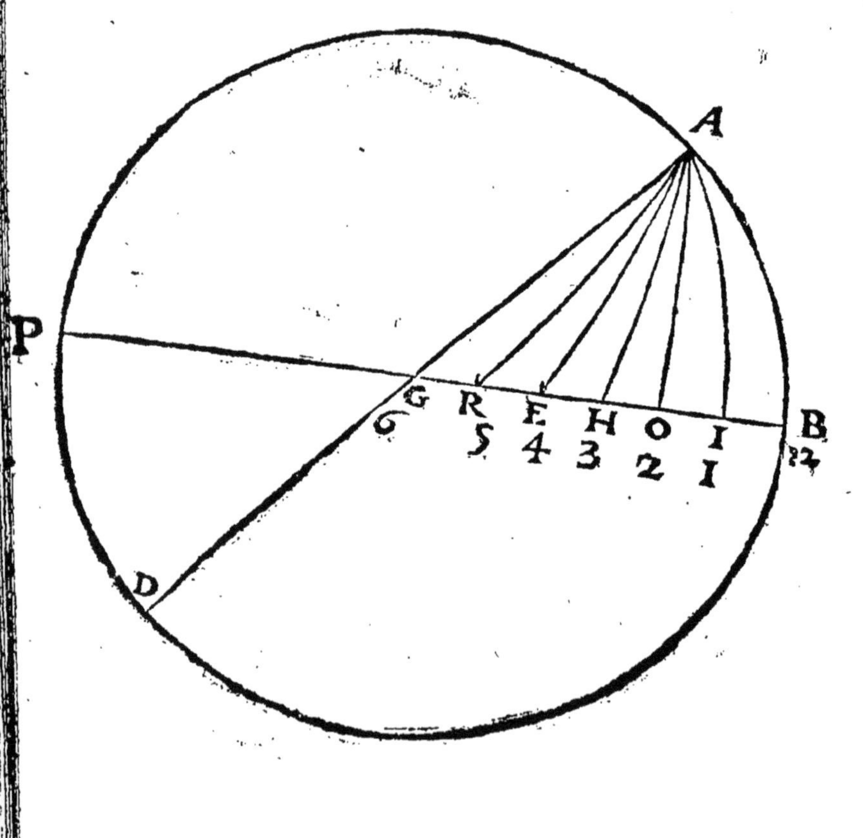

Et si vous mettez en troisiesme lieu la Tangente de B, A, H, de 45. deg. par la regle de trois vous trouuerez la Tangente de B, A, H, qui sera Tangente de 37 deg. 3. min.

Rayon	*Sinus de A, B,*	*Tangente de 45.*
10.	*de 49. deg.*	*deg.*

Et si vous mettez en troisiesme lieu la Tangente de B, A, E, de 60. deg. la quatriesme sera la Tangente de B, E, qui sera Tangente de 52, deg. 35. min.

Rayon	*Sinus de A,* B,	*Tangente de*
10.	*de* 49.	60. *deg.*

Et si vous mettez en troisiesme lieu la Tangente de B, A, R, de 75. deg. le quatriesme proportionel sera la Tangente de B, R, qui sera Tangente de 70. deg. 27. min.

Rayon	*Sinus de* B, *A,*	*Tangente de* 75.
10.	*de* 49. *deg.*	*degrez.*

Mais l'angle B, A, G, estant de 90. deg. l'arc C, A, & l'arc H, C, sera aussi de 90. deg. puisque l'angle B, H, G, est droict, car si vn triangle Spherique a deux angles droicts, les deux costez opposez sont chacun de 90. degrez, mais l'angle B, G, A, est de 49. deg. puisque A, B, est sa mesure. Sçachant donc tous ces arcs susdicts, vous sçauez aussi leurs differences, G, R, & R, E, & H, e, & o, H, & o, I, & I, B, sont les arcs qui sont mesures des angles horaires. Où il faut noter que sçachant les arcs d'vn quart de l'Horizon, vous sçauez aussi les arcs de tous les autres quarts, car ils sont égaux, à cause que les triangles sont égaux comme si le triangle B, A, I, est celuy de l'heure depuis midy iusques à vne heure, il sera égal au triangle depuis onze heures iusques à midy d'autant qu'ils ont vn costé commun A, B, & deux angles égauz à deux angles, l'vn de 15. deg. l'autre de 90. par la 79. de nos triangles Spheriques. De mesme, le triangle A, B, O, qui est celuy de deux heures apres midy est égal à celuy de dix heures deuant midy, parce que le costé A, B, est commun à tous les deux, & deux angles sont égaux à deux angles, l'vn de 30. l'autre de 90. Donc si vous ostez de ces égaux, les autres deux égaux, à sçauoir celuy d'vne heure A, H, I, & celuy d'onze heures, restera A, I, Θ, le triangle de la deuxiesme heure égal à celuy de la dixiesme heure deuāt midy. Et de la mesme façon se prouue A, O, H, égal à celuy de la neufiesme, & l'arc E, R, aussi égal à l'arc de la huictiesme, & l'arc G, R. égal à celuy de la septiesme, & ainsi d'autres.

A l'éleuation du pole de 49. deg. les grandeurs des angles horaires sont telles.

1. & 11. h.	11. deg. 26. min.
2. & 10. h.	12. deg. 7. min.
3. & 9. h.	13. deg. 30. min.
4. & 8. h.	15. deg. 32. min.
5. & 7. h.	17. deg 52. min.
6. & 6. h.	19. deg. 33. min.

Sçachant donc ces arcs de l'Horizon, vous sçaurez aussi les angles que les lignes de section des plans auec celuy de l'Horizon font au centre du monde, ces arcs estants mesures desdits angles, & partant vous sçauez aussi ces angles que les lignes horaires font au centre du quadrant, car ils ſont égaux à ceux qui ſe font au centre du monde, d'autant que le plan du quadrant eſtant parallelle au plan de l'Horizon, les lignes de ſection dans vn plan ſont parallelles aux lignes de ſection dans l'autre, chacun au ſien, à ſçauoir la ligne de ſection de 4. heures apres midy dans le plan du quadrant eſt parallelle à la ligne de ſection de 4. heures apres midy dans le plan de l'Horizon, & la ligne de 7. heures dans le plan du quadrant, eſt parallelle à celle de 7. heures dans le plan de l'Horizon, & ainſi d'autres; & partant puis que les lignes ſont parallelles, les angles qui ſont faicts par ces lignes parallelles ſont angles égaux.

Vous pourrez trouuer les ſuſdits angles auſſi par les triangles Rectilignes ainſi. Suppoſez F, H, eſtre de 100000. en le prenant pour rayon, la ſomme des ombres S, H, ſera ſecante de 41. deg

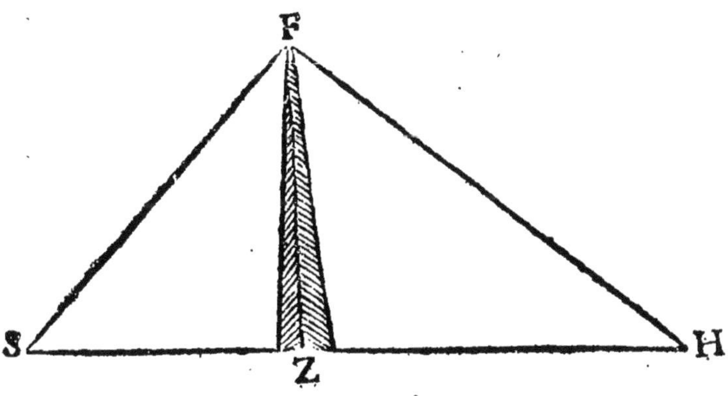

& F, S, ſera tangente de 41. deg. & partant tous le trois ſeront cognus. F, H, de 100000. & H, S, de 132501. & F, S, de 86929. Aussi H, ω, sera cognu, comme Tangente de 15. deg. 26795, & H, ν comme Tangente de 30. degr. 56735. & H, α, cõme Tangente de 45. deg 100000. & H, λ, comme tangente de 60. deg. 173205. & H, G, cõme tangente de 75. deg. 373205. Sçachant donc les deux costez du triangle H, ω, S, à sçauoir H, S, 132501. & H, ω, 26795. & l'angle droict S, H, ω, trouuez l'angle H, S, ω, aigu, par la 20 de nos triangles Rectilignes, ainsi. Mettez de suitte H, S, & H, ω, & le rayon, par la regle de trois vous trouuerez la Tangente de l'angle aigu H, S, ω. de 11. deg. 26. m.

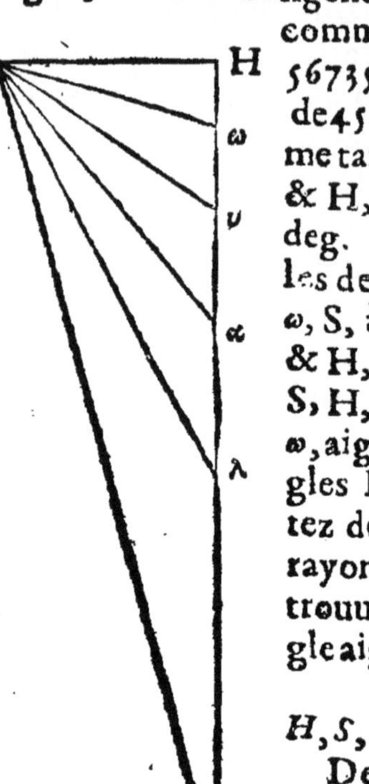

Rayon

H, S, *H, ν,* 100000.

De mesme dans le triangle H S, ν, les deux costez H, S, & H, ν, sont cognus & l'angle droict, mettez donc de suitte H, S, & H, ν, & le Rayon, le quatriesme sera la tangente de l'angle aigu H, S, ν.

HS. *Rayon.* *H, ν.*

De mesme pour auoir l'angle H, S, α, mettez de suitte H, S, & H, α, & le Rayon, & vous aurez la Tangente de l'angle H, S, α.

H, S, *Rayon.* *H, α.*

Et de mesme façon vous trouuerez l'angle H, S, λ, & H, S, G, & partant Sçachant tous ces angles, vous sçaurez aussi leur differences qui sont les angles horaires H, S, ω, & ω, S, υ, & υ, S, α, & α, S, λ, & λ, S, G, & G, S, D. Or tous les autres an-

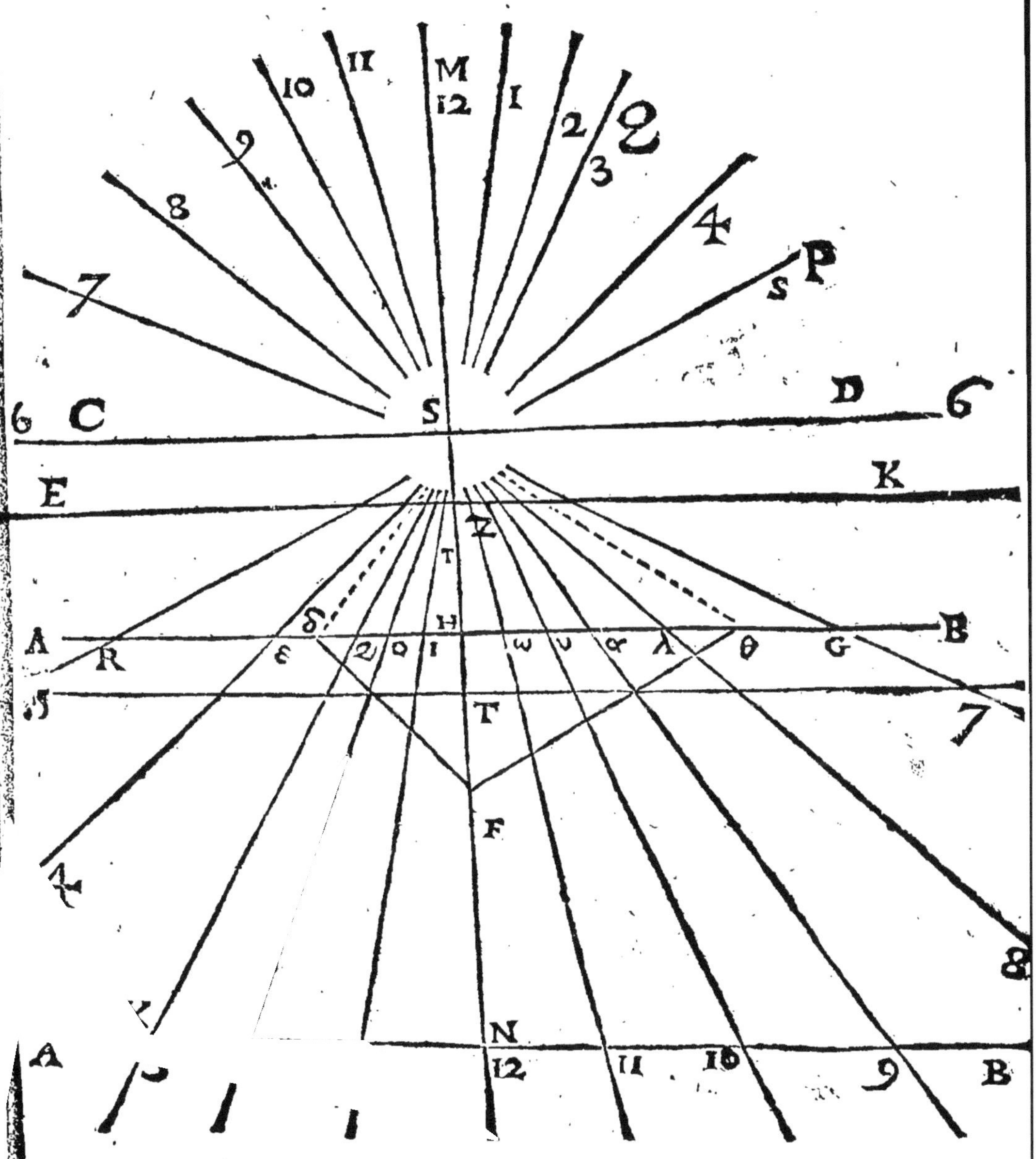

gles horaires apres midy sont égaux à ceux deuant midy, comme H, S, I, est égal à H, S, ω, parce que les deux triangles sont égaux, ayans vn costé commũ H, S, & le costé H, I, égal au costé H ω, & l'angle compris droict. De mesme l'angle H, S, ν, est égal à l'angle H, S, o, parce que les deux triangles sont égaux H, o, estant égal à H, ν, & partant aussi les differences de ces deux angles sont aussi égalles à sçauoir I, S, o, & ω, S, ν, & de la mesme façon on peut prouuer les autres angles horaires égaux entr'eux comme E, S, o, & ν, S, α, item ε, S, e, & α, S, λ, item R, S, ε, & λ, S, G. Or les segments du costé gauche sont égaux aux segments du costé droict, comme H, ω, & H, I, Item ω, ν, & o, ι, Item o, e, & ν, α, pour la mesme raison que nous auons dicte des angles, à sçauoir parce que dans le quadrant Equinoctial le triangle H, F, ω, est égal au triangle H, F, I, à cause que ces deux triangles sont equiangles, & ont vn costé commun. De mesme parce que les triangles H, F, ν, & H, F, O, sont equiangles & ont vn costé commun, ils seront égaux, & le costé O, H, sera égal au costé H, ν, & partant O, I, sera aussi égal ω, ν. De la mesme façon les autres segments se demonstrent estre égaux.

Voyez vne semblable demonstration dans nostre traicté de la Sphere dans la prop. 115. pour trouuer les largeurs des climats, de demy heure en demy heure.

Pour bien faire toutes les operations precedentes il faut auoir nostre traicté de la Trigonometrie, imprimé à Paris chez la Coste à la Cour du Palais, par lequel traicté vous pourrez faire les operations des triangles ſpheriques auec la ſeule addition & ſoubſtraction, par le moyen des Logarymes, & les operations des triangles Rectilignes par les ſinus communs.

Ayant donc enſeigné comment il faut trouuer les grandeurs des angles horaires dans toute ſorte de quadrant Horizontal Aſtronomique, ſi vous deſirez deſcrire aucun quadrant Horizontal vous n'auez qu'à tirer vn cercle ſur le plan où vous voulez faire voſtre quadrant, & ſur la circonference de ce cercle & à ſon centre faire chaſque angle horaire de la grandeur qu'il doit auoir ſans autre façon, & produire les lignes horaires tant qu'il vous plaira pour faire le quadrant, grand ou petit, comme vous voudrez, & puis apres placer le ſtyle dans la ligne Meridienne proche, ou eſloignée du centre à la proportion de ſa longueur, car s'il eſt court, il le faut mettre proche du centre, & s'il eſt long, le faut placer eſloigné du centre, comme nous auons enſeigné cy-deſſus.

Exemple, ie deſire faire vn quadrant Horizontal à l'éleuation de 41. degrez. Premierement ie trouue que les grandeurs des angles horaires ſont tels.

Heures.	
1. & 11.	9. d. 58. min.
2. & 10.	10. d. 47. min.
3. & 10.	12. d. 31. min.
4. & 8.	15. d. 23. min.
5. & 7.	19. d. 8. min.
6. & 6.	22. d. 13. min.

Faictes donc l'angle horaire du midy à vne heure de neuf degrez 58. min. & celuy de 2. h.

de 10. deg. 47. min. & ainsi tous les autres angles de la grandeur qu'ils doiuent auoir, vous aurez vn quadrant Horizontal à l'éleuation de 41. deg. lequel pourra seruir aussi à Paris pour vn quadrant Vertical d'autant que la distance du pole au Zenith de Paris, ou au cercle vertical de Paris est de 41. deg. Ayant donc toutes les lignes horaires vous ferez le style de quelle grandeur il vous plaira en figure triangulaire de fer ou de cuiure, & le placerez sur le plan du quadrant, comme est enseigné cy dessus.

Il faut se souuenir icy que ce que nous appellons cercles horaires, ne sont que demy cercles, car vn mesme cercle est de deux heures differentes & opposees, comme le Meridien est cercle de 12. heures de minuict & de 12. heures de midy; & & le cercle de 5. heures apres midy, est aussi cercle de 5. heures deuant midy, ou apres minuict: Mais quand le Soleil est dans le demy cercle de 5. heures apres midy, à sçauoir P, S, l'ombre est dans le demy opposé R, S, c'est pourquoy R, S, est appellé le cercle de 5. heures apres midy, & celuy de S, P, est le cercle de 5. heures du matin, quoy que le Soleil soit en S, R, quand l'ombre marque S, P, & ainsi toutes les lignes Septentrionalles sont lignes horaires du iour, & les lignes Meridionalles sont celles du matin deuant six heures & celles du soir apres six heures.

Table

Table des degrez correspondans à chasque heure, pour les esleuations polaires, cottees au costé senestre d'icelles.

Heures	1. 11.		2. 10.		3. 9.		4. 8.		5. 7.		6. 6.
	D	M	D	M	D	M	D	M	D	M	D.
35	8	43	18	18	29	49	44	49	64	58	90
36	8	57	18	46	30	25	45	30	65	29	90
37	9	10	19	19	31	2	46	11	65	56	90
38	9	22	19	34	31	32	46	5	66	20	90
39	9	33	19	58	32	11	47	28	66	55	90
40	9	45	2.	21	32	44	48	4	67	21	90
41	[illegible]	5	20	44	33	16	48	39	67	47	90
42	10	10	21	7	33	46	49	12	68	11	90
43	10	22	21	29	34	18	49	44	68	33	90
44	10	.2	21	51	34	47	50	16	68	54	90
45	10	43	22	11	35	17	50	46	69	15	90
46	10	54	22	33	35	44	51	15	69	35	90
47	11	5	22	,3	36	11	51	52	69	53	90
48	11	17	23	13	36	,7	52	9	70	11	90
49	11	25	23	33	37	3	52	35	70	28	90
50	11	35	23	52	37	28	53	0	70	43	90
51	11	45	24	9	37	52	53	24	70	59	90
52	11	55	24	27	38	15	53	40	71	13	90
53	12	5	24	43	38	37	54	8	71	28	90
54	12	13	25	2	38	59	54	29	71	41	90
55	12	22	25	18	39	19	54	49	71	54	90
56	12	31	25	34	39	39	55	9	72	5	90
57	12	40	25	.0	39	59	55	27	72	17	90
58	12	48	26	5	40	18	5	45	72	28	90
59	12	56	2	20	40	36	56	2	72	38	90
60	13	4	26	34	40	54	56	19	72	48	90

degrez des hauteurs horaires.

Prop. 20. Probl. 16.

Construire vn quadrant Horizontal selon la practique ordinaire plus promptement que dessus.

Soit faict H, F, de quelle grandeur vous voulez, & soit tiré le quart de cercle H, B, S, ou le droict S, F, H, lequel doit estre diuisé en cinq parties égalles chacun de 15. deg. comme α, F, H, & ν, F, α, & G, F, λ, apres soit faict H, G, perpendiculaire sur la ligne H, F, coupant les lignes qui diuisent l'angle droict és cinq poincts ω, ν, α, λ, & G. Puis apres soit faict l'angle O, F, H, & S, H, F, égal à l'éleuation de l'Equateur, sur le plan du quadrant, sçauoir de 41. deg. à Paris l'angle F, O, H, & aussi H, S, F, sera de 49. deg. & partant H, S, ou F, R, sera la somme des deux ombres, & S, F, ou H O, l'axe du monde, & Z, F, ou

I, H, M, le ſtyle, & A, B, auſſi le ſtyle.

Produiſez donc F, H, en C, de ſorte que H, C, ſoit égal à H, S, ou F,

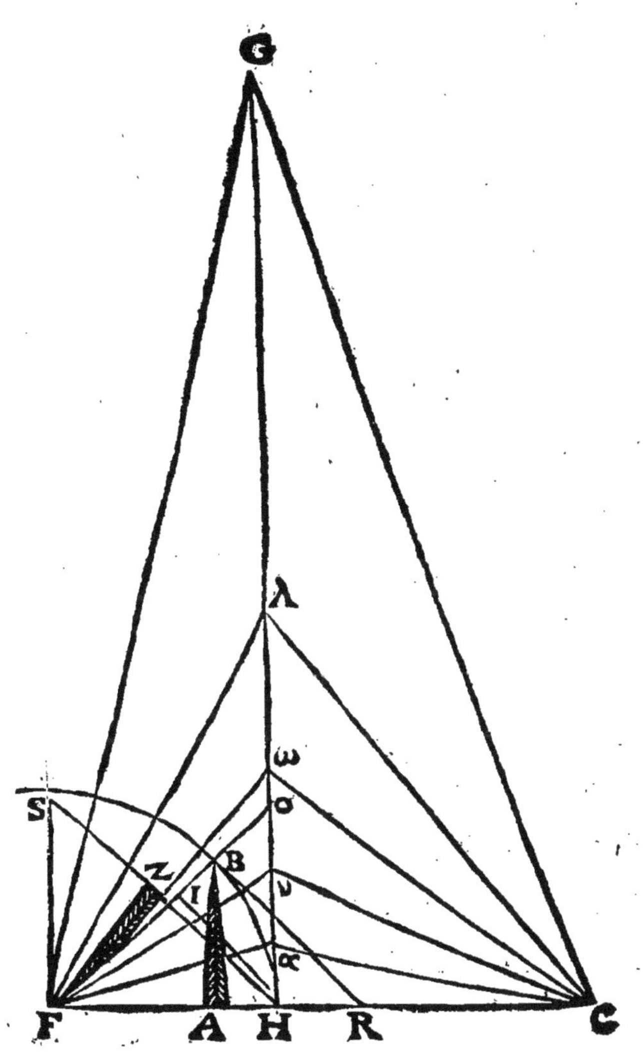

O, ſomme des ombres; & du poinct C, tirez vne ligne à chacun de cinq poincts ſuſdicts comme C, ω, C, ν, C, α, C, λ, & C, G, & par ainſi vous aurez les grandeurs de tous les angles horaires d'vn quart de l'Horologe, & partant auſſi des autres trois quarts. Faites donc ſur le plan de voſtre quadrant les angles horaires de meſme grandeur que ceux-cy, & apres placez y le ſtyle de telle longueur que vous voulez, comme eſt enſeigné cy-deſſus, vous le pourrez faire de la longueur de F, Z, dans ceſte figure, ou bien plus grande ou plus petite: Et ſi vous le faites de la longueur de A, B, il faut neceſſairement que l'ombre verſe ſoit auſſi de la longueur de S, Z, dans ceſte figure; où il faut noter que F, Z, eſt égal à A, B, parce qu'ils ſont tous deux ſinus d'vn meſme arc à ſçauoir B, H: car B, A, eſt ſinus de B, H, & auſſi I, H, eſt ſinus du meſme arc; mais F, Z, eſt égal à I, H,

Parceque les triangles F, O, H, & S, F, H, & aussi R, O, F, sont égaux, Z F, & I, H, & A, B, estant perpendiculaires tirees sur leur base.

Prop. 21. Probl. 17.

Trouuer la hauteur du Soleil par l'ombre de quelque chose perpendiculaire sur le plan de l'Horizon à quelque heure du iour.

Mettez en premier lieu la longueur de l'ombre en second la longueur du style, en troisiesme le rayon, par la reigle de trois vous trouverez la Tangente de l'angle, qui est la hauteur du Soleil sur l'Horizon. Où il faut noter que si la longueur de l'ombre est égalle à la longueur du style, la hauteur du Soleil est de 45. degrez, & si l'ombre est plus courte que le style, la hauteur du Soleil est plus grande que 45. deg. si l'ombre est plus longue que le style, la hauteur du Soleil est plus petite que 45. deg. & au rebours. Ainsi à Paris le Soleil estant au 10. deg. de ♈ enuiron le 30. iour de Mars, & aussi au 20. deg. de ♍ enuiron le 10. de Septembre, l'ombre du midy est égal au style; à cause que la hauteur Meridienne du Soleil alors est de 45. deg. car le Soleil estant alors esloigné 4. deg. de l'Equateur, & l'Equateur esloigné de 41. deg. de l'Horizon, la hauteur du Soleil sur l'Horizon sera de 45. deg. dans la huictiesme proposition.

Exemple; soit la longueur du style 12. poulces, ou 12. pieds, ou douze toises (car si vous pouuiez prendre vn clocher pour style, ce sera encore mieux, & plus iuste) & soit la longueur de l'ombre 15. Donc pour auoir la hauteur du Soleil, mettez de suitte 15. & 12. & 100000. par la reigle de trois vous trouuerez la Tangente de la hauteur du Soleil.

Ombre	*Style*	*Rayon*
12.	12.	100000.

Vous pourrez trouuer aussi la hauteur du Soleil par l'Astrolabe, ou par le quart de cercle, mais non pas si precisément.

Prop. 22. Probl. 18.

Trouuer la hauteur de l'Equateur, & außy l'éleuation du pole, qui est son complement, par la hauteur du Soleil Meridienne.

Si le Soleil est dans l'Equateur au commencement d'Aries ou Libra, la hauteur du Soleil sera la hauteur de l'Equateur, laquelle estant ostee de 90. degr. donnera l'éleuation du pole sur l'Horizon du lieu. Comme icy à Paris le Soleil estant dans l'Equateur, on trouueroit sa hauteur Meridienne d'enuiron 41. deg. Et partant si vous ostez 41. de 90. resteroit 49. deg. pour l'éleuation du pole à Paris.

Mais si le Soleil est dans aucun signe des Septentrionaux, il faut oster la declinaison du Soleil de sa hauteur Meridienne, & ce qui restera sera la hauteur de l'Equateur. Comme si le Soleil est dans le commencement de ♉, & sa hauteur Meridienne est trouuée par la precedente de 52. deg.

30. min. il faut oster de ceste hauteur la declinaison du Soleil au commencement de ♉ à sçauoir 11. deg. 30. min. de 52. deg. 30. min. resteront 41. deg. pour la hauteur de l'Equateur sur l'Horizon.

Et si le Soleil est dans quelqu'vn des signes Meridionaux, il faut adiouster la declinaison du Soleil à la hauteur de l'Equateur sur l'Horizon; comme si le Soleil estant au commencement de ♐ ou d'♒, & sa hauteur fut trouuee de 20. deg. 48. min. selon la proposition precedente, il faut adiouster à ce nombre sa declinaison qui est de 20. deg. 12. min. & vous aurez 41. deg. pour la hauteur de l'Equateur sur l'Horizon, & partant l'Eleuation du pole sera de 49. deg.

Prop. 23. Theor. 5.

S'il y a deux triangles ayant bases égalles, & diuisez en parties égalles, chacune à la sienne, par deux perpendiculaires inégalles, tirees des angles opposez : & deux de ces triangles n'ayant ny les hauteurs, ny les bases égalles, sont equiangles, les autres deux triangles seront aussi equiangles ou égaux.

Soient les triangles S, T, X, & F, G, S, & les bases égalles, S, X, & F, S, & les perpendiculaires diuisantes les bases H, G, & M, T, de sorte que H, F, soit égal à M, S, & H, S, égal à M, X, , Ie dis que puisque l'angle F, G, H, est égal à l'angle T, X, M, chacun de 15. deg. ces deux triangles rectangles T, M, X, & F, G, H, seront equiangles & partant les autres deux triangles S, M, T, & S, H, G, seront aussi equiangles; & l'angle M, S, T, sera égal à S, G, H, lequel est égal à l'angle D, S, G.

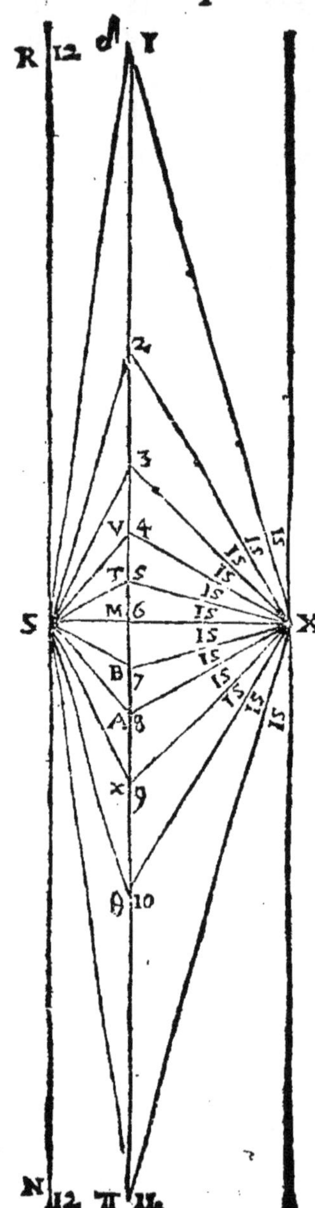

Car, puis que les triangles F, G, H, & T, M, X, sont equiangles, leurs costez seront proportionaux, & sera comme H, F, à M, T, ainsi H, G, à M, X, & partant puis que M, S, & H F, sont égaux & aussi M, X, & H, S il sera comme M, S à, M, T, ainsi H, G, à H, S, & partant ces deux triangles M, S, T, & H, G, S, ayans les costez proportionaux, seront aussi equiangles, & l'angle M, S, T, sera égal à l'angle S, G H. Or l'angle S, G, H, est égal à l'angle de 6. à 7. heures ou de 5. à 6, heures, qui est D, S, G, ou C, S, R, car ces deux angles sont égaux, à cause qu'ils sont angles alternes faicts par les parallelles C, D, & R, G, car R, G, est la ligne Equinoctialle comme est à voir par la precedente, C, D, est la ligne de de 6. heures passant par le centre du quadrant, & S, H, F, est la ligne Meridienne. Et dans l'autre figure S, M, X, est aussi la ligne de 6. heures, & 12. S, 12. la ligne Meridienne.

De la mesme façon on prouue que l'angle S, H, ω depuis onze heures iusques à douze, ou de 12. à 1. est egal à l'angle S, ♌, M, ou son égal ♂, S, R, & partant ♂, S, 12. sera l'angle de 11. heures iusqu'à midy, & ce qui est la mesme chose du midy iusqu'à vne heure, car ♂, S, R & ϖ, S, N, sont égaux. Car puisque les triangles M, X, ♂, & F, H, ω, sont equiangles, ils ont leurs costez proportionaux, & sera comme H, ω, à M, X, ainsi H, F, à

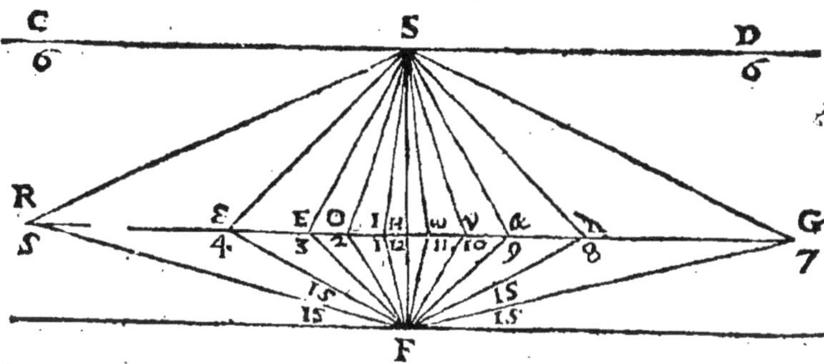

M, ♂, & partant il sera aussi comme H, ω, à H, S, ainsi M, S, à M, ♌, & partant les triangles H, ω, S, & M, S, ♂, ayant les costez proportionaux seront aussi equiangles, & l'angle S, ♂, M, sera égal à H, S, ω, & partant ♌, S, R, est aussi égal à H, S, ω, ou H, S, I.

De la mesme façon demonstre-on que le triangle S, V, M, est equiangle au triangle S, λ, H, d'autant que M, X, V, est equiangle au triangle H, λ, F, l'angle a F, estant de 60. deg. &

& celuy-là à X, d'autant ; partant les deux autres triangles sont aussi equiangles ; & partant l'angle S, λ H, qui est égal à λ, S, D, angle de 6. heures iusqu'à 8. & ainsi M, S, V, est aussi l'angle de 6. heures à 8. Donc si vous en ostez M, S, T, l'angle de 5. à 6. ou de 6. à 7. restera T, S, V, l'angle de 7. à 8. ou de 5. à 4. & ainsi T, S, V, & λ, S, G, ou R, S, ε, sont égaux.

Il se prouue de la mesme façon que l'angle α, S, λ, est égal au triangle S, V, 4. ou à A, S, 9. & ainsi tous les angles horaires dans vne des figures, égaux à tous les angles horaires dans l'autre.

Mais il est à remarquer que le triangle H, S, ω, est égal au triangle M, S, T, d'autant que les triangles X, M, T, & F, H, ω, sont equiangles ayans leurs costez proportionaux, comme F, H, à M, X,

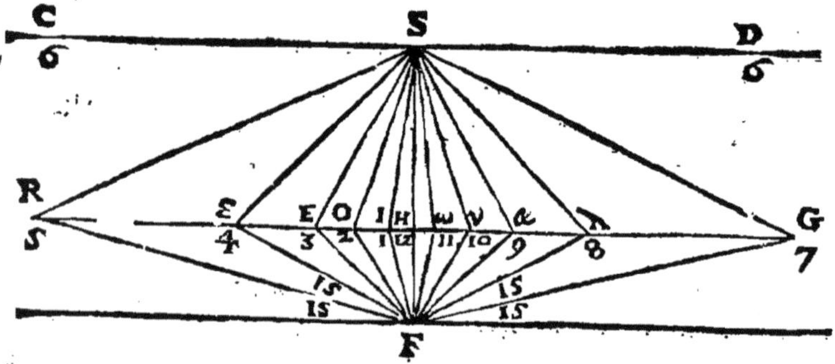

ainsi H, ω, est à M, T, & partant il sera aussi comme M, S, égal à H, F, est à H, S, égal à M, X, ainsi H, ω, est à M, T, & par ainsi ces deux triangles auront leurs costez reciproquement proportionaux, & partant seront égaux. Il se prouue de la mesme façon que tous les triangles entre les parallelles N, M, & π, δ, sont égaux aux triangles

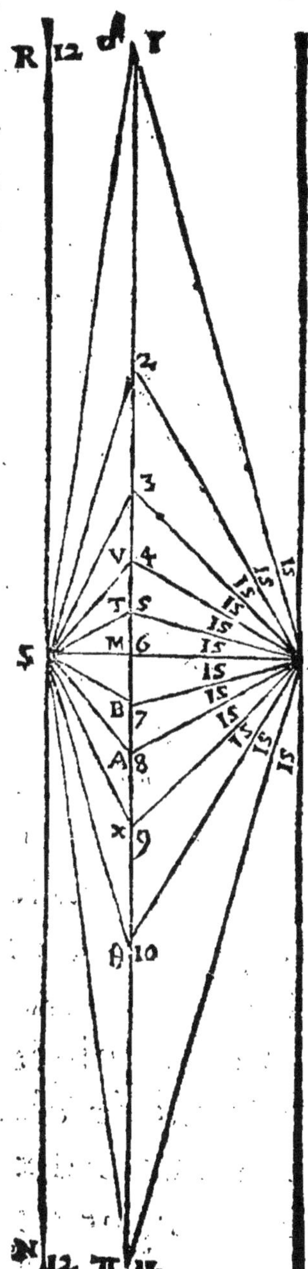

qui ſont entre les parallelles C, D, &, R, G, comme S, M, V, à S, H, ι; & S, T, V, à S, ω, ι, & S, ι, α, à S, V, 3. & auſſi le triangle S, G, H, égal au triangle S, M, δ, Voyla vne demonſtration que ny Clauius, ny Schonerus n'ont donné

Pro. 24. Prob. 16.

Conſtruire vn Horologe Horizontal ou Vertical, à la façon de Schonerus en trouuãt les poincts horaires depuis le midy, ou la minuict dãs vne ligne parallele à la ligne Meridienne.

Dans la ligne de 6 heures S, X, qui eſt parallelle à la ligne Equinoctialle, & passant par le centre du quadrant, prenez vn poinct M, autant distant du centre du quadrant, que le poinct F, centre du monde est distant de la ligne Equinoctialle R, H, G, & par ce poinct M, tirez vne ligne parallelle à la ligne meridienne N, S, R, comme est π, δ. Apres dans la mesme ligne de 6. heures faictes M, X, égalle à la somme des deux ombres S, H. Et de ce poinct X, tirez vn cercle de quelle grandeur vous voulez, & faictes au poinct X, douze angles chacun de quinze deg. en diuisant le demy-cercle en 24. parties égalles, & produisez les dix lignes qui diuisent le demy cercle, iusques à ce qu'elles se rencontrent auec la ligne π, δ, és poincts horaires, qui sont ϖ, θ, κ, A, B, M, T, V, 2. 3. δ. Puis apres du poinct S, tirez vne ligne par chacun de ces poinct horaires, & vous aurez dix lignes horaires, & S, X, la ligne de

6. heures, ſera l'onzieſme ligne horaire, & N, R, ſera la douzieſme à ſçauoir la ligne Meridienne.

Mais l'angle M, S, δ, ſera l'angle horaire du midy à vne heure, à cauſe qu'il eſt égal à l'angle H, S, ω, par la precedente, ou à H, S, I, auſſi 2, S, δ, eſt l'angle de 1. heure à 2. heures, parce qu'il eſt égal à l'angle I, S, O, ou ſon égal ω, S, ν. Auſſi 2. S, 3. eſt l'angle de 2. heures à 3. heures, parce qu'il eſt égal à l'angle O, S, E, ou α, S, ν. Auſſi 3. S, I, eſt l'angle de 3. à 4. heures, parce qu'il eſt égal à l'angle E, S, ε, ou λ, S, α. Auſſi l'angle T, S, V, eſt celuy de 4. à 5. heures, parce qu'il eſt égal à ε, S, R, ou λ, S, G. Et l'angle T, S, M, eſt l'angle de 5. à 6. heures, parce qu'il eſt égal à l'angle C, S, R, ou G, S, D, & ainſi des autres angles iuſque'à onze & douze heures. Et ſi vous produiſez ces lignes horaires de l'autre coſté vous aurez les lignes des autres douze heures ; car si vous prenez celles-cy pour les lignes horaires des heures depuis la minuict iusques à midy, en produisant les mesmes lignes de l'autre costé, outre le centre du quadrant, vous aurez les lignes depuis le midy iusques à la minuict. Toutes ces égalitez des angles horaires, desquelles nous venons de parler, sont demonstrées par la proposition precedente, c'est pourquoy nous n'auons que faire de les repeter icy.

Dans la figure de la 20. prop. si vous faisiez les cinq angles égaux au poinct C, & les cinq inegaux au poinct F, vous auriez les mesmes angles que cy-dessus, car ω, F, H, seroit l'angle horaire de 6. à 7. & υ, F, ω, sera celuy de 7. à 8. & α, F, ν, seroit celuy de huict à neuf, & λ, F, ν, seroit celuy de neuf à dix & G, F, λ, seroit celuy de dix à vnze, & S, H, seroit la ligne de douze heures.

Prop. 2. Theor. 6.

Si du sinus de la plus grande declinaison du Zodiaque T, L, vous descriuez vn cercle, le sinus de la declinaison d'aucun degré de l'Ecliptique, sera égal au sinus d'autant de degrés du petit cercle, que ledit degré de l'Eccliptyque est esloigné d'vn des poincts Equinoctiaux.

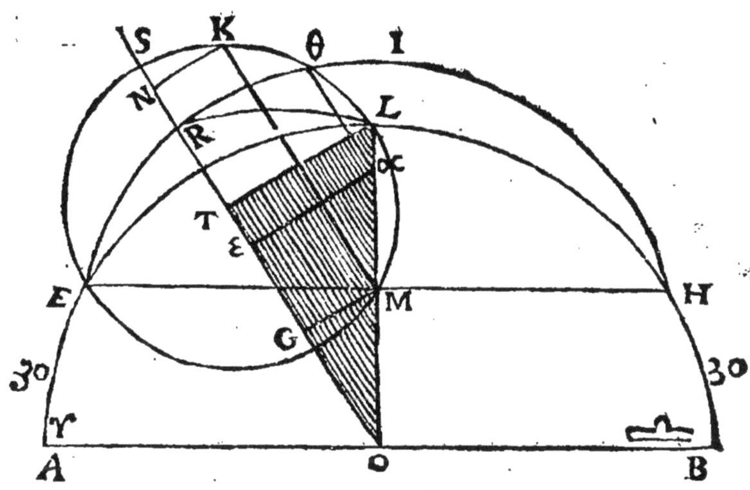

Soit le degré de l'Eccliptic esloigné d'vn des poincts Equinoctiaux de 30. deg. ie dis que le sinus, de la declinaison du trentiesme degré de l'Eccliptyque sera égal au sinus de 30. degré dans le petit cercle, qui a pour demydiametre T, L, sinus de 23. deg. 30 m. d'autant que le sinus de la declinaison de 90. deg. de l'Eccliptyque est égal au sinus de nonante deg. du petit cercle, & partant il sera de mesme des autres degrez ; le sinus de la declinaison de 40. degrés, sera égal au sinus de 40. degrez dans le petit cercle, & ainsi d'autres.

Soit B, H, arc de l'Eccliptyque de 30. degrez, & le cercle paralle à l'Equateur soit E, I, H, coupant l'Eccliptyque és poincts E, & H, de sorte que la ligne droicte E. H, soit la ligne de commune section du cercle E, I, H, & de l'Eccliptyque ; car ces deux ne s'entrecoupent pas au centre O, n'estant pas tous deux grands cercles. Apres soit A, B, la ligne de commune section de l'Equateur & de l'Eccliptyque, & A, le poinct de ♈ & B, de ♎. Aussi soit T, L, sinus de 23. deg. 30. min. dans le colure Solstitial qui est la declinaison du poinct de ♋. Car il faut imaginer le poinct L, ♋. & le poinct R, dans le plan de l'Equateur, de sorte que R, L, soit arc de colure de 23 deg. 30. min. & la ligne R, C, soit dans le plan de l'Equateur. Ie dis que parce que H, B, ou E, A, est de 30. deg. le sinus de la declinaison M, G, qui est égal à I, K, sera sinus de 30. deg. dans le petit cercle, qui a pour rayon T, L, sinus de 23. deg. 30. min.

Car puisque les triangles T, L, O, & O, M, G, ont vn angle commun T, O, L, de 23. deg. 30. m. & chacun vn droict, ils auront le troisiesme angle égal au troisiesme, & seront equiangles entre eux & partant auront les costez proportionaux, & sera comme O, L, rayon 100000. à T, L, rayon du petit cercle qui est aussi 100000. ainsi sera

ſera M, O, ſinus 50000. de H, B, de 30. deg. à M, G, ſinus de S, K, qui ſera auſſi 50000. puiſque les rayõs L, O, & T, L, ſont égaux chacun de 100000. & partant N, K, ſera auſſi de 50000. & S, K, ſera de 30. deg. De meſme, ſi E, A, eſtoit de 80. deg. S, K, ſera d'autant, & ſi E, A, eſtoit de 60. deg. S, K, ſera d'autant, & G, M, ſera ſinus d'autant, & ainſi d'autres. Comme α, O, ſinus de 60. deg.

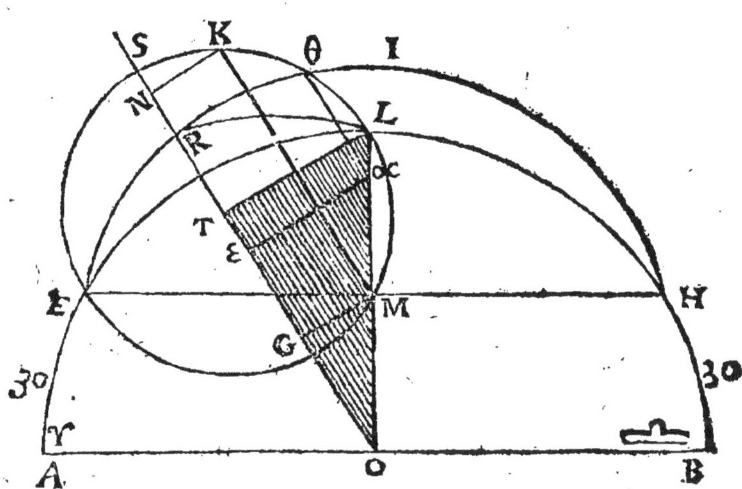

donne α, ε, auſſi ſinus de 60. deg. θ, S, ſera auſſi de 60. deg. Puiſque α, ε, eſt ſon ſinus à ſçauoir de θ, S, & au rebours ſi θ, S, eſt de 60. deg. α, ε, ſera ſinus de 60. deg. parce que α, ε, eſt ſinus de θ, S, & partant α, O, ſera auſſi ſinus de 60. deg. Et ſi S, K, eſt de 40. deg. M, G, ſera ſinus de 40. deg. & H, B, ſera auſſi ſinus de 40. deg. Et ſi K, S, eſt de 50. deg. G, M, ſera ſinus de 50. deg. & M, O, d'autant, &

partant H, B, ſera auſſi de 50. deg. Et ſi K, S, eſt de 70. H, B, ſera auſſi de 70. deg.

Prop. 26. Probl 20.

Tirer les parallelles qui paſſent par les commencemens des ſignes.

En commençant du poinct H, dans l'Equateur comptez dans le colure Solſtitial 23. deg. 30. min. iuſques au poinct L, & par le poinct L, tirez vne ligne parallelle à l'Equateur comme L, M, vous aurez le Tropique de ♋. Apres du poinct H, comptez 23. deg. 30. min. iuſques au poinct N, & par le poinct N, tirez vne ligne parallelle à l'Equateur, vous aurez le Tropique de ♑ N, G. Aptes tirez la ligne L, N, ſoubtenſe de 47. degr. & du poinct T, au milieu I, tirez vn cercle qui paſſe par les poincts L, & N, & diuiſez ce demy cercle en 6. parties égalles faiſants chacun 30. deg. par les poincts α, β, γ, δ, ε, & par chacun de ces poincts tirez vne ligne droicte parallelle à l'Equateur γ, V, ou H, V. La ligne B, Q, ſera le parallelle paſſant par les commencemens de ♉ & de ♍; & α, P, ſera le parallelle qui paſſe par les commencements de ♊ & ♌. Mais δ, Y, paſſe par les commencemens de ♏ & ♓ & ε, ω, par les commencemens de ♐ & ♒, & partant S, H, eſt la declinaiſon du commencement de ♉, à ſçauoir la declinaiſon du trentieſme degré de l'Eccliptique, & H' R, la declinaiſon du ſoixantieſme degrè, à ſçauoir du commencement de ♊.

Car puis que B, γ, eſt de 30. deg. ſon ſinus N, G, ſera ſinus de 30. deg. & puis que les triangles

N, G, O, & L, I, O, ſont equiangles ayans vn angle commun & chacun vn droict, ils auront les coſtez proportionaux, & ſera comme le rayon L, I, 100000. au rayon L, O, 100000. ainſi N, G, 50000. ſinus de 30. deg. à N, O, qui ſera auſſi ſinus de 30. degr. Mais M, O, eſt ſinus de l'arc de l'Eccliptique qui a H, S, pour ſa declinaiſon ſelon la precedente, car L, Θ, eſt le demidiametre de l'Eccliptique, & la ligne d'entre-ſection, du plan du parallelle S, Q, & du plan de l'Eccliptique L, O, eſt repreſenté par le poinct N, laquelle li-

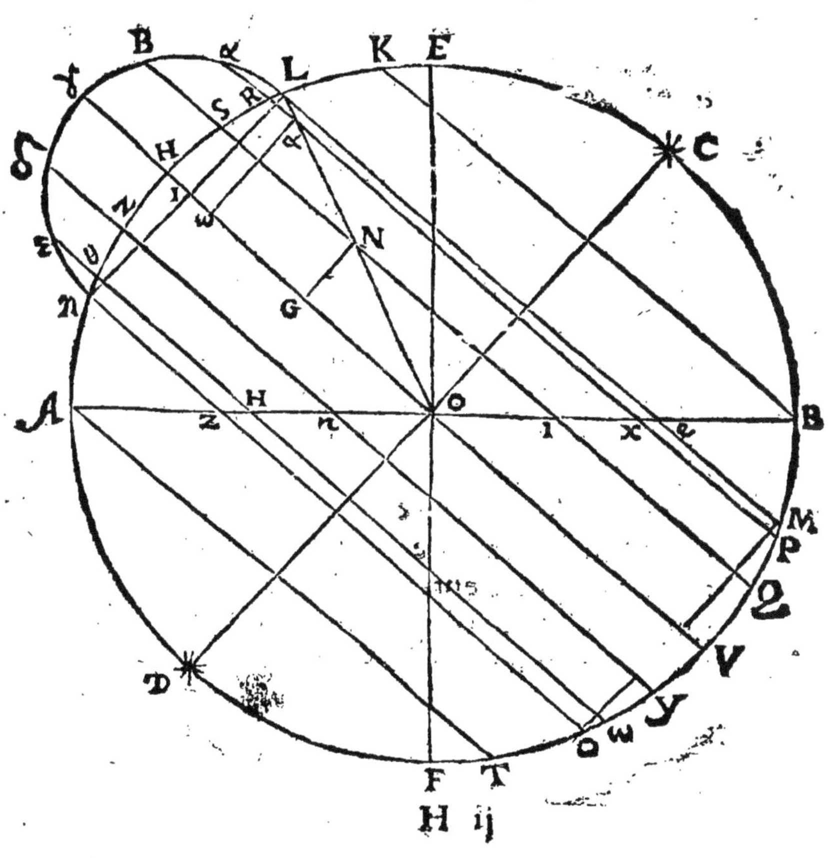

gne estant à angles droicts sur la ligne L, O, si elle est produicte iusques à la circonference de l'Ecliptique, coupera vn arc de l'Eccliptique qui aura N, O, pour son sinus, tout de mesme comme dans la figure precedente la ligne d'entre-section E, M, estant perpendiculaire, sur le demydiametre L, O, coupe vn arc de l'Ecliptique H, B, qui a M, O, pour sinus, & partant M, O, estant sinus d'vn arc de l'Ecliptique qui a S, H, pour declinaison, cest arc de l'Ecliptique sera de 30. deg. & partant H, S, sera la declinaison de 30. deg. à sçauoir du commencement de ♉ ou de ♍. Il faut entendre la mesme chose de Z, X.

De mesme, parce que α, γ, est de 60. deg. la ligne droicte α, ε, sera sinus de 60. deg. & partant α, O, sera aussi sinus de 60. deg. d'autant que les triangles α, O, ε, & L, I, O, estant equiangles, il sera comme L, I, rayon 100000. à L, O, rayon 100000. ainsi α, ε, sinus de 60. deg. à α, O, qui sera aussi sinus de 60. deg. puis que α, ω, l'est. Mais α, O, est sinus de l'arc de l'Ecliptique qui a R, H, pour sa declinaison, par ce que la ligne de commune section du plan du parallelle R, P, & du plan de l'Ecliptique se terminera en vn poinct de l'Ecliptique, qui sera esloigné du poinct Equinoctial de 60. deg. de l'Ecliptique, & α, O, sera sinus de ces 60. deg & partant R, H, sera la declinaison d'vn arc de soixante deg. ce qu'il falloit prouuer. Il faut entendre la mesme chose de la ligne, θ, ω, & de la declinaison θ, H, qui sera prouué estre declinaison de 60. deg. de l'Ecclyptique.

Prop. 27. Theor. 7.

Le rayon du Soleil eſtant dans l'Equateur deſcrit le plan du cercle Equateur au tour du centre du monde.

Car le Soleil eſtant dans l'Equateur égallement diſtant de tous les deux poles du monde, il eſt euident que ſon centre par le mouuement de vingt-quatre heures, deſcrit la circonference du cercle Equateur au tour du centre du monde & partant le rayon du Soleil eſtant vne ligne droicte tiree du centre du Soleil iuſques au centre du monde eſt le demy-diametre de l'Equateur, parce que le centre du monde eſt le centre de l'Equateur, & partant ce demy-diametre par ſon mouuement au tour du centre du monde deſcrira le plan de l'Equateur meſme. Car vn poinct par ſon mouuement deſcrit touſiours vne ligne droicte ou courbe, & vne ligne par ſon mouuement deſcrit touſiours vne ſuperficie, & le demy-diametre d'vn cercle deſcrira touſiours le plan d'vn cercle, par ſon mouuement au tour du centre dudict cercle, en ſuppoſant vne extremité touſiours attachee au centre du cercle, & l'autre ſe mouuant dans la circonference. Comme ſi vous attachiez vne corde à vne cheuille fichée en terre, & auec la main faictes mouuoir l'autre bout tout au tour de ceſte cheuille, la longueur de la corde deſcrira le plan d'vn cercle.

Prop. 28. Theor. 8.

Le Soleil estant ailleurs que dans l'Equateur, son rayon descrit vne superficie conique, ayant son sommet au centre du monde, & sa base est le plan du cercle parallelle à l'Equateur, descrit par le Soleil au tour d'vn autre centre que le centre du monde.

Car le rayon du Soleil va tousiours droict au centre du monde, & non pas au centre de ce cercle descrit par le centre du Soleil: & partant ce rayon n'estant pas dans le plan de ce cercle ne descrit point le plan dudict cercle parallelle, & ne le touche point du tout, sinon en la circonference descrite par le centre du Soleil, & le Soleil estant dans le Meridien dessous la terre, son rayon faict vn angle auec le mesme rayon du Soleil estant dans le Meridien dessus la terre, ce qui n'arriueroit pas si le rayon descriuoit vn cercle; c'est pourquoy par necessité, le rayon du Soleil descrit vne superficie conique, ayant son sommet au centre du monde, & sa base est le plan du cercle parallelle descrit par le Soleil. L'axe ou la hauteur de ce cone est la distance dudict parallelle à l'Equateur, ou plustost le sinus de la declinaison du Soleil ou de la distance de ce parallelle à l'Equateur, ou bien la distance entre le centre du monde, qui est le sommet du cone au centre de l'Equateur, & entre le centre dudict cercle parallelle, lequel sinus est vne partie de l'axe du monde, & partant si le Soleil n'est gueres esloigné de l'Equateur, ce cone est bien plat, & sa hauteur biẽ petite, & la hauteur du cone descrit par le rayon du Soleil estant au Tropique de ♋ n'est que le sinus de 23. deg. 30. m. Mais pour bien entendre cecy, appliquez le bout d'vne corde au centre du fond d'vn boisseau, & faictes aller l'autre bout tout au tour du bord du boisseau en haut, icelle corde descrira vne superficie conique, qui aura son sommet au fond du boisseau, & la base de ce cone sera le plan du cercle compris au bord du boisseau le plus haut; le centre du fond du boisseau representera le centre du monde, & le plan du fond representera le plan de l'Equateur, le bord d'enhaut representera le cercle descrit par le centre du Soleil parallelle à l'Equateur; la distance entre ce cercle & le centre du fond, ou bien la profondeur du boisseau represente l'axe du cone, ou la distance entre le centre du parallelle & le centre du monde.

Coroll. 1. *Le Nadir du Soleil descrit vn autre cercle parallelle, égal à celuy du Soleil, & vne autre superficie conique égalle à celle du Soleil, & ayant son sommet ioint au sommet du cone du Soleil au centre du monde.*

Car tous les deux cercles parallelles sont égallement distants de l'Equateur deça & delà. La superficie conique du Soleil est appellee cone de la lumiere, & le cone opposé est le cone de l'ombre parce que sa superficie est descritte par l'axe de l'ombre de la terre, laquelle est tousiours au Nadir du Soleil, c'est à dire au poinct opposé au Soleil. Il faut entendre icy le bout du style horaire pour le sommet de tous les cones, comme estant pris tousiours pour le centre du monde, & que l'ombre du style descrit tousiours vne partie du cone opposé à celuy de la lumiere, & pour ceste raison aussi, le cone opposé à celuy du Soleil peut estre appellé le cone de l'ombre.

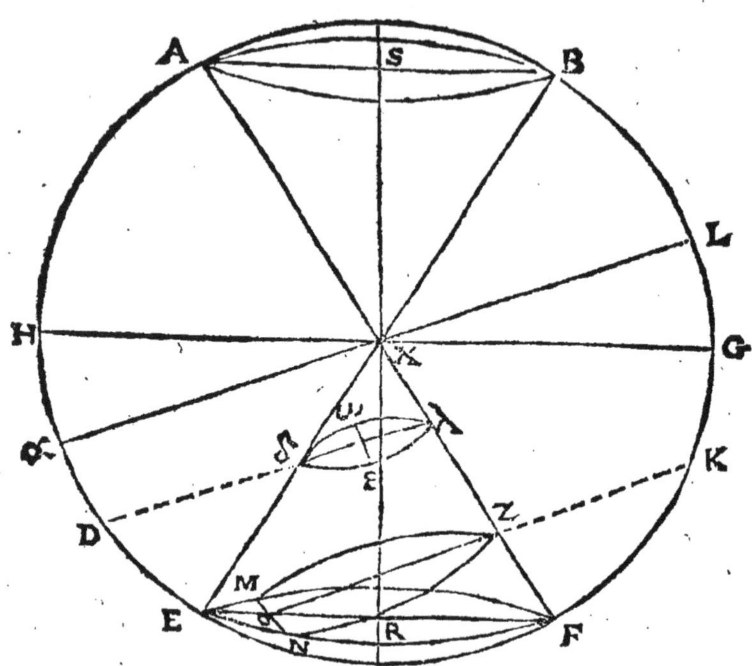

Coroll. 2. *Chasque estoille du ciel descrit vne superficie conique par le mouuement de 24. heures par son rayon qui va au centre du monde, qui est le sommet du cone, & sa base est le plan du cercle parallelle à l'Equateur descrite par l'estoille.*

Ainsi l'estoille polaire descrit vne superficie conique par son mouuement de 24. heures & la base du cone est le plan de ce petit cercle descrit par ladicte estoille parallelle à l'Equateur au tour du pole du monde,&l'axe de ce cone est la moitié de l'axe du monde, peu s'en faut; c'est pourquoy des cones susdits ceuxqui ont la plus petite base ont le plus grand axe,& au rebours; car plus vne estoille est distante de l'Equateur, le cercle qu'elle faict est plus petit,& son axe est plus grand.

Prop. 29. Theor. 9.

Si le plan d'vn cercle ou aucun autre plan coupe vn cone par le sommet de la superficie de la section conique sera triangulaire, dont la base sera le diametre du cercle qui fait la base du cone, ou bien quelque ligne inscritte dans ledict cercle.

Soit le cone A, B, C,, sa base circulaire C,I,B, O, & soit coupee la base par le milieu, par la li-

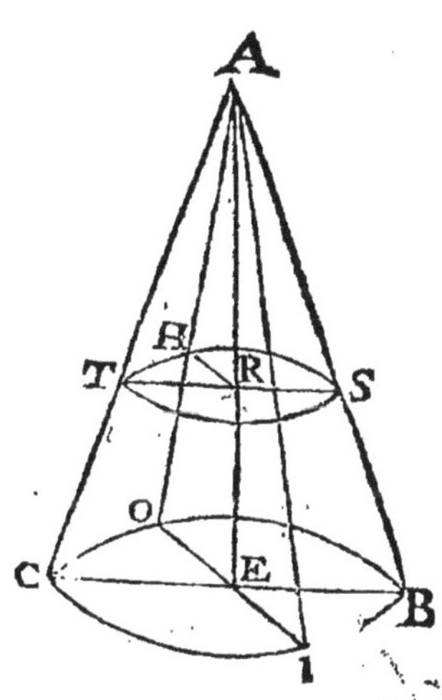

gne O,E,I,& du sommet A,soiēt tirees les lignes A, I, & A, O, icelles lignes seront les costez de la section triangulaire, & O, I, la base, laquelle si elle passe par le centre du cercle C, O, B, sera diametre.

L'Horizon droict & les Meridiens & aussi tous les cercles horaires, & tous ceux qui passent par les poles du monde, coupent les cones du Soleil & de l'ombre par le sommet, & partant font vne section conique qui a vne superficie triangulaire.

Prop. 30. Theor. 10.

Si vn plan parallelle à la base coupe vn cone Isosceles ou droict, ou autre, la superficie de la section sera circulaire, & l'essieu passera par les deux centres E, & R.

Soit la section T, H, S, parallelle à la base C, O B, I, ie dis que T, H, S, est cercle, car soit A E, tiré au centre de la base du cone. Puisque A,

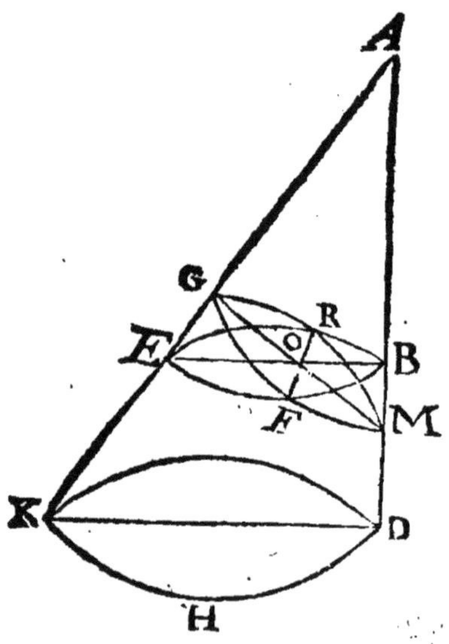

R, T, & A, E, C, sont triangles equiangles, & aufsi A, R, S, & A, E, B, equiangles, il sera comme A, R, à A, E, ainsi T, R, â C, E, & aussi R, S, à E, B, & parceque R, S, à R, T, ont mesme raison aux égaux E, C, & E, B, ils seront aussi égaux par la 15. du 5. d'Euclide, Soit aussi le poinct H, de la circonference, S, T, H, & soit tiree A, H, O, & O, E, ie dis que H, R, est égal à R, T, & R, S. Car puisque R, H, est parallelle à R, O, E, il sera comme A, R, à A E, ainsi, H, à O, E, & partant H, R, T, R, & R, S, auront toutes trois les mesmes raisons aux égaux C, E, O, E, & B, E, & partant seront tous trois égaux & R, sera centre du cercle T, H, S; & de la mesme façon vous pourrez prouuer tous les poincts de la circonference T, H, S, estre égallement distants du poinct R, & par T, H, S, estre cercle & R, son centre.

Il faut noter icy que tous les cones desquels nous parlons icy sont cones Isosceles, & c'est pourquoy vn plan qui coupe ne sçaura faire vne section qui soit cercle, si ledit plan n'est parallelle à la base du cone, mais pource qui est d'vn cone Scalene, vn plan peut couper vn cone en cercle quoy que le plan ne soit pas parallelle à la basé du cone, pourueu que le plan coupant fasse les angles alternes égaux, à sçauoir le plus grand angle qu'aucun costé du cone faict auec le plan coupant soit égal au plus grand angle qu'aucun costé du cone faict auec la base du cone, & aussi le plus petit angle que faict le plan coupant, égal au plus petit que faict la base auec aucun des costez du cone. Car vne ligne tiree dans le plan coupant parallelle à aucune ligne tiree dans le plan de la base fera angles égaux auec les deux costez diametrallement opposez, à sçauoir le plus grand égal au plus grand & le plus petit égal au plus petit.

Coroll. 1. *Le plan d'vn quadrant parallelle à l'Equateur, coupera le cone de l'ombre, & fera vne section conique qui sera cercle.*

Et partant le quadrant Equinoctial coupe le cone de l'ombre, & faict vne section conique qui est cercle. Il faut entendre la mesme chose des autres cones qui ont leur base parallelle à l'Equateur : comme ce cone là, qui a pour sa base le plus grand de tous les cercles parallelles qui ne se leuent iamais sur l'Horizon.

Prop. 31. Theor. 11.

Le plan d'vn quadrant parallelle à vn cercle qui touche les deux cones, coupe vn des cones & faict vne section conique qui est parabole.

Soit B, F, diametre d'vn cercle ou plan circulaire qui touche les superficies coniques des cones O, F, E, & A, O, B, dans la ligne B, O, F, car ceste ligne B, F, est dans le plan du cercle qui touche les cones, & aussi dans la superficie conique de chacun des cones. Apres soit S, M, le plan du quadrant parallelle au plan du cercle B, F, ie dis que le plan S, M, coupera le cone O, E, F, & la section conique Z, R, sera parabole. Car la ligne droicte Z, R, est parallelle au costé opposé O, F, puis qu'elle est parallelle au plan du cercle B, F, & Z, R, est aussi axe de la section conique, parce qu'elle faict angles droicts auec vne ligne inscrite dans le cercle de la base M, N, d'autant que ceste ligne M, N, est perpendiculaire sur la base du triangle, & aussi base de la section conique Z, R, le plan de laquelle est aussi perpendiculaire sur le plan du triangle O, F, E, car il faut supposer que le cercle A, B, G, F, coupe les cones par l'axe, & fasse deux triangles Isosceles ; car tous les cones desquels nous parlons icy sont Isosceles. Donc puisque Z, R, est axe, la section conique est parabole selon la definition.

De ceste façon és lieux où le pole est esleué de

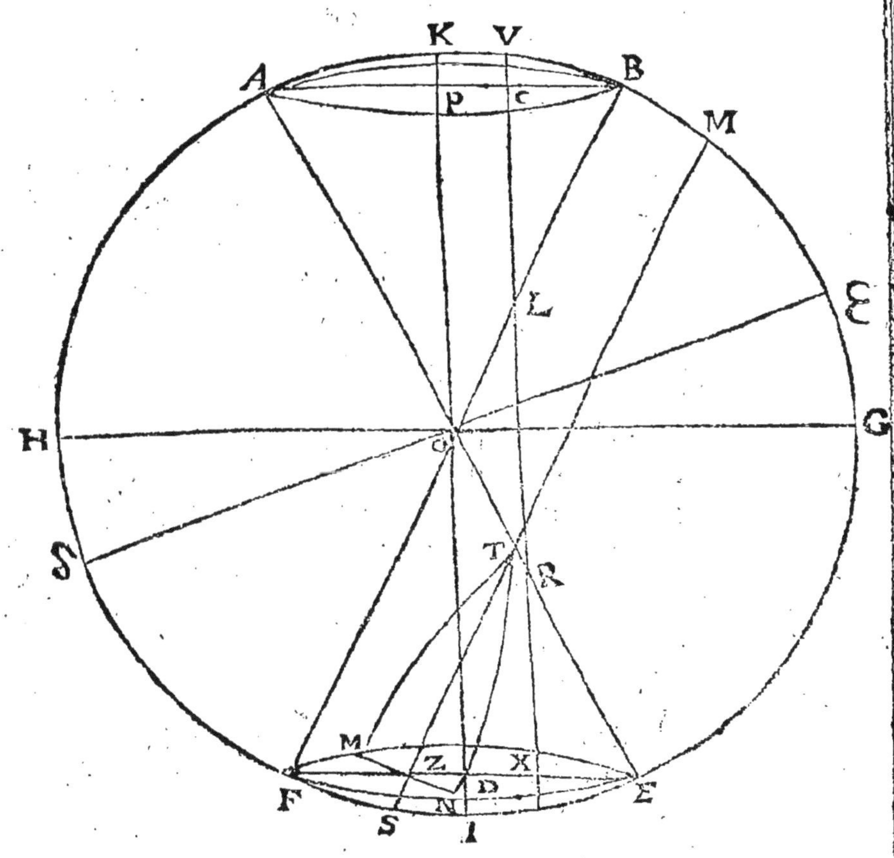

66. deg. 30. min. le plan du quadrant Horizontal coupe le cone qui a le Tropique de Capricorne pour base & faict vne parabole, parce que l'Horizon de ces lieux là touche le Tropique de Capricorne & aussi le Tropique de Cancer, & touche aussi les deux cones qui ont ces deux cercles pour bases, lesquels sont les plus grands des parallelles qui ne se couchent, & ne se leuent iamais en ce pays là.

Aussi si l'Horizon d'vn pays qui a l'eleuation du pole plus grande que 66. deg. 30. min. touche aucun des cercles qui sont entre le Tropique & l'Equateur, le plan du quadrant coupera en parabole le cone de l'ombre descrit par le Nadir du Soleil, quand le Soleil est dans le parallelle qui est touché par l'Horizon oblique susdict.

De mesme tout plan du quadrant Horizontal coupe le cone qui a pour base le plan E, F, du plus grand parallelle de tous ceux qui sont tousiours soubs l'Horizon de sorte que la section conique Z, R, soit parabole. Car tout Horizon touche deux cones desquels l'vn a pour base le plus grand de tous ces parallelles qui ne se couchent iamais, & sont tous entiers & tousiours sur l'Horizon, l'autre a pour base le plus grand de tous ceux qui sont tousiours dessous l'Horizon, & le poinct O estant le sommet du style, & aussi le centre du monde, le plan du quadrant coupe tousiours le cone dessous le sommet du style O, F, E, & non pas celuy de dessus A, O, B, parce que le quadrant est tousiours dessous le sommet du style, qui est le centre du style, si ce n'est que le plan du quadrant Horizontal soit inferieur, & alors il coupe le cone A, O, B, qui eſt le cone ſuperieur.

Auſſi és lieux ou l'éleuation du pole eſt de 45. deg. le quadrant eſt Vertical coupe vn deſſuſdicts cones en parabole, car le cercle vertical touche leur baſes, comme faict auſſi l'Horizon, & partant le diametre de chaſque baſe ſera vne ſoubtenſe de 90. deg. de ſorte que l'angle du cone ſoit vn angle droict ſolide au centre du monde.

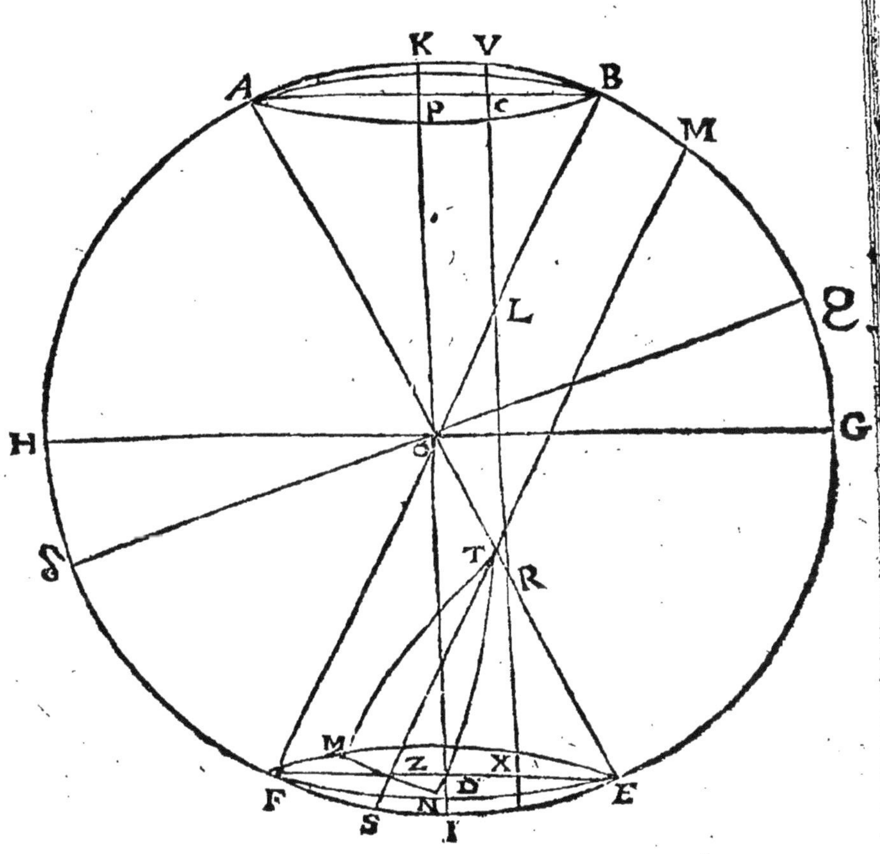

Prop. 32. Theor. 12.

Le plan d'vn quadrant parallele à vn grand cercle qui coupe les superficies coniques des deux cones, coupera aussy les mesmes cones en Hyperbole, & fera deux Hyperboles.

Où il faut noter que tout grand cercle ne peut couper vn cone que par le sommet ou centre du monde, & la section conique sera vn triangle, & partant tous les cercles qui ne coupent pas par le sommet, ne coupent pas le cone du tout, ains passent seulement par le centre du monde, ou sommet du cone, sans couper le cone du tout; mais vn plan parallelle à aucun cercle passant par le sommet du cone, coupe ledit cone comme font tous les plans des quadrants Horizontaux. Mais nous demonstrerons la proposition ainsi.

Soit le cercle A, B, G, H coupant les cones par le sommet, & faisants deux sections triangulaires O, F, E, & O, A, B, & soit vne ligne droicte K, I, representant le plan d'vn autre grand cercle, & coupant les cones par le sommet, soit par l'axe ou non n'importe, ie dis que le plan du quadrant V, X, estant parallelle à K, I, coupera les superficies coniques & fera deux hyperboles égalles R, X, & L, C.

Car puisque K, I, n'est pas parallelle à O, F, aussi V, X, qui est parallelle à K, I, ne sera pas parallelle à O, F, & parce que R, X, & O, D, sont parallelles, les angles interieurs I, O, R, & X, R, O, seront égaux à deux droicts, & partant les angles F, O, R, & X, R, O, seront plus grands que deux droicts, & F, O, & R, X, estant produicts

de ce

de ce costé là ne se rencontreront iamais, & partant R, X, est l'axe d'vne hyperbole, & represente le plan d'vne hyperbole, ayant la base perpendiculaire sur le plan du triangle O, E, F, & le plan de l'hyperbole est aussi perpendiculaire sur le mesme plan.

De cecy, il est euident que tout plan de quadrant Horizontal és lieux où l'éleuation du pole est moins que 66. deg. 30. mi. coupe tous les deux cones, de la lumiere & de l'ombre, à sçauoir tous les deux cones du Tropique de Cancer & du Tropique de Capricorne, & fait deux sections coniques qui sont deux hyperboles, l'vne courbee vers le midy, & l'autre vers le Septentrion, & faut entendre la mesme chose des autres parallelles qui sont deça & de là l'Equateur.

Aussi tout plan de quadrant parallelle à vn cercle distant du pole, ou bien sur lequel le pole est esleué moins que n'est le complement de la declinaison du cercle qui est base du cone, coupe ce cone en hyperbole. Car si le Soleil est au 10. deg. de ♉ la declinaison de son parallelle est de 14. deg. 51. min. Donc tout quadrant sur le plan duquel le pole est esleué moins que 74. deg. 9. min. quand mesme ce seroit vn quadrant Vertical, ou quelqu'autre que ce soit, le plan de ce quadrant là coupera les cones de la lumiere & de l'ombre quand le Soleil est au 10. deg. de ♉ ou de ♏ ou bien au 20. deg. de ♌ ou ♒, de sorte que les deux sections soient hyperboles égalles Mais si l'éleuation du pole est plus que 74. deg. 9. minut. le plan du quadrant ne coupera pas en Hyberbole; comme si l'éleuation du pole sur l'Horizon est de

I

13. deg. le pole sera esleué sur le cercle de 77. deg. & partant le cercle Vertical ne coupera pas aucun des cones de la lumiere, ou de l'ombre quand le Soleil est au 10 de ♉ ou de ♏ ains passe par le sommet des cones ou centre du monde sans toucher aucun des cones ailleurs.

Aussi tout plan du quadrant parallelle au Meridien, ou aucun des cercles horaires coupera tous les cones de la lumiere ou de l'ombre en hyperbole, à cause que lesdits cercles horaires coupent tous les cones de la lumiere & de l'ombre par le sommet, & par l'axe. Les cones de la lumiere sont tous ceux qui ont pour base, vn des cercles parallelles que le Soleil descrit par le mouuement de 24. heures. Les cones de l'ombre sont ceux qui ont pour base aucun des cercles paralleles que le Nadir du Soleil descrit par le mouuement de 24. heures.

Prop. 33. Theor. 13.

Si le plan d'vn quadrãt est parallele à vn grand cercle D, C, qui ny touche, ny coupe aucun des deux cones ains passe seulement par leur sommet qui est le centre du monde, le plan de ce quadrant-là coupera vn des cones, à sçauoir le cone de l'ombre, & fera vne section conique qui sera vne Ellipse, comme Z, O.

Car puisque K, O, & α, L, sont parallelles, les angles internes α, X, Z, & O, Z, X, seront égaux à deux droicts, & partant les angles E, X, Z, & O, Z, X, seront moindres que deux droicts, & partant O, Z, & E, X, estant produicts vers E, & O, se rencontreront en vn poinct & Z, O, estant l'axe de la section conique, la section sera vne Ellipse selon la definition. Mais Z, O, est axe de la section conique, d'autant que M, N, tiré dans le plan de la section conique est perpendiculaire au plan du triangle X, E, F, & Z, O, est perpendiculaire sur la ligne M, N, & tiree dans le plan du cercle M, N, E, F.

De mesme δ, λ, est parallelle à L, α, & partant les angles α, X, λ, & δ, λ, X, seront égaux à deux droicts, & E, X, λ, & δ, λ, X, seront moindres, & partant les deux lignes se rencontrent au poinct δ, & la section conique δ, ω, λ, ε, est Ellipse, & la ligne ω, ε, est perpendiculaire sur le plan du triangle, & faict angles droicts auec δ, λ, qui est tiree dans le plan du cercle A, B, H, F.

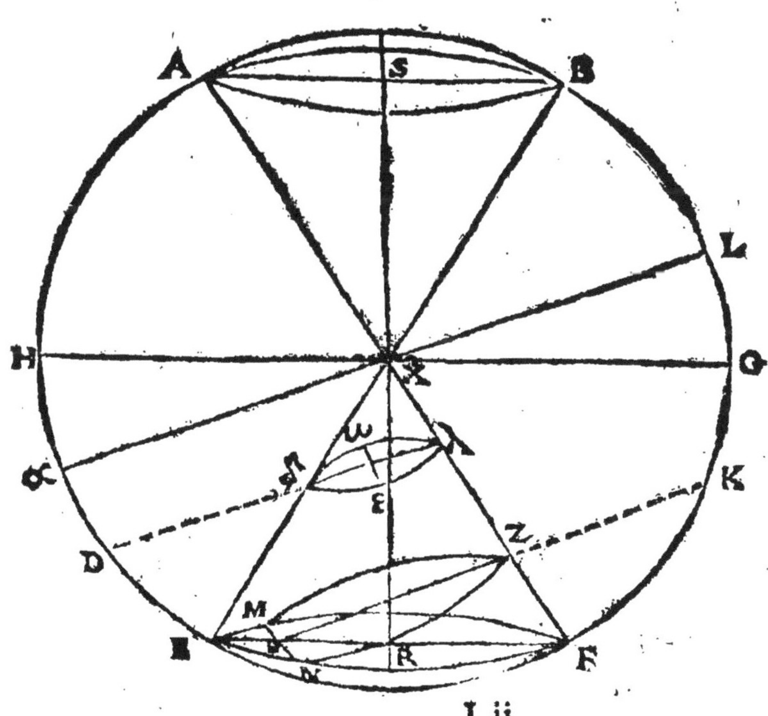

Coroll. 1. Es lieux où l'éleuation du pole est plus grande que 66. deg. 30. min. le quadrant Horizontal coupe le cone qui a pour base le Tropique de Capricorne en Ellipse, parce qu'en ces lieux-là l'Horizon ny coupe, ny touche aucunement le Tropique de Cancer. Aussi és lieux qui ont la latitude plus petite que de 45. degr. le quadrant Vertical Austral coupe en Ellipse le cone qui a le plus grand cercle parallele de ceux qui ne se couchent iamais pour base. Et le quadrant Vertical Boreal coupe en Ellipse l'autre cone qui a pour base le plus grand des parallelles qui ne se leuent iamais.

Voyla ce que nous auons iugé necessaire pour recognoistre quand les parallelles sont descrits dans le quadrant Horizontal en forme de cercle ou parabole, ou hyperbole, ou Ellipse. Car les Tropiques, & les autres parallelles doiuent estre descrit sdans le quadrant Equinoctial en forme de cercle. Dans le quadrant Horizontal en forme d'hyperbole, si l'éleuation du pole est moins que 66. deg. 30. min. en forme de parabole: si l'éleuation est de 66. deg. 30. min. en forme d'Ellipse, si l'éleuation du pole est plus que 66. deg. 30. min. Mais par la 34. & 35. prop. &c. vous n'auez que faire de sçauoir quelle section conique ils font: aussi la façon de les descrire selon ces propositions est bien grossiere, mais selon les 72. & 73. &c. la voye est bien curieuse.

Prop. 34. Probl. 21.

Trouuer le diametre de l'Equateur à chasque heure

du iour, c'est à dire la partie du rayon du Soleil comprise entre le sommet du Style & le plan de l'Horologe ou la ligne Equinoctialle qui est tiree dans le plan de l'Horologe.

Soit faict vne ligne sur le papier ou sur la terre de la longueur du diametre de l'Equateur à midy, comme dans ceste figure est la ligne F, H, & à vn bout, H, faictes vn angle de 90. deg. & à l'autre F, vn de 15. & produisez ces deux lignes

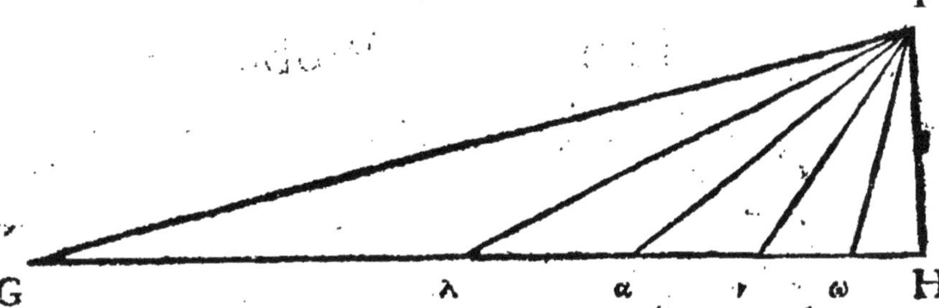

iusques à ce qu'elles se rencontrent en vn poinct la ligne F, ω, faisant l'angle de 15. deg. sera la longueur du diametre de l'Equateur ou du rayon du Soleil à 1. heure apres midy ou à 11. heures deuant midy, & si au poinct F, vous faites vn angle de 30. deg. la ligne F, ν, faisant l'angle de 30. deg. sera le diametre à 2. heures, & si vous faictes vn angle de 45. deg. la ligne F, α, faisant l'angle de 45. sera égalle à F, H, & sera le diametre à 3. heures, de mesme F, λ, sera le diametre à 4. heures & F, G, à 5. heures.

Où il faut remarquer que l'axe F, S, faict vn angle droict auec toutes les lignes qui sont dans le plan de l'Equateur, d'autant que l'axe du monde est perpendiculaire sur le plan de l'Equateur, & partant le Soleil estant dans l'Equateur tous ses rayons feront angles droicts auec F, S, & partant les lignes susdictes F, ω, & F, ν, & F, α, &c. sont aussi angles droicts auec l'axe du monde auec F,S. Mais le rayon du Soleil, & l'axe du monde & l'ombre de l'axe font trois costez d'vn triangle rectangle, dans lequel l'ombre est la soubtense, & les costez sont les perpendiculaires comprenants l'angle droict; & partant si F, α, est le rayon & F , S, l'axe S , α, sera l'ombre de l'axe, parce qu'elle est opposee à l'angle S, F, α, ainsi S, ω, est l'ombre à vne heure & S, λ, à 4. heures.

Prop. 35. Probl. 22.

Trouuer la longueur de l'ombre de l'axe F, S, à chasque heure du iour, le Soleil estant dans l'Equateur.

Faictes vne ligne sur le papier, ou sur la terre, égalle à l'axe F, S, & à vn bout faictes vn angle droict par vne perpendiculaire égalle à F, H, & puis apres tirez la soubtense de l'angle droict S, H, vous aurez la longueur de l'ombre de l'axe à midy, qui est la somme de l'ombre verse & l'ombre droicte.

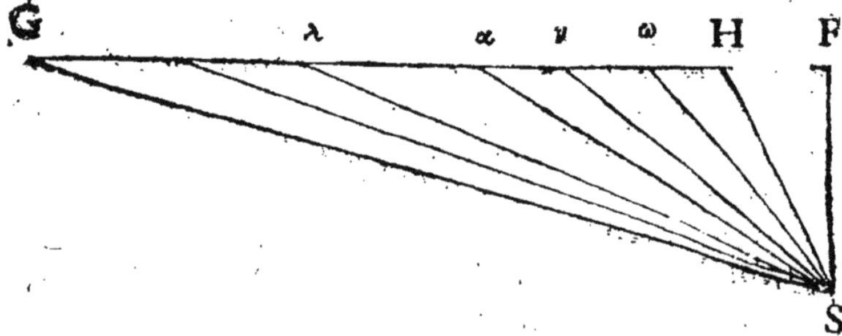

Et pour auoir la longueur de l'ombre de l'axe à 1. heure, faictes vne ligne sur la terre ou sur le pa-

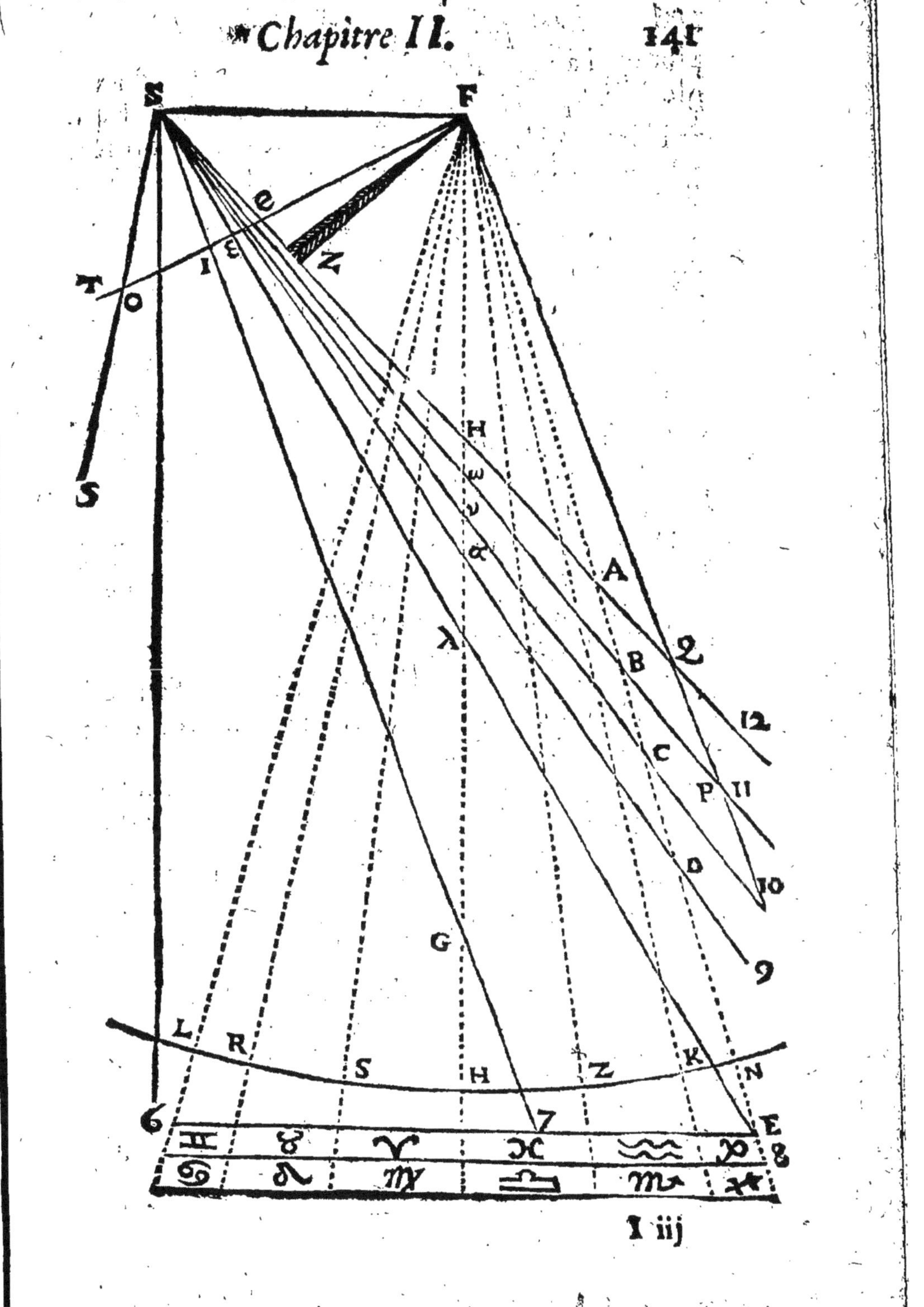
S
F
e
T
O
I
Z
S
H
A
2
B
12
C
P
11
D
10
G
9
L
R
S
H
Z
K
N
6
7
E
8

pior égal à l'axe F, S, & à vn bout faictes vn angle droict par le moyen d'vne ligne égalle à F, ω, & puis apres tirez la soubtense de l'angle droicte vous aurez l'ombre de l'axe à vne heure égalle à S, ω.

Et pour auoir l'ombre à 2. heures, faictes vn des costez de l'angle droict égal à F, S, & l'autre costé égal à F, ι, & puis apres tirez la soubtense de l'angle droict, vous aurez l'ombre à deux égalle à S, ι.

Et pour auoir l'ombre à trois heures, faictes vne perpendiculaire égalle à F, S, & l'autre à F, α, la soubtense de l'angle droict sera l'ombre de 3. heures égalle à S, α.

De mesme si vne perpendiculaire est égalle à F, S, l'autre à F, λ, la soubtense sera la longueur de l'ombre à 4. heures, quand le Soleil est dans l'Equateur égalle à S, λ.

De mesme si vn costé est égal à F, S, l'autre à F, G, la soubtense du droict sera l'ombre à cinq heures égalle à S, G.

Mais l'ombre à six heures est infinie quand le Soleil est dans l'Equateur, à cause que le Soleil est alors dans l'Horizon, & son rayon est parallele au plan du quadrant &, & partant ne se peut iamais rencontrer auec ledit plan pour terminer l'ombre.

Les ombres des heures deuant midy sont égalles à celles d'apres midy, comme l'ombre de 10. à celle de 2. & l'ombre de 9. à celles de 3.

Prop. 36. Probl. 23.

Trouuer l'angle que l'axe faict auec chascune des lignes horaires tirees dans le plan du quadrant.

Dans chacun des angles susdicts les deux costez comprenants l'angle droict sont cognus, comme F, S, en tant qu'elle est tangente de l'angle de la hauteur de l'Equateur dessus le plan du quadrant lequel angle dans le quadrant Horizontal de Paris est de 41. deg. & partant F, S, icy est 86929. lequel est vn costé de l'angle droict dans tous ces triangles ; les autres perpendiculaires faisants angle droict auec l'axe F, S, sont aussi cognus ; car F, H, est posé de 100000. l'axe F, S, estant de 86929. Et la perpendiculaire F, ω, est de 103528. comme secante d'vn angle de 18. deg. Aussi F, ', est cognu comme secante de 30. deg. 115470. Aussi F, α, est 141421. secante de 45. deg. De mesme F, λ, est de 200000. secante de 60. deg. Et F, G, est 386370. secante de 75. deg.

F, H, 100000.	F, α, 141421.
F, ω, 103528.	F, λ, 100000.
F, ', 115470.	F, G, 386370.

Donc par la Trigonometrie il sera aysé à trouuer tous les angles F, S, ω, & F, S, ', & F, S, α, &c. lesquels sont tous plus grands que F, S, H, qui est de 49. deg. égal à l'éleuation du pole dessus le plan du quadrant Horizontal de Paris. Et si vous voulez sçauoir la grandeur de chacun des angles mettez en premier lieu F, S, 86929. en second le rayon, & en troisiesme F, ω, ou F, ', ou F, α, ou F, λ, ou F, G, & par la reigle de trois vous trouuerez la Tangente de l'angle cherché. Comme pour auoir l'angle que l'axe F, S, faict auec la ligne de 4. heures, mettez en premier lieu 86929

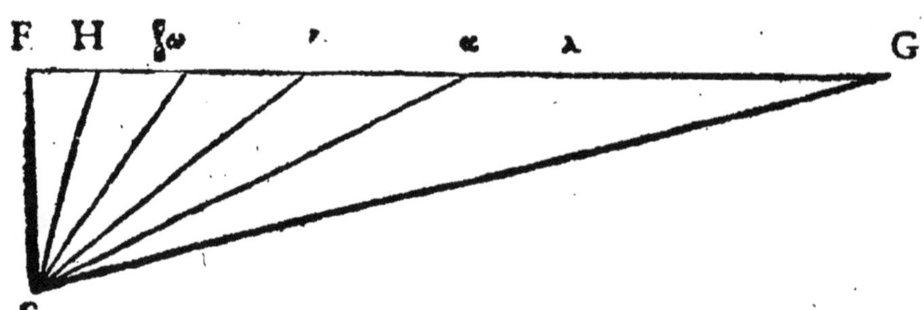

en second 100000. en troisiesme F, λ, 200000. par la reigle de trois vous aurez 230065. Tangente de 66. deg. 30. min. pour F, S, λ.

F, S,	*Rayon.*	F, λ,
86929.	100000.	200000.

De mesme pour auoir F, S, G, mettez de suitte, F, S, 86929. & le rayon, & F, G, 386370. & par la regle de trois vous trouuerez 444510. tangente de 77. deg. 19. min. pour F, S, G, qui est l'angle que l'axe faict auec la ligne de cinq heures.

De la mesme façon vous pourrez trouuer F, S, ω, & F, S, ν, & F, S, α, en mettant tousiours F, S, & le rayon és deux premiers lieux.

Table des angles que l'axe faict auec les lignes horaires, quand le pole est esleué sur le plan du quadrant 49. deg.

1. & 11.	49. deg. 44. min. F, S, ω.
2. & 10.	53. deg. 2. min. F, S, ν.
3. & 9.	58. deg. 26. min. F, S, α.
4. & 8.	66. deg. 30. min. F, S, λ.
5 & 7.	77. deg. deg. 19. min. F, S, G.
6. & 6.	90. deg. 0. min. F, S, D.

Les autres angles sont les complements de ceux-cy à 180. degrez, comme l'angle de deux heures apres minuit, est complement de l'angle de 2. heures apres midy; & ainsi d'autres.

Autrement vous trouuerez les mesmes angles par la practique des triangles spheriques, en trouuãt les mesures de ces angles; car leurs mesures sõt des arcs tirees du pole du monde iusqu'à l'Horizon, à sçauoir parties des cercles horaires, comme A, I, & A, O, & A, E, & A, H, & A, R, & A, G. Et tous ces arcs se trouuent en mettant en premier lieu le rayon, en second la secante de l'angle, & en troisiesme la tangente de A, I, selon la 46. proposition de nos triangles spheriques, par la reigle de trois vous trouuerez la tangente du costé opposé à l'angle droict, soit A, I, ou A, O, &c.

Rayon. Secante de A. Tangente de A, B.

Mais pour le faire par les Logarymes, il faut mettre en premier lieu, le sinus de complement de l'angle au pole, en second le rayon 10. entiers en troisiesme la tangente de A, B, de 49. deg.

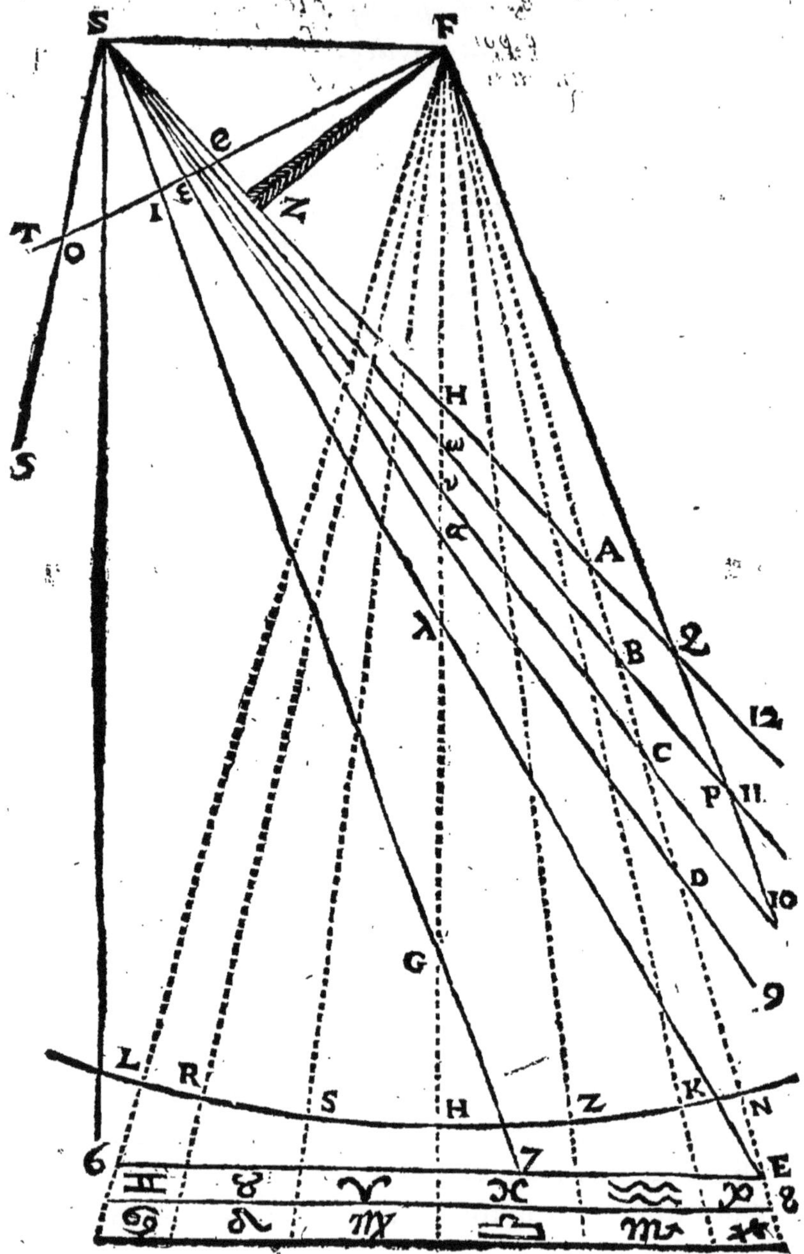
S
F
e
ε
I
Z
T
O
S
H
ω
ν
α
A
λ
B
2
12
C
P
11
D
10
G
9
L
R
S
H
Z
K
N
6
7
E
8

dessus le quadrant Hor izontal de Paris, & de 41. deg. dessus le plan du quadrant Vertical de Paris, & par la regle de trois vous trouuerez la tangente du costé opposé à l'angle droict.

Sinus de complement de l'angle au pole de 15. ou 30. ou 45. ou 60. ou 75.	*Rayon 10.*	*Tangente du costé A, B, hauteur du pole dessus le quadrant.*

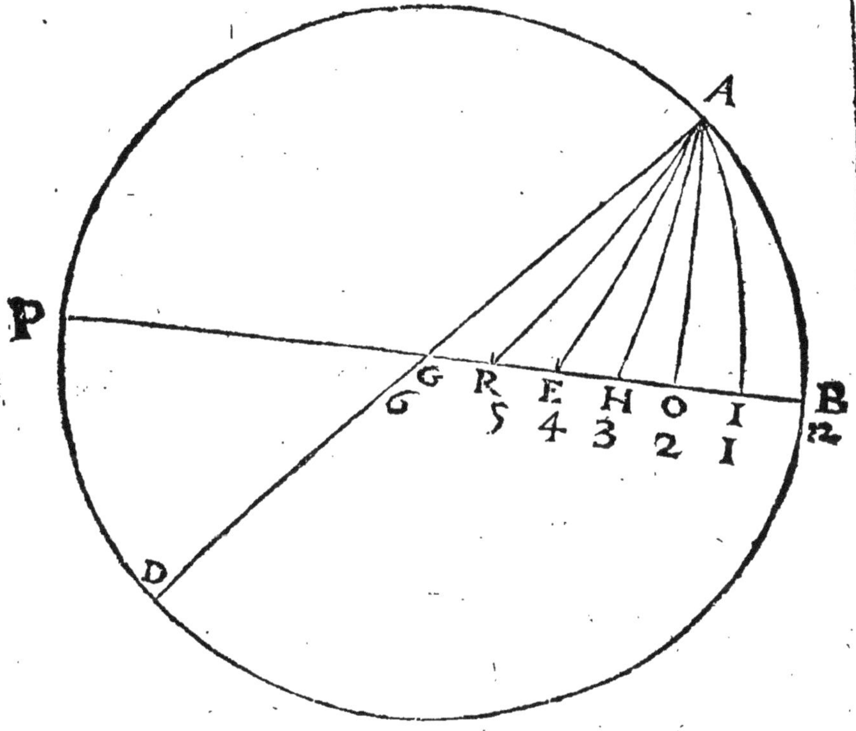

Mais si vous desirez construire vn angle égal à aucun des susdicts Geometriquement; faictes vne ligne égalle à l'axe, vne autre égalle à la longueur du diametre de l'Equateur, & le troisiesme égal à la longueur de l'ombre de ceste heure là.

Comme si vous vouliez faire vn angle égal à celuy que l'axe faict auec la ligne de 3. heures faictes vne ligne égalle à F, S, & appliquez y vne autre égalle à F, α, & à celle vne troisiesme égalle à S, α, vous aurez ainsi vn triangle duquel vn angle sera égal à celuy de 3. heures à sçauoir de 56. deg. 26. min.

De mesme si vous voulez faire vn angle de 66. deg. 30. min. faictes vn triangle Geometriquement, duquel vn costé soit égal à F, S, l'autre égal à F, λ, & le troisiesme égal à S, λ, l'angle opposé à F, λ, sera celuy que la ligne de 4. heures faict auec l'axe du monde de 66. deg. 30. min.

De mesme si vous faictes vn triangle duquel les trois costez soient égaux à F, S, & F, G, & S, G, vous aurez vn angle égal à F, S, G, de 77. deg. 19. min. à sçauoir celuy que l'axe faict auec la ligne de 5. heures.

De mesme vn triangle égal à F, S, ν, vous donnera vn angle de 53. deg. 2. min. & vn égal à F, S ω, donnera 49. deg. 2. min.

Prop. 29. Probl. 24.

Trouuer l'ombre de l'axe à chasque heure du iour, quand le Soleil est dans le Tropique de Cancer, dans toute sorte de quadrant, duquel le pole faict angles obliques auec l'axe du monde.

Du poinct F, & de la distance O, N, de la premiere figure de ce liure soit fait vn arc de cercle L, N, & soit faict H, N, de 23. deg. 30. min. &

ſoit tiree la ligne F, L, l'angle S, F, L, ſera de 66. deg. 30. min. égal à l'angle que le rayon du Soleil faict auec l'axe du monde, quand le Soleil eſt dans le Tropique de Cancer, & l'angle F, S, H, eſt touſiours le meſme égal à l'éleuation du pole deſſus le plan du quadrant. Donc ſi vous produiſez la ligne S, H, qui eſt l'ombre Meridienne iuſques à ce qu'elle coupe F, L, le poinct d'entre-ſection ſera l'extremité de l'ombre Meridienne le Soleil eſtant en Cancer. Et le poinct ou S, ω, coupe la ligne F, L, terminera l'ombre de l'axe à 11. heures ou 1. heure, le Soleil eſtant dans le Cancer. Et le poinct ou S, ν, coupera F, L, terminera l'ombe, à 10. heures. Et ou S, α, coupe, terminera l'ombre à 9. heures, & ainſi des autres.

Autrement; Faictes vne ligne ſur le papier ou ſur la terre égalle à F, S, & à vn bout faictes vn angle de 66. deg. 30. m. égal à l'angle que le rayon du Soleil faict auec l'axe du monde, le iour qu'il eſt dans le Cancer, & à l'autre bout faictes vn angle de 49. degr. égal à la hauteur de l'Equateur deſſus le plan du quadrant, & produiſez ces deux lignes iuſques à ce qu'elles ſe rencontrent, la ligne faiſant l'angle de 49. deg. ſera la longueur de l'ombre Meridienne ce iour là A, S.

Si à l'autre bout vous faictes par la 36. vn angle de 49. d. 44. min. égal à F, S, ω; & produiſez la ligne faiſant l'angle iuſques à ce qu'elle ſe rencontre auec celle qui faict vn angle de 66. deg. 30. min. vous aurez la longueur de l'ombre de l'arc à 1. heure ou 11. heures S, B.

Si à l'autre bout vous faictes vn angle de 53. deg. 2. min. égal à S, ν, la ligne faiſant l'angle estant produicte vous donnera la longueur de l'ombre à 2. heures.

Si à l'autre bout vous faictes vn angle F, S, D de 58. deg. 26. min. égal à F, S, α, vous aurez S, D, pour l'ombre de 3. trois heures.

Et faisant F, S, E, égal F, S, λ. de 66. deg, 39. min. vous aurez S, E, pour l'ombre de 4. heures.

Et faisant F, S, R, de 77. deg. 19. m. vous aurez S, R, ombre de 5. heures. Mais T. S, F, doit estre faict de 90. deg. & S, T, sera l'ombre de six heures

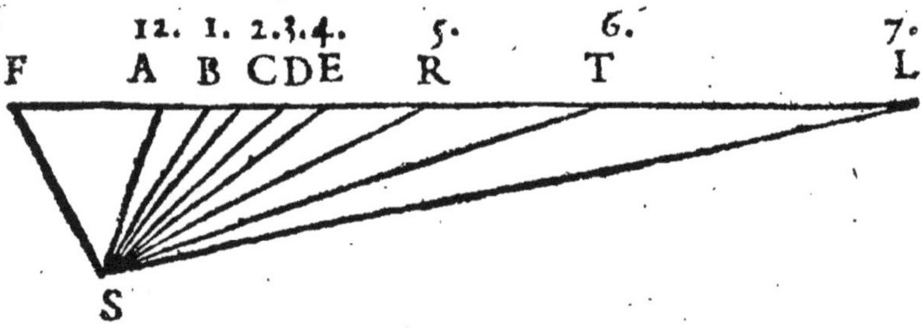

12. 1. 2.3.4. 5. 6. 7.
F A B CDE R T L

S

quand le Soleil est dans Cancer. Aussi si, L, S, F, est faict égal au complement de 77. deg. 19. min. à sçauoir de 102. deg. 41. min. vous aurez S, L, pour l'ombre de l'axe à 7. heures du soir, dans le quadrant sur le plan duquel le pole est esleué de 49. deg. Où il faut noter que la longueur de l'ombre est tousiours opposée à vn angle de 66. deg. 30. min, S, F, L. Et pour auoir l'ombre à 8. heures il faudroit faire vn angle au poinct S, égal au complement de F, S, λ, pourueu que cest angle ne soit pas plus grand ou égal au complement de S, F, L, à 180. deg. car alors l'ombre à 8. heures ou la ligne de 8. heures sera parallelle au rayon du Soleil. qui est alors dans l'Horizon.

Prop.

Prop. 38. Probl. 25.

Trouuer l'ombre de l'axe à chasque heure du iour quand le Soleil est dans le Capricorne.

Faictes l'angle H, F, N, de 23. deg. 30. m. l'angle S, F, N, sera de 113 deg. 30. min. égal à l'angle que le rayon du Soleil faict auec l'axe du monde, quand le Soleil est dans le Tropique de Capricorne. Puis apres produisez S, H, en A, vous aurez S, A, pour l'ombre Meridienne, d'autant que S, H, est la ligne Meridienne, faisant vn angle de 49. deg. auec F, S, axe du monde. Puis apres produisez la ligne S, ω, en B, vous aurez l'ombre à 1. heure, ou à 11. heures, & S, C, sera celle de 2. ou 10. heures, & S, D, sera celle de 3. heures ou 9. &c.

Autremẽt, Faictes sur le papier ou sur la terre vne ligne égalle à F, S, axe, & à vn bout faictes vn angle de 113. d. 30. m. égal à l'ãgle que le rayon du Soleil, fait ce iour là auec l'axe du monde, & à l'autre bout faictes vn angle de 49. d. & produisez ces lignes iusques à ce qu'elles se rencontrent en vn poĉt A, & S, A, sera l'ombre de l'axe. Et si à l'au-

tre bout vous faictes vn angle de 49. deg. 44. m. égal à F, S, ω, vous aurez S, B, pour l'ombre de

K

l'axe à 1. heure, & si à l'autre bout vous faictes F, S, C, de 53. deg. 2. min. égal à F, S, vous aurez S, C, pour l'ombre de l'axe à 2. heures. Et l'angle F, S, D, de 58. deg. 26. min. égal à F, S, α, donnera S, D, pour l'ombre à 3. heures. Et l'angle F, S, E, de 69. deg. 30. min. égal à F, S, λ, donnera S, N, pour l'ombre à 4. heures apres midy : Mais à cinq heures le Soleil ne faict point d'ombre du tout parce qu'il est dessous l'Horizon estant dans Capricorne.

Où il faut noter que la longueur de l'ombre est tousiours vn costé opposé à vn angle de 113. degr. 30. min.

Prop. 39. Probl. 26.

Trouuer la longueur de l'ombre de l'axe, le Soleil estant dans le parallelle de ♊ & ♌.

Dautant que le Soleil estant dans ce parallelle son rayon faict vn angle de 69. deg. 40. min. auec l'axe du monde. Faictes l'angle R, F, S, de 69. deg. 48. m. en faisant l'arc R, L, de 3. deg. 18. m. égal à l'arc L, R, dans la premiere figure de ce liure, & puis apres tirez la ligne R, F, les poincts ou ceste ligne R, F, coupera les lignes, seront les extremitez des ombres à toutes les heures du iour. Car les ombres sont les costez d'vn triangle opposez à vn angle de 69. deg. 48. min. duquel angle les costez sont le rayon du Soleil & l'axe du monde F, S.

Autrement; Faictes au poinct F, vn angle de 69. deg. 48. min. & ayant faict F, S, égal à l'axe dans vostre quadrant, sur la terre, ou sur le papier faictes à l'autre bout S, vn angle F, S, A, de 49. deg. égal à l'éleuation du pole F, S, H, & S, A, sera la longueur de l'ombre Meridienne. Et si vous faictes à l'autre bout S, vn angle de 49. deg. 44. min. égal à F, S, ω, vous aurez S, B, pour l'ombre à 1. heure. Et si vous faictes à l'autre bout S, vn angle de 53. d. 2. m. égal à F, S, ι, vous aurez S, C, pour l'ombre de l'axe à deux heures; & vn angle égal à F, S, α, vous donne l'ombre à trois heures, & vn angle égal à F, S, λ, vous donnera l'ombre à 4

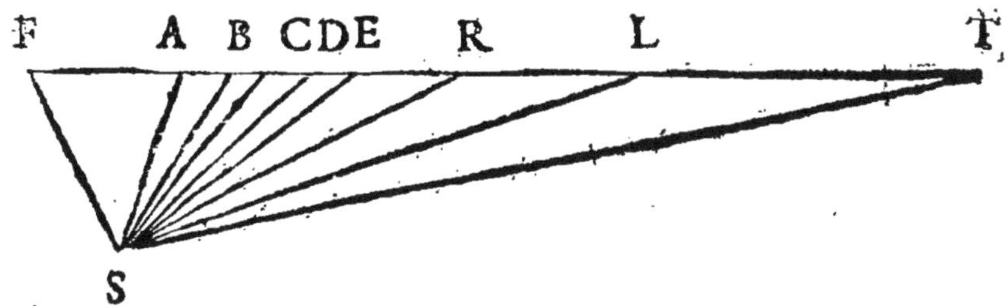

heures, & vn angle esgal à F, S, G, vous donnera l'ombre à 5. heures, & vn angle droict au poinct S, vous donnera l'ombre à 6. heures, & vn angle poinct S, qui soit faict égal au complement de F, S, G, de 77. deg. 19. min. à S, de 102. deg. 41. m. donnera S, L, pour l'ombre de 7. heures. Mais pour l'ombre de 8. heures, on ne peut trouuer sa longueur à cause que le Soleil se couche vn peu auparauant 8. heures.

Prop. 40. Prob. 27.

Trouuer la longueur de l'ombre de l'axe à toutes les heures du iour, le Soleil estant dans le parallelle de ♉ & ♍.

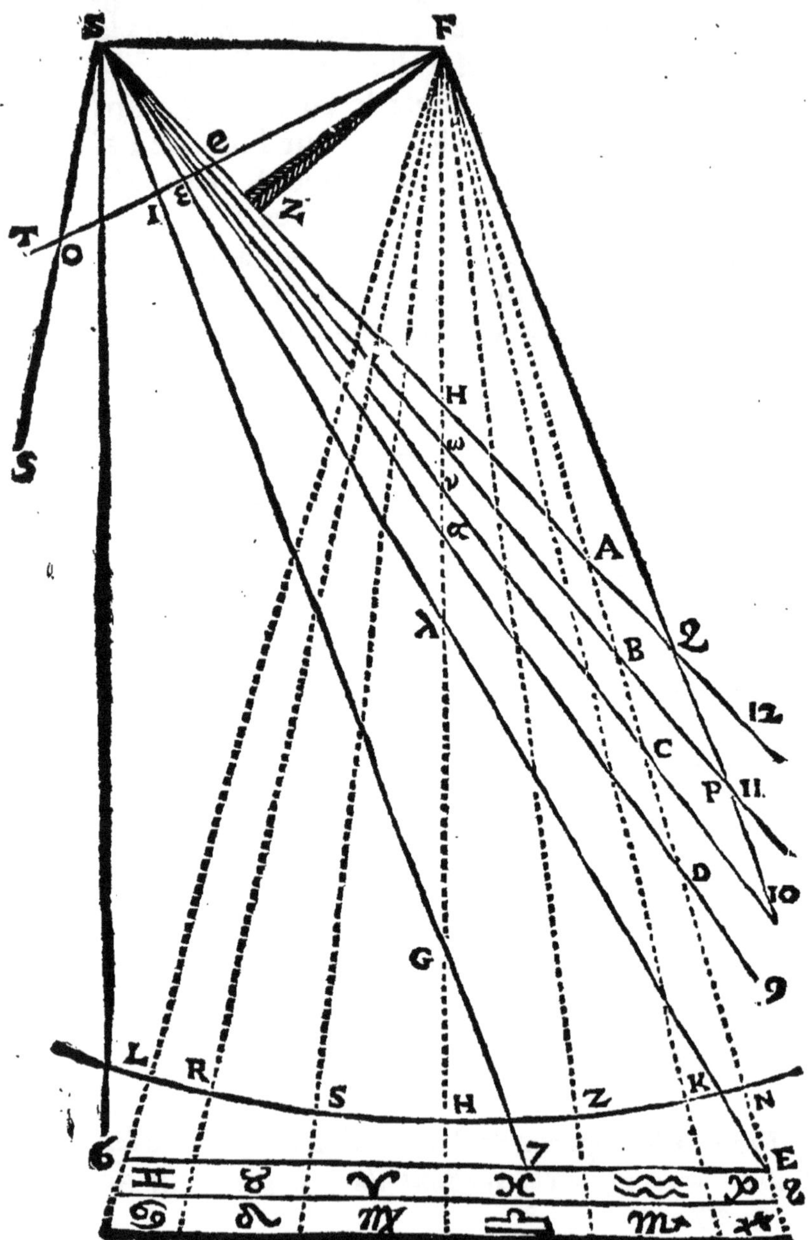

S
F
e
T
O
I
Z
S
H
A
B
C
D
P
G
L
R
S
H
Z
K
N
6
7
E
12
11
10
9

Dautant que le Soleil estant dans ce parallelle, son rayon faict tousiours vn angle de 78. deg. 30. m. auec l'axe du monde faictes l'angle S, F, S, de 78. deg. 30. m. en faisant l'axe S, R, de 8. deg. 42. m. & S, H, de 11. deg. 30. m. les poincts S, ou la ligne F, S, coupera les lignes horaires, seront les extremitez des ombres à toutes les heures du iour, lors le Soleil est dans le commencement de ♉ ou ♍.

Autrement, Faictes vne ligne sur le papier ou sur la terre, ou sur vne ardoise égalle à l'axe F, S, & à vn bout faictes vn angle de 78. d. 30. min. & & à l'autre faictes vn angle de 49. deg. & vous aurez S, A, égalle à l'ombre Meridienne, & vn autre angle égal à F, S, ω, & vn autre égal à F, S, α, & vn autre égal à F, S, λ, de 66. deg. 30. min. par la 36. & ainsi tous les autres angles de leur iuste grandeur, & produisez toutes les lignes faisants angles, iusques à ce qu'elles se rencontrent auec celle qui est tiree du poinct F, & vous aurez les longueurs de toutes les ombres.

Prop. 41. Probl. 28.

Trouuer les ombres à toutes les heures du iour quand le Soleil est dans le parallelle de ♏ & ♓, ou bien ♐ & ♒.

Faictes l'angle Z, F, H, de 11. deg. 30. min. à fin que Z, F, S, soit de 101. deg. 30. min. & faictes K, F, S, de 110. deg. 12. min. ou faisant Z, K, de 8. deg. 42. min. comme dans la premiere figure de ce liure, & ayant tiré la ligne Z, F, les poincts où ceste ligne coupera les lignes horaires, seront les extremitez des ombres à toutes les heures du iour

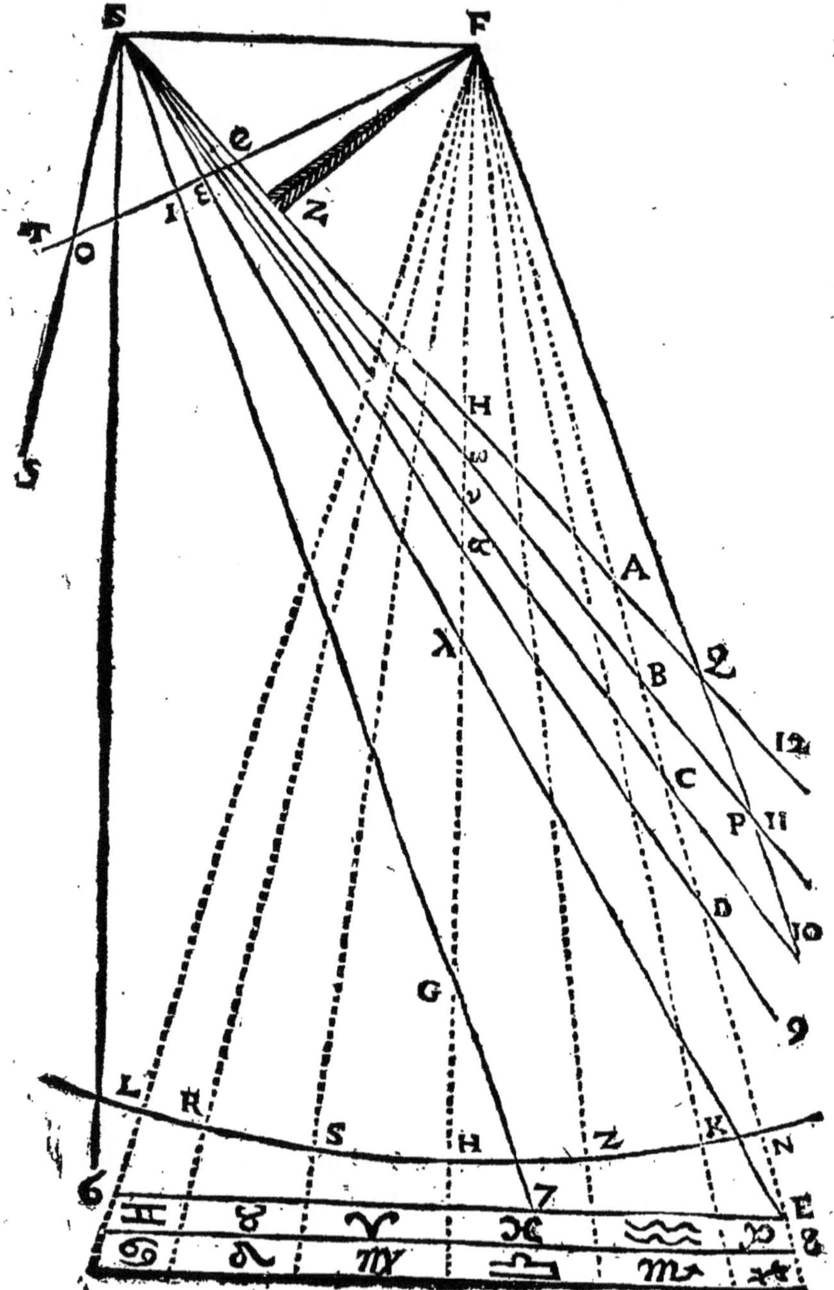
S
F
e
I
O
Z
H
A
B
C
D
P
G
L
R
S
H
Z
K
N
E
5
6
7
8
9
10
11
12

quand le Soleil eſt dans le parallelle de ♍ ou ♏. Et les poincts ou la ligne K, F, coupe les lignes horaires ſeront les extremitez des ombres à toutes les heures du iour, quand le Soleil eſt dans le parallelle de ♐ & ♒.

Autrement, Faictes à vn bout de l'axe F, S, vn angle de 101. deg. 30. min. & à l'autre quatre ou cinq angles égaux à F, S, H, & à F, S, ω, & à F, S, ʼ, de 53. deg. 2. minut. & à F, S, α, de 58. deg. 26. min. & à F, S, λ, & produiſez ces lignes iuſques à celles tirees de F, vous aurez les ombres à midy, & 1. & 2. & 3. & 4. heures apres midy, & toutes les heures du iour quand le Soleil eſt en ♏ ou ♓.

Et ſi au bout F, vous faictes vn angle de 110. deg. 12. min, & à l'autre cinq angles égaux aux cinq ſuſdicts, & les lignes faiſant les angles eſtant produictes donnent les ombres à toutes les heures du iour, le Soleil eſtant en ♒ ou ♐.

Prop. 42. Theor. 29.

Tirer les Tropics, & autres parallelles dans le quadrant Horizontal, ou autre qui faict angles obliques auec l'axe du monde.

Trouuer par la 37. l'ombre de l'axe à toutes les heures du iour le Soleil eſtant en ♑, & par les extremitez de ces ombres tirez vne ligne courbe adroictement, vous aurez le Tropic de ♋.

Et pour auoir le Tropic de ♋ trouuez, par la 38. les longueurs des ombres à chaſque heure du iour, quand le Soleil eſt en ♑, & par les bouts de ces ombres tirez vne ligne courbe adroictement vous aurez le Tropic de Capricorne,

Pour tirer les parallelles de ♉ & ♍, ou de ♊ ♌, il faut trouuer par la 39. & 40. les longueurs des ombres à toutes les heures du iour, quand le Soleil eſt dans le parallelle de ♉ ou ♊, & par les extremitez de ces ombres tirez vne ligne courbe adroictement, vous aurez le parallelle de ♉, & ♊.

Pour y tirer les parallelles de ♏ & ♓ ou de ♐ & ♒, il faut par la 41. trouuer les longueurs des ombres à chaſque heure du iour, & par les extremitez de ces ombres, il faut tirer vne ligne courbe adroictement, & vous aurez ces deux parallelles.

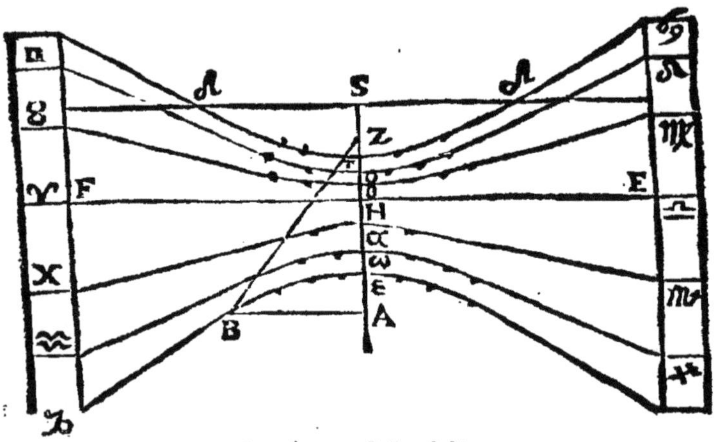

Ombres Meridiens.

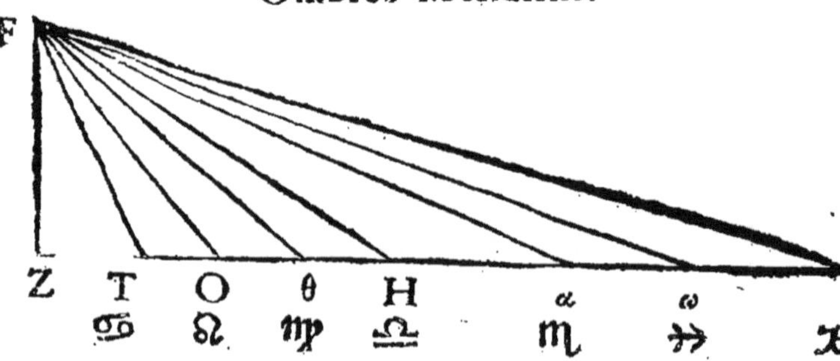

Probl. 53. Probl. 50.

Tirer le parallelle d'vne ville qui a latitude Septentrionalle, dans vn quadrant qui coupe l'axe de monde és angles obliques.

Faictes au poinct F, vn angle S, F, T, égal au complement de la latitude de la ville, comme si la ville auoit 60. degr. de latitude, il faut faire S, F, T, de 30. deg. & au poinct S, qui faict l'autre bout de l'axe, faictes vn angle de 49. deg. qui est la hauteur du pole sur le plan du quadrant du lieu & ou la ligne faisant l'angle égal à la hauteur du pole, se rencontre auec la ligne F, T, vous donnera la partie de la ligne Meridienne S, E, compri-

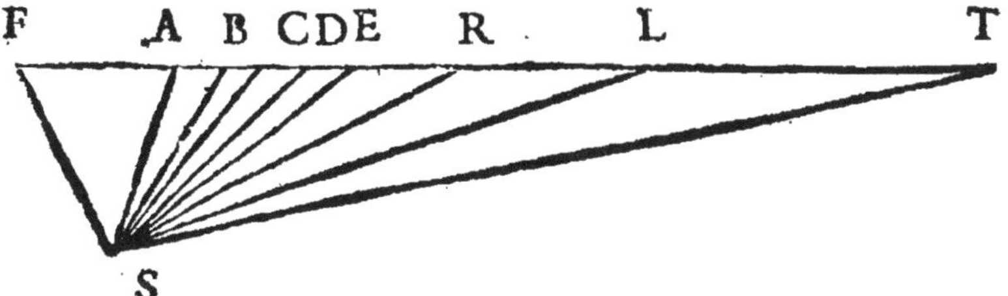

se entre le centre du quadrant, & le parallelle de la ville.

Et si vous faictes vn angle égal à F, S, ω, la ligne S, B, faisant l'angle se rencontrant auec F, T, donnera la partie de la ligne d'vne heure, comprise entre le centre du quadrant S, & le parallelle de la ville qui a 60. deg. de latitude,

Et si vous faictes vn angle au poinct S, égal à F, S, ꝑ, la ligne S, C, faisant l'ãgle vous dõnera la partie de la ligne de 2. heures, comprise entre le centre du quadrant & le parallelle de la ville.

Et ſi vous feictes vn angle égal à F, S, α, vous trouuerez la partie de la ligne de trois heures.

Et ſi vous faictes vn angle égal à F, S, λ, vous trouuerez la partie de la ligne de 4. heures.

Et ſi vous faictes vn angle égal à F, S, G, vous trouuerez la parrie de la ligne de cinq heures.

Et ſi vous faictes vn angle égal à F, S, D, ou bien vn angle droict, vous trouuerez la partie de la ligne de ſix heures qui eſt S, O.

Et ſi vous faictes vn angle égal à F, S, T, vous aurez la partie de la ligne de 7. heures du ſoir.

Ayant donc les parties de toutes les lignes qui ſont compriſes entre le centre du quadrant & le parallelle de la ville, tirez vne ligne courbe adroictement par les extremitez de toutes ces parties, vous aurez le parallelle de la ville.

Si la ville a plus grande latitude que n'eſt la hauteur du pole deſſus le plan du quadrant, alors le parallelle de la ville paſſera entre le bas du ſtyle Z, & le centre du quadrant S, & ſi la ville a plus petite latitude, le parallelle paſſera entre le bas du ſtyle Z, & la ligne Equinoctialle H. Et ſi elle a meſme latitude que la ville, ou lieu où eſt placé le quadrant Horizontal, alors le parallelle de la ville paſſera par le bas du ſtyle Z ; & dans le quadrant Vertical, ſi la hauteur du pole dans la ville eſt égalle à la hauteur du pole deſſus le plan du quadrant, alors le parallelle de la ville paſſera par le poinct Z.

Prop. 44. Probl. 31.

Tirer le parallelle d'vne ville qui a latitude Meridionalle.

Faictes au poinct F, vn angle obtus plus grand que le droict de toute la latitude de la ville, comme si la ville a 38. deg. de latitude Meridionalle faictes vn angle de 128. deg. comme S,F,P, & au bout de l'axe faictes des angles égaux à F,S,H,& F, ω, & F, S, ν, & F, S, α, & F, S, λ, & vous aurez S, Q, pour la partie de la ligne à 12. heures, & S, d, pour la partie de la ligne à 1. heure & S, X,

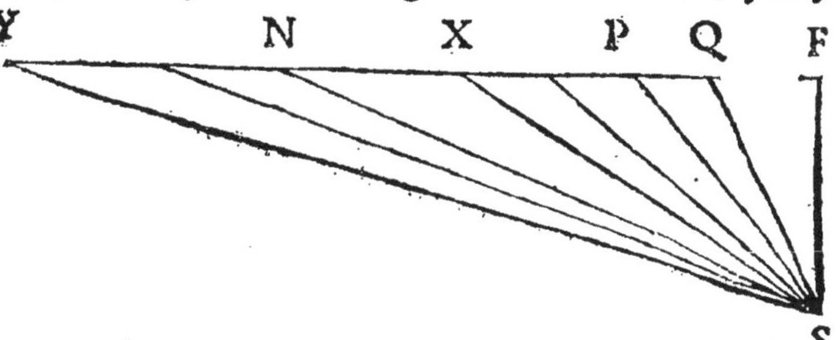

pour la partie de la ligne à 2. heures, & S, N, pour la partie de la ligne à trois heures, & ainsi vous trouuerez toutes les parties des lignes horaires, & si par leurs extremitez vous tirerez vne ligne courbe adroictement, vous aurez le parallelle de la ville Meridionalle.

Prop. 45. Probl. 32.

Tirer le parallelle d'vn iour de feste.

Trouuer le degré du Soleil ce iour là, & si le degré a declinaison Meridionalle, faictes vn angle au poinct F, plus grand que 90. de toute la declinaison du degré du Soleil; comme si la declinaison est de 15. deg. le Soleil estant dans ♏ faictes vn angle obtus de 105. deg. au poinct F, & à l'autre bout S, faictes des angles égaux à F, S, H, & F, S, ⊙, & F, S, ♀, &c. produisez les lignes qui font les angles, vous aurez la longueur de l'ombre de l'axe à chasque heure de ce iour de feste-là comme S, A, & S, B, & S, C, & S, D, &c.

Si le degré du Soleil a declinaison Septentrionalle, il faut faire vn angle au poinct F, égal au complement de la declinaison dudit degré, & puis apres trouuer les longueurs des ombres comme dessus.

Comme si ie veux tirer le parallelle d'vn iour de feste qui arriue quand le Soleil a 18. degr. de declinaison Septentrionalle, il faut faire vn angle au poinct F, de 72. deg. & au poinct S, faire des angles comme dessus & produisez les lignes faisant les angles, iusques à ce qu'elles se rencontrent auec la ligne qui faict l'angle de 72. deg. au poinct F, & ainsi vous aurez la longueur des ombres à chasque heure de ce iour de feste-là. Sçachant la longueur de toutes les ombres, tirez par leurs extremités vne ligne courbe adroictement vous aurez vn parallelle de ce iour de feste-là.

Prop. 47. Probl. 34.

Sçachant la hauteur du Soleil sur l'Horizon à quelque heure du iour, trouuer la longueur de l'ombre du style F, Z.

Sur la terre ou sur le papier tirez vne ligne de la longueur du style precisément, soit de 10. ou 12. poulces &c. & à vn des bouts faictes vn angle de

90. deg. & à l'autre faictes vn angle égal au complement de la hauteur du Soleil sur l'Horizon, & & produisez les deux lignes faisants les angles iusques à ce qu'elles se rencontrent en vn poinct la longueur de la ligne perpendiculaire faisant angles droicts auec le style de 10. ou 12. poulces, sera la longueur de l'ombre.

Si la hauteur du Soleil estoit de 57. deg. son complement sera de 33. degr. faictes donc à l'vn des bouts de la ligne de 12. poulces, vn angle droict, à l'autre vn de 33. degr. & produisez ces deux lignes iusques à ce qu'elles se rencontrent en vn poinct, la ligne opposee à l'angle de 33. deg. sera la longueur de l'ombre du style.

Si vous voulez trouuer la longueur de l'ombre, par la Trigonometrie, faut faire ainsi.

Mettez de suitte le rayon, le style, & la tangente de 33. deg. & par la regle de trois vous trouuerez la longueur de l'ombre.

Rayon	*Style*	*Tangente de*
100000.	12.	33. *deg.* 512.

Autrement; Mettez le pied du compas au poinct Z, qui est le bas du style, & l'autre bout sur l'extremité de l'ombre de l'axe trouuee, par la 35. ou 36. ou 37. &c. & la distance entre les pieds du compas sera la longueur de l'ombre du style.

Prop. 48. Probl. 35.

A vne heure du iour trouuer la hauteur du Soleil sur l'Horizon, en sçachant le lieu, & la declinaison du Soleil, & aussi l'éleuation du pole.

Soit le Soleil au commencem ent de Cancer, &

ie desire de sçauoir sa hauteur à 10. heures du matin. Vous aurez vn triangle dont les trois poincts angulaires sont le Zenith B, le Pole A, & le Soleil O; & deux costez sont cognus à sçauoir la distãce du Soleil au Pole de 96. deg. 30. min. & la distance du Zenith au Pole, qui est à Paris de 41. deg. & aussi l'angle compris de ces deux costez est cognu à sçauoir de 30. degr. à cause que le Soleil est esloigné du midy de deux heures. Donc par la 109. de nos triangles spheriques, trouuer le costé opposé à l'angle cognu, & vous aurez le comple-

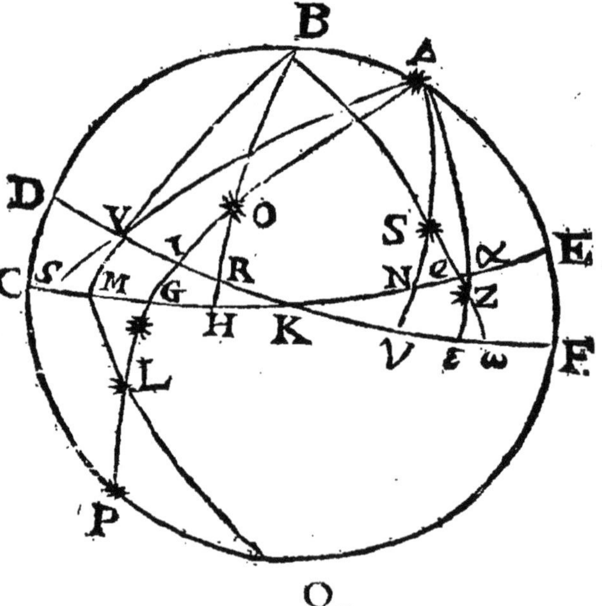

ment de la hauteur du Soleil sur l'Horizon, ou bien la distance du Soleil au Zenith. Donc ostez ceste distance de 90. degrés ce qui restera sera la hauteur du Soleil sur l'Horizon.

Vous pourrez tirer le troisiesme costé aussi en

tirant vne perpendiculaire d'vn des angles incognus sur le costé cognu opposé, comme est enseigné par la 89. de nos triangles spheriques.

Autrement; *Vous pourrez trouuer encore le troisiesme costé en trouuant les deux angles à la base ainsi.*

Mettez en premier lieu le sinus de complement de la moitié de la somme des deux costez, en second le sinus de complement de la moitié de la difference des deux costez, en troisiesme la tangente de complement de la moitié de l'angle, & par la regle de trois vous aurez en quatriesme lieu la tangente de la moitié de la somme des deux angles vers la base.

Comme si vn costé estoit de 41. deg. comme est à Paris la distance entre le pole & le Zenith, l'autre de 69. degr. & l'angle au Pole ou distance du Soleil au Meridien de quatre heures 16. min. ou 64. d. il faudroit mettre en premier lieu le sinus de 35. qui est complemẽt de la moitié de la somme 55. en second le sinus de 76. cõplement de 14. la moitié de leur difference 28. & en troisiesme la tangente de 58. complement de 32, moitié de l'angle compris 64. & par la reigle de trois vous aurez la tãgente de la moitié de la somme des deux angles.

Sinus de 35. deg.	*Sinus de 6.*	*Tangente 7. de*
compl. de 55.	*compl. de 14.*	58. *compl. de 32.*

Puis apres il faut mettre en premier lieu le sinus de la moitié de la somme des costez 55. en second le sinus de 14. moitié de leur difference, en troisiesme la tangente de 58. deg. complement de 32. moitié de l'angle compris, & par la regle de trois vous aurez en quatriesme lieu la tangente de la moitié de la difference des angles vers la base.

Sinus de 55. somme des costez.	*Sinus de 14. moitié de la difference.*	*Tangente de 58. compl. de 32.*

Sçachant la moitié de la difference & la moitié de la somme adioustez les ensemble vous aurez le plus grand angle, & en ostant la moitié de la difference de la moitié de la somme, vous aurez le plus petit angle.

Sçachant les trois angles du triangle & les deux costez, il sera aysé de trouuer le troisiesme par la 16. de nos triangles spheriques.

Proo. 49. Probl. 36.

Sçachant la hauteur du Soleil & l'heure du iour, & le lieu du Soleil dans l'Eccliptique, trouuer son Azimuth, c'est à dire l'angle que l'ombre du style faict auec la ligne Meridienne.

Dans ce triangle comme dessus les trois poincts angulaires sont, le Pole A, le Zenith, B, & le Soleil O, & il y a quatre conus, à sçauoir la distance du Zenith au Soleil, & la distance du Soleil au Pole, & la distance du pole au Zenith qui sont les trois costez du triangle, & encore l'angle au pole, qui est le nombre des degrez de l'Equateur qui respond aux heures du iour ; donc il sera aysé de trouuer l'angle au Zenith, qui est celuy que l'Azimuth ou arc Vertical faict auec le Meridien du ciel, ou bien l'angle que l'ombre du style faict auec la ligne Meridienne dans le quadrant.

Exemple ; Si la hauteur du Soleil en ♋, estoit trouuee de 50. deg. à 10. heures du matin, ou 2. heures apres midy, n'importe à quelle éleuation du pole.

du pole. L'angle au pole ſera de 30. deg. à cauſe de 2. h. de diſtance au Meridien, & la diſtance du Soleil au Pole ſera de 66. deg. 30. m. & la diſtance du Soleil au Zenith ſera de 40, degrés. Donc trois eſtant cognus dans ce triangle; on pourra trouuer les trois autres, ſans ſçauoir le troiſieſme; neantmoins ſi vous ſçauiez encor le troiſieſme coſté, qui eſt la diſtance du pole au Zenith, qui eſt à Paris enuiron de 41. degrez vous pourrez trouuer les autres deux angles plus ayſément.

Mais pour trouuer l'angle au Zenith, mettez en premier lieu le ſinus de 40. degr. en ſecond le ſinus de l'angle oppoſé, de 30. deg. en troiſieſme le ſinus de la diſtance du Soleil au Pole, à ſçauoir de 66. deg. 30. min. par la regle de trois vous trouuerez le ſinus de l'angle que vous deſirez, qui ſera aigu, ou obtus, à ſçauoir l'angle au Zenith que l'arc Vertical faict auec le Meridien au ciel, ou bien celuy que l'ombre du ſtyle faict auec la ligne Meridienne du quadrant.

Sinus de 40. deg.	*Sinus de 30. deg.*	*Sinus de 66. deg. 30. min.*

De la meſme façon vous trouuerez l'Azimuth le Soleil eſtant dans quelqu'autre degré du Zodiaque, & à quelqu'autre heure apres midy ou deuant midy. Car il ſe faut ſouuenir que ſi le Soleil ſe trouue en quelqu'autre poinct que le commencement de Cancer vous aurez touſiours ſa diſtance du pole en adiouſtant ou oſtant ſa declinaiſon de 90. deg. Car il faut touſiours adiouſter ſa declinaiſon de 90. deg. s'il eſt dans les ſignes Auſtrales, & oſter ſa declinaiſon de 90. deg. s'il eſt dans aucun des ſignes Septentrionaux.

Prop. 50. Probl. 37.

Sçachant la longueur de l'ombre à quelque heure donnee, tirer ladicte ombre dans le plan du quadrant Horizontal.

Mettez le pied du compas au lieu du ſtyle au poinct Z, & ouurez le compas à la longueur de l'ombre, & de ceſte diſtance tirez vn cercle qui coupe la ligne de l'heure donnee en vn poinct, comme ſi l'heure donnee eſtoit 3. heures, il faut que le cercle coupe la ligne de trois heures en vn poinct comme B, & de ce poinct B, tirer vne ligne iuſques à Z, ce ſera l'ombre du ſtile, le iour & l'heure donnee.

Prop. 51. Probl. 38.

Tirer l'ombre du ſtile dans le plan du quadrant Horizontal, en ſçachant la longueur de l'ombre, & l'Azimuth du ſoleil, c'eſt à dire l'angle que fait l'ombre, auec la ligne Meridienne, ſans ſçauoir l'heure du iour.

Mettez vn pied du compas ſur le poinct Z, & tirez vn cercle couppant la ligne Meridienne, & faites au poinct Z, vn angle égal à la diſtance de l'Azimuth du ſoleil au Meridien, en comptant les degrez de l'Horizon, & produiſez la ligne faiſant l'angle de la longueur de l'ombre preciſément. Mais il faut remarquer ſi le Soleil eſt dans le quart du ciel oriental ou occidental: car il faut touſiours que la ligne de l'ombre aille vers le quart du ciel oppoſé.

Ayant trouué selon ces dernieres propositions le bout de l'ombre Meridienne, & le bout de l'ombre à aucune autre heure; Vous pourrez décrire vne Hyperbole ou Parabole, ou Ellipse par les bouts de ces deux ombres, selon les 42. 44. & 45. Prop. precedentes.

Vous pourrez d'escrire le Tropic encore autrement, en remarquant le bout de l'ombre du stile, en y mettant vn poinct pour le recognoistre chaque demy heure, ou quart d'heure, le iour que le Soleil est dans le Tropic, & par tous ces poincts tirez vne ligne courbe addroictement, vous aurez le parallel du Tropic, soit de ♋. ou de ♑. Et de la mesme façon vous pourrez trouuer le parallele d'vn iour de feste ou aucun autre iour donné.

Prop. 52. Probl. 39.

La hauteur du Soleil estant donnée, trouuer l'heure du iour, en sçachant aussi le lieu du Soleil, & l'esleuation du pole.

Dans ce triangle les trois poincts angulaires sont le Zenith, le Pole, & le Soleil, & les trois costez sont cognus, assauoir, la distance du Soleil au Zenith, & celle du Soleil au Pole, & celle du Pole au Zenith, & il est requis de trouuer l'angle au Pole, qui est la distance du Soleil au Meridien.

Comme si le lieu du Soleil estoit le commencement de ♋. sa distance au Pole sera de 66. d. 30. m. Apres soit la hauteur du Soleil donnée, ou trouuée par vn instrument de 50. deg. sa distance au Zenith sera 40. degrez, & le troisiéme costé sera la distance du Pole au Zenith, qui est à Paris de 41. deg. Donc sçachant tous les trois costez, trouuez l'angle au pole par la 121. ou 128. de nos triangles spheriques, & sçachant l'angle, & combien de degrez ou minutes il contient, reduisez ces degrez & minutes en heures & min. d'vne heure, & vous aurez le nombre d'heures qu'il est deuant midy ou apres midy.

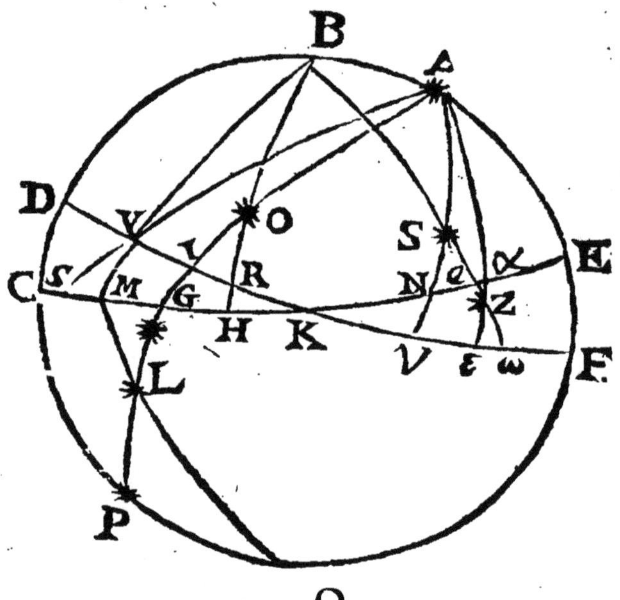

Mais parce que nous rẽuoyons le Lecteur à nos triangles spheriques, afin qu'il aye moins de peine de comprendre la susdite proposition, nous voulons icy bailler la maniere de faire en bosse vne figure qui seruira beaucoup pour l'intelligence de celles de la 109. & 116. & 102. proposition & autres.

Coupez vn cercle de carton fort rond, & par le diamettre A, B, appliquez vn autre demy cercle égal à la moitié du cercle entier, & qui fasse angles auec le cercle entier, d'autant de degrez que vous voudrez. Apres coupez vn autre demy cercle qui aye pour demy diametre le Sinus, F, R, qui est sinus du plus grand costé F, A, & placez le perpendiculairement sur le plan du cercle entier, le long de la ligne F, R, & qu'il coupe l'autre demy cercle dans la ligne F, R, Apres sur le plan du cercle entier, ayant fait A, S.

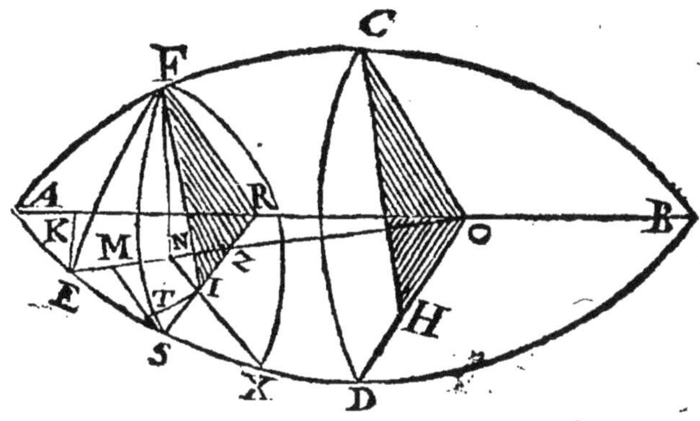

égal à A, F, faites aussi E, X, égal à E, F, & tirez la

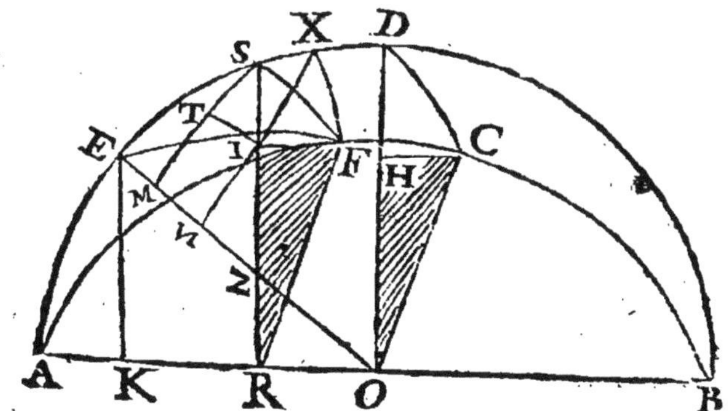

la ligne O, E, dans le plan du cercle entier, & sur la

ligne O, E, tirez la perpendiculaire N, X, sinus de l'arc E, X, & produisez le iusques à l'autre costé dans la circonference du cercle entier, & puis apres coupez vn demy cercle qui aye pour demy diametre la ligne N, X, ou vne autre de la mesme lõgueur, & appliquez ce demy cercle le long de la ligne N, X, perpẽdiculaire sur le plan du cercle entier, & coupant le demy cercle qui a F, R, pour demy diametre, dans la ligne F, I, qui est aussi perpendiculaire sur le plan du cercle entier, & ainsi tous les trois demy cercles s'entrecouppent au poinct F.

Apres faites passer vn cercle, ou arc tel que vous voulez par les poincts E, & F, pour faire la base du triangle, & vn autre arc par les poincts C, & D, pour estre la mesure de l'angle A, & au centre du monde appliquez vn triangle coupé du carton, dont vn costé soit égal à la ligne droicte C, H. sinus de l'angle A. L'autre costé égal à la ligne H, O, & le troisiesme à C, O, & appliquez le en telle façõ que le poinct qui fait l'angle droict soit au poinct H, l'autre en O, & l'autre en C. Apres tirez la ligne N, F, qui sera égalle à N, X, & est representé dans la figure qui est dans nostre liure de la Trigonometrie, & puis apres escriuez y toutes les lettres. Si vous conferez les demonstrations qui sont dãs le liure auec vostre figure qui est de cartõ, vous ne trouuerez plus de peine à les entendre.

De mesme pour representer la figure de la 119. Prop. & de la 120. faites vn cercle de carton, qui representera le cercle A, B, ♌, N, & tirez y le demy diametre B, Υ, & coupez vn demy cercle de carton égal à la moitié de A, B, ♌, N, & appliquez le long de B, Υ, en le collant auec vn morceau de papier, de sorte pourtant qu'il fasse vn angle auec le cercle entier d'autant de degrez que vous voulez. Apres faites le costé B, C, de telle longueur que vous desirez, & B, A, aussi, &

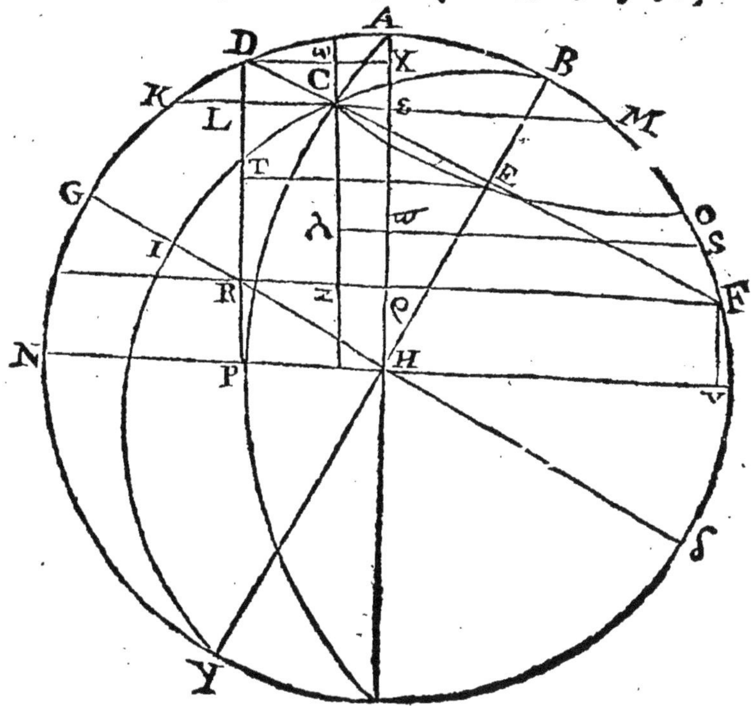

tirez A, H perpendiculaire sur N, H, V, & faites l'arc A, F, égal, à la somme des deux costez, A, B, & B, C & du poinct F, tirez vne perpendiculaire E, F, sur la ligne B, H, & faites vn demy cercle le lõg de la ligne D, F, ou E, D, & appliquez ce demy cercle le long de la lig. D, F, laquelle est perpẽdiculaire sur le plã de A, B, δ, N. Apres faites A, K, égal à la base A, C, & tirez K, E, sinus de la base, cõme est aussi C, E, & faites vn demy cercle de carton, duquel le demy diametre soit égal à K, E, apres appliquez ce demy cercle le lõg de la ligne K, M. de sorte que son plan soit perpendiculaire sur le plan A, B, δ, N, & ayant bien collé tous ces de-

my cercles, appliquez vn autre demy cercle le lõg de la ligne A, H, qui est diametre du grand cercle, & faites passer la circonference dudit demy cercle par le poinct C. Apres tirez toutes les autres lignes comme elles sont dans la figure du liure.

Nous auons pris cette figure de Pitiscus pour l'explication de la 129. Prop. que nous auions aussi pris de luy, comme est à voir dans la 161. page de nos triangles spheriques, car nous n'auons pas voulu oublier l'inuention d'vn homme qui a tant de reputatiõ. Mais parce que nous voulions aussi nous en seruir pour faire la demonstration de la 119. proposition, de laquelle Pitiscus ny aucun autre autheur n'a iamais ouy parler (d'autant que la proposition, & la demonstration d'icelle sont tout à fait de nostre inuention) nous auons adiousté quelques lignes & lettres Grecques necessaires pour faire la demonstration de la 119. prop. & 120.

La difference entre cette figure & la precedente n'est pas bien grande; car la plus grande partie des lignes ne differe qu'en lettres; comme est à voir icy.

G, I, est D, H	I, H, est H, O, &, C, D	A, D, est E, S.
D, C, est I, S.	X, ω, est T, M.	D, K, est S, X.
C, ω, est I, T.	X, A, est E, M.	D. B, est S, A.
C, E, est F, R, & S, R	A, ε, est N, E.	B, A, est A, E.
	K, est N, X.	B, C, est A, F.
		A, C, est F, E.

Mais il faut noter que trois costez d'vn triangle estants donnez, & vn des costez estant quart du cercle, pour trouuer les trois angles il faut changer les trois costez en angles, selon la 96. de nos triangles ſpheriques, comme ſi vn coſté eſtoit de 66. deg 30.m. vn autre de 50.& vn autre de 90. il faut faire vn triangle duquel vn angle eſt de 66. deg. 30. m. vn autre de 50. & vn autre de 90. en trouuant les trois coſtez de ce triangle, vous aurez les trois angles du premier, ce qu'il falloit cherchet. Mais ſi vn coſté eſt de 66. degrez 30. m. & vn autre de 125. & vn autre de 90. il faut faire vn triangle dont vn angle eſt de 60.deg. vn autre de 55. qui eſt complement de 125. & le troiſieſme de 90. puis apres il faut trouuer les coſtez de ce triangle, vous aurez les angles du triangle propoſé, en prenant le complement du plus grãd coſté à deux droicts pour vn des angles du triangle propoſé, & les deux autres coſtez moindres feront les autres deux angles du triangle propoſé.

Donc ſi le ſoleil eſt dans l'Equateur vn coſté du triangle ſera de 90. degrez, l'autre de 41. le 3. qui eſt la diſtance du ſoleil au Zenith d'enuiron de 50. ou 40. deg &c. Vous trouuerez les angles comme nous auons dit. De meſme dans la ſphere droite, ou le pole du monde eſt diſtant du Zenith de 90. deg. & alors vn coſté ſera de 90. deg. & le ſoleil eſtant dans ♑, vn autre coſté ſera de 113. deg. 30.m. & l'autre peut eſtre de 50. ou 40. ou 60.

Prop. 53. Probl. 40.

Deſcrire les Azimuths dans vn quadrant Horizontal.

Mettez le pied du compas au poinct Z, qui eſt le lieu du gnomon, & tirez vn cercle, & diuiſez le en 36. parties, égalles de 10. d. en 10. deg. ou bien en 24. parties égalles de 15. deg. en 15. deg. & tirez y 36. ou 24. demy diametres vous autez 36. ou 24. Azimuths, lesquels vous produirez iusques au parallele ou Tropic de 69.

La demonstration de cecy est facile, puisque le stile est vne partie de la ligne de commune section de tous les Azimuths qui sont tous perpendiculaires sur le plan de l'Horizon, puis qu'ils passent tous par les poles de l'Horizon, à sçauoir le Zenith, & Nadir. Car des precedents il s'ensuit necessairement que le soleil estant dans vn Azimuth 15. deg. ou 10. deg. esloigné du Meridien l'ombre du stile sera aussi precisément 15. deg. ou 10. degrez du costé opposé esloigné du Meridien, d'autant que la ligne de commune section de cet Azimuth auec le plan de l'Horizon sera vn angle de 15. ou 10. deg. auec la ligne Meridienne, & que l'ombre du stile est tousiours dans la ligne de commune section de l'Azimuth ou est le Soleil: de mesme si le Soleil est dans vn Azimuth, 20. d. esloigné du Meridiē, l'ōbre du stile fera vn angle de 20. d. auec la ligne Meridiēne, parce que l'ōbre est la ligne de commune section dudit Azimuth où est le soleil, le rayon du Soleil tombant sur ladite ligne, qui est tousiours dans le plan dudit Azimuth, & partant l'extremité de l'ombre y estãt, & aussi le bas du stile, qui est l'autre extremité de l'ombre, toute la longueur de l'ombre sera dans ladite ligne de cōmune sectiō. Car cōme nous auōs dit toute la lōgueur du stile est dãs les plãs de tous les Azimuths, comme faisant vne partie de la ligne de commune ſection de tous, & partant toutes les deux extremitez de l'ombre eſtant dans ladite ligne de commune ſection, toute l'ombre y ſera, comme eſtant vne ligne droite.

Prop. 54. Theor. 41.

Deſcrire les cercles Almicanthara dans le quadrant Horizontal.

Trouuez la longueur de l'ombre, le ſoleil ayant 15. ou 10. degrez de hauteur par la 47. precedente, & mettant le pied du compas au poinct Z. qui eſt le bas du ſtile, tirez vn cercle de la longueur de cet ombre, & vous aurez le premier Almicanthara. Apres trouuer par la 47. la longueur de l'ombre, le ſoleil ayant 30. degrez de hauteur, & du poinct Z, tirer vn cercle qui aye le rayon égal à la longueur de cet ombre, & vous aurez le ſecond Almicanthara. Apres trouuez la longueur de l'ombre, le ſoleil ayant 45. deg. de hauteur, & l'ombre ſera preciſément égalle à la longueur du ſtile; apres trouuez ſa longueur à 60. deg. de hauteur, & 75. deg. mais à 90. deg. de hauteur il n'y a poinct d'ombre du tout. Et ainſi vous aurez cinq Almicanthara de 15. degr. en 15. degr. Si vous les voulez tirer de 10. d. en 10. deg. vous le pourrez faire de la meſme façon.

Vous trouuerez la longueur de chacun de ces 5. ombres. *Autrement*; Tirez vne ligne égalle à la longueur du ſtile ſur la terre ou ſur le papier, & à vn des bouts faites vn angle de 90. deg. ou vne ligne perpendiculaire, apres de l'autre bout tirez vn quart de cercle de quelle grandeur vous voulez, & diuisez le en six parties égalles par cinq lignes, lesquelles coupperont ladite ligne perpendiculaire en cinq poincts qui monstreront la longueur de chacun de cinq ombres à 15. & 30. & 45. & 60. & 75. degrez de hauteur, & la plus longue sera celle à quinze degrez, & la plus courte

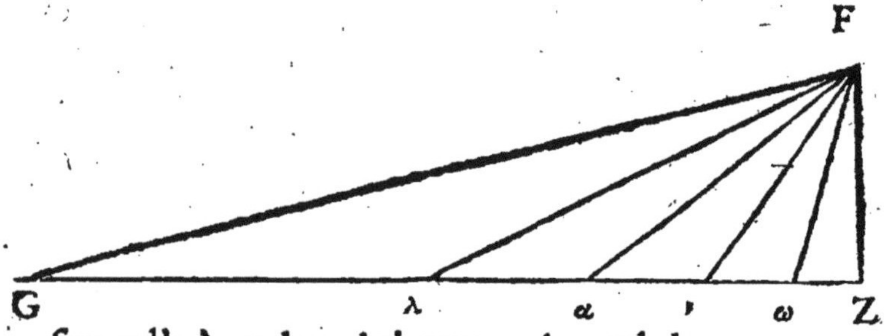

F

G λ α ι ω Z

sera celle à 75. deg. de hauteur. Ayant la longueur de chacun de cinq ombres. Vous aurez aussi les demi-diametres des cinq Almicantharas que vous deuez tirer.

Prop. 55. Probl. 42.

Descrire le cercle Meridien d'aucune ville dans vn quadrant Horizontal.

Sçachez premierement la distance entre le Meridien que vous voulez descrire, & entre le Meridien du lieu où est l'Horloge. Apres si cette ville est plus occidentale, que la vostre au poinct F, faites l'angle H, F, ♌, égale à ladite distance en tirant la ligne F, ♌, en la moitié orientale de la ligne A, B, qui represente la ligne Equinoctiale. Comme si ie veux descrire le premier Meridien, qui passe par les Isles Canaries dans vn quadrant fait pour Paris; parce que ce Meridien est distant de celuy de Paris de 23. degrez. Vers l'occident faictes l'angle H,F,♌, de 23.deg. en faisant H,F, dans ce quadrant Horizontal égal à H,F, dans le quadrant Equinoctial, apres du poinct ♌, tirez vne ligne par le centre du quadrant S, & icelle li-

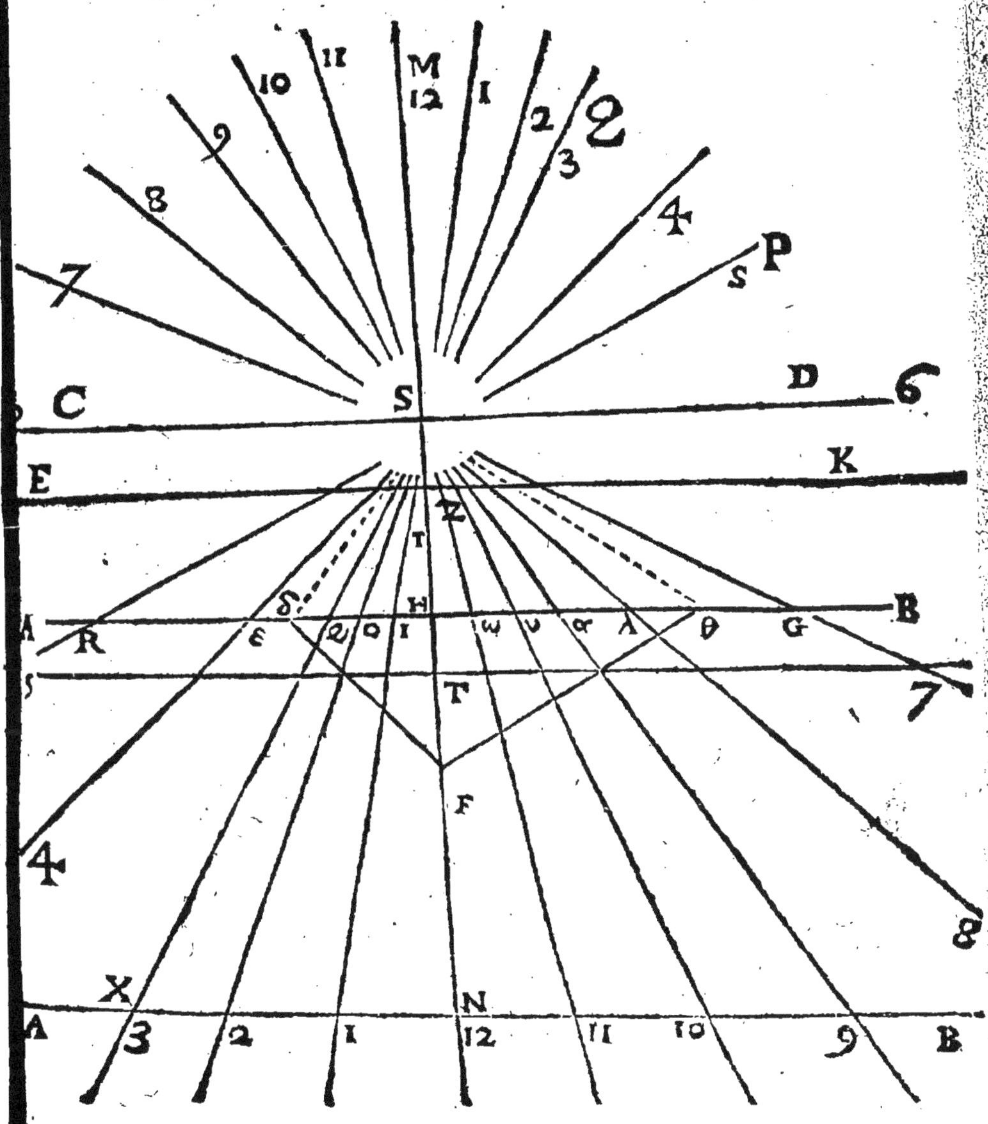

gne S, ♌, sera la ligne du premier Meridien, de sorte que quand l'ombre du style est dans cette ligne il est midy aux Isles Canaries,

Si la ville est plus orientalle que celle de Paris, il faut tirer vne ligne vers la moitié occidentalle de la ligne A, B, qui represente la ligne Equinoctialle. Comme si ie veux tirer la ligne Meridienne d'vne ville, qui est 25. deg. plus orientalle que Paris, il faut faire l'angle H, F, θ, de 25. degr. & puis apres ie tire la ligne S, θ, qui sera la ligne Meridienne de cet autre ville. Et de cette façon vous tirerez la ligne Meridienne de quelque autre ville qu'il vous plaira,

Si le Meridien de cette autre ville est esloigné de 15. degr. du celuy de Paris, alors la ligne de 1. heure de 11. heures, sera la ligne Meridienne de cette autre ville. Et si ceste autre ville est esloignee de 30. deg. alors la ligne de 2. h. ou de 10. h. sera son Meridien. Et si elle est esloignee de 60 d. alors la ligne de 8. heures ou de 4. heures sera Meridien, & ainsi d'autres.

Le premier Meridien dans vn quadrant pour Paris est tousiours entre 1. heure & 2. heures, & partant le second est entre midy & vne heure, & le troisiesme entre 11. & 12. le quatriesme entre 10. & 11. le cinquiesme entre 9. & 10. le sixiesme entre 8. & 9. & ainsi d'autres en plaçant les Meridiens de 15. deg. en 15. deg.

Prop. 56. Theor 14.

Si plusieurs plans ayans vne mesme ligne de commune section, sont coupez par vn plan qui est paral-

tel à icelle ligne de commune section, toutes les lignes de commune section, que ce plan coupant fera auec les plans coupez susdits, seront paralleles entre-elles.

Car puis que ce plan coupant est parallel à la ligne de commune section des plans coupés, il coupera chacun de ces plans en vne ligne parallele à ladite de commune section, & partant toutes ces lignes de commune section seront paralleles entre-elles, puis qu'elles sont paralleles à vne mesme.

Et si vous dites qu'aucune de ces lignes dans le plan coupant, ne soit pas parallele à la ligne de commune section des coupez, il s'ensuiuroit que cette ligne de commune section estant produitte, se rencontreroit auec la ligne de section, de tous les coupez, & partant le plan coupant se rencontreroit aussi auec ladite ligne de section & partant aussi ce plan ne seroit pas parallele à icelle ligne de commune section des coupés contre la supposition, ce qui est absurde.

Coroll. 1. *Si le plan couppant est parallele à aucun de ces plans qui ont mesme ligne de commune section, le plan coupant coupera tout les autres en lignes paralleles entre-elles.*

Car si le coupant est parallel à aucun de ces plãs il sera aussi parallel à la ligne de commune sectiõ, à cause qu'il sera parallel à toutes les lignes tirées dans iceluy plan, & partant il sera aussi parallel à la ligne de commune section, laquelle est dans les superficies de tous les plans desquels elles est ligne de commune section, selon la quinziéme de l'11. liure d'Euclide.

Coroll. 2. *Le plan d'vn quadrant parallel au plan de l'Horison coupe tous les cercles de position ou des maisons celestes en lignes paralleles.*

Car l'Horizon est vn de ces cercles de position, & leur ligne de cõmune section est vne ligne parallele à la ligne Meridienne du quadrant Horizontal, puisque tous ces six cercles passent par les poincts d'entre-section du Meridien auec l'Horizon, diuisant l'Equateur en douze parties égalles chacun de trente degrez & tout le ciel en parties inégalles, lesquelles sont appellées les 12. maisons celestes. Car tout ce qui est compris des deux cercles B, O, A, Horizon, B. H, A, cercle de position, est pour la premiere maison dans la moitié du ciel orientalle, ou bien pour la sixiesme, dans la moitié du ciel occidentalle, Et tout ce qui est compris de B, H, A, & B, E, A, sera la secõde dans la moitié du ciel orientalle, ou bien la cinquiesme dans la moitié occidentalle. Et tout ce qui est compris de B, N, A, Meridien soubs terre, & B, E, A, cercle de position, est la troisiesme maison dans la moitié orientalle, & la quatriesme dans la moitié occidentale du ciel. Et celles-cy sont les 6. premieres maisons qui sont toutes soubs terre, car les six dernieres sont dessus, comme B, O. A, & B, S, A, comprennent la septiesme ou la douziesme. & B, S, A, & B, R, A, comprennent la huictiesme dans la moitié du ciel occidentalle, ou bien l'onziesme dans la moitié orientalle. Mais B, R, A, Meridien, & B, L, A, comprennent la dixiesme maison dans la moitié du ciel orientalle, & la neufiesme dans la moitié occidentalle du ciel.

Prop.

Prop. 57. Probl. 43.

Trouuer l'angle de position qu'vn cercle de position faict auec le Meridien.

Soit le cercle Meridien B, D, M, l'Horizon B, K, A, le cercle de position de l'onziéme maison B, R, A, l'arc L, B, la hauteur de l'Equateur dessus l'Horizon, qui est à Paris de 41. deg. & l'arc

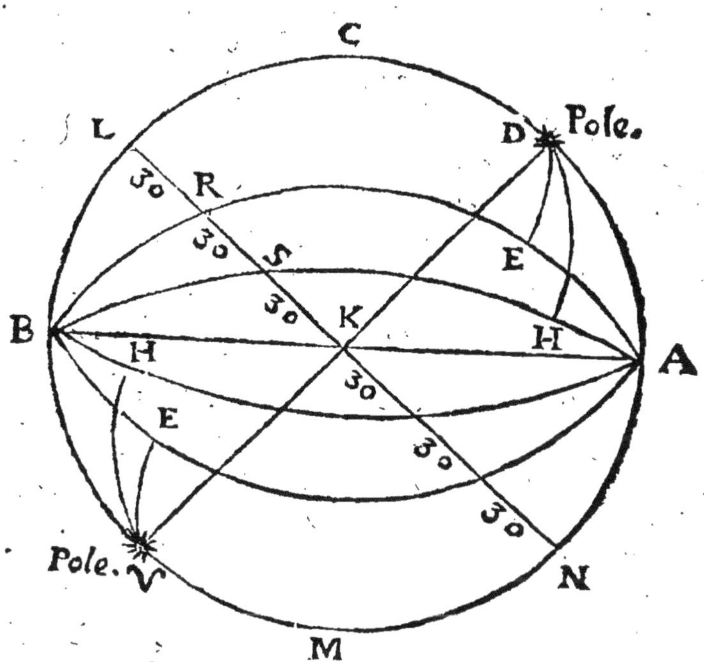

L, R, de 30. deg. & ie desire sçauoir de combien est l'angle de position L, B, R, dans le triãgle L, B, R, il y aura deux costez cognus & l'angle droict L.

Mettez donc en premier lieu le rayon, en second le Sinus de la perpendiculaire adiacente L, B, de 41. deg. Et en troisiéme la Tangente de 60. complement de L, R, qui est de 30. deg. par la reigle de trois vous trouuerez la Tangente de complement de l'angle L,B,R, qui sera de deg. & partant il faut faire V,F,Z, d'autant dans la figure de la proposition suiuante.

Rayon	*Sinus de* L,R	*Tangente*
10000.	*de* 41. *deg.*	*de* 60. *compl.*
		de L, R, 30.

Et pour sçauoir l'angle L,B,S, il faut mettre en troisiéme lieu la Tangente de 30.deg.complemēt de L,S, de 60. degr. & par la reigle de trois vous aurez la grandeur de l'angle X,F,Z, dans la figure de la prop. suiuante.

Rayon.	*Sinus de* L,B,	*Tangente de*
.	*de* 41. *deg.*	30. *deg.compl.*
		de L, S.

Prop. 58. Probl. 44.

Descrire les cercles des positions des maisons celestes dans le plan du quadrant Horizontal.

La ligne Meridienne qui passe par le haut du style parallele à celle qui est dans le plan du quadrant, est la ligne de commune section de tous les cercles de position des maisons celestes, puisque selon la doctrine de Regiomontanus, ils passent tous par les entre-sections de l'Horizon & du Meridien, & partant la ligne de commune section du Meridien & de l'Horizon est aussi ligne de cōmune section de tous les cercles de position des maisons celestes, & le plan du quadrant estant parallel à vn des cercles de positiō, assauoir l'Horizon, tous les autres cercles de position coupera ledit plan en lignes paralleles entre-elles, ſelon la 56. & la diſtance entre chacune de ces lignes droictes, & la ligne Meridienne ſera vne perpendiculaire opposée à vn angle dautant de degrez, qu'eſt l'angle de poſition.

Donc pour tirer les ſuſdites lignes paralleles, il faut premierement trouuer la grandeur de chaqne angle de poſition à voſtre eſleuatiõ du pole; apres tirer vne ligne F, Z, ſur la terre, ou ſur le papier égalle à la longueur au ſtyle, & à vn bout Z, faites vne perpendiculaire, faiſant vn angle droict, & à l'autre bout F, il faut faires deux angles de poſition que font aucuns des cercles auec le Meridien, & ayant produit les lignes faiſants les an-

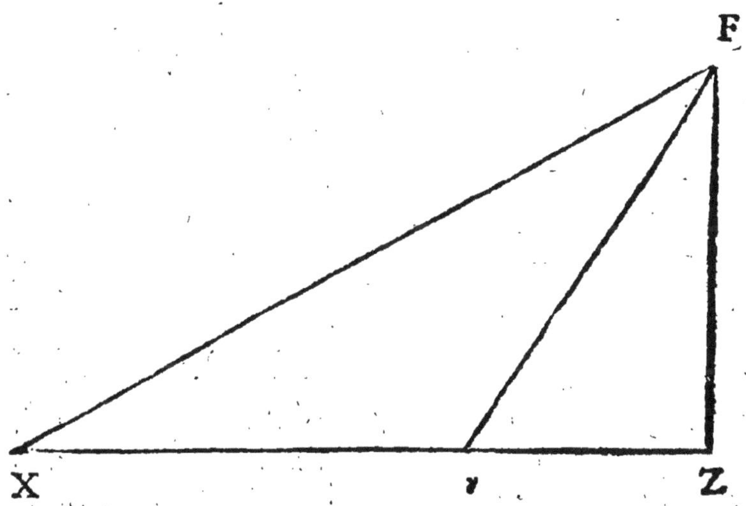

gles, iuſques à ce qu'elles couppent ladite perpendiculaire en deux poincts y, & X, elles vous donneront la diſtance des deux cercles de poſition du Meridien, car la diſtance du plus prochain ſera Z, y, & la diſtance du plus eſloigné ſera Z, X, lesquelles sont plutost les distances des lignes de commune section des cercles, auec le plan du quadrant iusques au bas du style Z, ou bien à la ligne Meridienne qui en est vne, puisque le Meridien est vn des cercles de position des maisons celestes. Apres de chaque costé de la ligne Meridienne, tirez deux paralleles à ladite ligne Meridienne par deux poincts qui sont autant distant de la mesme ligne Meridienne que sont les deux longueurs Z, X, & Z, *v*, de sorte qu'il y aura quatre lignes paralleles, & la Meridienne qui fera la cinquiesme parallele; laquelle aussi sera la ligne de la 10. maison, & la plus proche du costé de l'Orient, ou de la main gauche sera celle de la neufiesme maison, & la plus esloignée sera celle de la 8. & la plus proche du costé occidental vers la main droicte sera celle de l'onziéme, & la plus esloignée sera celle de la douziéme, Car le Soleil estāt dans le quart oriental dans la 12. ou 11. maison, son rayon, & aussi l'ombre du style tombe vers l'occident, & quand le Soleil est dans le quart occidental, l'ombre du style tombe vers le quart oriētal du ciel Septentrional.

Autrement, vous ferez la mesme chose plus promptement, si dans le plan du quadrant vous tirez vne parallele à la ligne Meridienne par le poinct O, qui est le poinct de 2. heures apres midy, dans la ligne Equinoctiale A, B, & icelle ligne parallele sera la ligne de la 9. maison, parce que le Soleil estant dans l'Equateur, & dans le cercle de deux heures apres midy, il est aussi en mesme temps dans le cercle de position de la 9. maison, d'autant que le cercle de position de la 9. maison,

& celuy de deux heures s'entre-coupent tous deux au poinct de l'Equateur, qui est 30. deg. esloigné du Meridien ; & partant à deux heures apres midy le Soleil estant dans l'Equateur esloi-

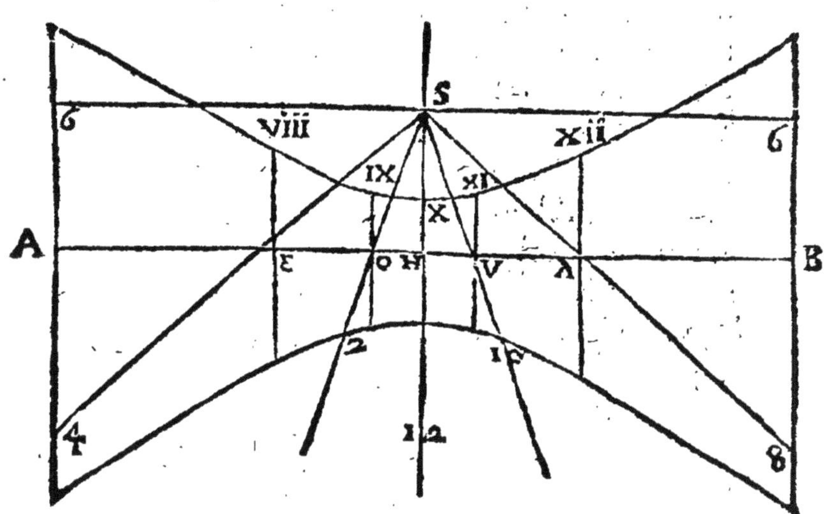

gné du Meridien de 30. d. est dans tous les deux cercles à la fois, & le rayon du Soleil tombe sur le poinct O, de sorte que les deux lignes de deux heures, & de la neufiéme maison ayent le poinct O, pour poinct de section, comme le rayon du Soleil qui tombe sur le poinct O, est ligne de commune section des deux cercles, & partant la ligne parallele tirée par le poinct O, sera ligne de la 9. maison.

De mesme façon, & pour la mesme raison, si vous tirez par le poinct ε, vne ligne parallele à la ligne Meridienne, vous aurez la ligne de la 8. maison, car ε, estant le poinct de 4. heures apres midy, le Soleil estant dans l'Equateur, ce iour là à 4. heures apres midy, il sera aussi dans les deux cercles, sçauoir le cercle de 4. heures, & le cercle de la 8. maison, esloigné de 60. degr. du Meridien, en comptant les 60. degrez de l'Equateur. Car ces cercles s'entre-couppent dans vn poinct de l'Equateur, qui est 60. degrez esloigné du Meridien, & alors le rayon du Soleil tombe sur la ligne Equinoctiale A, B, & aussi sur la ligne de 4. heures, S, 4. & partant tombera necessairement sur le poinct ε, qui est dans toutes ces deux lignes, & parce qu'il est aussi dans le cercle de la huictiéme maison, estant 60 degrez de l'Equateur esloigné du Meridien, son rayon tombera aussi sur la ligne de la huictiéme maison, & partant le poinct ε, qui est le bout de son rayon, sera aussi dans la ligne de la huictiéme maison, c'est pourquoy il faut tirer la parallele de la huictiéme, par le poinct ε, & ces trois lignes S, 4. & A, B, & celle de la huictiéme s'entrecoupperont toutes trois dans le poinct ε.

Apres par le poinct ν, qui est le poinct de la dixiéme heure deuant midy, tirez vne autre ligne parallele à la ligne Meridienne, & vous aurez la ligne de l'onziéme maison, & par le poinct λ, qui est le poinct de 8. heures, tirez vne autre parallele, & vous aurez la ligne de la douziéme maison.

A la façon de Campanus.

Si vous voulez descrire les lignes des maisons, selon la diuision de Campanus, qui fait chaque angle de position, compris de deux cercles de 30. degrez, de sorte que le cercle de la douziéme maiſon ; & le Meridien faſſent vn angle de 60. degr. il faut tirer la ligne ſuſdite F, Z, égalle à la longueur du ſtyle, & au poinct F, qui eſt le centre du monde, faire vn angle de 30. degrez, comme V, F, Z, & la ligne Z, γ, ſera la diſtance entre la ligne Meridienne, & celle de l'onziéme, & auſſi la neufuiéme maiſõ. C'eſt pourquoy il faut tirer de chaque coſté de la ligne Meridienne vne ligne parallele à icelle, & diſtant d'icelle de la longueur de γ, Z.

Apres faictes l'angle Z, F, X, de 60. degrez, & vous aurez la ligne Z, X, égalle à la diſtance entre la ligne Meridienne, & celle de la douziéme ou huictiéme maiſon. Tirez donc de chaque coſté de la ligne Meridienne vne ligne parallele à icelle, & diſtant d'icelle de la longueur de Z, X, λ, & ainſi vous aurez les lignes de toutes les maiſons celeſtes.

La raiſon de cecy eſt à cauſe que le ſtyle F, Z, eſt dans le plan du cercle Vertical, & auſſi F, γ, & F, X, dans le plan du meſme cercle Vertical, & ſont les lignes de commune ſection des cercles des maiſons, auec le plan du cercle Vertical, mais Z, λ, X, eſt vne partie de la ligne parallele à l'Equinoctiale A, B, & paſſant par le bas du ſtyle Z, & partant elle eſt coupée par les plans des cercles des maiſons és poincts γ, & X, & partant Z, γ, & Z, X, monſtrent les diſtances entre les lignes de ſection des maiſons, & la ligne Meridienne. Et ces parties Z, γ, & Z, X, ſon égalles aux parties de la ligne Equinoctiale entrecoupées entre les plans des cercles des maiſons.

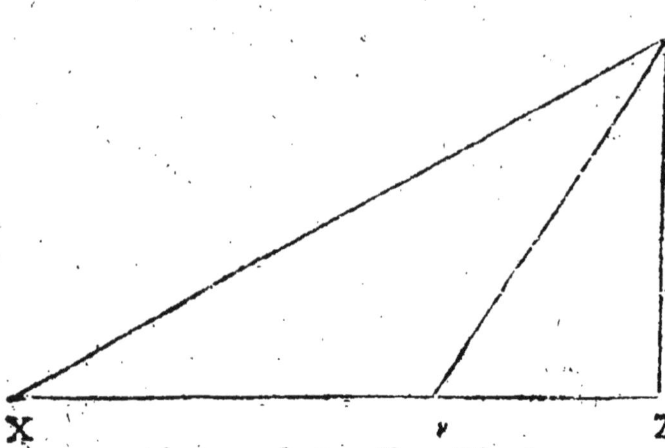

A la façon de Garulle ou Firmicus,

Si les cercles passent par les poles du monde alors les lignes horaires seruiront pour lignes des maisons, à sçauoir la ligne Meridienne, celle de la dixiéme, & la ligne de deux heures, celle de la 9. & la ligne de 4. heures, celle de la huictiéme. La ligne de 10. heures deuant midy sera celle de l'onziéme, & la ligne de 8. heures sera celle de la 12.

I'Auois oublié cy-dessus de respondre à vn hõme qui s'est voulu attribuer la demõstratiõ de la 117. proposition de nos triangles spheriques, duquel ie tais le nom doresnauant, dans tous mes escrits estant indigne de cet honneur là, à cause de sa bassesse & son ignorance. Dans la 19 & 20. page de sa quatriesme inuectiue, ses paroles sont telles. *Finalement en la page 437. Hume n'ayant encore veu la demonstration que i'ay fait du Theoréme de Neper, dont il auoit tant crié, & tesmoignant sa propre ignorance sur iceluy, il asseure nettement que ie suis vn menteur de dire qu'il se peut demonstrer seu-*

lement par deux Theorémes de ma Trigonometrie, & qu'il falloit encore la 114. 115. & 116 propositions des triangles d'Hume. Mais Hume ayant depuis veu tout le contraire par ma demonstration, & deuenu tout esperdu d'estonnement, en la page de son Algebre de Viete, il s'est mis à crier au larron, quoy que tant ma demonstration & ma figure soit bien differente de tout ce qu'a fait Hume en 8. propositions accompagnées de diuerses figures tres-absurdes,

Il est vray que i'asseurois que cet hom̃me estoit vn grand menteur, l'ayant experimenté en tous ses escrits, où il y a tousiours bien plus de paroles de menterie que de verité, & ie n'ay que faire d'aller loin pour en chercher des tesmoins. Il dit luy-mesme *qu'vn mensonge effronté n'est pas de peu d'effect*, & le sçait fort bien mettre en prattique. Il est impossible que le Theoréme de Neper se peut demonstrer par les deux de sa Trigonometrie, ce qu'il sçait fort bien, car dans la demonstration nouuellement imprimée qu'il a desrobbé de ma Trigonometrie, il se sert (outre les deux propositions susdites) de la 114. 115. & 116. de ma Trigonometrie, en faisant vne confusion de toutes ces propositions en vne seule, car dans cette demonstration, qu'il m'a dérobbé, il prouue par Euclide les mesmes choses que ie demonstre aussi par Euclide dans la 114. 115. & 116. prop. ce qu'il n'eust iamais songé de faire s'il n'eust veu mõ liure de la Trigonometrie, n'y eust iamais sceu que le Theoréme de Neper se demõstre par les 2. susdits Theorémes (qui sont dans sa Trigonometrie, & dans la mienne, & ne sont pourtant ny les siens ny les miens, car l'vn est de Regiomontanus, l'autre de Neper) s'il n'eust veu que ie demonstrois, cestuy-là de Neper dans ma Trigonometrie par le moyen de ces deux-là, & encore par la 115. & 116. de ma Trigonometrie; Car cõme nous auons fait voir dans nostre Algebre de Viete, il est impossible de demonstrer le Theoréme de Neper par les susdites propositions seules. Mais pour déguiser mieux son larcin, il prend la figure de ma 114. proposition, & en fait vn mes-

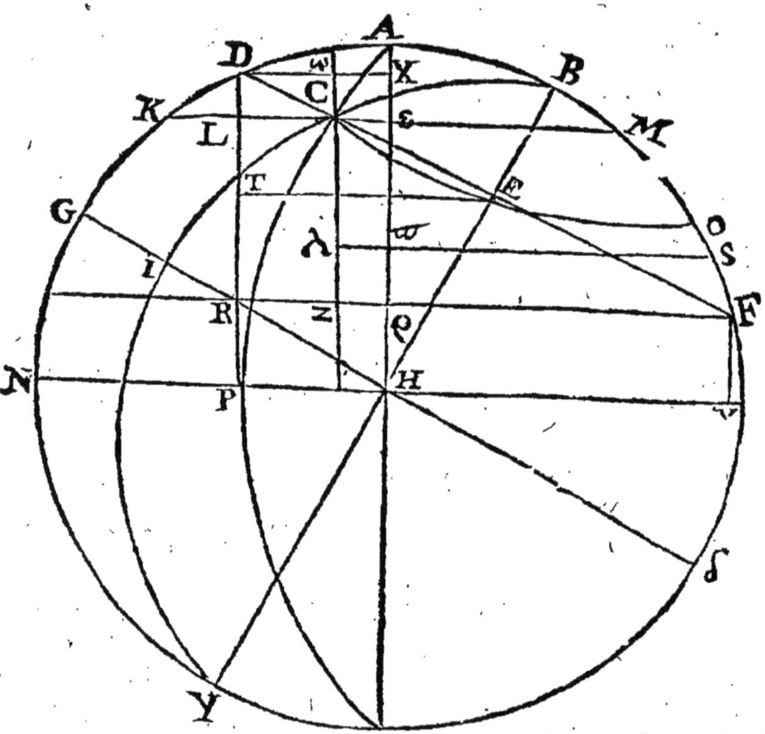

lange auec celle de la 119. qui est la mesme chose que celle de la 117. comme nous auons fait voir cy-dessus, & par ce moyen là mesle nostre 114. & 115. & 116. & 117. en vne proposition, puis dit hardiment qu'il n'a que faire de ma 114. ny 115. ny 116. proposition pour sa demonstration. N'est-ce pas ouuertement & impudemment monstrer son ignorance deuant les gens du mestier, sçachant fort bien que le moindre escolier ou apprentif des Mathematiques descouurira cette grossiere finnesse. Et s'il me peut trouuer vn homme dans toute la ville de Paris, ou dans tout l'vniuers, mesme de tous ses plus grands amis, soit Monsieur du Valois Escossois, Tresorier General de France en Dauphiné, ou aucun autre, qui le peut ou veut excuser d'vn larcin euident en cecy, ie promets de luy quitter le tout, & me dédire de tout ce que i'ay iamais escrit contre luy. Certes s'il eust mis cette demonstration dans son liure par maniere de citation, & eust confessé ingenuement qu'il l'auoit pris de moy, i'eusse esté content que par ce moyen ses liures eussent esté de meilleure vente, selõ son dessein. Mais puis que i'ay esté le premier qui a iamais demonstré cette proposition, & la 120. il n'est pas raisonnable que ceux qui les mettent dans leur liures veulent faire accroire qu'ils en sont les inuenteurs.

Dans la 20. page il dit, *Or il ne sçait comment se venger de cet affront pretendu, sinon en disant que ma Trigonometrie n'est pas parfaitte, parce qu'il y faudroit encore adiouster ses 120. & 126. & 127. prop. & vn grand nombre d'autres lesquelles Theodose baille Mais* Hume *le peut garder pour son Farrago.* Où il tesmoigne vn grand mespris des inuentions de ces deux grands personnages, que tout le monde a en si grand estime. Car la 120. est celle de Neper, & a mesme vsage que le Theoréme susdit de Neper, & n'a iamais esté auparauant demonstré, non plus que la 117. car sans la 117. & la 119. il est impossible de demonstrer la 120. mais la 119. proposition est tout à fait de nostre inuention auec sa demonstration, ayant esté contraint de l'inuenter pour pouuoir demonstrer la suiuante, & quoy qu'il n'y en eust nul vsage, si est-ce que la subtilité & la gentillesse de cette proposition est agreable. Pour ce qui est de la 126. & 127. ie confesse que ie ne suis pas le premier qui l'a demonstré, car le Baron de Merchiston la demonstre dans son liure imprimé à Edimbourg 1614. Neãtmoins ayãt trouué sa demonstration fort longue & trop difficile pour estre entenduë de beaucoup de gens, nous l'auons reduite à cette briefueté & facilité qu'on peut voir dans nostre Trigonometrie. Certes la proposition & demonstration d'vn tel hõme meritoit d'auoir place dans mon liure, puis qu'elle auoit eu place dans le sien, & si le calõniateur l'eust iamais bien entẽdu, il l'eust mis dans sa Trigonometrie aussi bien que i'ay fait dãs la miẽne. Pour en rendre la demonstration plus claire, i'ay demonstré qu'en deux façons vn plan couppant vn cone peut faire vne section conique qui soit cercle, assauoir si le plan est parallel à la base du cone, ou fasse les angles alternes égaux à ceux de la base, ce qu'on entendra aisement en lisant nos propositions. Le Baron de Merchiston ne l'explique point, car il supposoit qu'vn chacun le sçauoit, & pourtant nostre calomniateur ne le cõprenoit pas, & partant aussi n'a iamais sceu comprendre la demonstration du Baron, & auoit honte de mettre vne demonstration dans son liure qu'il n'entendoit pas luy-mesme. Pour moy ie trouuois cette 127. proposition si subtile & si gentille que ie ne la pouuois obmettre dans mon liure, quoy qu'elle ne sert qu'au mesme vsage que la 117. & la 120. & partant est comme inutile. Les trois costez d'vn triangle spherique estant donnez, elle enseigne à trouuer les angles de la mesme façon, que si les trois costez d'vn triangle Rectiligne estant donnez on voudroit trouuer les angles; car au lieu des costez d'vn triangle Rectiligne on prend les tangentes des moitiés des costez du triangle spherique par vne inuention tres-subtile & curieuse.

Dans la page 21. il dit. *Hume dans la 460. page dit que ie ne sçay pas l'Algebre, croyant qu'au moins de ce costé-là il aura quelque aduantage sur moy. Mais parce que i'ay tousiours mesprisé cette sotte obiection aussi bien que celle de faire des vers & sçauoir l'Hebreu, parce que tout cela est hors de propos, & n'a rien de commun auec la science des longitudes dont il est question. I'apprends à Hume que deuant qu'il se sceust moucher ie sçauois l'Algebre de Diophante, mise en lumiere par Stenin de Bruges en l'an de nostre Seigneur 1606.*

Mais i'auois parlé de l'Algebre de Viete, non pas de Stenin, laquelle ie disois qu'il ne sçauoit pas, & ne sçait pas encore s'il ne l'a appris depuis peu dans mon traicté imprimé l'annee 1636. mois de Iuillet, car de l'apprendre du texte de Viette, cela est au delà les bornes de son esprit. Et pour monstrer qu'il ne la sçait pas il ne faut que remarquer que dans toutes ses œuures il n'en dit vn seul mot, car c'est vn homme qui estalle toute sa marchandise de prime abord, ce que vous ne voyez pas dans sa boutique, vous ne trouuerez iamais dans ſon magazin ; il ſe vante ordinairement de plus qu'il ne ſçait, vn tonneau vuide faict beaucoup de bruict. Et quand ie luy diſois que ie ſçauois l'Hebreu mieux que luy, & que ie ſçauois faire des vers mieux que luy ; c'eſtoit ſeulement parce que à tout coup il m'appelloit ignorant, ie le priois de me dire en quoy il me trouuoit plus ignorant que luy. Car ie confeſſe que i'ignore plus que ie ne ſçay, à mon grand regret : mais pour tout cela ie ne ſuis pas tant ignorant comme cet homme là, & n'en veux pas d'autres teſmoins que ſa propre conſcience.

Et dans la page 22. *Et comme i'ay l'eſprit fort inuentif en tout ce à quoy ie l'applique, de ce temps-là, qui eſtoit enuiron l'an 1606. ie trouuay vne inuention tres-ſubtile & facile, &c. Monſieur Imbert fort renommé en l'Algebre, en laquelle il a meſme ſurpaſſé Viete en peut rendre bon teſmoignage.* Si cet hõme ſçauoit la moindre choſe de l'Algebre de Viete il ne parleroit iamais de la façon, car il ſe prefereroit à tout le monde, & diroit que luy ſeul auroit ſurpaſſé Viete, & ne ſe mettroit iamais ſur les loüanges d'aucun autre, en quoy auſſi il monſtre ſon ignorance, car iamais habile homme a dit, ny dira que le ſieur Imbert a ſurpaſſé Viete, ce qu'il en a mis en lumiere, eſtant la meſme choſe que Viete, cõme iay fait voir dãs mõ liure pa. 200.

Dans la 3. page, il dit, *Lors que ne pouuant prouuer quelque choſe contre moy, il renuoye impudemment le lecteur à quelque autre ſien liure, tant pour faire acroire qu'il a prouué ce qu'il dit, que pour donner opinion qu'il a fait quantité de belles œuures, & faire vendre ſes liures. Ceux qui pour ce ſubiet les achete-*

vont ne trouueront pas ce qu'ils cherchent mais des sottises. Mais ce n'est pas assez de le dire il faut prouuer ce qu'il dit, car personne luy croira sur sa parole, & à force de crier de la sorte il n'empeschera iamais qu'on achepte mes liures, lesquels se vendent beaucoup mieux que les siens, qui sont en petit nombre, & peu recherchés, ne faisant imprimer qu'vn en trois années, encore en suë-il du front. Les Doctes font tousiours plus d'estat de mon baraguin que de son François poly, *& de mes sottises* plus que de son esprit, tesmoin les Libraires qui impriment tous mes liures à leur frais, où il est contraint de faire de grandes despenses, iusques à incommoder sa bourse autant par l'impression, qu'il donne de la peine à son esprit en la composition, l'vn estant aussi steril cõme l'autre Et nonobstant toutes les iniures qu'il me dit, ie le plains beaucoup plus qu'il ne m'offẽse, qu'il a tant de peine à ne rien faire qui vaille, & doresnauant ne le prieray iamais de s'en abstenir si ce n'est par compassion & charité Chrestienne, se voyant tant tourmenter pour acheuer ce qui luy reste de reputation. Il eust beaucoup mieux fait s'il ne m'eust iamais mesprisé, ny ce que ie fais, son honneur seroit encore en son entier, car ie ne l'eusse iamais attaqué le premier, ne souhaittant autre chose que la paix, & d'estre en bonne intelligence auec tous ceux qui font profession des lettres.

Dans le commencement de cette quatriesme inuectiue, il dissimule son nom, & veut faire accroire qu'elle a esté fait par vn de ses amis, comme s'il trouueroit si aisement vn amy qui voudroit estre battu & baffoüé par luy, & porter la marrotte d'autruy, en se laissant aller à des iniures si sales, & si atroces comme les siennes, principalement contre vne personne auec laquelle ils n'ont rien à demesler. Mais quoy que cet homme fut desguisé en vn Socrates, ou vn Platon, ou vn Ptolomee dans vn balet, on le recognoistroit tousjours à la cadence; Sa vanité, ses rodomontades, ses iniures, son impudence & son ignorance le descouuriroient; outre que son style & langage estãt si lasche & si bas, sãs aucune vigueur & energie le donne assez à cognoistre à quiconque a leu la moindre chose de ses escrits. Neantmoins il a si grand peur qu'on oublie son nom, ou qu'on ne le sçache point, qu'il se nomme plus de cinquante fois chaque page, & tousiours fort à son aduantage, auec loüanges & recommandations de sa personne, comme s'il eust esté gagé expres pour se seruir luy-mesme d'Heraut, & mettant tousiours Monsieur deuant son nom, ce qui n'est pas permis qu'aux Princes, ou aux Ducs & Pairs de France à faire dans des liures imprimés.

I'ay creu que cet Hume donnoit luy-mesme vn démentir à sa pretenduë noblesse, Car il n'est pas croyable qu'estant de bonne & loüable naissance, il eust voulu forger tant d'impostures, & vomir tant d'iniures contre vn personnage d'honorable & vertueuse extraction, de rare sçauoir & de qualité; comme luy. Si i'eusse fait ainsi sans estre prouoqué par ses inuectiues insupportables, il auroit raison de parler de la sorte. Mais qui est-ce qui aura receu vn soufflet & ne le voudroit pas rendre; Ie suis marry que ie ne suis pas assez bon Chrestien pour tendre

tendre l'autre iouë. Les offenses de la langue, & de la plume font plus de violence, & plus de tort. Chacun doit estre payé en sa monnoye, les iniures d'iniures, les brocards de brocards, & auec vsure, ainsi vit-on dans ce siecle, si on ne veut estre approuué que de quatre ou cinq; Si Diogenes estoit auiourd'huy au monde, il passeroit plutost pour vn fol que pour vn Philosophe. Pour estre estimé dans le monde il faut tousiours complaire à la multitude. Ceux-là qui me blasment sont ou ses amis contre raison, ou ceux qui ne sçauent point qu'il m'y a contrainct contre mon gré & mon humeur par ses inuectiues continuelles. Et si i'eusse fait autrement, ceux-là mesmes eussent esté les premiers à conceuoir vne sinistre opinion de mon esprit, ou de mon ressentiment, & eussent creu que ie me taisois plutost par stupidité & lascheté que par prudence.

Que Dieu fasse pleuuoir, ou ne le fasse pas
Il ne peut contenter les hommes icy bas.

I'ay choisi donc de desplaire à vn petit nombre de gens, quoy que peut-estre de meilleure sorte, à celle fin de n'estre pas blasmé de tout le monde. Neantmoins ie confesse ingenuëment que i'ay fait vne grande faute, & me recognois coupable de la plus grande impertinence du monde, puis qu'il n'y a pas vn honneste homme à Paris qui voulust entrer en querelle auec vn chartier, ny auec vne des poissonnieres des halles, où il n'y a rien à rapporter que des iniures, & si on l'entend de la sorte tous ceux qui me blasment ont grande raison, n'y sçauray-je pretendre autre excuse, sinon que ie le croyois de beaucoup plus honneste homme, & plus habile qu'il n'est, & si ie l'eusse bien recogneu comme ie fais à cette heure, ie n'eusse iamais daigné entrer en lice auec luy, car d'auoir vaincu vn homme comme luy c'est vne bien petite victoire. Et si ie me suis laissé emporter à la cholere, ie prie tous mes amis de ne le trouuer point estrange, puis qu'on voit tous les iours des hommes raisonnables se mettre en cholere contre des asnes & des cheuaux.

Dans la page 7. il dit, *Car pour venir au poinct. si Hume fait voir que i'ay forgé ou veux forger des fausses suppositions pour bastir des tables Astronomiques. Ie confesse librement qu'Hume a gaigné sa cause.* Et vn peu apres; *Ie condamne comme fausses toutes les suppositions des anciens, & les tables qui sont faites ou se feront sur icelles, ainsi qu'Hume a peu ou deu voir, mon dessein estant que par les obseruations on trouue les vrayes suppositions necessaires à la fabrique des tables.* A-t'on iamais ouy chose plus ridicule, pour trouuer *des vrayes suppositions*, car si elles sont vrayes, elles ne sont plus suppositions, & si elles sont suppositions elles ne sont pas vrayes, ces deux estant contradictoires. S'il eust dit trouuer le vray cours ou chemin des planetes, & la vraye mesure de leur cours & mouuement, il eust bien dit, car si nous pouuons aller iusques là, il seroit aisé de faire des vrayes tables. Mais c'est vn dessein beaucoup au de là de la portée de son esprit, & quasi impossible à l'homme de reduire l'Astronomie à vn si haut degré de perfection. Car supposons qu'on eust fait 200. obseruations de la Lune, & que là dessus on eust forgé vn chemin pour la Lune en forme de cercle

Excentrique ſe mouuāt de telle façon qu'on voudroit, & que le calcul de la Lune par ſon mouuement dans ce cercle Excentrique s'accordaſt ſi bien auec toutes ces 200. obſeruations qu'on ne trouueroit rien à redire ſi eſt-ce vne choſe tres-aſſeurée qu'on ne ſeroit iamais certain ſi la Lune ſe mouuoit dans vn tel Excentrique ou autremēt car on pourroit faire vne figure oualle qui ſauueroit toutes ces apparences auſſi-bien que le cercle Excentrique, & partant on ne ſeroit iamais aſſeuré ſi la figure oualle, ou le cercle Excentrique ſeroit le veritable chemin de la Lune, & partant on ne pourroit iamais auoir des vrayes Hypotheſes de la Lune comme il parle impertinemment. Outre qu'encore que les ſuppoſitions circulaires s'accordaſſent auec toutes ces 200 obſeruations, ſi eſt-il certain qu'elles ne s'accorderont point à 500. autres obſeruations, ſi le mouuement de la Lune ſe fait en figure oualle. Et ſi on fait des ſuppoſitions en figure oualle, qui s'accordaſſent auec toutes ces 200. obſeruations, ſi la Lune ſe meut en cercle, ces ſuppoſitions ne s'accorderont point à vne infinité d'autres obſeruations; C'eſt pourquoy il faut premierement ſçauoir ſi la Lune ſe meut en figure oualle, ou en cercle, ce qui eſt tout à fait impoſſible à recognoiſtre par les obſeruations, car les obſeruations ſe peuuent accorder auec toutes les deux. Il n'y a point d'autre moyen que par la communication des Anges, ou ſi peut-eſtre quelque demon familier, luy puiſſe enſeigner le veritable chemin des planettes dans le ciel, ou bien par reuelation, ou quelque viſion nouuelle, ou ſonge de nuict. Ainſi cet homme là a beau faire, iamais il ne viẽdra à bout de son dessein pour corriger les tables ; & partant ce que i'ay dit demeure constant malgré ses crieries, assauoir, *Que son inuention ne vaut pas vn clou à cause que toutes les suppositions qu'il pourra iamais faire seront tousiours fausses, & partant ne pourra iamais bastir sur icelles aucunes tables veritables. iusques à la precision requise pour les longitudes. A cecy il n'a iamais respondu, & ne sçaura respondre, & luy ay proposé souuent la mesme difficulté pour l'obliger à la resoudre, mais il ne l'a sçeu faire.* D'où il appert que l'excuse qu'il apporte ne sert de rien, à sçauoir qu'il ne veut point de fausses suppositions, ains que par les obseruations on trouue des vrayes Hypotheses necessaires à la fabrique des tables; cela estant vne chose tout à fait impossible, comme nous auons prouué suffisamment,

Pour ce qu'il dit de la teste du Dragon, page 11. ce n'est que sottises selon sa coustume. Car si Tycho a repris les anciẽs touchant le calcul de la teste du Dragon, & touchant la declinaison du deferent de la Lune que les anciens ont posé de 5. d. precisement. Longomontanus & les Modernes en reprennent Tycho, & restablissent les opiniõs des anciens. Et dans la 10. page, il dit que *Les modernes obseruateurs trouuent tous les iours des erreurs, dans les tables des estoilles fixes.* Comme si i'eusse iamais affirmé le contraire, car pour faire les obseruations de la Lune, ie suppose qu'on aye trouué long-temps auparauant les lieux de toutes les estoiles fixes. Vn peu apres il dit, *que i'ay mesprisé son inuention de trouuer les lieux des estoiles le iour.* Mais il se trompe fort, car i'en ferois beaucoup d'estat s'il pouuoit faire ce qu'il dit, à sçauoir trouuer la hauteur d'vne estoile dessus l'Horizon, le iour aussi bien que la nuict, mais estant assés accoustumé à ouyr ses vanitez, & propositions imaginaires, ie n'adiouste pas foy de prime abord à tout ce qu'il dit.

Dans l'onziesme page il dit, *Finalement, la seconde methode de trouuer le vray mouuement de la Lune l'obseruant au cercle Meridien, est de mon inuention.* Outre que plusieurs ont fait mention de la mesme chose, cette inuention est si puerile & de si peu d'esprit que le moindre enfant du monde s'en eust auisé, comme i'ay dit, plusieurs autres ont enseigné la mesme subtilité long-tẽps deuant luy.

Dans la 12. page, *Car voulant obseruer la Lune au Meridien, il faut estre asseuré que son centre soit au Meridien.* Ce qui est tout à fait faux, d'autant qu'on ne regarde pas le centre de la Lune qui est vn petit poinct imperceptible, ains a tout le diametre de la Lune, à sçauoir quand cette diametre est dans le Meridien, ce que vous recognoistrez sans beaucoup de peine en regardant le long de la muraille Meridienne, car vous verrez quand la moitié de la Lune aura passé le Meridien.

Dans la 13. page *Tycho & Longomontanus n'ont employé que 7. années à reformer les tables de la Lune, & moy qui ay eu plus de lumiere qu'eux, ne demande que trois ou quatre.* Cecy ne merite pas vne response, veu la sottise & impertinence de cet homme éceruelé de se preferer à ces deux grands personnages.

Dans la 14. page, *Pour trouuer le lieu de la Lune auec ce grand quart de cercle par vne estoille fixe, où il faudroit attendre que la Lune & l'estoile soient toutes deux au Meridien, ce qu'à grande peine arriuera vne fois l'an, ou bien il faudroit auoir les machines d'Archimede pour remuer la muraille bien iustement à l'orient ou à l'occident.* Ce discours ne merite pas de respõse non plus que le precedẽt, car qui est-ce qui a iamais veu vn tel fol; comme si la Lune pouuoit estre dans le Meridien qu'il n'y auroit tousiours quelque estoille fixe en mesme tẽps dãs le Meridien, par le moyen de laquelle on recognoistroit assez aisement le lieu de la Lune; car nous supposons les lieux de toutes les estoilles fixes trouués au vray, deuant que de faire les obseruations de la Lune.

Vn peu apres il dit; *Iugez par là s'il a meilleure raison de proposer des instruments de 4. lieuës de diametre.* C'est insensé est insupportable en ses mensonges; où est-ce que i'ay iamais proposé tels instruments ? Seulement i'ay dit que Galilée, qui est beaucoup plus habile homme que luy, vouloit auoir des instruments d'vne telle grandeur, à sçauoir des montagnes de 3. ou 4. lieuës de hauteur pour obseruer le mouuement du Soleil. Voyez son liure.

Dans la 15. page, il veut trouuer la parallaxe du Soleil, & la hauteur de l'Equateur, par le moyen du vray lieu du Soleil, & de sa declinaison; au lieu qu'il faut premierement sçauoir la parallaxe du Soleil, & la hauteur de l'Equateut pour trouuer la declinaison. Car si vous ne sçauez precisement la hauteur apparente, vous ne sçaurez iamais trouuer sa declinaison: & partant il fait vne petitiõ de principe euidente. Et cette methode n'a iamais esté la mienne, comme il veut faire accroire, ains de son imagination, & non pas de mon inuention.

Dans la 16. page il dit, *Que la façon de trouuer la hauteur de l'Equateur de Ptolomée est fausse & incertaine, à cause de la refraction du Soleil estant au principe de ♑, laquelle est fort grande en ces climats.* Mais il n'importe si la methode est bonne en d'autres climats, cela suffit. Et la grandeur de la refraction en ces pays y est peu cogneuë, cette doctrine estant encore fort incertaine, ayant vn fondement fort inconstant à sçauoir l'espaisseur de l'air qui se change tous les iours selon le temps, & partant les refractions se changent aussi tous les iours, comme dependants tout à fait de l'espaisseur de l'air. Pource qu'il dit. *Que son secret est de trouuer la Parallaxe du Soleil en vn iour.* Et ie croy que cela luy est vn grand secret, & si grand que iamais il ne l'a sceu trouuer. C'est vne mauuaise chose d'auoir la reputation d'vn menteur, car quand mesme il diroit vray, personne n'y adiousteroit foy.

Tout ce qu'il dit dans la 17. page des obseruations pour trouuer les longitudes n'est que vraye sottise. *Si Hume veut obseruer à Hambourg, parce qu'il ne se fie point aux tables, pourquoy se veut-il donc fier à Lisbonne, Que dira-il là dessus sinon des sottises à son ordinaire.* Mais cet homme sçait tout le contraire de ce qu'il dit, car i'auois rendu vne raison dans l'Algebre de Viete, à sçauoir que ie prenois tousiours l'obseruation à Hambourg, pour *Æra calculi*, d'où ie choisis de commencer mon calcul, afin de n'estre point obligé de commencer *ab ara Christi*, ce qui eſt impoſſible à faire ſans commettre des grandes erreurs; au lieu que ſi vous commencez voſtre calcul du lieu de la Lune que vous trouuez par l'obſeruation à Hambourg le temps eſtant fort bref, ſçauoir de deux mois, ou trois mois, plus ou moins, vous ne ſçaurez commettre aucun erreur ſenſible en noſtre calcul, ce que i'ay expliqué aſſez amplement dãs la derniere reſponſe, & neantmoins cet inſenſé fait ſemblant de ne l'auoir iamais veu. Et quoy qu'on fiſt l'obſeruation quinze iours deuant que mettre voile au vent, cela ne nuira nullement au calcul, comme cet impertinent s'amuſe à diſputer dans vne page entiere, ne ſçachant que dire, & ne ſe ſouciant de ce qu'il dit, les plus grandes ſottiſes, fadaiſes, & aſneries qu'il y a au monde, afin qu'on croye qu'il a reſpondu. Son diſcours ne monſtrant pas ſeulement qu'il a le ſens commun; ne reſpirant autre choſe que la cholere, la rage, & le deſpit, qu'il ne ſçait trouuer nul expedient pour couurir ſa honte & ſon ignorance, & à cauſe de cela il vomit vne infinité d'iniures atroces, ſales & vilaines, qui exciteroient le plus modeſte homme qui a iamais eſté contre luy, vne tourterelle ou colombe qui eſt ſans fiel & ſans cholere, ne les pourroit pas ſouffrir.

C'eſt vne choſe eſtrange comment il peut dire que ie l'attaque le premier dans la 21. page, tout le monde eſt teſmoin du contraire, puis que ie n'auois fait imprimer rien contre luy deuant qu'il inuectiuaſt cõtre moy l'année 1634. dans ſon liure des Longitudes: Il faut donc neceſſairement qu'il ait cõmencé le premier, & quoy qu'il s'ẽ plaigne,

I'ay tres grande raiſon à chaque bout de champ de l'appeller impudent, de dire des choſes que tout le monde ſçait eſtre fauſſes, abſurdes, & impertinentes. Si i'auois deſapprouué ſon inuention en particulier, comme inutile, auſſi auoit fait toute la ville de Paris, il ne deuoit pas m'attaquer en public l'an 1634. & publier ſa honte. Ie n'auois iamais eu le deſſein de l'attaquer publiquement, ny de le nommer dans mes eſcrits, mais voyant qu'il m'y contraignoit, ie luy ay voulu donner beau ieu; pourtant ſi ie l'euſſe bien cognu alors, ie n'euſſe fait cet honneur de reſpondre à vn homme comme luy qui eſt tenu par tous ceux qui le cognoiſſent pour vn ignorant & vn fol, qui ne ſçait ny reſpondre, ny s'en abſtenir,

Dans la 24, page il dit que *ſes Commiſſaires n'ōt iamais oſé eſcrire contre ſa ſcience.* Mais comment veut-il reſpondre, à tant de gens, puis qu'il ne ſçaura reſpondre à vn ſeul, ny n'a iamais ſceu ſatisfaire ny à la premiere, ny à la moindre obiectiō que ie luy ay faict dans toutes ſes quatre inuectiues. Et vn peu apres il dit, *que cette quatrieſme eſt la derniere que i'auray iamais de luy, ny de ſes amis,* car ayant parlé par tout de luy, meſme en troiſieſme perſonne, il a voulu faire accroire que celle là n'eſtoit pas de luy, ains de quelque ſien amy. Mais i'ay de la peine à croire qu'il n'eſcrira plus, n'eſtant ny aſſez ſage ny aſſez fin pour ne monſtrer plus ſes ſottiſes au monde, quoy qu'il faſſe ie luy demeureray touſiours homme de promeſſe qu'il ne ſera iamais ſans reſponſe.

Cette reſponſe ſera la derniere qu'Hume aura ny de moy ny de mes amis quelque folie qu'il mette encore

sous la presse à l'aduenir. Mais il ne se contentoit pas de renoncer à la dispute, ains sçachant qu'il ne sçauoit pas respondre, il me vouloit imposer silence par authorité, s'estant allé plaindre au Conseil du Roy, & à Monseigneur le Chancellier, voulãt surprendre ces sages Seigneurs, & leur faire accroire mille choses ausquelles ie n'auois iamais songé, cependant il faisoit imprimer sous main cette quatriesme inuectiue remplie d'vne infinité d'iniures atroces & sales comme il parle. Mais Monseigneur le Chancellier ayant donné Commission à Monsieur de la Femas Conseiller du Roy, & Maistre des Requestes, de s'informer de nostre different, estant vn homme sçauant, & docte, & accoustumé de iuger des affaires les plus importantes du Royaume, remonstra à cet homme, que l'aggresseur a tousiours tort, puis qu'il m'auoit attaqué le premier, ie ne pouuois pas moins faire que me defendre, & ayant pouuoir de me commander, me pria courtoisement de m'abstenir d'iniures, ce que i'ay fait.

Il faut respondre à vn fol selon sa folie, afin qu'il ne semble pas sage à luy-mesme.

Prop. 59. Theor. 15.

Le bout de l'ombre du style est tousiours dans la ligne de commune section du plan du quadrant, & du plan de l'Ecliptique, laquelle est tirée du degré de l'Eccliptique qui est alors dans l'Horizon oriental, iusques au degré de l'Eccliptique, qui est en mesme temps dans l'Horizon occidental.

Car le Soleil estant tousiours dans la circonference de l'Eccliptique son rayon y est dans le plan tout entier, & partant aussi le bout du rayon du Soleil qui tombe sur le plan du quadrant est aussi dans le plan de l'Eccliptique, & dans le plan du quadrant tout ensemble, & parce que le bout du rayon, & le bout de l'ombre sont tousiours en mesme poinct, le bout de l'ombre sera tousiours dans le plan de l'Eccliptique, & aussi dans le plan du quadrant, & partant dans la ligne de commune section des deux, ce qu'il falloit prouuer.

Prop. 60. Probl. 45.

Sçachant le degré de l'Eccliptique qui est dans l'Horison oriental, trouuer l'angle que l'Eccliptique fait auec l'Horizon, qui est appellé autrement l'angle de l'orient.

De l'Ascension oblique du degré donné, ostez 90. & vous aurez l'Ascension droicte du degré de l'Eccliptique qui est dans le Meridien, sçachãt dõc le degré qui est dans l'orient, & aussi celuy qui est dans le Meridien, vous sçaurez aisement combien de degrez il y a entre deux, puis apres sçachant le degré qui eſt dans le Meridien & ſa declinaiſon, vous ſçaurez auſſi ſa hauteur ſur l'Horizon. Donc dans ce triangle ſpherique, rectangle, il y a trois cognus, à ſçauoir l'arc de l'Ecliptique l'arc du Meridiẽ & l'angle droict, trouuez donc l'angle de l'oriẽt par la 46. prop. de nos triãgles ſpheriques.

Exemple, Si le commencement de ♉ eſt dans l'Horizon oriental, & ie deſire ſçauoir la grandeur de l'angle que le plan de l'Ecliptique fait auec le plan du quadrant. Premierement ie trouue ſon aſcenſion oblique de 14. deg. 30. min. duquel nombre i'oſte 90. & reſteront 284. deg. 30. min. qui eſt l'Aſcenſion droicte du degré de l'Ecliptique qui eſt dans le Meridien, à ſçauoir le 13. d. 16. m. de ♑, & partant ie ſçay l'arc de l'Ecliptique, & ſi i'oſte la declinaiſon 22. d. 51. m. d. du d. de ♑ de 41. degré i'auray la hauteur de ce degré deſſus l'Horizon qui eſt l'arc du Meridien, coſté de l'angle droict. Donc pour auoir l'angle de l'orient, ou bien l'angle que le plan de l'Ecliptique fait auec le plan de l'Horizon; Mettez de ſuitte le ſinus de l'arc de l'Ecliptique, le Rayon ſinus de 90. deg. & le ſinus de l'arc du Meridien, & par la reigle de trois, vous aurez le ſinus de l'angle cherché.

Sinus de l'Arc de l'Ecliptique.	Rayon 10000.	*Sinus de l'Arc du Meridien.*

Quand le commencement d'Aries eſt dans l'orient, le plan de l'Ecliptique fait vn angle de 17. deg. 30. min. car alors le commencement de ♑ eſt le 90. deg. dans le Meridien qui eſt haut ſur l'Horizon d'autant. Si le commencement de ♎. eſt dans l'Horizon oriental, alors le plan de l'Ecliptique fait vn angle de 64. deg. 30. min. auec le plan de l'Horizon de Paris, car alors le commencement de ♋ est le 90. degr. dans le Meridien, qui est esleué sur l'Horison d'autant.

Mais si le commencement de ♋ est dans le Meridien, le plan de l'Eccliptique faict vn angle de 41. degr. auec le plan de l'Horison, car alors le commencement de ♈ qui est dans l'Equateur, est le nonanriéme degré, & est esleué sur l'Horizon de 41. deg. Et la ligne de commune section, est tiree d'vn poinct Septent. dans l'Horizõ oriental vers vn poinct Austral dans l'Horizon occidental, d'autant qu'il y a vne bien plus grande partie de l'Eccliptique dans le quart oriental du ciel, que dans le quart occidental. De mesme si le commencement de ♑ est dans l'orient, le plan de l'Eccliptique fait vn angle de 41. deg. aussi auec le plan de l'Horizon, d'autant que le commencement de ♎ est le nonantiesme deg. dans le quart du ciel occidental, & à cause qu'il y a bien plus grande partie de l'Eccliptique dans le quart du ciel occidental, que dans le quart oriental, la ligne de commune section se tire d'vn poinct Austral dans l'Horizon oriental, vers vn poinct Boreal dans l'Horizon occidental.

Aussi quand aucun degré des signes Meridionaux sont dans l'Horizon oriental, la ligne de commune section du plan de l'Eccliptique auec le plan de l'Horizon se tire d'vn poinct Meridional dans l'Horizon oriental vers vn poinct Septentrional, dans l'Horizon occidental. Mais si aucun degré d'vn signe Septentrional est dans l'Horizon oriental, la ligne de section des deux plans se tire d'vn poinct Boreal dans l'Horizon oriental vers vn poinct Austral dans l'Horizon occidental. Mais si ♈ ou ♎ qui sont les poincts Equinoctiaux, sont dans l'orient, alors la ligne de section va droict d'orient en occident, & alors aussi il n'y a plus de degrez de l'Ecliptique dans le quart du ciel oriental, que dans le quart du ciel occidental.

Prop. 61. Probl. 46.

Trouuer l'amplitude ortiue d'aucun degré du Zodiaque, ou bien la distance entre le Nonantiesme degré & le Meridien, en comptant les degrez dans la circonference de l'Horizon.

Dans le triangle susdit il y a trois cognus, l'arc de l'Ecliptique qui est dans le quart du ciel oriẽtal dessus terre, la hauteur du degré de l'Ecliptique qui est dans le Meridien dessus l'Horizon, & le troisiesme est l'angle droict que le Meridien fait auec l'Horizon, trouuez donc le troisiesme costé qui est l'arc de l'Horizon, & la difference entre cet arc, & 90. deg. sera l'amplitude ortiue.

1.^r^ *Exemple*, Le commencement de ♉ estant dans l'Horizõ oriental l'arc de l'Ecliptic est de 117.d. & l'arc du Meridiẽ de 18.d.9.m. Trouuez dõc l'arc de l'Horizon par la 47. de nos triangles spheriques, & vous aurez 115.d. Ostez donc 90. deg. de cet arc, restera 25.d. pour l'amplitude ortiue. Et partant le commencement de ♉ se leue dans vn poinct de l'Horizon oriental approchant du Septentrion, d'autant qu'est l'amplitude ortiue.

Prop. 62. Theor 47.

Sçachant l'angle que le plan de l'Eccliptique fait auec le plan du quadrant Horizontal, trouuer la longueur de l'ombre du style, en supposant le Soleil dans le Nonantiesme degré; ou bien autant esleué sur l'Horizon qu'est le Nonantiesme degré, à sçauoir d'autant de degrez que l'angle susdit contient.

Au bout du style Z, faites vn angle droict, & à l'autre bout F, faites vn angle égal au complemēt de l'angle de section des deux dits plans, & produisez ces deux lignes iusques à ce qu'elles se rencontrent en vn poinct la ligne faisant l'angle droict sera la longueur de l'ombre, en supposant le Soleil dans le Nonantiesme degré, ou bien esleué sur l'Horizon d'autant de degrez que l'angle de section des plans contient, à sçauoir l'angle d'Orient.

De la mesme façon on trouuera la longueur de l'ombre, en supposant le Soleil au degré, qui est dans le Meridien.

Prop. 63. Probl. 48.

Le Soleil estant au commencement de ♈ ou ♎ trouuer à quelle heure du iour deuant ou apres midy aucun commencement du signe se leue dans l'orient

Trouuez l'Ascension oblique du signe depuis ♈ ou ♎ & changez cette Ascension en heures & minutes, vous aurez les heures depuis le leué du Soleil c'est à dire deuant midy, & partant aussi l'heure deuant midy ou apres midy. Comme le Soleil estant en ♈ ie desire sçauoir à quelle heure deuant midy se leue le commencement de ♉ à l'esleuation du pole de 42. deg. Ie trouue l'Ascension oblique de commencemẽt de ♉ estre 17. deg. 15. m. lequel donne 1. h. 9. m. & partant le commencement de ♉ est dans l'orient à 1. heu. 9. m. apres le Soleil leué, c'est à dire à 6 h. 9. min. du matin, c'est à dire à 5. h. 51. min. deuant midy. De mesme l'Ascension oblique du commencement de ♍ est de 141. deg. 30. m. lequel donne 9. heures 26. m. depuis le Soleil leué, c'est à dire 3. h. 26. m. apres midy.

De mesme le Soleil estant en ♎ si ie desire sçauoir à quelle heure se leue ♏ premierement ie trouue l'ascension oblique de ♏ estre de 218. deg. 30. m. depuis ♈ de 30. mais depuis ♎ de 38. deg. 30. m. ce que vous trouuerez en ostant 180. deg. de 218. d. 30. m. Et parce que 38. deg. 30. m. fait 2. heures 34. m. le commencement de ♏ se leuera à 2. h. 34. m. apres le Soleil leué, c'est à dire à 3. h. 26. m. deuant midy. De mesme l'ascension oblique de ♍ & de 141. d. 30. m. depuis ♈ mais depuis ♎ de 180. deg. dauantage, à sçauoir 321. d. 30. m. lequel nombre donne 21. h. 26. m. depuis le Soleil leué, c'est à dire à 3. h. 26. min. apres minuit, ou bien à 8. heu. 34. min. deuant le midy du iour suiuant.

Les

Les heures ausquelles les signes se leuent, le Soleil estant en ♎.

Deuant midy.	Apres midy.
♌ 11. h. 9. m.	♑ 1. h. 32. m.
♍ 8. h. 34. m.	♒ 3. 26. m.
♎ 6, h. o. m.	♓ 4. h. 51. m.
♏ 3. h. 26. m.	♈ 6. h. o. m.
♐ o. h. 51. m.	♉ 7. h. 9. m.
	♊ 8. h. 34. m.
	♋ 10. h. 28. m.

Les heures ausquelles les Signes se leuent le Soleil estant en Aries.

Deuant midy.	Apres midy.
♑ 10. h. 28. m.	♌ o. h. 51. m.
♒ 8. h. 34. m.	♍ 3. h. 26. m.
♓ 7. h. 9, m.	♎ 6. h. o. m.
♈ 6. h. o m.	♏ 8. h. 34. m.
♉ 4. h. 51. m.	♐ 11. h. 9. m.
♊ 3. h. 26. m.	
♋ 1. h. 32. m.	

Prop. 64. Probl. 49.

Le Soleil estant au commencement de ♋ ou ♑ trouuer à quelle heure du iour, deuant ou apres midy aucun signe se leue dans l'orient.

Ostez l'Ascension oblique de ♋ ou de ♑ de celle du signe, en adioustant 360. deg. s'il est be-

foin, & changez ce qui reftera en heures & minutes, vous fçaurez l'heure depuis le Soleil leué. Comme le Soleil eftant en ♋ ie defire fçauoir à quelle heure ♉ fe leue. I'ofte 66. degr 57. m. Afcenfion de ♋ de 17. d. 15. m. Afcenfion de ♉ en y adiouftant 360. & refte 310. d. 15. m. lequel donne 20. h. 41. m. qui eft l'heure depuis le Soleil leué, & partant le commencement de ♉ eft dans l'Horizon oriental a 13. h. 10. m. apres midy, ou 1. h. 10. m. apres minuict, ou bien à 10. h. 50. m. deuant midy. Car fi vous oftez 7. h. 32. m. la moitié de l'arc diurne le Soleil eftant en ♋ de 20. h. 42. m. reftera l'heure apres midy 13. h. 10. m. & d'autant que le Soleil en ♋ fe leue à 4. h. 28. m. apres minuict, adjouftez ce nombre à 20. h. 42. m. vous aurez 25. h. 10. m. depuis la minuict du iour precedent, c'eft à dire 1. h. 10. m. depuis la derniere minuict.

Le Soleil eftant en ♑, il faut toufiours ofter 293. d. 3. m. afcenfion oblique de ♑ (à l'efleuation de 42. d.) de celle du figne, en y adiouftant 360. deg. quand il eft befoin, & ayant trouué les heures depuis le Soleil leué, oftez en 4. h. 28. m. reftera l'heure apres Midy, d'autant que le Soleil fe leue 4. h. 28. m. deuant midy.

Les heures aufquelles les fignes fe leuent le Soleil eftant en ♋.

Deuant midy.	*Apres midy.*
♉ 10. h. 50. m.	♏ 2. h. 34. m.
♊ 8. h. 20. m.	♐ 5. h. 9. m.
♋ 7. h. 32. m.	♑ 7. h. 32. m.

♌ 5. h. 9. m,	♒ 8. h. 20. m.
♍ 2. h. 34. m.	♓ 1. h. 10. m.
♎ 0. h. 0. m.	♈ 12. h. 0. m.

Les heures ausquelles les signes se leuent le Soleil estant eu ♑.

Deuant midy.	*Apres midy.*
♏ 9. h. 26. m.	♉ 1. h. 10, m.
♐ 6. h. 51. m.	♊ 2. h. 34. m.
♑ 4. h. 28. m,	♋ 4. h. 28. m.
♒ 2. h. 34. m,	♌ 6. h. 51. m.
♓ 1, h. 10. m.	♍ 9. h. 26. m.
♈. 0. h. 0.	♎ 12. h. 0. m.

Or pour trouuer les arcs semidiurnes de ♋, & de ♑, il ne faut que trouuer la longueur du plus court iour de l'hyuer, & du plus long iour de l'esté, & prendre leur moitiés, & vous aurez les arcs semidiurnes; vous trouuerez la longueur des iours par la 56. prop. de nostre traitté de la Sphere, ainsi ostant l'Ascension oblique ee ♋ de celle de ♑, à sçauoir 66. d. 57. m. de 293. d. 3. m. & restera 226. deg. 6. m. qui donne 15. h. 5. m. pour l'arc diurne de ♋ & 7. d. 32. m. sera l'arc semidiurne. Si vous ostez 293. d. 3. m. de 66. d. 57. m. restera 133. deg. 54. m. qui font 8. h. 35. m. pour l'arc diurne de ♑, & 4. h. 28. m. pour l'arc semidiurne. De la mesme façon vous trouuerez les arcs diurnes de tous les autres signes en ostant tousiours l'ascension oblique du signe de celle du poinct opposé.

Prop. 65. Probl. 50.

Trouuer le degré & minute du milieu du ciel ou qui est dans le Meridien, le commencement d'aucun signe estant dans l'Horizon oriental, ensemble la declinaison de ce degré là.

Ostez 90. deg. de l'Ascension oblique du signe dans l'orient, & ce qui restera sera l'Ascension droicte du degré qui est dans le Meridien, cherchez donc ce nombre dans les tables des ascensions droictes, vous trouuerez le degré duquel elle est ascension droicte. Comme si ♎ est dans l'orient, son ascension oblique sera 180. ostez en donc 90. resteront 90. pour l'ascension droicte du milieu du ciel, Cherchez 90. dans les tables des ascensions droictes, & vous trouuerez que 90. sera ascension droicte de 0. d. de ♋ donc le commencement de ♋ sera dans le Meridien lors que ♎ est dans l'orient.

	Degrez du M. C. les signes se leuans.	*Declinaisons.*
Aries.	♑ 0. d. 0. m.	23. d. 30. m.
Taureau.	♑ 15. d. 59. m.	22. d. 32. m.
Gemeaux.	♒ 6. d. 3. m.	18. d. 48. m.
Cancer.	♓ 5. d. 6. m.	9. d. 40. m.
Lyon.	♈ 13. d. 59. m.	5. d. 32. m.
Vierge.	♉ 23. d. 57. m.	18. d. 48. m.
Libra.	♋ 0. d. 0. m.	23. d. 30. m.
Scorpion.	♌ 6. d. 3. m.	18. d. 48. m.
Sagitt,	♍. 16. d. 1. m.	5. d. 32. m.
Capr.	♎ 24. d. 54. m.	9. d. 40. m.
Aquarius.	♏ 23. d. 57. m.	18. d. 48. m.
Poissons.	♐ 14. d. 1. m.	22. d. 32. m.

Hauteurs du M. C. les signes se leuant à 42. d. de latitude.

♈ 24. d. 20. m.
♉ & ♓ 25. d. 28. m.
♊ & ♒ 29. d. 12. m.
♋ & ♑ 38. d. 20. m.
♌ & ♐ 53. d. 32. m.
♍ & ♏ 66. d. 48. m.
♎ 71. d. 30. m.

Où il faut noter que les signes égallement distans des poincts Equinoctiaux de mesme costé ou leur degrez du M. C. egallement hauts sur l'Horizon comme le commencement de ♓, & celuy de ♉ à chacun leur degré haut de 25. d. 28. m. dessus l'Horizon à l'esleuation du pole de 42. d. à cause que si vous ostez la declinaison de leur degrez, à sçauoir 22. d. 32. m. de la hauteur de l'Equateur 48. restera 25. d. 28. m. De mesme le degré du M. C. de ♋ & ♑ à 38. d. 20. m. celuy de ♊ & ♒ 29. d. 12. m. celuy de ♌ & ♐ de 53. d. 32 m. celuy de ♍ & ♏ a 66. d. 48. m. de hauteur.

Prop. 66. Prob. 51.

Trouuer le degré & minute de l'Eccliptique qui est dans le cercle de 6. heures quand le commencement d'aucun signe est dans l'Horizon oriental.

L'Ascension droicte du poinct de l'Ecliptique, qui est dans le cercle de 6. heures est celle-là mesme qui est ascension oblique du commencement

O iij

du signe qui est dans l'Horizon, comme si le commencement de ♋ est dans l'Horizon, son ascensiõ oblique est de 66. degrez 57. m. à la latitude de 42. deg. & partant 66. d. 57. m. sera aussi ascension droicte du poinct de l'Ecliptic cherché. Trouuez donc 66. d. 57. m. dans les tables des ascensions droictes, vous aurez 8. d. 41. m. de ♊ pour le poinct de l'Ecliptic qui respondra.

Degrez dans le cercle de 6. heures quand les signes se leuent.		*Declinaisõs desdits degrez.*
Aries.	♈ 0. d. 0. m.	0. d. 0. m.
Taureau.	♈ 18. d. 49. m.	7. d. 23. m.
Gemeaux.	♉ 10, d. 53. m.	15. d. 8. m.
Cancer	♊ 8. d. 41. m.	21. d. 48. m.
Lyon.	♋ 11. d. 49. m.	22. d. 58. m.
Vierge	♍ 19. d. 7. m.	15. d. 8. m.
Libra.	♎ 0. d. 0. m.	0. d. 0. m.
Scorp.	♏ 10. d. 53. m.	15. d. 8. m.
Sagit.	♐ 18. d. 11. m.	21. d. 48. m.
Capr.	♑ 21. d. 19. m.	22. d. 58. m
Aquarius.	♒ 19. d. 7. m.	15. d. 8. m.
Pisces.	♓ 11. d. 11. m.	7. d. 23. m.

Prop. 67. Probl. 52.

Trouuer le degré de l'Ecliptic qui est dans aucun cercle horaire quand le commencement d'vn signe se leue.

Adioustez ou ostez de l'ascension oblique du signe autant de fois 15. degr. qu'il y a des heures entre l'heure donnée, & le cercle de 6. heures, vous aurez l'ascension droicte du poinct de l'Eceliptique cherché.

Comme si ie veux sçauoir quel degré de l'Ecclipticq, est dans le cercle de 11. heures, quand le cõmencement de ♋ est dans l'Horizon. L'ascension oblique de ♋ est de 66. deg. 57. m. ostez en donc 75. deg. parce que la difference entre 6. h. & 11. heures est 5. h. qui font 75. deg. & vous aurez 351.d,57.m. pour l'ascension droite du d. cherché, & partant le poinct cherché sera le 21. deg. 6. m. ♓.

De mesme si vous voulez sçauoir le poinct qui est dans le cercle de 1. heure, ostez en 105. à cause que la difference entre 6.h. & 1. h. apres disner est 7.h. qui font 105. deg. & restera 321. d. 57.m. qui est l'ascension droicte du degré du 19. deg. 32. m. de ♌.

Et pour le cercle de 3.h.au matin il y faut adiouster 45. ou bien oster 315. & restera 111.d.57.m. pour l'ascension droicte du degré cherché, & ainsi de tous les autres cercles horaires.

Prop. 68. Probl. 53.

Trouuer les poincts Meridionaux dans la ligne Meridienne, par lesquels les lignes de section passent.

Faites vne ligne égalle à la ligne F, Z, & du poinct F, faites vn angle égal au complement de la hauteur du degré Meridional de chaque ligne & produisez icelle ligne iusques à ce qu'elle se rencontre auec vne ligne perpendiculaire au poinct Z; & par ce moyen vous aurez tous les poincts Meridionaux.

Comme si ie veux sçauoir le poinct Meridional

de ♊ & ♒ car ces deux ont vn mesme poinct Meridional, d'autant leur degrez meridionaux sont

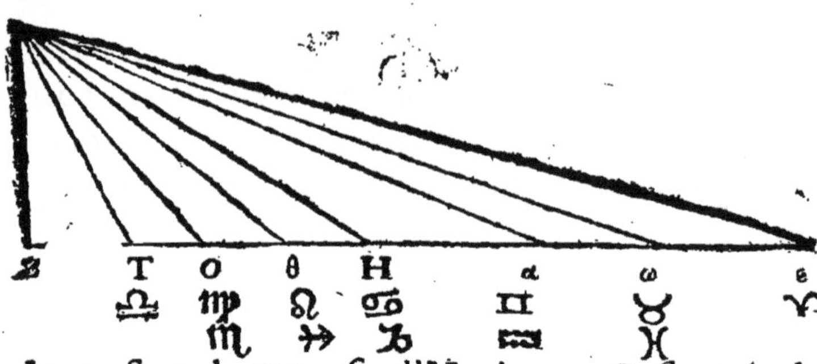

de mesme hauteur sur l'Horizon, & sçauoir de 29.d. 12. m. à l'esleuation de 42. deg. le complement duquel est 60. deg. 48. min. Faites donc au poinct F, vn angle de 60. d. 48. m. & produisez la ligne iusques à ce qu'elle se rencontre auec la ligne Meridionale, & le poinct de rencontre sera le poinct meridional; c'est à dire le poinct dãs la ligne Meridienne par lequel passent les lignes de section de l'Eccliptic, & de l'Horizon quand le commencement de ♊ ou de ♒. est dans le Meridien.

De la mesme façon on trouuera le poinct Meridional de ♋ & ♑, aussi de ♌ & ♐ aussi de ♍, & & ♏, & de ♉ & ♓, &c. car les deux signes qui ont le degré Meridional de mesme hauteur auront aussi le mesme poinct meridional.

Prop. 69. Probl. 54.

Trouuer les poincts de la ligne de 6. heures par lesquels passent les lignes de section des signes.

Vous les trouuerez tout de mesme comme les poincts Meridionaux, sinon qu'au lieu de la hauteur du degré Meridional, il faut prendre icy la declinaison du degré qui est dans le cercle de 6. heures.

Comme si ie veux trouuer le poinct de ♊ & ♍ la declinaison du degré dans le cercle de 6. h. est de 15. deg. 8. m. & son complement 74. d. 52. m. ie fais vn angle au poinct F, de 74. deg. 52 min. & ie produis la ligne faisant l'angle iusques à ce qu'elle se rencontre auec la ligne de 6. heures, & ainsi vous aurez le poinct de ♊.

De la mesme façon il faut trouuer le poinct de ♉ & ♒, & aussi de ♓, & de ♌, &c. Où il faut noter que le poinct de Taureau sera le plus esloigné de tous du bas du style vers l'occident, & le plus proche sera celuy de ♋ du costé occidẽtal du style. Mais du costé de l'orient le plus esloigné du bas du style, est le poinct de ♋ & le plus proche du bas du style est celuy de ♏ & ♒, car ces deux ont vn mesme poinct, & aussi ♊ & ♍, mais aussi tous les 6. autres signes ont poincts differens, les vns deça, & les autres de là le style. Car les signes Meridionaux estant dans l'Horizon, le degré qui est dans le cercle de 6. h. est dessoubs l'Horizon, vne ligne tirée de ce poinct vers le sommet du style F, percera le plan du quadrant dãs vn poinct de la ligne de 6. heures qui sera vers l'orient.

Et si vous desirez sçauoir ce poinct là, faictes vn angle égal à la declinaisõ dudit degré sur le poinct F, & produisez la ligne faisant l'angle iusques à ce qu'elle se rencontre auec la ligne de 6. heures. Où il faut noter que si le degré a declinaison Meridional, & partant, est sous l'Horizon, il faut faire vn angle égal à la declinaison mesme du degré sur le poinct F, & non pas vn angle égal à ſon complement, comme ſi le degré auoit decli-naiſon Septentrionale.

Prop. 70. Probl. 55.

Trouuer les poincts Equinoctiaux des ſignes dans la ligne Equinoctiale.

Trouuez l'heure du leuer de chaque ſigne le iour deuant ou apres midy que le Soleil eſt dans l'Equinoctial par la 63. puis apres trouuez le poinct horaire de cette heure là vous aurez le poinct horaire du ſigne, & de cette façon vous trouuerez les poincts Equinoctiaux de tous les ſignes.

Exemple, Cõme ſi ie deſire trouuer le poinct Equinoctial d'Aquarius. Premierement par la 63. ie trouue que le Soleil eſtant dans le commencemẽt d'Aries, le ſigne d'Aquarius ſe leue à 8.h.34. min. deuant midy, & partant le poinct Equinoctial d'Aquarius ſera entré 3.h. & 4.h. du matin, ou bien 9. & 8. h. deuant midy, ou vn peu plus proche de 9. heures que de 8. & pour trouuer ce poinct au poinct F, du coſté droict de la ligne Meridienne H, Z, 5, faites vn angle de trois h. 26. m. la difference des heures à 12. ou de 51. d. 30. m. & ayant fait vn angle de 51. deg. 30. m. produiſez la ligne faiſant l'angle iuſques à ce qu'elle ſe rencontre auec la ligne Equinoctiale, & le poinct de rencontre ſera le poinct cherché.

Si l'heure deuant midy ou apres midy eſt moins que ſix, il ne faut pas prendre le complement de l'angle, ains l'angle meſme pour en faire autant au poinct F, comme ♉ qui ſe leue à 4. h. 5. m. deuant midy, & partant il faut que le poinct Equinoctial d'Aries soit entre 8. & 7, mais beaucoup plus de 7. heures, que de 8. h. & pour auoir ce poinct il faut faire vn angle de 4.h.51.m.c'est à dire 72. d. 45.min.du costé droict de la ligne Meridienne, d'autant que la ligne de 8. & 7. heures est du costé droict de la ligne Meridienne.

Prop. 71. Probl. 56.

Trouuer les poincts des signes dans le Tropic de ♋ ou de ♑ c'est à dire les poincts dans lesquels la ligne de section de l'Eccliptique touche les Tropics de ♋ ou de ♑.

Trouuez par la 64. l'heure deuant midy ou apres midy que le commencement d'aucun signe se leue quand le Soleil est dans le commencement de ♋ & trouuez le poinct horaire de cette heure là dans la ligne Equinoctiale, & puis apres tirez la ligne horaire de cette heure là, & produisez là iusques à ce qu'elle se rencontre auec le Tropic & le poinct de rencontre sera le poinct cherché dans le Tropic.

Exemple, Si le Soleil est au commencement de ♐ dans l'Horizon l'heure sera 5. h. 9. m. apres midy, tirez donc la ligne horaire de 5.h.9.m.& produisez là iusques à ce qu'elle rencontre le Tropic, le poinct de rencontre sera le poinct cherché, à sçauoir auquel l'Eccliptique touche le Tropic.

La raison est à cause que l'Ecclyptic touche le Tropic au commencement de ♋ ou ♑, le Soleil estant là sera dans le Tropic & dans l'Ecclyptic tout à la fois, & là où tombe le rayon du Soleil dans le plan du quadrant sera vn poinct qui sera dans la ligne de section de l'Eccliptic, & außi dans le Tropic, & außi dans la ligne horaire de quelqu'heure du iour, & d'autant que tout vn iour le Soleil est dans le Tropic du ciel, außi tout vn iour le bout de son rayon est dans le Tropic du quadrant. Donc s'il est. h2. 34. m. apres midy quand le commencement de ♏ se leue le Soleil estant en ♋ le bout du rayon sera dans le Tropic, & dans la ligne de section que l'Eccliptic fait auec le plan de l'Horologe, & außi dans la ligne horaire de deux heures 34. minutes & partant le bout dudit rayon sera le poinct de rencontre de toutes ses trois lignes, d'autant que le corps du Soleil est le poinct de rencontre de ces trois cercles, l'Eccliptic, le Tropic, & le cercle horaire de 2. h. 34. m. Ayant donc tiré la ligne horaire de l'heure du iour qu'il est lors que ♏ se leue, à sçauoir la ligne de 2. h. 34. min. & l'ayant produict iusques au Tropic, le poinct de section de ces deux sera außi celuy de la troisiesme auec ces deux, à sçauoir de la ligne de section du plan de l'Eccliptique auec le plan du quadrant.

Où il faut noter, que l'Ecliptic touchant tousiours le Tropis & ne le coupant iamais, außi la ligne de section de l'Ecliptic ne coupant iamais le Tropic du quadrant, ains le touche seulement en vn poinct qui se trouue en tirant vne ligne du poinct solstitiel par le sommet du style iusques au Tropic. Comme si ♈ est dans l'Horizon ♑ sera dans le midy, & partant vne ligne tirée du poinct de ♋ par le sommet du style iusques au Tropic, tombera sur la ligne Meridienne, & partant la ligne de section de l'Ecliptic, sera G, K, & passera par le poinct t, qui est poinct de rencontre de la ligne Meridienne auec le Tropic de ♑, & le poinct t, sera dans le Tropic de ♋, & außi dans la ligne de

12.h. & außi dans la ligne de section de l'Eccliptic, G,K, d'où il est aisé à voir que la ligne G,K, ne coupe pas le Tropic, ains le touche seulement.

De mesme si ♎ est dans l'Orient, la ligne tiree du commencement de ♋ tombera sur le poinct T. estant le poinct de rencontre de la ligne de section I, N, & du Tropic de ♋ & de la ligne Meridienne, à cause que ♎ estant dans l'orient, ♋ est dans le Meridien. Si le commencement de ♉ (ou d'aucun de ces signes ♒, ♓, ♈, ♉, ♊, ♋,) se leue alors la ligne de section du signe qui se leue touchera le Tropic de ♑, à cause que ♑ estant dessus l'Horizon, si vous imaginez vne ligne tiree du commencement de ♑ par le sommet du style, icelle ligne tombera sur le Tropic de ♑, & sera le poinct dudit attouchement. Si ♉, ou ♊ se leue le poinct d'attouchement sera dans la moitié orientale du Tropic, Si ♒ ou ♓ se leue, ce poinct sera dans la moitié occidentale si ♈ se leue il sera au milieu dans le Meridien; Si ♋ au ♑ se leue alors la ligne de section touche tous les deux Tropics comme fait l'Ecliptique dans le ciel.

Si ♏ ♎ ♐ se leue le poinct d'attouchement sera dans la partie orientale du Tropic de ♋ à cause que ♋ estant alors dans l'occident si vous tirez vne ligne du poinct de ♋ par le sommet du style, elle tombera sur la partie orientale du Tropic.

Si ♌ ou ♍ se leue le poinct d'attouchement sera dans la partie occidentale du Tropic de ♋, à cause que le Solstice est alors dans la partie orientale du ciel, Mais si ♎ se leue ledit poinct sera au milieu entre l'orient & l'occident dans la ligne meridienne.

Prop. 72. Probl. 57.

Descrire la ligne de section du plan de l'Eccliptique & du plan du quadrant, dans le quadrant Horizontal, le commencement d'aucun des signes estant dans l'Horizon oriental.

Trouuez premierement l'angle de section des deux plans, par la 60. & la longueur de l'ombre par 62, & l'amplitude ortiue par la 63. Puis apres au poinct Z, sur la ligne Meridienne faites vn angle égal à l'amplitude ortiue, & produisez la ligne faisant l'angle iusques à ce qu'elle soit égalle à la longueur de l'ombre: puis apres sur le bout de cette ligne faites vne perpendiculaire, & produisez là des deux costez, vous aurez la ligne de section des deux plans.

Exemple, Ie veux tirer la ligne de section des deux plans le commencement de ♋ estant dans l'Horizon oriental. Premierement ie trouue l'angle de section estre de 41. deg. parce que le commencement de ♈ est le Nonantiesme degré, & partant la longueur de l'ombre est Z, H, & l'amplitude ortiue de 37. deg. à l'esleuation de Paris. Faites donc l'angle H, Z, X, de 37. deg en faisant l'arc O, F, de 37. deg. & faites Z, Y, égal à Z, H, longueur de l'ombre, & au poinct Y, faites vne perpendiculaire D, Y, R, celle sera la ligne de section des plans quand le commencement de ♋ est dans l'Horizon oriental.

De mesme, Ie veux tirer la ligne de section, le commencement de ♑ estant dans l'Horizon oriental. Parce que le commencement de ♎ est le

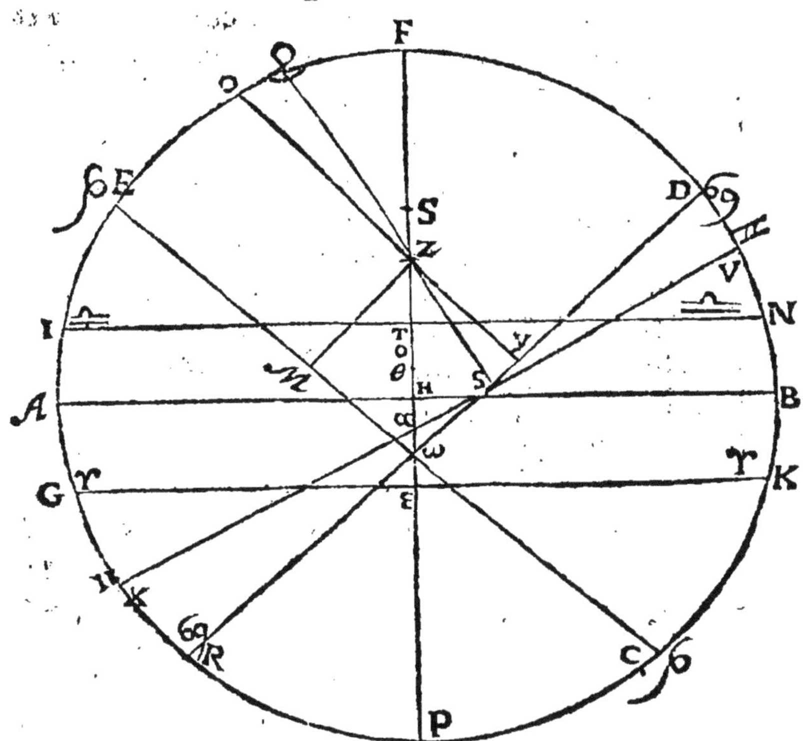

Nonantiesme degré & sa hauteur, de 41. degr. la longueur de l'ombre sera Z, H, & l'amplitude ortiue 37. comme celle de ♋. Faites donc de l'autre costé du Meridien, à sçauoir du costé oriental vn angle de 37. d. comme H, Z, M, & faites la ligne Z, M, égale à Z, H, & au poinct M. tirez vne ligne perpendiculaire B, M, C, vous aurez la ligne de section cherchee.

De mesme, Si le commencement de ♈ est dans l'Horison oriental, & ie desire sçauoir la ligne de commune section. Parce que le commencement de ♑ est dans le Meridien, & est aussi le Nonantiesme degré, l'angle de section sera de 17. d. 30. m. & la longueur de l'ombre de l'arc Z, ε, & l'amplitude ortiue est o. à cause que le commencemẽt d'Aries est dans le poinct d'orient quand il se leue & nullement esloigné de ce poinct. Donc Z, ε, sera la ligne qu'il faut tirer, & au bout ε, tirer vne ligne perpendiculaire G, K, vous aurez la ligne de section desirée.

De mesme, Si le commencement de ♎ est dans l'orient, ♋ sera dans le Meridien, & aussi le Nonantiesme degré & l'angle de section 64. d. 30. m. & la longueur de l'ombre Z, T, & l'amplitude ortiue o. Donc Z, T, sera la ligne qu'il faut tirer, & si au poinct T, vous faictes vne perpendiculaire I, N, vous aurez la ligne de section.

De mesme, Si le commencement de ♊ est dans l'orient, le Nonantiesme degré sera le commencement de ♓, & l'angle de section des plans de & la longueur de l'ombre Z, S, & l'amplitude ortiue de Faites donc l'angle H, Z, S, égal à l'amplitude ortiue, en faisant l'arc O, F, égal à l'amplitude ortiue, & Z, S, égal à la longueur de l'ombre en supposant le Soleil au commencemẽt de ♓ dans le Nonantiesme degré. Puis apres au bout Z, S, faites la ligne perpendiculaire X, S, V, vous aurez la ligne de section cherchee. Et de ceste façon vous pourrez tirer toutes les lignes de sections. Mais il faut tirer premierement toutes les lignes des six signes Septentrionaux, puis apres vous aurez moins de peine de tirer les lignes des signes Meridionaux, d'autant que les angles qu'ils font auec le Meridien sont égaux aux angles que les lignes des signes Septentrionaux font auec le Meridien.

2. *Autrement*, Vous ferez la mesme chose, si ayant

ayant trouué quel degré de l'Ecliptique est dans le Meridien, vous trouuez sa hauteur dessus l'Horizon, & apres la longueur de l'ombre, en

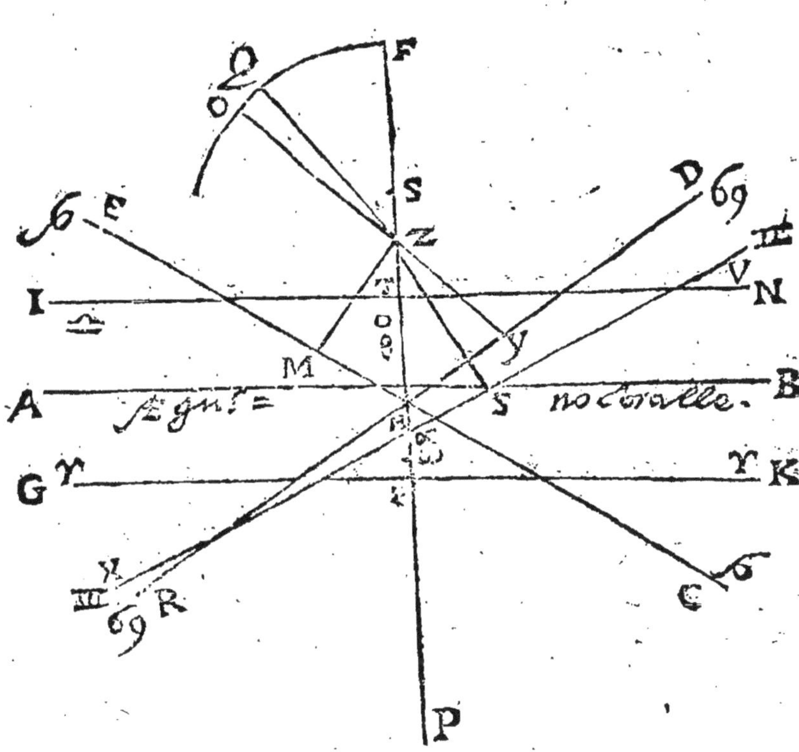

supposant le soleil dans ce degré, qui est dans le Meridien, & puis apres au bout de ceste ligne ou ombre Meridienne, il faut faire vn angle égal au complement de l'amplitude ortiue, & produire ceste ligne des deux costez, vous aurez la ligne de section.

On trouue le degré qui est dans le Meridien,

en ostant 90. deg. de l'Ascension, oblique du degré qui est dans l'Orient, car ce qui restera sera l'Ascẽsion droicte du degré qui est dãs le Meridien.

Exemple. Quand le commencement de 69. est dans l'Horizon Oriental, le 5. d. 6. m. de ♓ est dans le Meridien, & sa hauteur est de 38. d. 20. m. & partant la longueur de l'ombre Meridienne sera Z, H, en supposant le Soleil dans le Meridien au 5. deg. 6. min. de ♓. Donc au poinct H, faictes l'angle Z, H, Y, egal au complement de l'amplitude ortiue, qui est de 37. degrez, & partant Z, H, Y, doit estre de 53. degré & par ainsi R, Y, D, sera la ligne de section.

Où il faut noter que les lignes de 69. & ♍, sont mal tirees dans la figure de la 223. page, passant par le poinct H. Aussi la ligne A, B, dans ladicte figure. & dans celle-cy, est la ligne Equinoctialle tiree dans le plan du quadrant, & partant A, & B, ne sont pas les vrais poincts de l'Orient & Occident, comme si A, B, estoit la ligne verticalle; Le poinct H, n'est pas dans la ligne Equinoctialle A, B, d'autant que 69. & ♍, se leuans l'ombre Meridienne du Soleil se termine fort proche de la ligne Equinoctialle AB; Car si le Soleil est au Midy alors il est proche de l'Equateur. Comme à l'eleuation du pole de 42. degr. il est dans le cinquiesme deg. de ♓ ou bien dans le 25. de ♎ & partant sera distant de l'Equateur seulement de 9. degrez 40. m. Voyez la table de la 21. page. Et parce que le Soleil est plus bas que l'Equateur, son ombre Meridienne Z, H, passera la ligne Equinoctialle B, A, comme est à voire dans ceste figure.

Il faut noter auſsi que ♋. o ♑, ſe leuant la hauteur du nonantieſme degré, n'eſt pas de 41. degrez icy à Paris, quey que le commencement de ♎ ou de ♈ ſoit alors le nonantieſme degré, à cauſe que

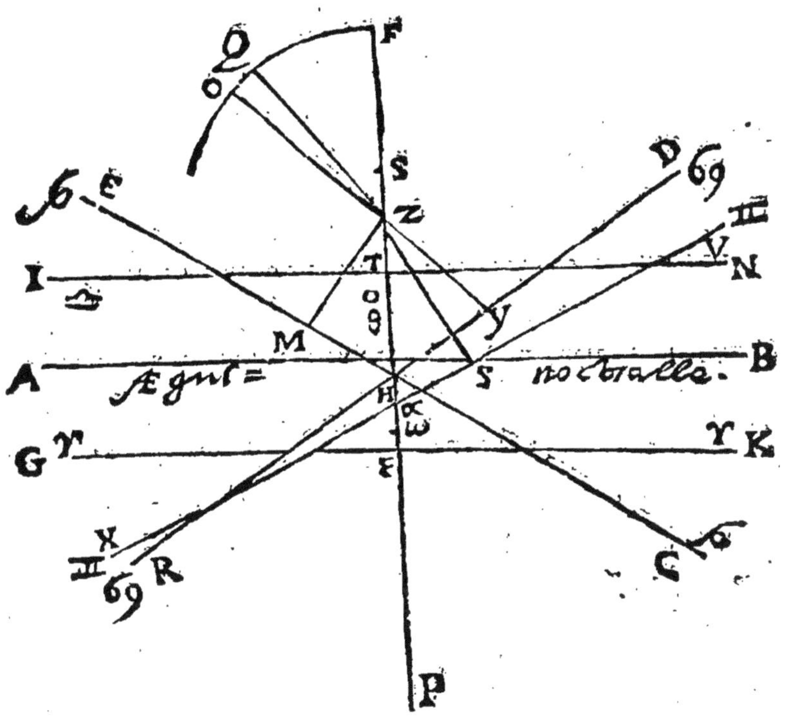

le nonantieſme degré alors n'eſt pas dans le Meridien, ains eſt esloigné du Meridien de pres de 60. degrez, ou deux heures, & partant la hauteur du commencement de ♈ ou ♎ n'eſt pas de 41. degré comme ſi ils eſtoient au Meridien, ains moins à ſçauoir d'enuiron 34. degr. 37. mi. Et parce que le 28. de ♒, eſt alors *dans le Meridien de Paris, & sa declinaison de 12. deg. 12. m. la hauteur du degrè dans le Meridien sera d'enuiron 28. deg. 48. m. Donc la hauteur du Nonantiesme degré est plus grande que celle du degré qui est dans le Meridien, & partant son ombre X, Y, ou Z, M, sera plus court que l'ombre de l'autre Z, H. Et parce que la mesme hauteur du nonantiesme degré est plus petite que celle de l'equateur sur l'Horizon, aussi son ombre Z, Y, ou Z, M, sera plus grande que la distance du poinct Z, à la ligne Equinoctialle A, B, qui est tirée dans le plan du quadrant.*

De mesme, si le commencement de ♑ est dans l'Orient, le 24. degrè 54. mi. de ♍ sera dans le Meridien, & sa hauteur égalle à la hauteur du sixiesme de ♓ qui est dans le Meridien quand ♋ est dans l'Orient; & partant la longueur de l'ombre Meridienne sera aussi Z, H, & son amplitude ortiue de 37. deg. comme de l'autre. Donc au poinct H, du costé Oriental de la ligne Meridienne, faictes vn angle de 53. degrez egal au complement de l'amplitude ortiue 37. & vous aurez E, C, pour la ligne de section.

De mesme, si le commencement de ♊, est dans l'Horizon Oriental le 16. degré de ♒, sera dans le Meridiẽ, & sa hauteur dessus l'Horizon de 25. d. 28. m. & partant l'õbre Meridienne, Z, α. Dõc au poinct, α, faict vn angle Z, α, S, de 58. d. egal au complement de l'amplitude ortiue qui est de 32. d. & la ligne faisant l'angle X, S, V, sera la ligne de section du plan de l'Ecliptique & du plan du quadrant Horizontal, quand le commencement de ♊, est dans l'Horizon Oriental.

Mais pour tirer la ligne de section, quand le

commencement de ♌ est dans l'Horizon Oriental 13.deg.59.mi. de ♈, sera dans le Meridien & sa hauteur de 53. degrez. & partant l'ombre sera

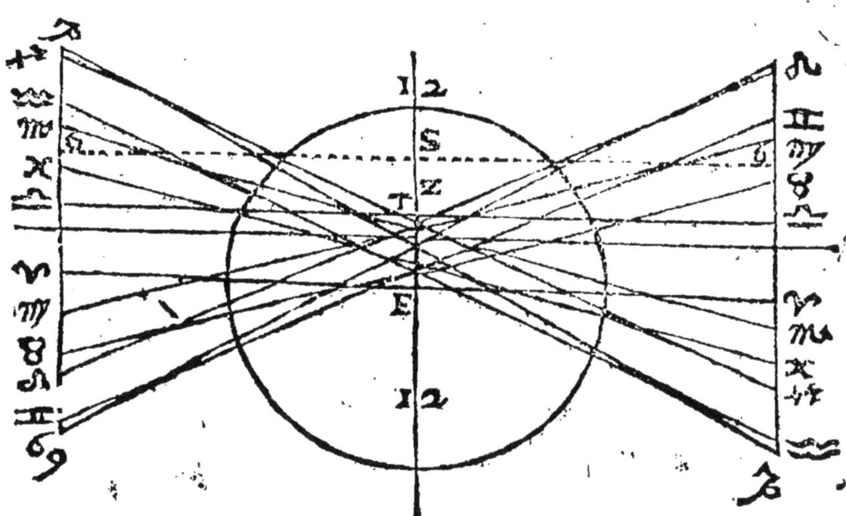

Z, θ, donc au poinct θ. faictes vn angle egal à Z, a, S, & la ligne faisant l'angle sera la ligne de section; & partant ceste ligne de ♌, sera parallele à la ligne de ♉, qui est X, S.

De mesme la ligne de ♈, sera parallele à celle de ♍ par ce que ces deux signes ont mesme amplitude ortiue. De mesme les lignes de ♓ & ♏ sont parallelles, entre elles, parce que leurs amplitudes ortiues sont egalles.

Aussi les lignes de ♐, & ♒, sont paralleles entre elles pour la mesme raison: parce que leurs amplitudes ortiues estant esgalles elles font angles egaux auec la ligne Meridienne.

Mais les lignes des signes qui ont mesme declinaison, ont mesme amplitude ortiue, & si auec cela ils sont de diuerses costes de l'Equateur, alors elles s'entre-couppent en mesme poinct du Meridien, & font angles egaux auec le Meridien, aussi; comme E,C, ligne de ♑, & R,D, ligne de ♋. font angles egaux auec le Meridien; & s'entrecouppent tous deux dans vn poinct dans le Meridien, comme H. De mesme les lignes de ♌, & ♐ s'entrecoupent tous deux dans la ligne Meridienne, au poinct θ, & font angles egaux auec la Meridiēne, la lōgueur de Z, θ, est l'ombre Meridienne Sagittaire estant dans l'Orient ou bien ♌, estant dans l Horizon Oriental; car alors le 16. de ♍, ou le 14. degré de ♈ est dans le Meridien, lesquels deux poincts donnent vne ombre d'vne mesme longueur estant de mesme hauteur dans le Meridienne.

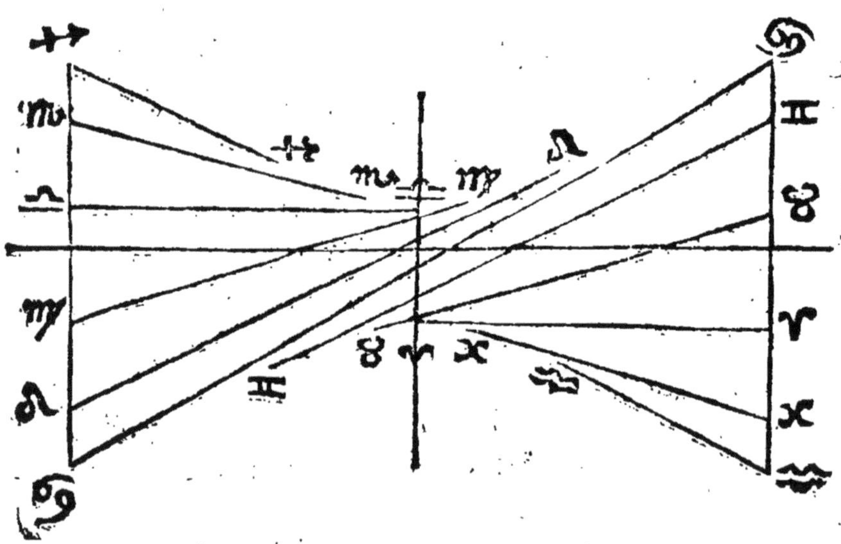

Aussi la ligne de ♉; & ♓, se rencontrent dans

le Meridien au poinct ω, & Z, ω est la longueur de l'ombre Meridienne, quand le commencement de ♉ ou de ♓ est dans l'Horizon Oriental.

Aussi les lignes de ♒ ou de ♊ s'entrecoupent au poinct α, & Z α, est la longueur de l'ombre Meridienne, quand le commencement de ♒ ou ♊ est dans l'Horizon Oriental.

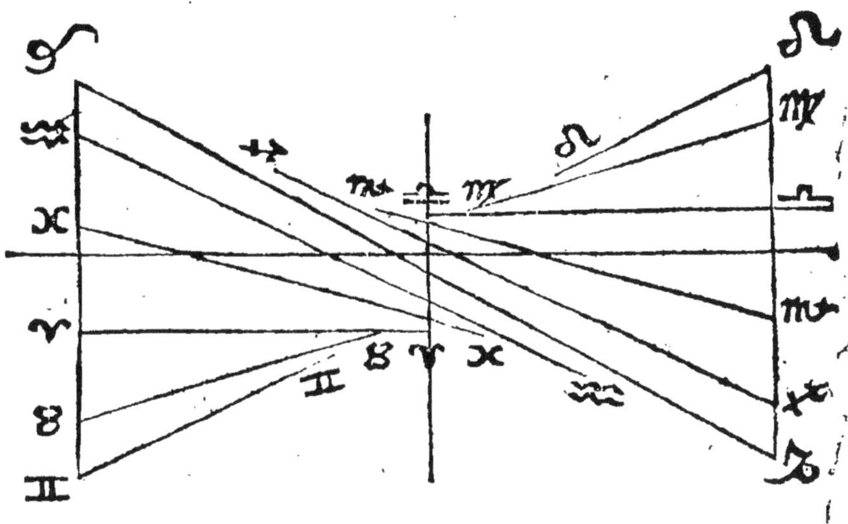

Aussi ces lignes de ♍ & ♏ s'entrecoupent au poinct O, & Z, O, est l'ombre Meridienne, le commencement de ♍, ou ♏ estant dans l'Horizon Oriental, laquelle est vne ombre fort courte, à cause que le commencement de ♏ estant dans l'Horizon Oriental le 6. degré de ♌, est quand & quand dans le Meridien. Et si vous supposez le Soleil dans le 6. deg. de ♌, l'ombre, ne sera gueres plus grande, que dans le commencement de ♋, qui est dans le Meridien, lors que le commencement de ♎, est dans l'Orient. De mesme si le commencement de ♍, est dans l'Horizon Oriẽtal, le 24. deg. de ♉ est dans le Meridien, & si vous supposez le Soleil là, l'ombre du stile sera plus grand que dans le commencement ♋ à sçauoir Z, O, ne sera gueres plus longue que Z, T, & Z, θ, est plus longue que Z, O, qui est celle de ♌ & ♐, & Z, H, plus long que Z, θ, & Z, α, plus longue que Z, H, à sçauoir celle de ♒, & ♊, plus long que celle de ♋ & ♑, & Z, α, qui est celle de ♓ & ♉ plus lõgue que Z, α. Mais la plus longue de toutes est celle de Aries Z, ε, car alors le commencement de ♑ est dans le Meridien, & la plus courte, est celle de ♎, Z, T, à cause que 69, est dans le Meridien.

3 *Autrement*, les lignes de section des signes se tirent aussi, si dans la ligne Meridienne vous trouuez les poincts Meridionaux des signes par la 68. prop. & aussi les poincts des signes dans la ligne de 6 heures par la 69, & puis apres par le poinct Meridional, & par le poinct de 6 heures du mesme signe, tirez vne ligne vous aurez la ligne de section du signe.

4 *Autrement*, trouuez les poincts de section des signes dans la ligne Equinoctialle par la 72. & aussi dans la Meridienne par la 68. & par le poinct Meridien & le poinct Equinoctial du mesme signe, tirez vne ligne, vous aurez la ligne de section du signe, & ainsi de tous les signes.

5. *Autrement*, trouuez les poincts de la ligne de 6. heures par la 69, & ceux dans la ligne

Equinoctialle pour chaque signe, & par ces deux poincts appartenans à vn mesme signe, tirez vne ligne vous aurez la ligne de section de ce signe là.

6 *Autrement*; Trouuez les poincts ou les lignes de section des signes touchent les Tropics & aussi les poincts Meridionaux, & puis apres par le poinct dans le Tropic, & le poinct dans le Meridien du mesme signe tirez vne ligne, vous aurez la ligne de section dudit signe.

7 *Autrement*; Trouuez les poincts ou les lignes de section des signes touchent les Tropics, & par ces poincts tirez des lignes qui touchent ces Tropics: ou bien en sçachant les poincts Meridionaux, tirez de ces poincts Meridionaux des lignes qui touchent les Tropics.

8 *Autrement* Trouuez les poincts Equinoctiaux, & par chacun tirez vne ligne qui touche vn des Tropics.

9 *Autrement*, Faictez au poinct du Meridien vn angle obtus égal a 90. & à l'amplitude ortiue du costé Oriental de la ligne Meridienne si le signe est Septentrional; mais si le signe est Meridional, il faut faire l'angle obtus du costé Occidental de la ligne Meridienne.

De tout cecy il est aisé à voir que si le bout de l'ombre du style, tombe sur aucune de ces lignes susdictes, le commencement de ce signe, la sera dans l'Horison Oriental, comme si le bout de l'ombre est dans la ligne G, K, le commencement d'Aries sera dans l'Horizon oriental, & si le bout de l'ombre tombe sur la ligne I, N, le commencement de ♎ sera dans l'Horizon oriental, & si le bout de l'ombre tombe sur la ligne des ♓ à sçauoir X, S, V, le commencement des ♓ sera dans l'Horizon oriental, & ainsi d'autres.

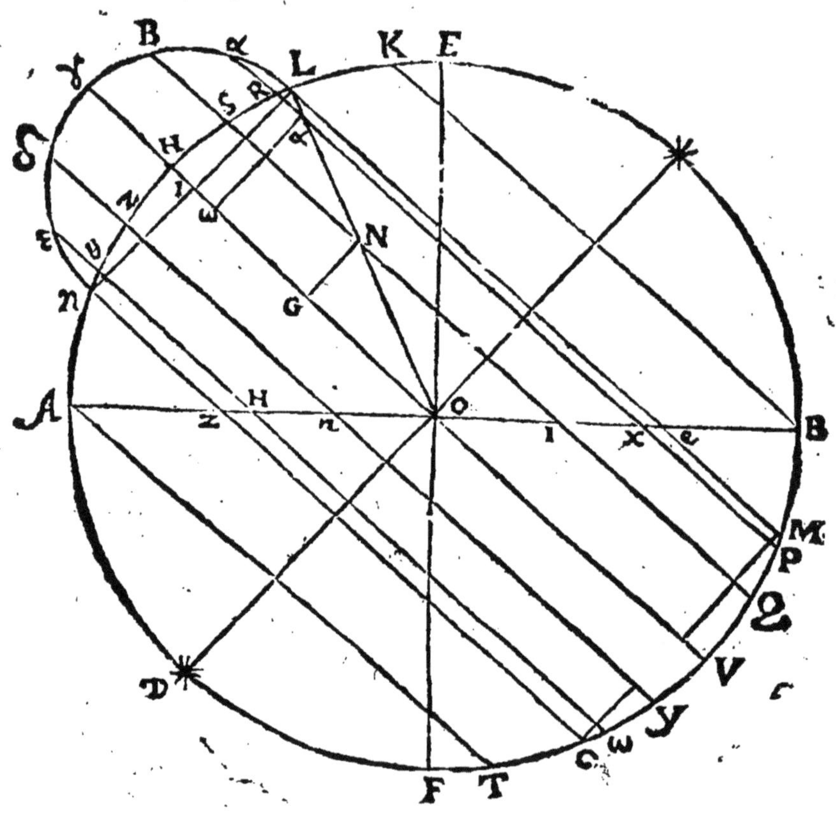

Prop. 73. Probl. 58.

Trouuer les amplitudes ortiues des signes Geometriquement.

Il faut premierement tirer la ligne Equinoctialle, & puis apres les autres paralleles des signes, comme dans la premiere figure de ce liure, & ou ces lignes coupent la ligne A B, seront les poincts de sections du Meridien & des paralleles comme sont ces poincts Z H n O I X e dans ceste figure. Car icy A, B, represente la ligne Meridienne dans le plan de l'Horizon.

Puis apres tirez par ces poincts dans le Meridien, sept lignes perpendicataires à la ligne Meridienne AB, & vous aurez les lignes de sectiõ des plans des parallels auec le plan de l'Horizon A F B E, car il faut imaginer que le plan du cercle A F B E, represente le plan de l'Horizon & A B represente vne ligne tirée de A midy iusques à B septentrion.

Les parties de la circonference de ce cercle comprises entre les petits parallels, & celuy qui passe par le centre du cercle comme F E equinoctialle, qui va de l'orient E, vers l occident F, seront les amplitudes ortiues, & les poincts ou ces parallels coupent la circonference du cercle seront ceux ou le Soleil se leue & se couche, quand il est dans le commencement d'aucun signe, comme sont dans la figure precedente de la 72. propos. les poincts 69. ou R, & ♊, ou X. & ainsi vous trouuerez les poincts du leuer des signes dans la circonference de l'Horizon.

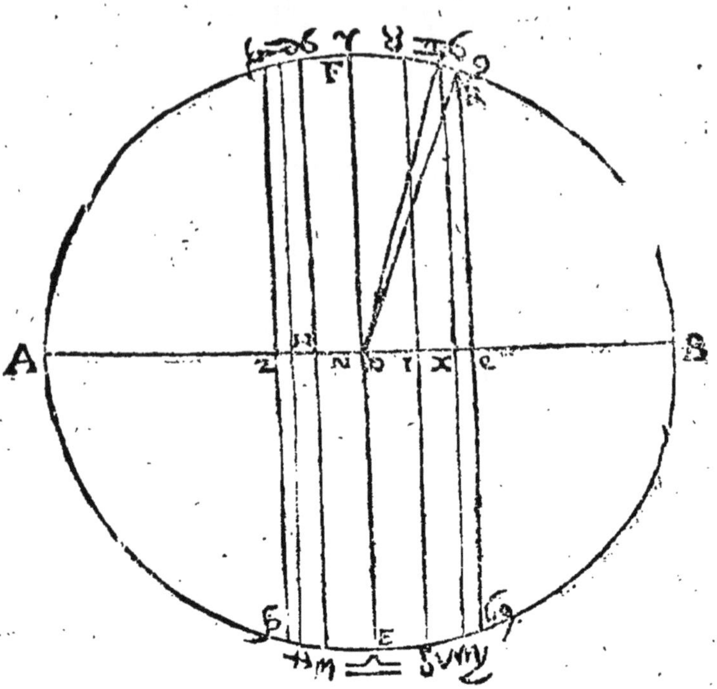

Sçachant donc les poincts dans la circonferen-ce de l'Horizon, & aussi ceux dans le Meridien ti-rez vne ligne entre le poinct Horizōtal, & le poinct Meridional du mesme signe, & vous aurez la li-gne de section du signe.

Ou bien tirez vne ligne du poinct Horizontal du signe iusques au centre de l'Horizon O comme R O & vous aurez l'angle R O F, qui sera l'am-plitude ortiue de ♋. & ainsi ♊ O F, sera l'ampli-tude ortiue de ♊ & ainsi d'autres.

Donc pour tirer la ligne de section de ♋, il faut faire au poinct Meridional de ♋ vn angle egal à l'angle de complement de R O F, du costé Occidental du Meridien. Et pour tirer la ligne ♊

il faut faire vn angle egal au complement de ♊ OF, Geometriquement, & ainsi d'autres.

Vsage de la Table des amplitudes Ortiues.

Par le moyen de ceste table, on pourra promptement trouuer l'amplitude ortiue de chaque degré de l'ecliptique, & à chacune esleuation de pole cottée au haut d'icelle table; & pour ce faire, trouuez premierement l'esleuation du pole proposee au front de ladite table, puis soit consideré si le signe du Zodiaque où sera le degré proposé est au haut de la table, & alors soit choisi au costé senestre d'icelle ledit degré dont est requis l'amplitude: mais le signe estant au bas de la table, soit trouué le degré proposé au costé dextre d'icelle table; & vis à vis en l'aire ou quadrangle commun & correspondant audit signe & degré proposé, sera trouué l'amplitude requise en degrez & minutes. Par exemple, estant requise l'amplitude ortiue du 12. deg. d ♉ à l'esleuation du pole de 49. deg. Ie trouue premierement au haut de ladite table icelle esleuation 49. deg. puis regardant parmy les signes cottez en icelle table, ie trouue que le signe proposé ♉ est au haut d'icelle, c'est pourquoy au costé senestre ie choisi le nombre proposé 12. degr. & vis à vis dans la table desdits 49. degrez d'esleuation polaire au dessoubs d'iceluy signe ♉, ie trouue 24. deg. 1. m. pour l'amplitude requise. Mais voulant sçauoir l'amplitude Ortiue du 20. deg. de ♍ à la mesme esleuation de 49. deg. pource qu'iceluy signe ♍ se trouue au bas de la table, ie choisi au costé dextre d'icelle les 20. degrez, & vis à vis en la collomne de ♍, ie trouue 6. degrez 4. pour ladite amplitude requise.

Table des amplitudes Ortiues.

Elevation 45.							46. du Pol.						
D. de l'ecl.	♈ ♎		♉ ♏		♊ ♐		♈ ♎		♉ ♏		♊ ♐		D. de l'ecl.
	D.	M.	D.	M.	D.	M.	D.	M.	D.	M.	D.	M.	
0	0	0	0	0	0	0	0	0	0	0	0	0	30
1	0	34	16	54	29	35	0	34	17	13	30	10	29
2	1	8	17	24	29	54	1	9	17	44	30	29	28
3	1	42	17	54	30	12	1	43	18	14	30	48	27
4	2	15	18	24	30	29	2	18	18	44	31	6	26
5	2	49	18	53	30	46	2	52	19	15	31	23	25
6	3	23	19	23	31	3	3	27	19	44	31	40	24
7	3	57	19	51	31	18	4	1	20	14	31	56	23
8	4	30	20	20	31	34	4	35	20	43	32	12	22
9	5	4	20	49	31	48	5	9	21	12	32	27	21
10	5	38	21	17	32	2	5	44	21	41	32	41	20
11	6	11	21	44	32	16	6	18	22	9	32	55	19
12	6	45	22	12	32	28	6	52	22	37	33	8	18
13	7	18	22	39	32	40	7	26	23	4	33	20	17
14	7	51	23	5	32	52	7	59	23	32	33	32	16
15	8	24	23	32	33	3	8	33	23	59	33	4[illegible]	15
16	8	57	23	58	33	13	9	7	24	25	33	53	14
17	9	30	24	23	33	22	9	40	24	51	34	3	13
18	10	3	24	48	33	[illegible]	10	14	25	17	34	12	12
19	10	35	25	13	33	39	10	47	25	42	34	20	11
20	11	8	25	37	33	46	11	20	26	7	34	28	10
Desc.	♍ ♓		♌ ♒		♋ ♑		♍ ♓		♌ ♒		♋ ♑		A'ced.

Table des amplitudes Ortiues.

D. de l'ecl.	♈ ♎		♉ ♏		♊ ♐		♈ ♎		♉ ♏		♊ ♐		D. de l'ecl.
Eleuation	45.						46.				du Pole.		
	D.	M.	D.	M.	D.	M.	D.	M.	D.	M.	D.	M.	
21	11	40	26	1	33	51	11	53	26	31	34	35	9
22	12	13	26	25	33	59	12	26	26	55	34	41	8
23	12	44	26	48	34	4	12	59	27	19	34	46	7
24	13	16	27	10	34	9	13	31	27	42	34	51	6
25	13	48	27	33	34	13	14	3	28	5	34	55	5
26	14	20	27	54	34	16	14	35	28	27	34	58	4
27	14	51	28	15	34	19	15	7	28	49	35	1	3
28	15	22	28	36	34	21	15	39	29	10	35	3	2
29	15	53	28	56	34	22	16	10	29	31	35	4	1
30	16	24	29	16	34	22	16	4[illegible]	29	51	35	4	0
Eleuation	47.						48.				du Pole.		
0	0	0	0	0	0	0	0	0	0	0	0	0	30
1	0	35	17	33	30	47	0	36	17	54	31	27	29
2	1	10	18	4	31	7	1	12	18	26	31	47	28
3	1	45	18	35	31	26	1	47	18	58	32	7	27
4	2	20	19	6	31	44	2	23	19	29	32	25	26
5	2	55	19	37	32	2	2	59	20	1	32	44	25
6	3	30	20	7	32	19	3	34	20	31	33	1	24
7	4	5	20	37	32	36	4	10	21	2	33	18	23
8	4	40	21	7	32	52	4	46	21	33	33	35	22
9	5	15	21	37	33	7	5	21	22	3	33	51	21
10	5	50	22	6	33	22	5	57	22	33	34	6	20
Desc.	♍ ♓		♌ ♒		♋ ♑		♍ ♓		♌ ♒		♋ ♑		Ascen.

Table des amplitudes Ortiues.

Eleuation	47.						48.					du Pole.	
D. ascend.	♈ ♎		♉ ♏		♊ ♐		♈ ♎		♉ ♏		♊ ♐		D. ascend.
	D.	M.	D.	M.	D.	M.	D.	M.	D.	M.	D.	M.	
11	6	25	22	35	33	36	6	32	23	2	34	20	19
12	6	59	23	3	33	49	7	7	23	32	34	34	18
13	7	34	23	32	34	2	7	43	24	0	34	47	17
14	8	9	23	59	34	14	8	18	24	29	34	59	16
15	8	43	24	27	34	26	8	53	24	57	35	11	15
16	9	17	24	54	34	36	7	28	25	25	35	22	14
17	9	51	25	21	34	46	10	3	25	52	35	52	13
18	10	25	25	47	34	55	10	37	26	19	35	42	12
19	11	0	26	13	35	4	11	12	26	45	35	50	11
20	11	33	26	38	35	12	11	46	27	11	35	59	10
21	12	6	27	3	35	19	12	19	27	37	36	6	9
22	12	40	27	28	35	25	12	53	28	2	36	12	8
23	13	13	27	52	35	31	13	27	28	27	36	18	7
24	13	46	28	16	35	36	14	1	28	51	36	23	6
25	14	19	28	39	35	40	14	34	29	15	36	28	5
26	14	52	29	2	35	4	15	8	29	38	36	31	4
27	15	24	19	24	35	46	15	40	30	1	36	34	3
28	15	57	29	46	35	48	16	14	30	23	36	36	2
29	16	29	30	7	35	49	16	47	30	45	36	27	1
30	17	1	30	27	35	49	17	21	31	6	36	3[illegible]	0
Descend.	♍ ♓		♌ ♒		♋ ♑		♍ ♓		♌ ♒		♋ ♑		Ascend.

Table

Table des amplitudes Ortiues.

Eleuation	49.			50.		du Pole.	
D. des ecl.	♈ ♎	♉ ♏	♊ ♐	♈ ♎	♉ ♏	♊ ♐	D. des ecl.
	D. M.	D. M.	D. M.	D. M.	D. M.	D. M.	
0	0 0	0 0	0 0	0 0	0 0	0 0	30
1	0 37	18 16	32 9	0 37	18 39	32 54	29
2	1 13	18 48	32 30	1 14	19 13	33 15	28
3	1 49	19 21	32 50	1 52	19 46	33 36	27
4	2 26	19 54	33 9	2 29	20 19	33 56	26
5	3 2	10 25	33 28	3 6	20 52	34 15	25
6	3 39	20 57	33 46	3 43	21 24	34 34	24
7	4 15	21 29	34 4	4 20	21 57	34 52	23
8	4 51	22 0	14 20	4 57	22 29	35 9	22
9	5 28	22 31	34 37	5 34	23 0	35 26	21
10	6 4	23 1	34 52	6 11	23 32	35 42	20
11	6 40	23 32	35 7	6 49	24 2	35 57	19
12	7 16	24 1	35 21	7 25	24 33	36 12	18
13	7 52	24 31	35 35	8 2	25 3	36 26	17
14	8 28	25 0	35 48	8 38	25 33	36 39	16
15	9 4	25 29	36 0	9 15	26 3	36 51	15
16	9 39	25 57	36 11	9 51	26 32	37 3	14
17	10 16	26 25	36 21	10 28	27 1	37 14	13
18	10 50	26 53	36 31	11 4	27 29	37 24	12
19	11 25	27 20	36 40	11 45	27 57	37 34	11
20	12 1	27 47	36 49	12 16	28 24	37 42	10
Descé.	♍ ♓	♌ ♒	♋ ♑	♍ ♓	♌ ♒	♋ ♑	Ascen.

Table des amplitudes Ortiues.

Eleuation	49.			50.		du Pole.	
D. de l'ecl.	♈ ♎	♉ ♏	♊ ♐	♈ ♎	♉ ♏	♊ ♐	D. de l'ecl.
	D. M.	D. M.	D. M.	D. M.	D. M.	D. M.	
21	12 36	28 13	36 56	12 52	28 53	37 49	9
22	13 11	28 39	37 3	13 27	29 16	37 57	8
23	13 45	29 4	37 9	14 3	29 14	38 3	7
24	14 20	29 29	37 14	14 38	30 14	38 8	6
25	14 54	29 54	37 18	15 13	30 35	38 13	5
26	15 29	30 18	37 22	15 48	30 59	38 17	4
27	16 2	30 41	37 25	16 24	31 23	38 20	3
28	16 36	31 4	37 27	16 57	31 47	38 22	2
29	17 9	31 26	37 28	17 31	32 10	38 23	1
30	17 43	31 48	37 28	18 5	32 32	38 23	0
Desc.	♍ ♓	♌ ♒	♋ ♑	♍ ♓	♌ ♒	♋ ♑	Ascend.

Prop. 74. Probl. 59.

Construire vn quadrant Horizontal inferieur.

Il faut faire cestuy-cy tout de mesme comme vn quadrant superieur sur le plan du quel le Pole Austral est esleué: car le Pole Austral est esleué sur le plan de cestuy-cy d'autant que le Pole Septentrional est esleué sur le plan de l'autre; & partant cestui cy est different nullement de l'autre si non qu'icy le centre du quadrant S, est plus proche du Septentrion que le bas du style Z, & toutes les lignes horaires diurnes sont tirées du Septentrion vers le midy, & dans le quadrant superieur elles sont tirées du midy vers le Septentrion; Les angles horaires doiuent estre faicts, de la mesme grandeur que dans le superieur, à cause que l'eleuation du Pole est la mesme sur l'vn que sur l'autre.

Aussi toutes les autres lignes s'y tirent comme dans vn quadrant superieur sur le plan duquel le Pole Austral est esleué Car le parallele de ♑ sera plus proche le bas du style Z, que n'est le parallele de ♋, au rebours de l'autre, les autres paralleles Austraux plus proches du bas du style que les Septétrionaux. De mesme, le poinct Meridional de ♎ sera beaucoup plus esloigné du bas style que n'est le poinct Meridional de ♈ car le poinct de ♎ sera e, & le poinct de ♈ sera O, voyez la figure de la 72. Prop. Mais la difference en cecy est que dans l'inferieur les parallels des signes, estant ainsi tirées demonstrent les longueurs des iours aux commencemẽt des ſignes, es pays qui ont meſme eleuation du Pole Antarctique & les longueurs des nuicts es pays ou eſt le quadrant : Et pour tirer les parallels diurns des ſignes, il les faut tirer tous entre le bas du ſtyle, & le midy au rebours du quadrãt ſuperieur, neãtmoins en meſme diſtãce que dans le ſuperieur & courbez en meſme façon, à ſçauoir les parallels Meridionaux vers le Septentrion, & les parallels Septentrionaux vers le midy. Et le parallele de ♋, dans l'inferieur eſt egal à celuy de ♑ dans le ſuperieur, & au rebours, & celuy de ♊, & ♌, dans l'vn eſt egal à celuy de ♒, & ♐, dans l'autre, & celuy de ♉, & ♍, dans l'vn egal à celuy de ♏, & ♓, dans l'autre. Mais les parallels dans l'inferieur ſont les arcs nocturns ceux dans le ſuperieur ſont les arcs diurnes.

DEFINITIONS.

1. *Section conique eſt vne ligne courbe dans la ſuperficie du cone faict par vn plan qui coupe le cone.*

Ainſi Apollonius la definiſt, mais elle eſt priſe auſſi pour le plan contenu de ceſte ligne; & ſi la ſection n'eſt pas Ellipſe, le plan duquel nous parlons eſt contenu de la ligne courbe qui faict la ſection conique, & encore d'vne ligne droicte qui eſt ou diametre du cercle, ou vne ligne inſcritte dans le cercle qui eſt la baſe du cone.

2. *Vne ligne droicte dans vne ſection conique eſt celle qui eſt inſcritte dans la ſection, de ſorte que les extremitez de la ligne droicte ſoient terminées dans la courbe qui faict la ſection.*

Comme vne ligne droicte inſcritte dans vn cercle est terminée dans la circonference, ainsi celle-cy est terminée dans la ligne courbe qui faict la section.

3. *Diametre est aucune ligne droicte dans la section diuisant quelques lignes paralleles en parties egalles.*

Comme le diametre d'vn cercle diuise toutes les lignes inscrittes perpendiculaires à ce diametre en parties egalles; ainsi le diametre d'vne section conique diuise plusieurs lignes inscrittes egallement lesquelles sont parfois perpendiculaires au diametre, parfois elles ne le sont pas.

4. *Appliquées sont lignes paralleles diuisées egallement par le diametre.*

Parfois elles sont perpendiculaires au diametre, parfois elles ne le seront pas.

5. *Distance de l'apse à vne appliquée est la partie du diametre comprise entre l'apse de la section ou le bout du diametre & l'appliquée.*

Dans l'Hyperbole & la parabole l'apſe eſt le ſommet de la ſection, ou elle eſt plus courbée; mais dans l Ellipſe, il y a deux apſes.

6. *Diametre tranſuerſe dans l'Hyperbole eſt la partie du diametre hors la ſection compriſe entre l'apſe de la ſection & la ſuperficie du cone oppoſé. Où bien c'eſt la production du diametre de l'Hyperbole iuſques à ce qu'elle ſe rencontre auec le coſté oppoſé du cone.*

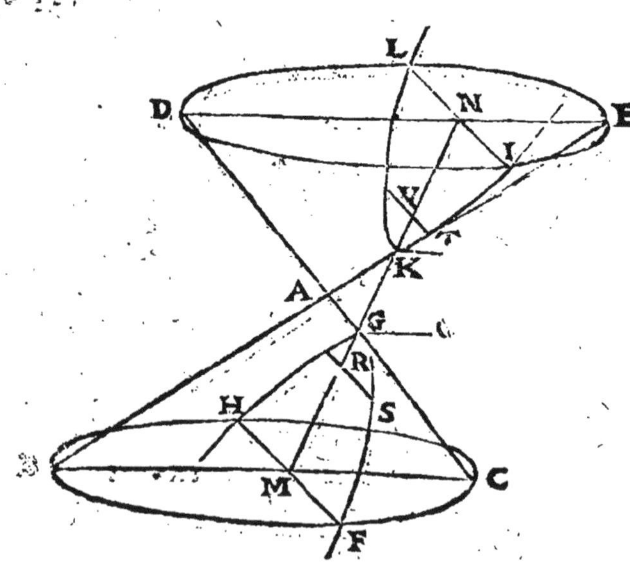

Comme PR, dans la figure de la 28. proposition ou DF, dans les figures suiuantes; & aussi GK, dans celle-cy.

7. *Centre d'une section est un poinct diuisant le diametre transuerse par le milieu.*

Comme dans l'Ellipse ce poinct est comme au milieu de l'Ellipse mais dãs l'hyperbole ce poinct est hors de la section, comme est aussi le diametre transuerse; & egalement distant des deux cones opposez, & dans ce poinct tous les diametres se rencontrent & aussi les axes de l'Hyperbole & de l'Ellipse.

8. *Axe d'une section conique est le diametre qui diuise les appliquées à angles droicts.*

Dans ce traicté des Horologes nous n'auons que faire d'autre diametre que l'axe, qui est tousiours la ligne Meridienne, en toutes les Hyperboles, & Ellipses & paraboles soient des Almicantharas, ou des paralleles à l'Equateur; & toutes les appliquées sont tousiours perpendiculaires à la ligne Meridienne. Et le centre d'vne Hyperbole d'aucun des paralleles des signes, ou des iours est dãs la ligne Equinoctialle, & son diametre transuerse est la partie de la ligne Meridienne comprise entre deux Hyperboles opposées; comme le diametre transuerse des deux Tropics est la partie de la ligne Meridienne entre les deux Tropics & le diametre transuerse du parallel de ♊, est la partie de la ligne Meridienne comprise entre le parallele de ♊ & celuy de ♐.

Entre les appliquées & le Diametre il y a vne certaine relation. Car s'il y à plusieurs appliquées paralleles, il n'y aura qu'vne seule ligne qui les diuisera toutes en deux egallement, & si ces appliquées vont droict selon la largeur de la section, de sorte que les deux extremitez de chasque appliquée soit egallement distants de l'apse, alors il faut necessairement que leur diametre les coupe a angles droicte, & sera axe de la section. Si vne extremité de chasque appliquée est plus proche de la pse que l'autre extremité alors le diametre de ces apliquees paralleles les coupera necessairement es angles obliques. Tous les diametres dans vne Ellipse se rencontrent au centre au milieu de l'Ellipse. Tous les diametres dans vne Hyperbole se rencontrent au centre hors la section conique.

9. *Parametre est le troisiesme proportionel d'vne appliquée, & sa distance à l'apse dans l'Hyperbole & l'Ellipse.*

Et partant chasque appliquée a son parametre par le moyen duquel l'appliquée se trouue. Car comme la distance d'vne appliquée à l'apse, est à l'appliquée mesme, ainsi l'appliquée est au parametre.

10. ***Secante est vne ligne tirée de l'extremité du diametre, & passant par le bout d'vne parametre.***

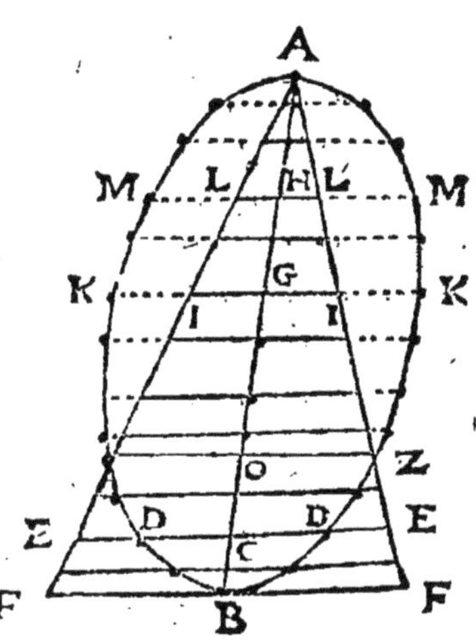

Dans l'Hyperbole ceste ligne est tirée de l'extremité du diametre intercepté ou transuerse, comme du poinct F, dãs l'Ellypse elle est tirée d'aucune des extremitez du diametre comme A, & alors l'autre extremité B, est appellé l'apse de la section. Mais dans la parabole la secante est tousiours tiree de lapse, comme R G.

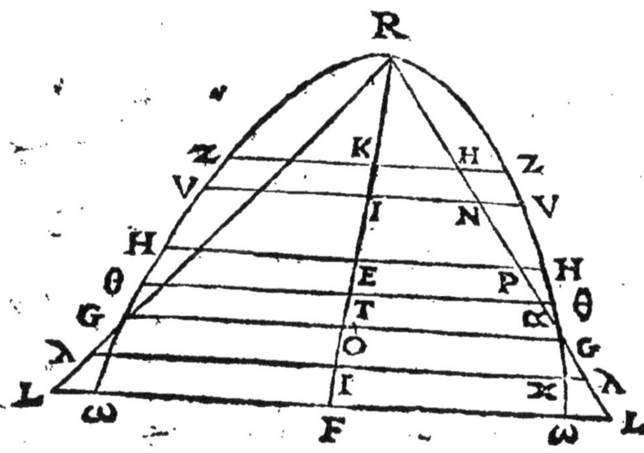

11. *Parametre tangente eſt vne ligne tiree de l'apſe parallele aux appliquées, & produict iuſques à la ſecant dans l'Ellipſe, & dans l'Hyperbole.*

Mais dans la parabole la parametre tangente eſt vne ligne tiree de l'apſe parallele aux appliquees, & eſt à la diſtance de chaſque appliquee a l'apſe en raiſon double de la raiſon, de la meſme appliquee à ſa diſtance & partant ſa diſtance eſt moyen proportionel entre la parametre tangente, & l'appliquee. Donc ayant vne appliquee auec ſa diſtance à l'apſe, vous trouuerez la parametre tangente de la parabole, ou il faut noter que nous entendons par le mot apſe, le poinct au milieu du ſommet d'vne Ellipſe, parabole ou Hyperbole, ou par le mot ſommet nous entendons la courbe ligne qui eſt la plus courbe de toute la ſection conique.

12. *Parametre principalle dans vne ſection eſt celle qui eſt egalle à ſon appliquée.*

Comme O Z, dans la figure Hyperbolique & Ellipſe & O G, dans la parabole, & alors les trois proportionels ſont egaux dans l'Hyperbole & l'Ellipſe. Vous trouuerez ceſte-cy ſi du poinct

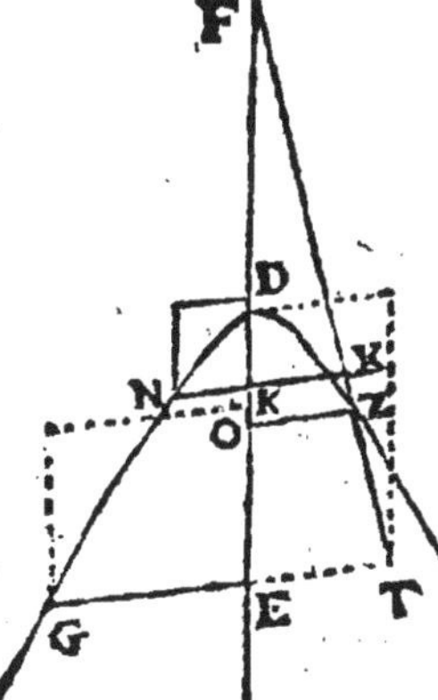

Z, qui eſt le poinct de ſection de la ſecant auec la ſection conique vous tirez vne ligne iuſques au diametre parallele aux autres appliquées ; comme Z O, ou O G. Car O Z, eſt egal, à O D, dans l'Ellipſe & dans l'Hyperbole.

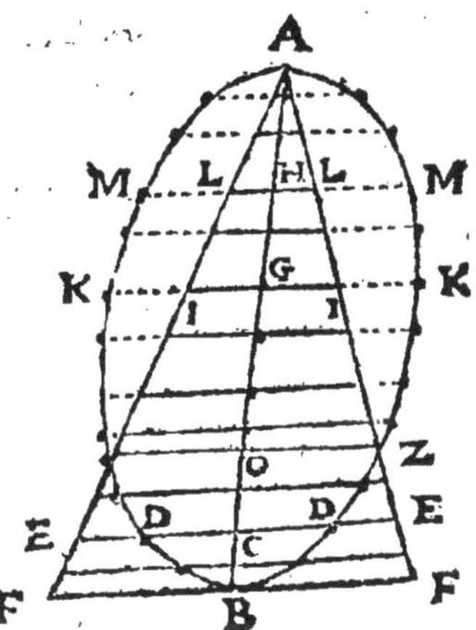

13. *Parametre dans la parabole eſt le troiſieſme proportionel à l'appliquée, & au parametre principal.*

Comme I N eſt parametre dans la parabole

parce qu'il est comme O G, parametre principal à V I. appliquee, ainsi V I. est à I N.

14. *La distance d'une appliquee au sommet de la secante est la partie du diametre comprise entre le bout du diametre transuerse & ladicte appliquee*; comme FO.

Prop. 75. Theor. 60.

Dans vne parabole le quarre d'vne appliquee V I. est au quarre d'vne autre appliquee, G O, comme sa distance de l'apse R I à la distance de l'autre à lapse R O.

Car soit tiree K T parallele à la base E B, par la

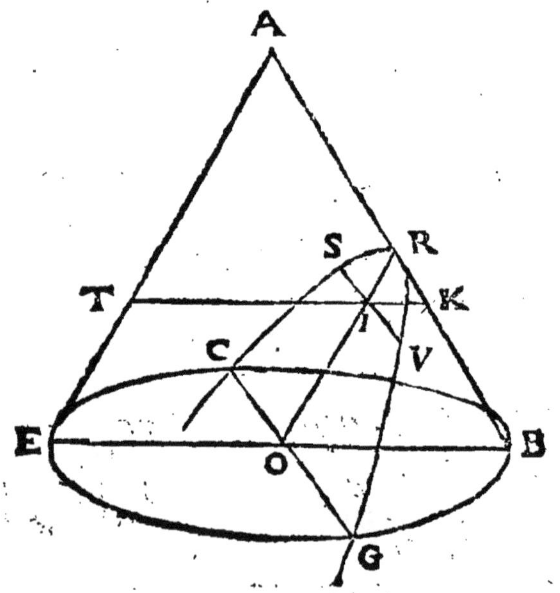

78. K T, sera diametre d'vn cercle tout de mesme comme est E B. Et partant par la 27. du 3. liure d'Euclide le quarre de V I. sera egal au Rectangle de T I, & I K, à cause que V I, est la moitié de SV, qui est vne ligne inscritte dãs le cercle SVKT. Aussi le quarre de G O, est egal au Rectangle de E O, & O B, & partant ces deux Rectangles & ces deux quarrez sont en mesme proportion. Mais T I, est egal, à E O, d'autant que I O, & E T, sont paralleles. Et partant comme O B, ou O E, ou T I, est à I K, ainsi le Rectangle de O B, & O E, ou O B, & T I, ou bien le quarre de T I, au Rectangle de T I, & I K. Et par ainsi ces Rectangles sont en mesme raison que R O, & R I, car la raison de ces deux est la mesme que celle de O B, & K I, par la 5. du sixiesme d'Euclide. Donc comme K O, à K I, ainsi le quarre de O G, à celuy de I V.

Celle-cy est la 7. du liure 1. du sieur Mydorcius, & la 30. d'Apollonius Pergæus.

Prop. 75. Theor. 76.

Toute ligne dans vne parabole, qui est parallele au parametre principal de la parabole estant tirée entre le diametre, & le costé du triangle est troisiesme proportionel au parametre principal & à l'apeliquée de la mesme ligne, & partant icelles lignes sont les parametres de la parabole.

Parce qu'il est comme B O, à R I, ainsi O G, à I N, par la 4. du 6. d'Euclide, d'autant que I N, & O G, sont paralleles. Mais par la precedente comme R O, a R I, ainsi le quarre de O G, parametre principal au quarré de I V. appliquée. Donc comme le quarre de O G, au quarre de I V,

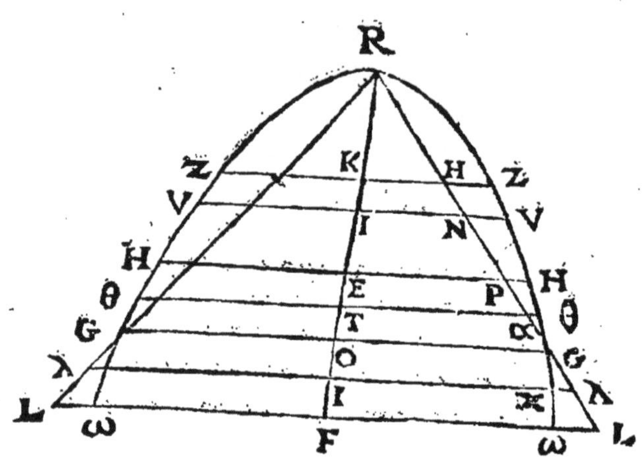

ainsi O G, à I N, & partant la raison de O G, à I N, est double de celle de O G, a I V, par ce que la raison des quarrez est double de celle des lignes O G, & I V. Donc puisque la raison de G O, a I N est double de celle de O G, à I V, l'applique I V, sera le moyē proportionel entre les deux.

Prop. 77. Probl. 62.

Estant donnée aucun diametre R O, & aucune appliquee O G, appliquer autant d'autres appliquées qu'on voudra, & par ainsi tirer vne parabole passant par les poincts donnez R, & G.

Tirez

Tirez le costé du triangle R G, la ligne O G, sera parametre & estant aussi appliquee selon la supposition, elle sera parametre principal. Apres diuisez le diametre R O, par autant des poincts que vous voulez comme F E T I K, & par ces poincts tirez autant des lignes paralleles au parametre principal, & produisez les iusques au costé du triangle R G. Vous aurez autant des parametres K H, & I N, & E P, & τα, & I λ, & F L. Donc trouuez vn moyen proportionel entre chacun de ces parametres & le parametre principal G O, & vous aurez autant d'appliquees par la precedente proposition; comme *K Z*, & I V, & E H, T θ, & I X, & F ω. Donc si par les extremitez de toutes ces appliquees Z, V, H, θ, G, X, ω, vous tirez vne ligne courbe adroictement d'vn costé & d'autre du Diametre R O. Vous aurez vne parabole.

Ou il faut noter que pour bien tirer vostre parabole il faut trouuer plusieurs appliquees affin que leurs extremitez soient proches les vnes des autres qu'on n'aye poinct de peine à tirer vne ligne courbe entre deux.

Si vous faitez la parabole plus grande, il ne faut que produire le diametre R O, tant que vous voudrez, & dans la production il faut metre des poincts, & par ces poincts tirer des appliquees autant que vous voudrez.

Prop. 77. Theor. 17.

Dans toute Hyperbole & Ellipse le quarre d'vne appliquee O G, est au quarre d'vne autre appliquée IV, comme le Rectangle des segments FO, & RO, faicts par le premier appliquée; au Rectangle des segments FI, & RI, fait par le second appliquée IV.

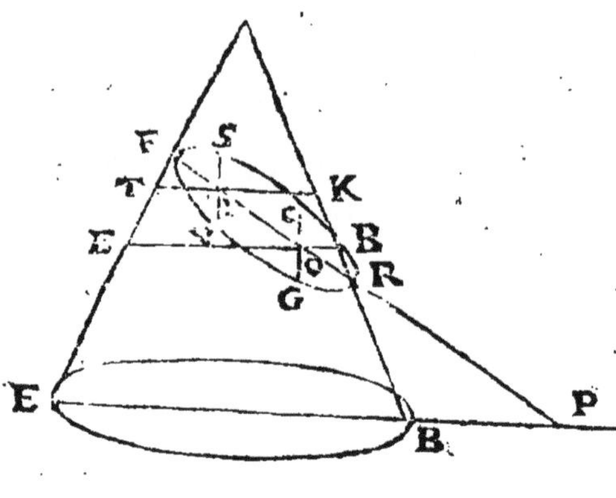

D'autant que TK, & EB, sont diametres des cercles par la 79. prop. suiuante, & SV, & CG, sont appliquees diuisez en parties egalles par le Diametre FO, le quarré de IV, sera egal au Rectangle de TI, & IK, & aussi le quarré OG, sera egal au Rectangle de EO, & OB, ou bien au quarré de OB, par la 29. du 3. liure d'Euclide, & partant ces deux quarrez & ces deux Rectangles sont en mesme proportion. Mais les deux Rectangles de FO, & RO, & de FI, & RI, sont en mesme raison que les deux Rectang les susdicts TIK, &

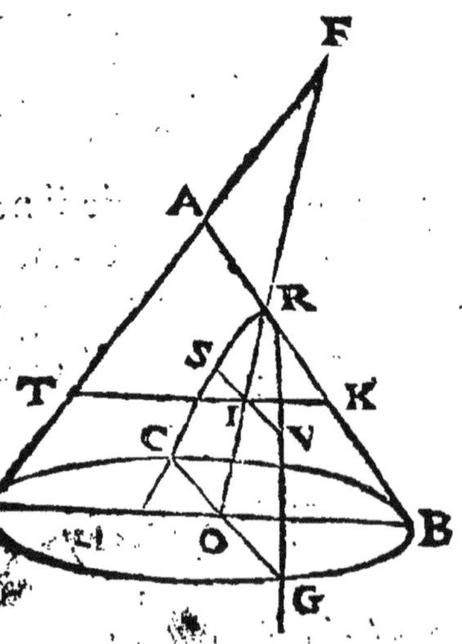

EOB, & partant les quarrés de OG, & IV, sont aussi en mesme raison que les Rectangles FOR, & FIR.

Or la raison des deux Rectangles de FO, & RO, à celuy de FI, & RI, est la mesme que celle de TI, & IK à celuy de EO, & OB, puis qu'elles sont toutes deux cõposees des mesmes raisons simples. Car la raison des derniers Rectangles est composée de celle de EO à TI, & de celle de OB, à *IK*. Et la raison de FOR, à FIR, est composée des deux raisons, qui sont les mesme que les deux autres, comme de celle FO, à FI, & de celle OR, à IR. Car, la raison de FO, à FI, est la mesme que celle de EO, à TI, par la 3. du 6. d'Euclide; & aussi celle de RO, à RI, est la mesme que celle de OB, à *IK*, par la mesme 3. du 6 liure d'Euclide.

Prop. 78. Theor. 18.

Vn quarré à mesme raison à vn Rectangle qu'vn Rhombe equilatere au quarré, à vn Rhomboide qui soit sequilatere au Rectangle & equiangle au Rhombe.

Soit le quarré B le Rectancle A, le Rhombe V equilatere au quarré, & le Rhomboide S, equilatere au Rectangle & equiangle au Rhombe.

Il sera comme B, a D, ainsi V, à T, par la 1. du 6. liure d'Euclide, & par la mesme il sera comme D, à A, ainsi T, à S. Donc les trois B, & D, & A, seront en mesme raison que les trois V, & T, & S, & partant par la du 5. d'Euclide il sera comme le premier B, au troisiesme A, ainsi le premier V, au troisiesme S, ce qu'il falloit prouuer.

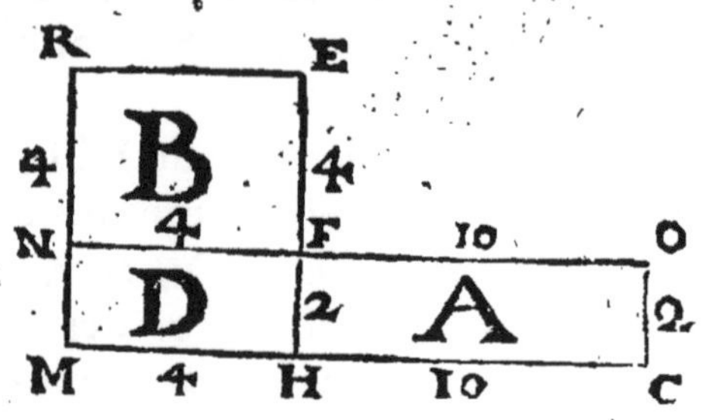

Coroll. 1. Comme le quarre B, au Rhombe V, ainsi le Rectangle A, au Rhomboide S.

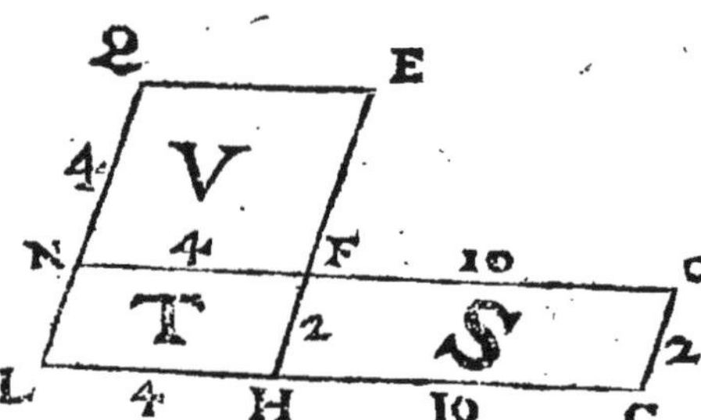

Coroll. 2. Si il y à deux Rectãgles, & deux Rhomboides equiangles entre eux & equilateres aux Rectangles; il y aura mesme raison entre les deux Rhomboides qu'entre les deux Rectangles.

Prop. 79. Theor. 19.

Si vn plan parallele à la base couppe vn cone, la superficie de la section sera circulaire, & l'essieu passera par les deux centres E, & R.

Soit la section T H S, parallele à la base COBI: Ie dis que T H, est cercle. Car soit A E, tiré au centre de la base, puisque A R T & A E C sont triangles equiangles; & aussi A R S, & A E B, equiangles : il sera comme AR à AE, ainsi TR, à CE, & aussi RS, à EB : & parce que RS, & RT, ont mesme raison aux égaux EC, & EB, ils seront aussi égaux par la 15. du 5. liure d'Euclide : Soit aussi le poinct H, dans la circonference THS, & soit tiré AHO, & OE ; ie dis que HR, est égal à RT, & SR : car puisque RH, est parallele à EO, il sera comme AR, à AE, ainsi HR, à OE ; & partant HR, TR, & RS, auront toutes trois mesmes raisons aux égaux CE, OE, & BE ; & partant seront tous trois égaux, & R, sera centre du cercle THS. Et de la mesme façon vous pourrez prouuer tous les poincts de la circonference THS, estre également distans du poinct R ; & partant THS, estre cercle.

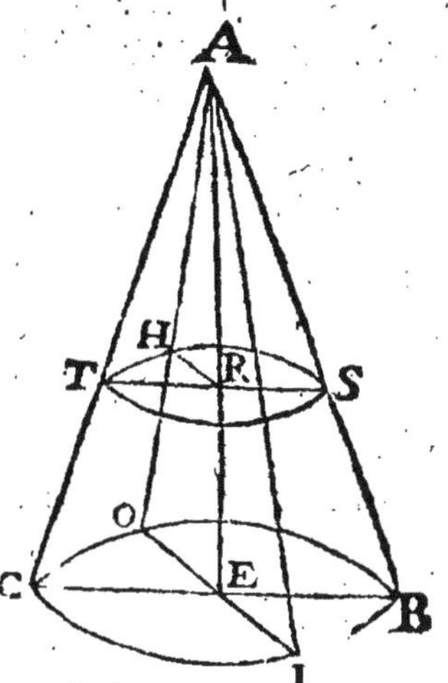

Prop. 80. Theor. 20.

Si vn plan couppe vn cone és angles alternes egaux, la section sera vn cercle, & la partie entre le sommet, & le plan qui couppe sera aussi cone.

Soit E B, tirée dans le plan du triangle parallele à K D, & le plan E F B, paralle- le à la base k H D, la circonferéce E F B sera cercle, & E B, diametre par la pre- cedente. Apres dans la ligne E B, soit pris quelque point vous voulez, cõme O, qui soit le cẽtre ou non, & soit tirée la ligne G O M, & le plan G R F M: & aus- si la ligne F O R, laquelle est ligne de commune section des deux plans G R M & E R B: & par- ce que ces plans sont perpendiculaires sur le plan du triangle A K D, la ligne de commune se- ction F O R, le sera aussi. & partant sera aussi perpendiculaire sur toutes les deux lignes E B, & G M. Or parce que langle M, est égal à l'angle E, & aussi les angles verticaux G O E, & B O M, ces deux triangles seront equiangles, & sera com- me E O, à O M, ainsi O G, à O B; & partant le rectangle des deux moyens O M, & O G, est égal au rectangle des deux extrémes E O & O B: & par la 35. du 3. liure d'Euclide le rectangle de E O B, est égal au rectangle de F O R, c'est à dire au quarré de R O. Donc le quarré de R O, est égal au rectangle de G O M; & partant ces qua- tre poincts G F R M, sont dans vne mesme cir-

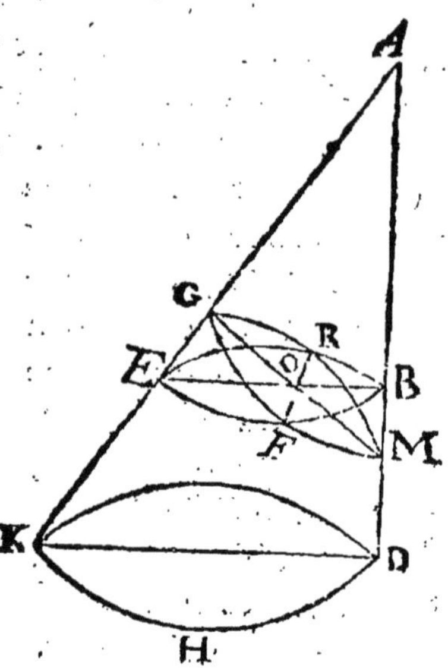

conference du cercle : de la mesme façon vous pourrez prouuer que quelques autres deux poincts que ce soient, autres que F R, de ladite circonference sont dans la mesme circonference du cercle auec M, & G, en prenant vn autre poinct que O, dans E B, pour tirer G M, car ainsi vous aurez d'autres poincts que F & R.

Prop. 81. Theor. 21.

Si le diametre d'aucune section coupe egallement une ligne inscritte dans la section, il coupera aussi egallement toutes les autres lignes inscrittes qui sont paralleles à celle-là, & ces lignes seront aussi toutes des appliquees.

Soit aucune section du cone R O G, & soit la droicte C G, qui est inscritte dans la section, cou-

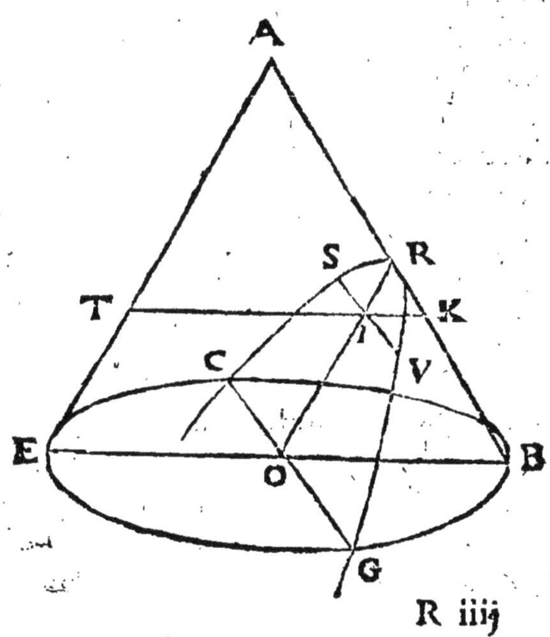

pé, egallement en O; & dans la mesme section, soit tirée la ligne V S, parallele à C G, & soit tirée le diametre de la section R O, ie dis que R O, coupera S V, egallement en I.

Car si la ligne C G, est coupé en deux egallement ou elle est dans le plan de la base circulaire du cone, ou dans quelques plan parallel à la base ou faisant les angles alternes égaux, & partant la ligne C G, est necessairement dans quelque plan cerculaire; & par ce que S V, est parallel à C G, elle sera aussi dans vn plan circulaire.

Donc si vous coupez le cone par vn plan qui coupe le plan du cercle C G, dans la ligne EOB, es angles droictes à C G, icelle ligne E O B, sera diametre du cercle puis qu'elle faict angles droicts auec C G, en O, & par le poinct I, soit tirée vne lig. T K, parallele à la base du triangle E B, & dans le plan du mesme triangle A E B; icelle ligne *T K*, sera diametre d'vn cercle (puis que E B, l'est) & coupera S V, l'inscritte dans le mesme cercle, es angles droicts tout de mesme comme son parallele E B, faict C G, & partant S V, sera aussi coupée en deux parties egalles par la 4. du 3. liure d'Euclide, ce qu'il falloit prouuer.

Or que les poincts T, & K, & V, & S, sont dans la circonference d'vn cercle il est demonstré cy dessus par la 79. puis que *T K*, est diametre d'vn cercle parallel a la base *E B*, par la supposition, & S V, est parallel à C G, qui est dans le mesme plan auec E B, & partant le plan *T k S*, sera parallel au plan C G E.

Ou il faut remarquer qu'il n'importe si le plan C G B, est base ou non, pourueu qu'il soit cercle,

& partant il sera ou parallel à la base ou fera les angles alternes egaux à ceux de la base.

Prop. 82. Theor. 22.

Comme le Rectangle de la distance F E, de l'appliquee E G, au bout F, du Diametre transuerse, & de la distance de l'apse D E, est au quarre de l'appliquee E G, ainsi le diametre intercepté D F, est au parametre tangent D I.

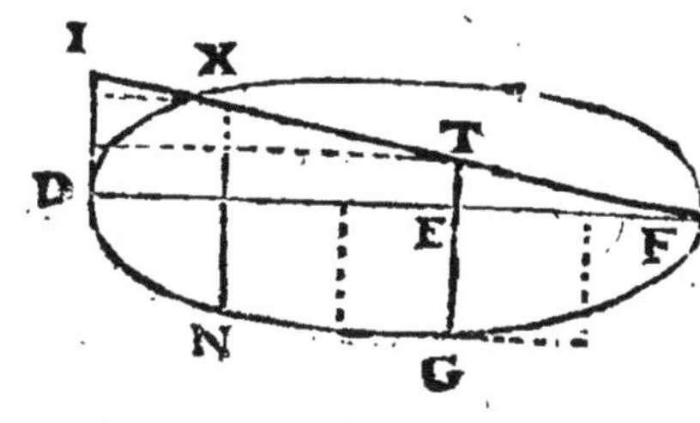

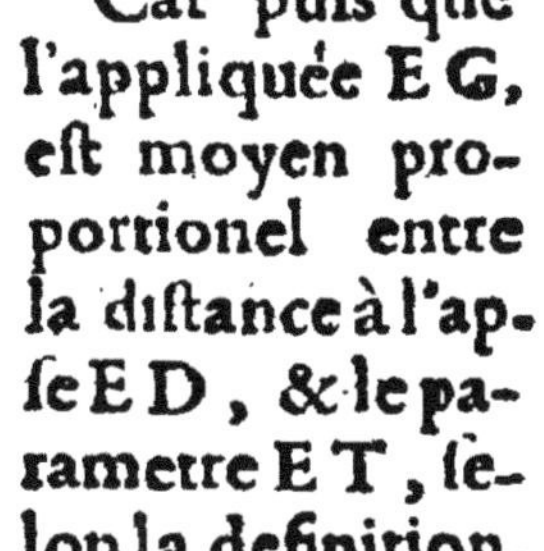

Car puis que l'appliquée E G, est moyen proportionel entre la distance à l'apse E D, & le parametre E T, selon la definition, le quarre de E G, sera egal, au Rectangle de E D & E T. Mais comme F E, est à E T, ainsi le Rectangle de F E, & E D, est au Rectangle de E T, & E D, par la 1. du 6. d'Eucl. & partant aussi comme F D, est à D I, ainsi le Rectãgle F E D, au Rectancle D E T, ou au quarré de E G, qui est egal à D E T, Rectangle : car ces

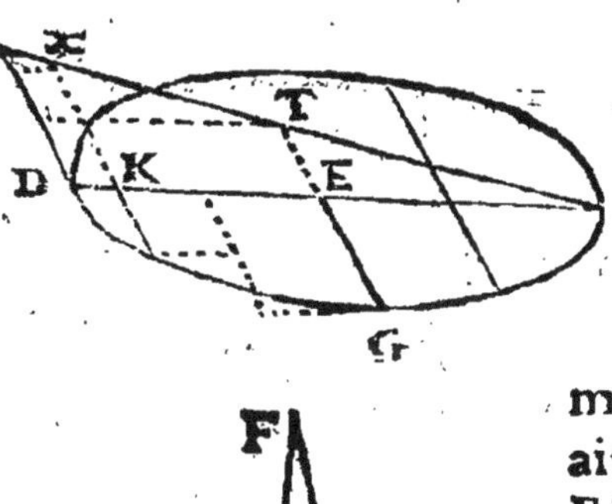

quatre sont proportionaux, comme FE, à ET, ainsi le diametre intercepté F D, au parametre tangente DI.

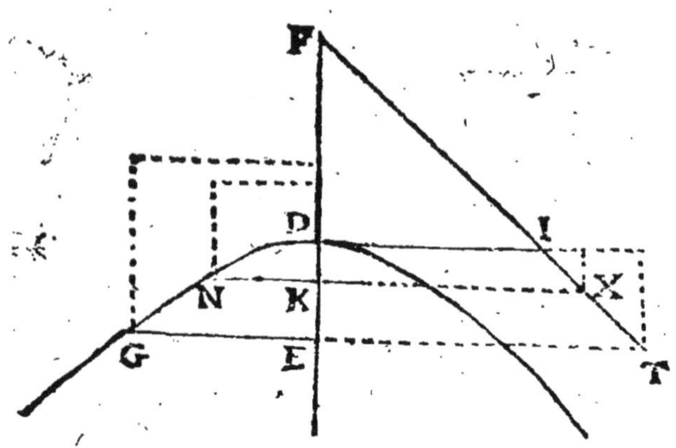

Prop. 83. Theor. 23.

Toute ligne tirée parallele à vne parametre, & produicte iusques à la secante sera aussi parametre dans l'Hyperbole & l'ellipse.

Soit FT, le costé du triangle passant par le bout du parametre tangente DI, & soient tirées ET, & *kX*, ie dis que ces lignes ET, & *K*X, sont parametres.

Car soient GE, & *NK*, appliquees, il sera comme FD, à DI, ainsi le Rectangle FED, au quarré de GE, par la precedente; & puis qu'il est comme FD, à DI, ou FE, à ET, ainsi le Rectangle de FE, & ED, au Rectangle de ET & ED, par la 1. du 6. d'Eucl. & partant le Rectangle TED, sera egal au quarré de GE, & partant l'appliquee GE, sera moyen proportionel entre ED, & ET. Donc: puis qu'il est comme ED, distance de l'apse a EG, appliquee ainsi EG, appliquee a ET, necessairement ET, sera parametre de EG, selon la definition.

De la mesme façon si FT, est supposé estre tiree par le poinct T, il se prouue que KX, sera parametre de NK, a cause qu'il est comme FE a ET, ainsi FKD, au quarré de NK par la precedente, & puis qu'il est comme FE, a ET, ainsi FK a kX, ainsi le Rectangle FkD, au Rectangle DKX, & partant le Rectangle, DKX, sera egal au quarré de KN, & partant l'appliquée N●, sera moyen proportionel entre DK, & KX, & partant KX, sera parametre.

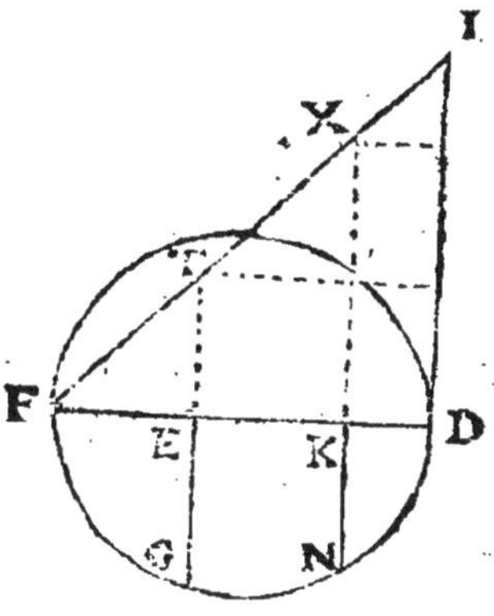

Il faut entẽdre la mesme chose de la circõferẽce d'vn cercle en prenant l'appliquée pour le sinus droicte GE, & NK, d'vn arc, & la distance du bout du diametre transuerse, & celle de l'apse pour les deux segments du diametre du cercle FE, & ED, ou bien FK, & DK, & pour parametre il faut imaginer quelque ligne qui se trouue pour troisiesme proportionel en mettant FE, en premier lieu & EG, sinus droict en second, & vous aurez ET, pour parametre. Et si vous mettez KN, sinus droict en secõd lieu & DK, en premier vous aurez K X parametre. Si le costé du triangle est tiré du poinct D, & vous desiriez auoir le parametre du sinus droict F G, il faudroit mettre au premier lieu E D, & E G, en second & en troisiesme vous aurez le parametre de E G. Ou il faut que le parametre soit tousiours egal au sinus verse ou au residu du diametre du cercle, comme E T, est egal au sinus verse F E, & K X, à F K, & DI, parametre tangente à tout ce diametre du cercle D F.

Prop. 85. Theor. 25.

Si deux cones opposez sont coupez par le sommet les sections triangulaires seront equiangles, & leur bases seront paralleles.

Car soient faictes H F, & G I, paralleles a DC, coste du cones tirees des centres des bases circulaires G, & F, car G F est axe. Les triangles HFB, & B A C, seront equiangles, & aussi les triangles E I G, & E A D, equiangles ; & aussi les triangles H A F, & A G I, sont equiangles. Et parce qu'il est comme B F, à B C, ainsi B H, à B A, & B F, est la moitié de B C, aussi B H, sera la moitié de B A, & par mesme raison I E sera, la moitié de E A, & aussi I A. Et parce qu'il est comme H A. à I A, ainsi H F, à G I, il sera aussi comme B H, a I E, ainsi H F, a I G, & partant les deux triangles B H F, & G I E, seront equiangles, & partant aussi les deux A B C,

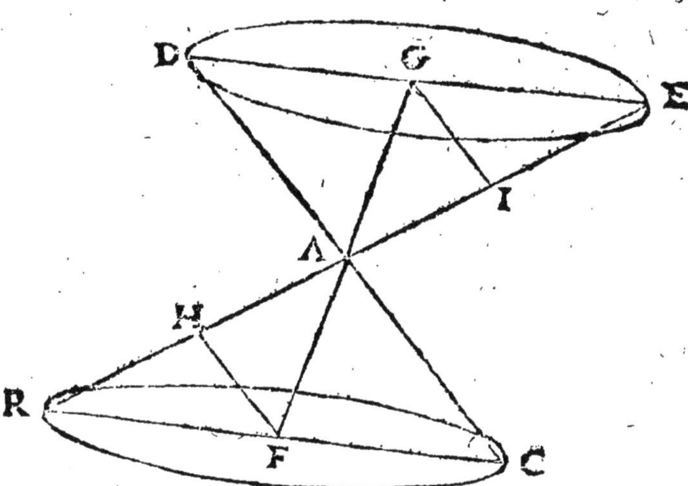

& A E D, seront equiangles & leur bases seront paralleles, ce qui falloit prouuer.

Prop. 84. Theor. 24.

Si deux cones opposez sont coupez par vn mesme plan les parametres tangentes des deux Hyperbolés seront egalles, & paralleles, & toutes les appliquees dans l'vne seront egalles a toutes les appliquees dans l'autre chacune au sien; & les Hyperboles egalles.

Car puis qu'il est comme B M, à M K, ainsi E N, à N K, à cause des triangle B M K, & E N K, equiangles & aussi comme C M, à M G, ainsi D N, à N G, à cause des triangles C M G, & D N G, equiangles; en composant les raisons il sera comme le Rectangle B M C, au Rectangle K M G, ainsi le Rectangle E N D, au Rectangle

GNK, ou bien, comme le quarré de l'appliquée FM, au Rectangle KMC, ainsi le quarre de l'appliquee IN, au Rectangle GNK. Car le quarré FM, est egal au Rectangle BMC, & le quarré IN est egal au Rectangle END, par la 30. du 3. d'Eucl. Mais comme le Rectangle GNK, est au quarré de l'appliquée IN, ainsi le diametre intercepté GK, est au paramerre kP. Par la 82. precedente; & comme KMC, Rectangle à FM, appliquée ainsi la mesme KC, à GO, donc puis

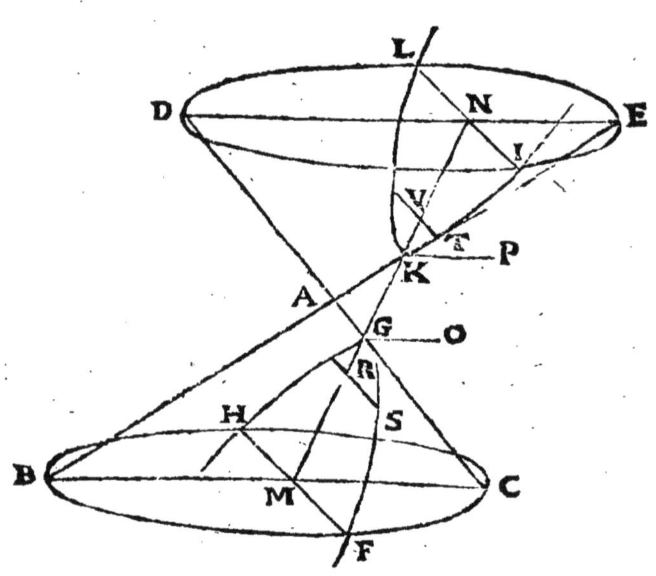

que KC, à mesme raison à tous les deux, GO, & & kP, parametres, ils seront egaux. Et parce que ces deux parametres sont paralleles aux deux appliquees paralleles entre elles, ces parametres sont aussi paralleles entre elles.

Et si vous mettez deux appliquez egallement

diſtans des apſes G, & K, comme R S, & T V, ie dis que ces deux appliquees ſerõt egalles, d'autãt que les Rectangles K R G, & G V K, ſont egaux puis que G K, eſt coſté commun de ces deux Rectangles, & l'vn coſté K R, eſt egal à G V, d'autant que G R, eſt ſuppoſé egal à K V, & ces Rectangles egaux ont meſme raiſon aux deux appliquees R S, & T V, à ſçauoir la meſme que G K, à K P, ou à G O, & partant neceſſairement ces deux appliquees ſeront egalles.

Il ſe prouue de la meſme façon qu'vne douzaine des appliquees poſees entre G, & R, ſeront egalles à vne douzaine poſés entre K, & V, chacun au ſien à ſçauoir celles qui ſont equidiſtantes des poincts G, & K. Donc puis que toutes les appliquees dans l'vne ſont egalles à toutes celles qui ſont dans l'autre, la ligne courbe entre R, & l'apſe G, ſera egal à la ligne courbe entre V, & l'apſe K. Et partant ſi la baſe de la ſection: I L, eſt autãt eſloignee de l'apſe K, cõme H F, baſe eſt de l'apſe G, c'eſt a dire ſi K N, eſtoit egal à G M, auſſi la ligne courbe L K I, ſeroit egalle à la ligne courbe H G F. Ce qui n'arriue pas ſi non quand le diametre M N, eſt parallel à l'axe du cone, & le triangle A G R, eſt Iſoſcele, & les cones oppoſez egaux.

Prop. 86. Probl. 60.

Aucune ſection eſtant donnée trouuer ſon diametre.

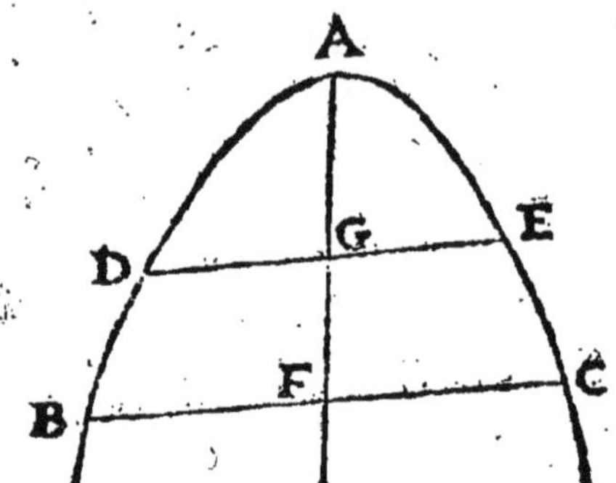

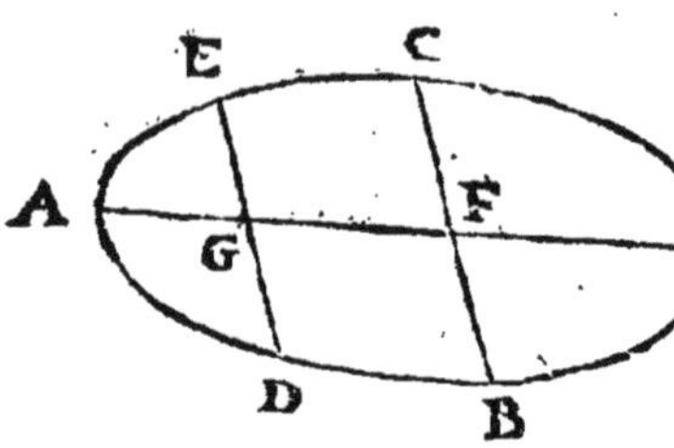

Tirez deux lignes paralleles D E, & B C, dans la section, & coupez les toutes deux par le milieu, & par les deux poincts G & F, tirez vne ligne, icelle ligne sera diametre.

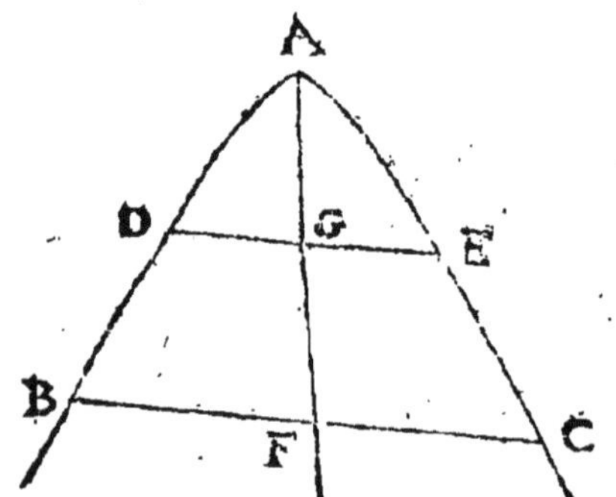

Prop. 87. Probl. 62.

Aucune Hyperbole ou Ellipse estant donnée trouuer son centre.

Trouuez

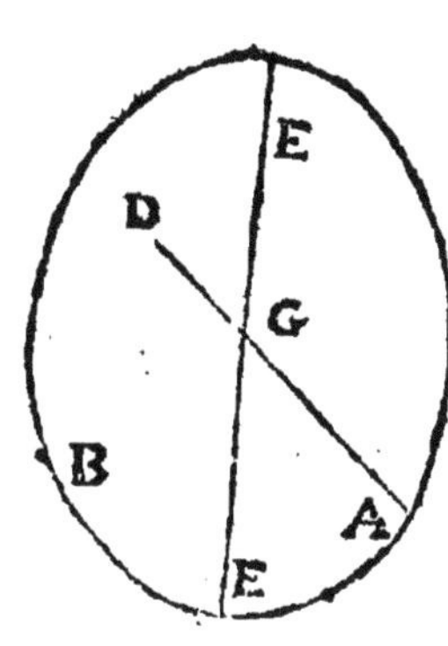

Trouuez par la precedentes deux quelconques diametres A D & E F, & produisez iusques à ce qu'elles se rencontrent en vn poinct G, ce poinct G, sera le centre.

Corall. Et partant le double de E G, ou A G, sera le diametre intercepté dans l'Ellipse, ou dans l'Hyperbole; car le centre diuise le diametre transuerse ou intercepté en deux egallement.

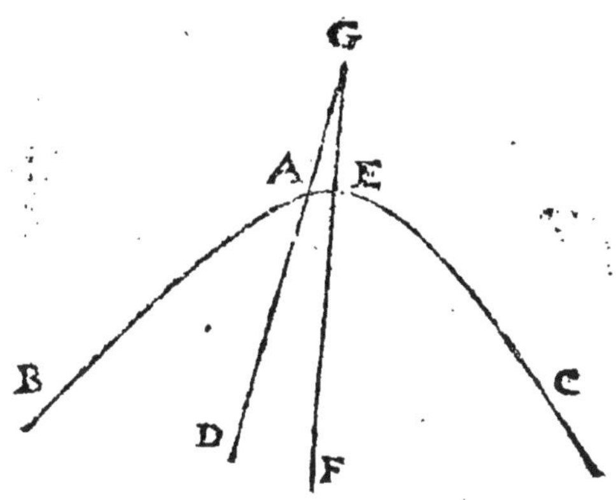

Prop. 88. Probl. 63.

Aucune section estant donnée trouuer son axe.

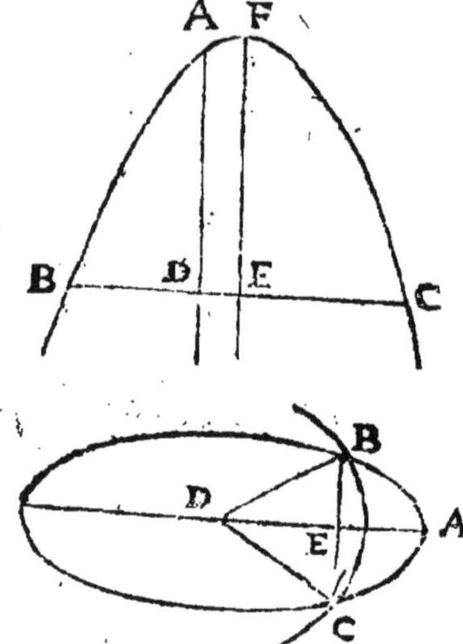

Si la section est parabole comme F B C, tirez y aucun diametre A D, par la. 86. & apres au poinct D, faictes vne perpendiculaire B D C, & puis apres si B D, n'est pas egal à D C. coupez B C, par le milieu au poinct E, & à angles droicts F E, sera l'axe de la parabole.

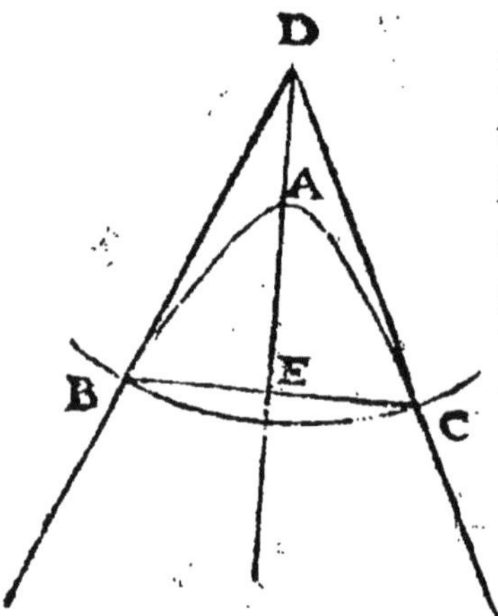

Mais si la section est Hyperbole ou Ellipse; trouuez le centre de la section D, & du centre tirez vn arc qui coupe la section en deux poincts B, & C, la ligne droict B C, sera vne appliquée; coupez donc ceste appliquée en deux, & a angles droicts par la ligne DAE, elle sera l'axe.

Prop. 89. Probl. 64.

Aucune section estant donné trouuer son parametre tangente, le diametre intercepté A E, estant donné auec vne appliquée.

Si la ſection eſt Hyperbole ou Ellipſe. Au poinct A, de l'apſe tirez vne ligne parallele a la ligne appliquee, & en mettant en premier lieu A D, en ſecond B D, trouuez le troiſieſme D G, qui ſera parametre de l'appliquee B D, & tirez la ligne G F, icelle ligne coupera la parallele en E, & partant A E, ſera la parametre tangente.

Autrement ; trouuez premierement la parametre D G, en mettant en premier lieu A D, & en ſecond B D, par la reigle de trois, vous aurez le troiſieſme proportionel D G, ou bien par la 11. du 6. liure d'Euclide.

Diſtance de l'apſe.	*appliquée*	*parametre.*
A D	B D	D G.

Puis apres mettez F D, en premier lieu, & D G, en ſecond lieu, & F A, diametre intercepté en troiſieſme, ſelon la 11. du 6. d'Eucl. vous aurez le quatrieſme A E, qui ſera parametre tangente.

Distance de, F bout du diametre intercepté.	*parametre,*	*diametre intercepté.*
FD	DG	FA.

Prop. 90. Probl. 64.

Sçachant le diametre transuerse A F, ou intercepté d'vne Hyperbole, & vne appliquée B C, & A B, sa distance de l'apse tirer la section par les poincts A, & C.

Mettez en premier lieu A B, en second B C, & par la 11. du 6. d'Eucl. vous trouuerez le parametre B D.

Distance de l'apse.	*appliquée*	*parametre.*
AB	BC	BD.

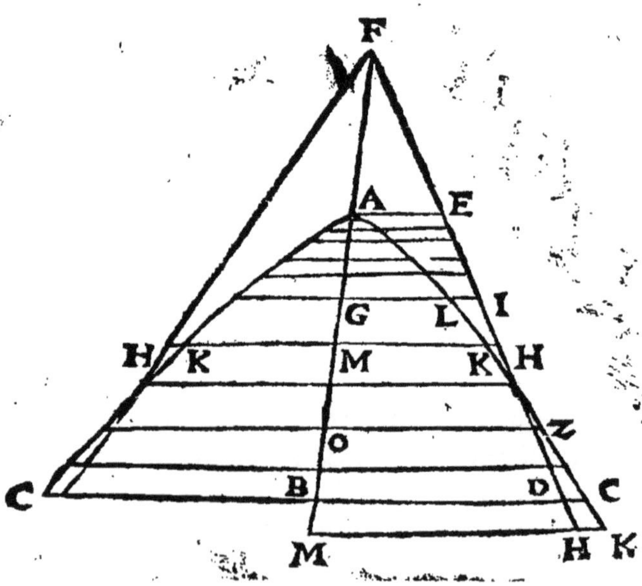

Puis apres du poinct D, tirez vne ligne iusques à F. Vous aurez ED, costé du triangle. Tirez donc entre la ligne AB, (laquelle vous produirez en F, si vous voulez ou plus loigne) autant des lignes que vous desirez paralleles à BC, vous aurez autant des parametres, comme GI, & FH, & OZ, sera le parametre principal & AE, sera le parametre tangente.

Car OZ, doit estre parametre & appliquée, & la ligne courbe & la droicte se doiuent s'entrerencontrer au poinct Z, si la figure estoit bien faicte.

Donc entre chacun de ces parametres & sa distance, a l'apse trouuez vne moyen proportionel vous aurez autant d'appliquees comme FK, & GL, & OZ, donc par les extremitez de ces appliquez tirez vne ligne courbe adroictement vous aurez vne Hyperbole qui passera par les poincts A, & C.

Prop. 91. Probl. 65.

Sçachant le diametre transuerse d'vn Ellipse, & vne appliquée CD, & sa distance de l'apse B, tirer l'Ellipse qui passe par les trois poincts A, & C, & B.

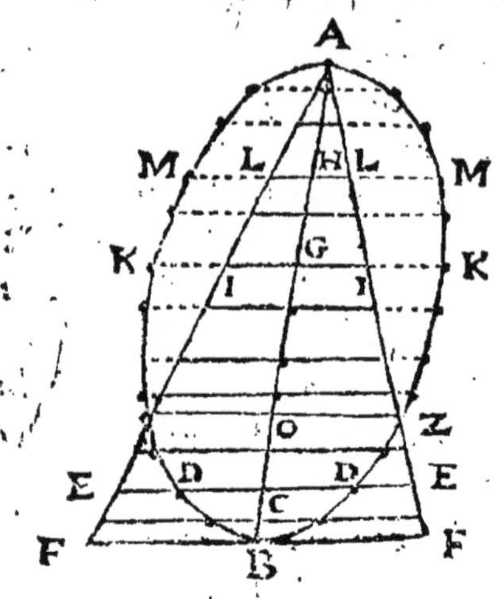

Trouuez le parametre CE, comme dessus & tirez la ligne E A, & entre les lignes A B, & AE, tirez autant des paralleles que vous pourrez vous aurez autant de parametres & O Z, sera le principal, puis apres entre chaque parametre & sa distance au poinct B, trouuez vn moyen proportionel, vous aurez autant des appliquees, donc par leur extremitez tirez vne ligne courbe adroictement vous aurez vne Ellipse.

Prop. 92. Probl. 66.

Trouuer le diametre transuerse du Tropic ou aucun parallel quand il doit estre descrit en Hyperbole sur le plan du quadrant.

Trouuez la longueur de l'ombre du style quand le Soleil est dans ledict parallele, & aussi quand il est dans le poinct oppose de l'Eccliptie ou parallele opposé, la differences entre ces deux ombres sera le diametre transuerse, laquelle est vne partie de la ligne Meridienne, car la ligne Meridienne est l'axe de la section conique, & coupe toutes les appliquées à angles droicts, & icelle partie est la partie de l'axe intercepte entre le parallele donné

& le parallele, opposé & aussi leur cones qui sont cones opposez. Comme entre le bout du Tropic & ♑ de celuy du Tropic de 69.

Prop. 93. Probl. 68.

Trouuer le diametre transuerse d'vn parallele, quand il doit estre descrit en Ellipse dans le plan d'vn quadrant.

Trouuez l'angle du cone du parallele en ostant le double de sa declinaison de 180. deg. comme le double de la declinaison du Tropic est 47. lequel estant osté de 180. donne 133. deg. pour l'angle du cone du Tropic. Et parce que par l'axe du monde c'est angle est diuisé en deux parties egalles chacun de 66. d. 30. m. duquel nombre si vous ostez l'angle S F Z, egal à la hauteur de l'equateur sur le plan du tout quadrant, qui dans le quadrant Horizontal à l'eleuation de 70. deg. est de 20. deg. restera 46. d. 30. m. pour le plus petit angle que le style faict auec le costé du cone, & vous aurez 86. d. 30. m. pour l'angle que le style faict auec l'autre.

Mais pour auoir le diametre transuerse faictez au bout de l'axe au poinct F, vn angle de 66. de 30. m. & à l'autre bout S, vn angle egal à l'eleuation du pole dessus le plan du quadrant, comme de 70. degrez dans le quadrant susdict, & produisez ces deux poincts insques à ce qu'elles se rencontrent en vn poinct, & la ligne faisant l'angle de 70. deg. vous donnera vne partie du diametre transuerse. Et si au poinct

F, vous faictez vn angle de 66. d. 30. m. & à l'autre bout S, vn de 110. deg. égal au complement de la hauteur du Pole a 180. deg. Vous aurez l'autre partie du diametre transuerse, adioustez donc ces parties ensemble vous aurez toute le diametre.

Autrement; faictez vne ligne egalle a la hauteur au style F Z, & au poinct F, d'vn costé faictez vn Z F D, angle de 46. deg. 39. m. & de l'autre vn angle comme Z F B, de 86. de 30. m. de sorte que

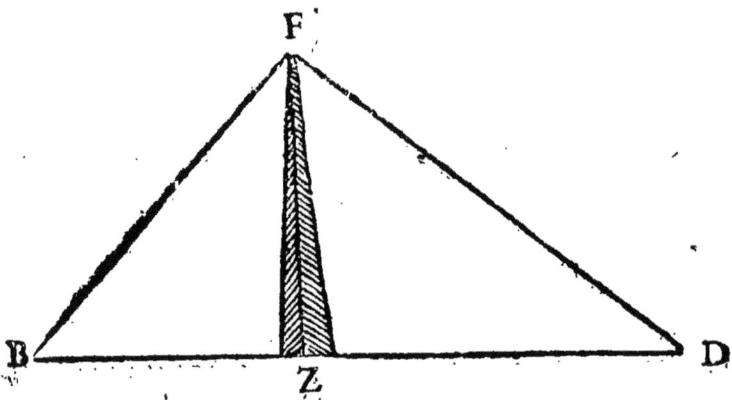

toute l'Angle B F D, soit de 133. & puis apres au poinct Z, faictez vne ligne perpēdicataire comme B Z D, icelle ligne sera la longueur de la ligne transuerse.

L angle du cone du parallele de ♉ ou ♏ sera de 157. deg. & celuy de ♊ ou ♐ de 139. d. 40. m. Et vous trouuerez leur diametre interceptée tout de mesme comme du Tropic. Et de la mesme façon aussi vous trouuerez le diametre transuerse du parallele d'vne Ville qui est esloigné du Pole seulement de 30. degrez. Car l'angle du cone sera de

60. deg. & le demy angle de 30. & dans le quadrant Horizontal de Paris, le ſtyle ſera angle de 11. deg. auec vn coſté du cone, & ce coſté là diuiſera l'angle S F Z, en parties inegalles deſquelles l'vne ſera de 11. l'autre de 30. & le ſtyle F Z ſera vn angle 71. deg. auec l'autre coſté du cone. Donc pour auoir la longueur du diametre tranſuerſe faictez vne ligne ſur le papier ou ſur la terre egalle à F Z, & au poinct Z, faictez vne ligne perpendiculaire & au poinct F, faictez vn angle Z F R, de 11. deg. &

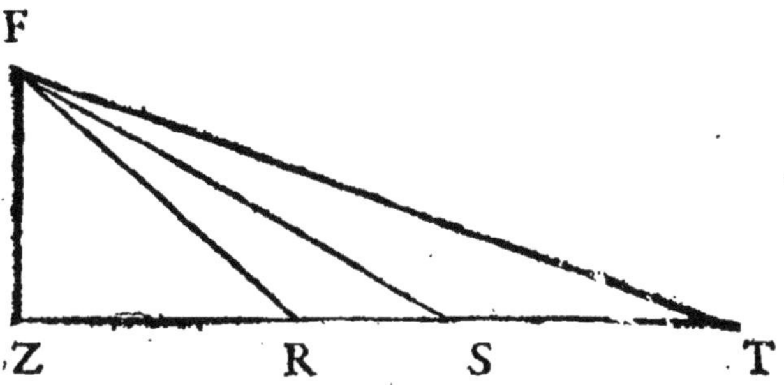

auſſi Z F T de 71. deg. ou R F T, de 60. deg. egal à l'angle du cone, & vous aurez R T, pour la longueur du diametre de l'Ellipſe.

D'icy il apert que ſi l'angle S F Z, hauteur de l'equateur eſt egal au demy angle du cone alors le diametre tranſuerſe ſera Z R, car le parallele paſſera par le poinct Vertical & F Z ſera vn coſté du cone & F R. l'autre coſté, & S F, axe diuiſera l'angle du cone en deux parties egalles.

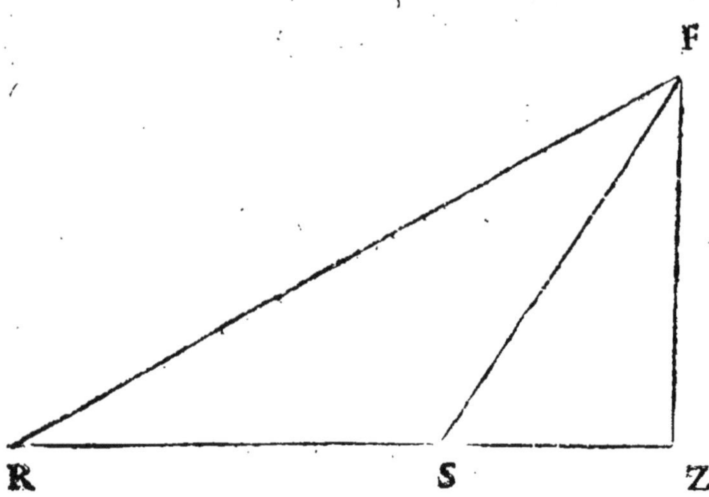

Mais ſi le demy angle du cone eſt plus grand que l'angle Z F S, hauteur de l'equateur alors le

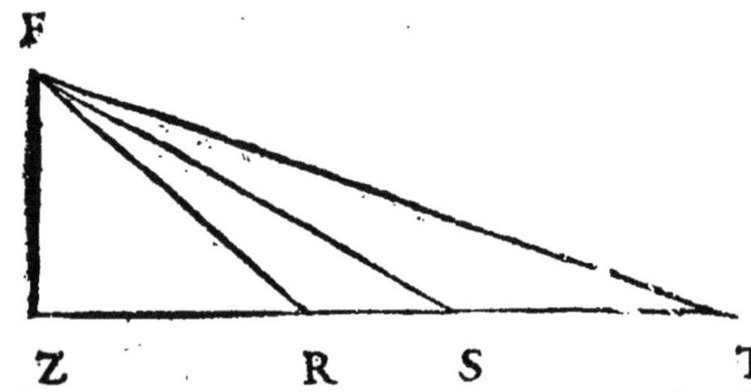

ſtyle F Z, coupera le diametre tranſuerſe en deux parties inegalles comme dans la figure precedente. Et ſi le demy angle du cone eſt plus petit que l'angle Z F S, alors le ſtyle ne touche pas le diametre tranſuerſe comme R T, dans ceſte figure.

Donc cecy doit eſtre vne reigle generalle ſi aucun parallele, ſoit Almicanthara ou autre, eſt augant esloig... de son pole, qu'est son pole celuy du qu... alors le diametre transuerse touche le ... du style Z. Comme dans le quadrant Equinoctial de Paris, l'Almicanthara qui est distant du Zenith de 41. deg. & partant passe par le pole du quadrant qui est le pole du monde, & tel parallel est descrit en Ellipse, & son diametre transuerse touche le bas du style Z, dans le quadrant Equinoctial.

Mais si la distance du parallel au pole est plus grand que n'est la distance entre le pole du quadrant & celuy du parallel, alors le style coupe le diametre transuerse de l'Ellipse; comme vn Almicanthara qui est esloigné de plus que 41. deg. & partant comprend le pole du monde ou du quadrant; si ce n'est que le parallel est si esloigné qu'elle coupe, le plan du quadrant, ou le touche, car alors le parallel est descrit en parabole, en Hyperbole, en parabole s'il touche, & en Hyperbole s'il coupe comme vn Almicanthara qui est esloigné du Zenith precisement de 49. deg. est descrit en parabole, & s'il est plus esloigné que 49. à sçauoir 50. ou 51. ou 89. &c. est descrit en Hyperbole.

Si le parallele est moins esloigné de son pole que le pole du quadrant, alors il est descrit dans le quadrant en Ellipse, & son diametre transuerse est dans la ligne Meridienne esloigné du bas du style. Comme l'Almicanthara de 30. ou 20. degrez esloigné du Zenith est descrit dans le quadrant Equinoctial en Ellipse, & son diametre transuerse est esloignée du bas du style vers le Septentrion.

Prop. 94. Probl. 8.

Descrire les Tropics & autres cercles paralleles dans le quadrant Horizontal.

Trouuez la longueur de l'ombre Meridienne quand le Soleil est dans le Tropic de ♋ & l'extremité de l'ombre sera l'apse de la section conique; & puisapres trouuez la longeur de l'ombre à aucun autre heure du iour comme à deux heures apres midy ou à huict heures du matin, & de l'extremité de ceste ombre tirez vne ligne perpendiculaire sur la ligne Meridienne, vous aurez vne appliquée A B. Donc si le Tropic doit estre descrit en parabole vous pourrez descrire la parabole selon la 76. Mais s'il doit estre descrit en Hyperbole ou Ellipse, il faut trouuer le diametre transuerse & tirer l'Hyperbole, ou Ellipse, comme est enseigné cy dessus; le diametre transuerse sera *TE* à sçauoir la partie de la ligne Meridienne comprise entre les deux Tropics.

Si l'eleuation du pole dessus le quadrant est precisement de 66. deg. 30. m. alors les Tropics de ♋ & ♑ se descriuent en parabole. Si elle est plus que 66. deg. 30. min. les Tropics se descriuent en Ellipse, si moins en Hyperbole, & alors le Tropic de ♑ est courbé vers le Septentrion & le Tropic le ♋. vers le midy, & font deux Hyperboles egalles. Et quand ils sont descrites en Ellipse le style *FZ*, coupe tousiours leur diametre transuerse en parties inegalles.

Pour descrire les parallels de ♊ & ♐ il faut proceder de la mesme façon en trouuant la lõgueur de l'õbre Meridienne du style, quand le Soleil est dans ce parallel, & auſſi le bout de ſon ombre à quelqu'autre heure du iour, & de ce poinct B. tirez vne ligne perpendiculaire ſur la ligne Meridienne vous aurez vne appliquée AB, & puis apres vous pourrez deſcrire vne parabole ou vne Ellipſe ſelon les precedẽtes. En parabole ſi l'eleuatiõ du pole eſt de 69. deg. 48. m. egalle au complement de la declinaiſon du parallele. En Ellipſe ſi l'eleuation du pole eſt plus grãde; en Hyperbole ſi l'eleuation du pole eſt plus petite, & alors ſe font deux Hyperboles egalles, & oppoſez comme eſt demonſtré par la 84. & leur diametre trãſuerſe ſera, *o q* à ſçauoir la partie de la ligne Meridiẽne cõpriſe entre les cones oppoſez de ♊ & ♐ deſquelles ſectiõs celuy de ♐ eſt courbé vers le midy & celuy de ♊ vers le Septentrion.

Pour deſcrire les parallels de ♉ & ♏ il faut proceder de la meſme façon en trouuant l'ombre à midy, & auſſi à quelqu'autre heure quand le Soleil eſt dans ♉ ou ♏ & ainſi tirer vne appliquée, & puis apres tirer vne parabole ou vne Hyperbole, ou vne Ellipſe ſelon les reigles precedentes. Si le pole eſt eſleué 88. deg. 30. m. alors il faut tirez ces parallels en paraboles, ſi plus en Ellipſe ayant ſon diametre tranſuerſe coupée par le bas du ſtyle en parties inegalles, mais ſi le pole eſt moins eſleué deſſus le plan du quadrant que 88. d. 30. m. alors il faut faire deux Hyperboles egalles ayãt pour diametre tranſuerſe $\alpha\ \theta$, à ſçauoir la diſtance entre les deux parallels.

De la meſme façon on peut tirer les parallels des iours de Feſte en Hiperbole, en parabole, ou en Ellipſe.

Et auſſi les parallels des villes de la meſme maniere : car ſi le parallel d'vne ville eſt eſloigné du pole du monde de 49. deg. comme eſt celuy de la ville de Rome, iceluy parallel ſera deſcrit en parabole dans le quadrant de Paris, mais quand le plan du quadrant coupe le cone de ce parallel, en Hyperbole, & ſi non, en Ellipſe. Car ſi vne ville eſt eſloigné du pole de 41. deg. comme la ville de Paris, iceluy parallel ſera deſcrit en Ellipſe, & ſon diametre tranſuerſe touchera ſeu-

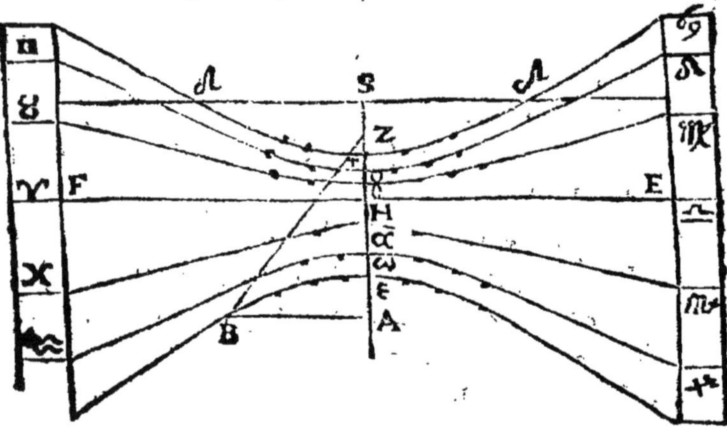

lement le bas du ſtyle *FZ*, ſi vne ville eſt plus eſloigné du pole que 49. deg. comme 54. &c. alors ſon parallel ſera deſcrit en Hyperbole, & ſon diametre tranſuerſe ſera la difference entre l'ombre Meridienne du Soleil, ayant 36. deg. de declinaiſon Septentrional & entre ſon ombre Meridienne, le Soleil ayant 36. deg. de declinaiſon Meridienne vous trouuerez en faiſant au poinct F, vn angle de 13. deg. qui eſt complement de la hauteur Meridienne Septentrionalle de 77. deg. & au meſme poinct F, vn angle de 85. deg. complement de la hauteur Meridienne Australle de 5. deg. & prolonger ces lignes iusques à ce qu'elles se rencontrent auec la ligne Meridienne.

Prop. 95. Theor. 26.

Si vn cylindre a pour axe la ligne de commune section de quelques cercles qui s'entrecoupent, & font angles egaux les deux bases ou bouts, & la superficie seront diuisez en deux fois autant des parties egalles, & la superficié conuexe du cylindre sera coupée par deux fois autant des lignes paralleles, & en deux fois autant de parties egalles.

Soit le cylindre A B C, ayant pour axe O I, ligne de commune section de 6. cercles faisant angles egaux entre eux chacun de 30. deg. Ie dis que les deux cercles qui font les bases seront diuisé en douze parties egales, & aussi la superficié conuexe par douze lignes paralleles entre elles.

Car la ligne de commune section des six cercles estant l'axe du cylindre elle passera par les centres des deux cercles O, & I. perpendiculaire à leur plans ; & partant les cercles faisans angles egaux diuiseront aussi les pans & circonferences des cercles en parties egalles. Et parce que toutes les lignes de section des plans des cercles auec la superficie conuexe du cylandre sont paralleles à l'axe du cylindre O, I, elles seront aussi paralleles entre elles, comme E, X, est parallel a O, I, axe parce que les lignes I, E, & O, R, sont paralleles & egalles estans rayons des cercles paralleIs & egaux. De mesme λ, V, est parallele à l'axe O, I, parce que I, λ, & O, V, sont paralleles & egalles, & partant O, I, V, λ, est parallele grame. De la mesme façon se prouue que toutes les autres lignes sont paralleles à la mesme axe O, I, & partant toute ces douze lignes sont paralleles entre elles; car il faut imaginer autant des lignes paralleles qu'il y a des poincts de diuision dans la circonference de la base du cylindre.

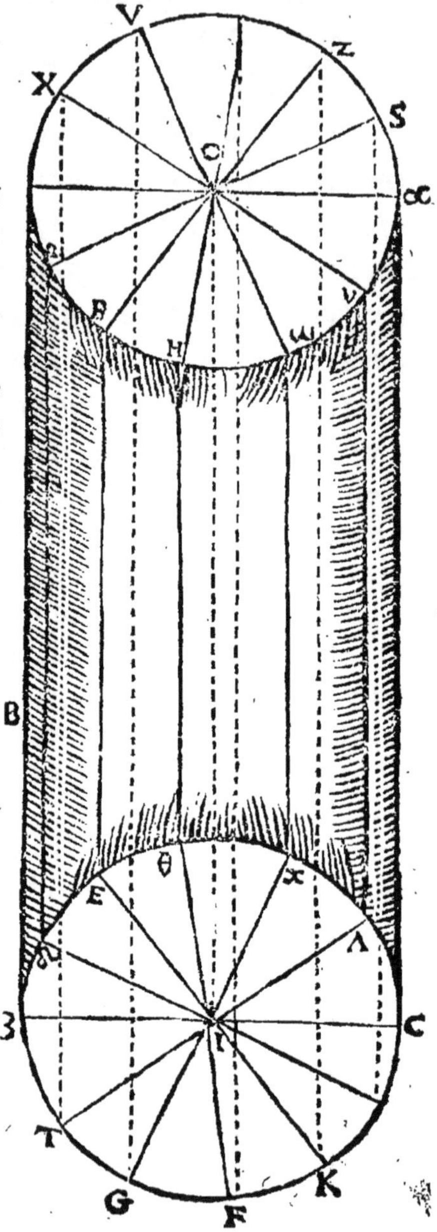

Et parce que λυ, & μα, sont paralleles, & egalles a ϰω, les seubtenses des arcs λμ, & ϰλ, & υα, & υω, egalles aussi & paralleles, les parallelo grammes μλυα, & ϰλωυ, seront aussi egaux, & ainsi la distance entre λυ, & μα, sera aussi grande que celle de λυ, à ϰω, & ainsi

toutes

toutes les autres distances entre les parallelles seront demonstrées egalles.

Aussi Z, K, X, ω, est vn parallelograme, Z, K, & X, ω, estant lignes parallelles & esgalles, aussi S, P. δ, e, & aussi ν, λ, θ, H, & V, G, K, Z, sont tous parallelogrammes, ce qui s'accorde auec la demonstration de Serenus dans son liure des sections du cylindre.

Prop. 96. Theor. 27.

Si vn cylindre a mesme axe que l'axe du monde, les 12. cercles horaires couperont toutes les deux bases en 24. parties esgalles, & y feront sur chacun vn quadrant Equinoctial. mais ils couperont la superficie conuexe en 24. parties esgalles par 24. lignes horaires paralleles entre elles.

Cecy est euident par la precedente, dautant que l'axe du monde est la ligne de commune section des 12. cercles horaires, & partant ils diuiseront tout le cylindre auec ses bases en 24. parties esgalles comme est demonstré cy-dessus.

Prop. 97. Theor. 28.

Si vn cylindre ayant mesme axe que l'axe du monde, est coupé par le plan d'vn quadrant autre qu'Equinoctial, la section sera vne Ellipse, laquelle sera coupée par les lignes horaires parallelles en 24. poincts, par lesquels passent les lignes horaires du quadrant.

Car le plan du quadrant coupera l'axe du cylindre és angles obliques, & partant fera vne

Ellipse dans la superficie conuexe du cylindre laquelle sera coupée par les lignes horaires paralleles, qui sont dans ladicte superficie, en 24. poincts par lesquels il faut que les lignes horaires du quadrant passent, dautãt que les lignes horaires passent par ces poincts de l'Ellipse, où les cercles horaires la coupent, mais les cercles horaires ne coupent l'Ellipse nulle part ailleurs qu'en ces poincts, à sçauoir esquelles tombent les lignes de commune section des cercles horaires, & de la superficie conuexe du cylindre, c'est à dire, où tombent les 24. parallelles susdictes.

Prop 98. Probl. 69.

Trouuer les residus des appliquées dans vn cercle, de 15. à 15. degrez, en sçachant le demidiametre du cercle.

Soit F, H, le demydiamettre de l'Equinoctial, de telle grandeur qu'il vous plaira, & le plus grand que vous le ferez ce sera le mieux : & de F, H, du centre du monde F, descriuez vn quart de cercle qui touche la ligne Equinoctialle du plan du quadrant 4, B, au poinct H, & ayant diuisé le quart de cercle en six parties esgalles, tirez six sinus droicts, & produisez les iusques à la ligne Equinoctialle; 1, e, sera le sinus verse de 15. deg. 2, O, le sinus verse de 30. deg. 3, i, celuy de 45. & 4, s, celuy de 60. & 5, R, celuy de 75. mais 6, B, sera celuy de 90. égal au rayon F, H. Il faut s'imaginer toutes ces lignes dans le plan du cercle Equateur, & perpendiculaire sur la ligne Equinoctialle 4, B, qui est dans le plan du quadrant, le quart de cercle, est le quart de la circonference du cylindre, & les poincts 1. 2. 3. 4. 5. 6. sont poincts où les lignes horaires coupent ladicte circonference; & les lignes noires e, 1, & 2, O, &c.

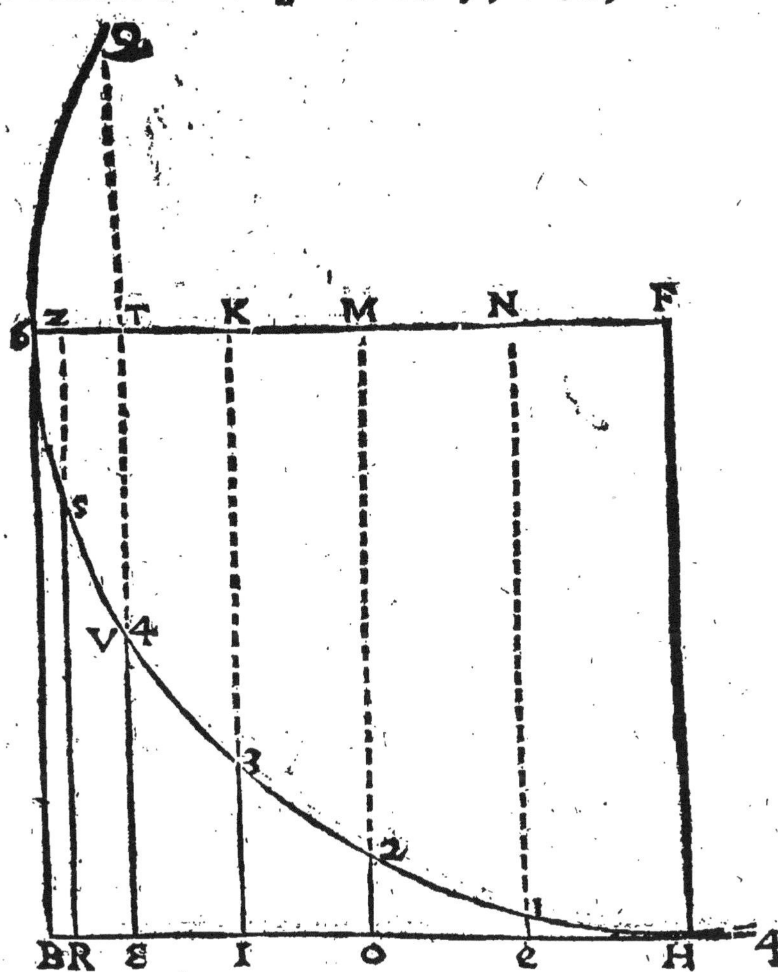

sont les distances entre lesdittes lignes parallelles & la ligne Equinoctialle 4, B.

Prop. 99. Probl. 70.

Trouuer les residus des appliquées dans vne Ellipse faicte par ledit cylindre coupé par le plan du quadrant.

Ces lignes sont perpendiculaires aussi sur la ligne Equinoctialle 4, B, comme les susdites, mais elles sont tirées dans le plan du quadrant, & font angles de 41. degrez esgalles à la hauteur de l'Equa. auec les susdites, lesquelles sont dans le plan de l'Equateur, & sont les distances de la ligne Equinoctialle 4, B, à l'Ellipse, qui est coupé en 24. poincts

Il faut premierement trouuer la moitié du plus grand diamettre transuerse, qui est S, H, somme des ombres, comme nous auons enseigné cy-dessus, & la moitié du plus petit diametre transuerse, est S, 6, égal à F, 6, ou H, B ou F, H.

Mais le residu de l'appliquée de 15. deg. se trouue ainsi. Sur la ligne 1, e, au bout 1, faictes vn angle droict, & au bout e, vn de 41. deg. & produisez les deux lignes faisant les angles iusques à ce qu'elles se rencontrent au poinct ω, la ligne e, ω, sera celle qu'il faut.

De mesme si sur 2, O, au poinct 2. vous faictes vn angle droict, & au poinct O, vn de 41. degr. & produisez les lignes iusques à ce qu'elles se rencontrent en ν, la ligne O, ν, sera celle de 30.

De mesme l'angle à 3. estant faict droict & celuy à, 1, de 41. degrez, 1, α, sera la ligne de 45. deg.

Aussi l'angle à, 4. estant de 90. & celuy à, e,

de 41. la ligne ε, λ, sera celle de 60.

Aussi l'angle à 5. estant droict, & celuy à, R, de 41. deg. R, G, sera celle de 75. deg.

Mais celle de 90. deg. sera égalle à S, H, somme des ombres.

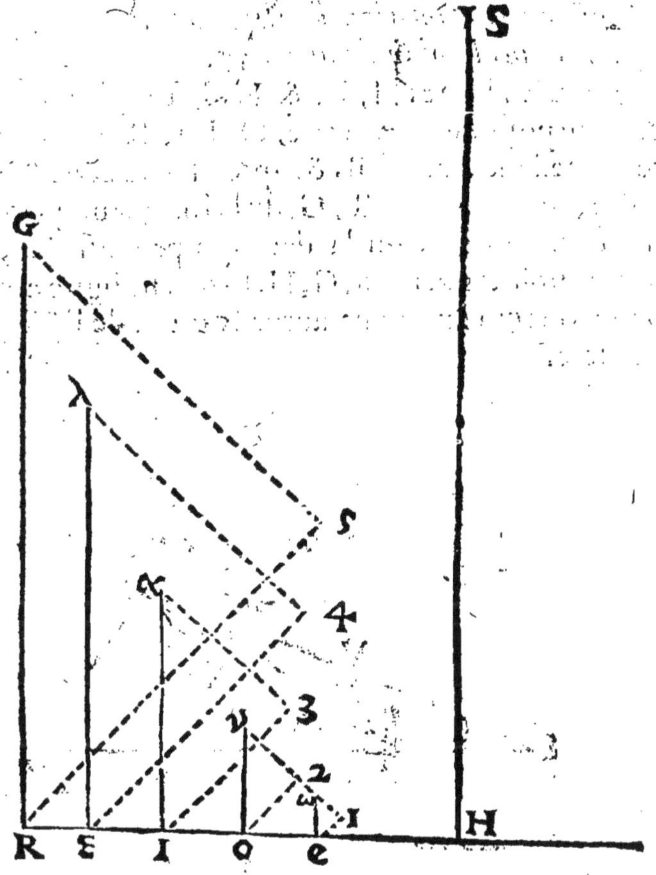

Les lignes G, 5. & λ, 4. & α, 3. & υ, 2. & ω, 1. sont parties (des lignes parallelles horaires qui sont dans la superficie conuexe du cylindre) comprises entre le plan de l'Equateur & le plan du du quadrant Horizontal, ou Vertical.

Prop. 100. Probl. 71.

Trouuer les 24. poincts horaires dans la susdite Ellipse & partant tirer l'Ellipse, & aussi les lignes horaires dans le plan du quadrant.

Tirez les lignes H, B, & H, S, à angles droicts & transposez les poincts e, O, I, ε, R, de la figure precedente sur H, B, & apres faites e, ω, & O, ν, & I, α, & ε, λ, & R, G, de la longueur qu'elles doiuent auoir, selon la derniere proposition, & par les poincts ω, ν, α, λ, G, H, tirez vne ligne courbe adroictement, vous aurez le quart de l'Ellipse susdicte.

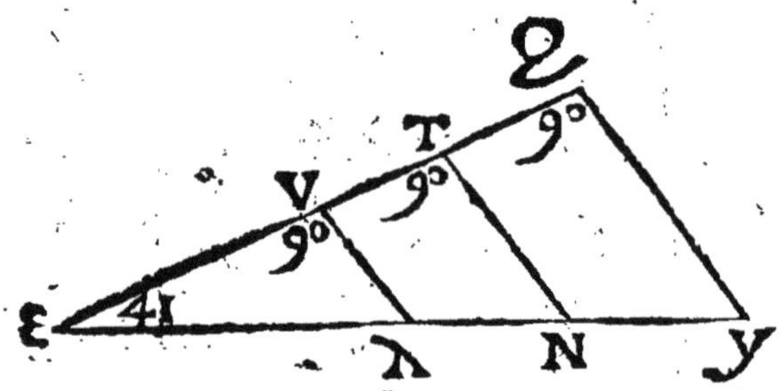

Et pour tirer vn autre quart faictes Z, 6, égal à G, 6, & S, K, égal à S, H, & N, Y, égal à

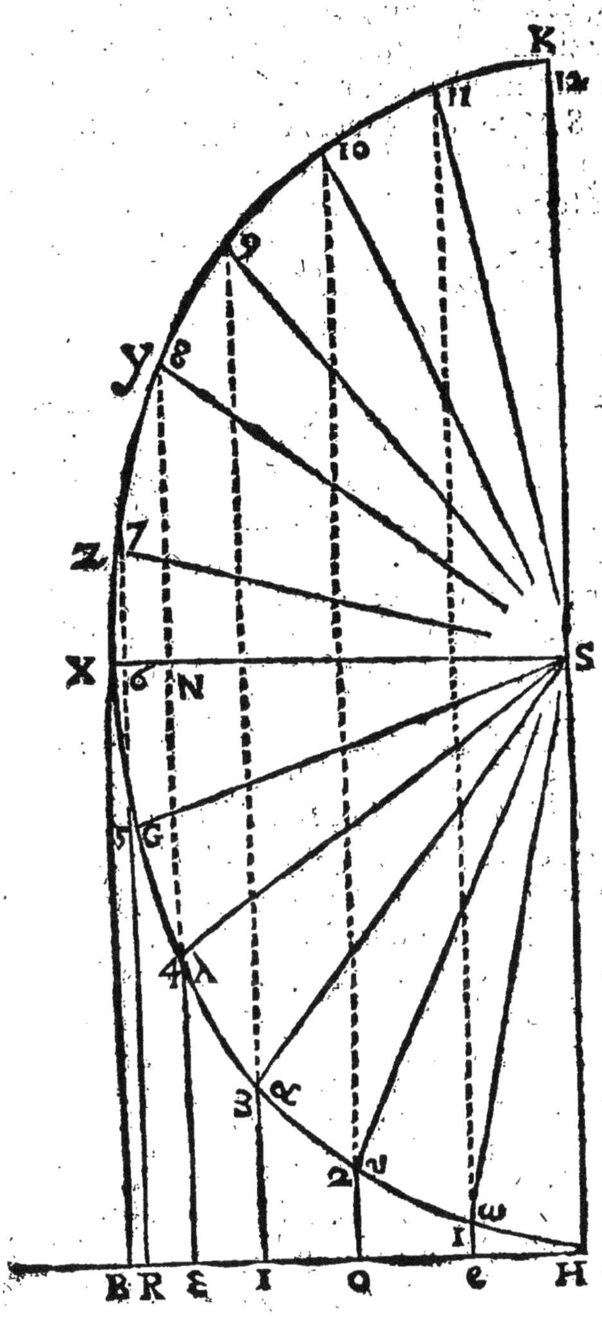
K
12
11
10
9
y 8
z 7
X 6 N
S
5 G
4 λ
3 α
2 υ
I ω
B R ε I O e H

N, λ, & ainsi des autres lignes, & par leurs extremitez tirez vne ligne courbe adroictement.

La raison est à cause que le petit diametre transuerse S, X, coupe toutes ces lignes Y, λ, & Z, G, &c, par la moitié.

Car soit la ligne V, T, égal, à T, Q, & toutes deux sinus droicts de 30. deg. dans la figure precedente & ε, V, le sinus verse de 60. Ie dis que λ, N, sera égal à N, Y, à cause que les lignes V, λ, & T, N, & Q, Y, sont parallelles, & partant il est comme V, T, à T, Q, son égal. Ainsi λ, N, à N, Y, & partant ces deux seront aussi égalles.

Donc si du poinct S, (qui est le centre de l'Ellipse où tombe l'axe du cylindre & celuy du mõde) vous tirez vne ligne par chacun de ces poincts horaires, vous aurez les lignes horaires depuis midy iusques à minuict, & partant il sera aysé de tirer les autres depuis minuict iusques à midy.

Prop. 101. Theor. 29.

Comme le sinus total F, H, aux sinus de 15. 30. 45. 60. 75. degrez du cercle duquel F, H, est rayon, ainsi l'axe S, H, aux appliquées de 15. 30. 45. 60. & 75. deg. qui sont parallelles à ladicte axe.

Où il faut noter que nous appellons l'appliquée de 15. deg. celle qui passe par le bout du sinus verse de 15. deg. dans le petit cercle, comme R, Z, par le bout de Z, X, sinus verse de 15. degrez. Ou bien celle de laquelle vne partie est le sinus droict de 15. degrez dans le petit cercle, qui a la plus petite axe pour rayon égal à F, H, comme R, Z, de laquelle vne partie π, Z, est sinus de 15. degr. π, X,

Mais pour faire la demonstration de cette propoſition. Soit T, V, ſinus de 30. dans le plan de l'Equateur, comme il eſt dans la figure de la propoſition 98. & F, H, ou S, X, (qui eſt ſon égal) rayon du meſme cercle duquel il eſt ſinus. Et ſoit faict T, δ, égal & parallelle au ſinus T, V, l'angle T,

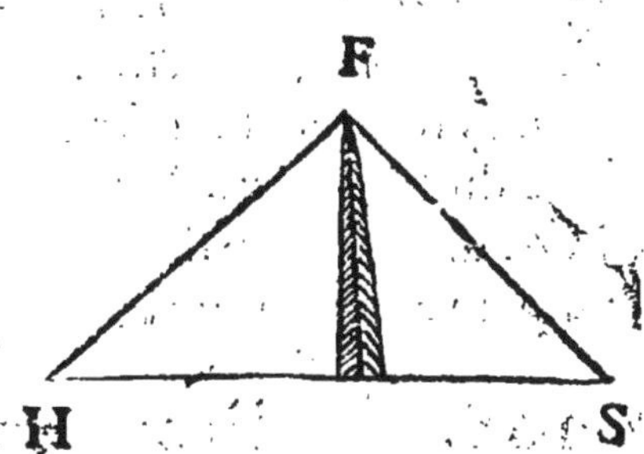

δ, ε, ſera droict égal à F, & δ, T, ε, ſera de 41. deg. égal à F, H, S, hauteur de l'Equateur, dautant que V, ε, parallelle à l'axe F, S, faict vn angle de

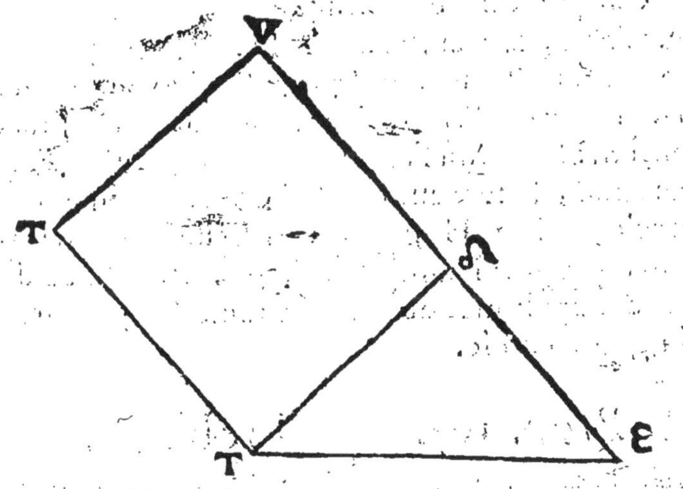

49. deg. à Paris : donc puiſque ces deux triangles H, F, S, & T, δ, ε, ſont equiangles, il ſera comme H, S, axe de l'Ellipſe à T, ε, appliquée de 30.

deg. & parallelle à H, S, ainsi H, F, sinus total, ou rayon à T, V, ou T, λ, sinus de 30. degrez d'vn cercle duquel H, F, est rayō. Et de là mesme façon il se peut prouuer qu'il est comme H, F, ou S, X, au sinus de 60. degr. ainsi H, S, à M, O, appliquee de 60. deg. Où il faut noter que V, 6, est vne des lignes horaires parallelles qui sont dans la superficie cõuexe du cylindre, à sçauoir celle qui est 30. deg. esloignée du Meridien. Mais T, T, est la distance entre F, 6, dans le plan de l'Equateur, & S, X, ou S, 6, au plan du quadrant.

Prop. 102. Prop. 30.

Les appliquées parallelles à S, H, plus grande axe, sont égalles aux sinus de 15. 30. 45. 60. 75. degrez dans vn grand cercle qui a S, H, pour rayon.

Car puis qu'il est comme le rayon F, H, au sinus de 30. deg. ainsi l'axe S, H, à l'appliquee de 30. deg. λ, T, si vous prenez S, H, pour rayon, il sera comme F, H, rayon au sinus de 30. degrez, ainsi S, H, rayon à l'appliquée de 30. deg. λ, T, & partant λ, T, sera aussi sinus de 30. deg. du grand cercle, qui a S, H, pour rayon. Et de la mesme façon se prouue l'appliquée de 60. estre sinus de 60. & l'appliquée de 75. estre sinus de 75. degrez du grand cercle.

Prop. 103. Probl. 72.

Trouuer les poincts horaires dans l'Ellipse susdicte autrement que dessus, & ainsi faire vn quadrant Horizontal, ou Vertical.

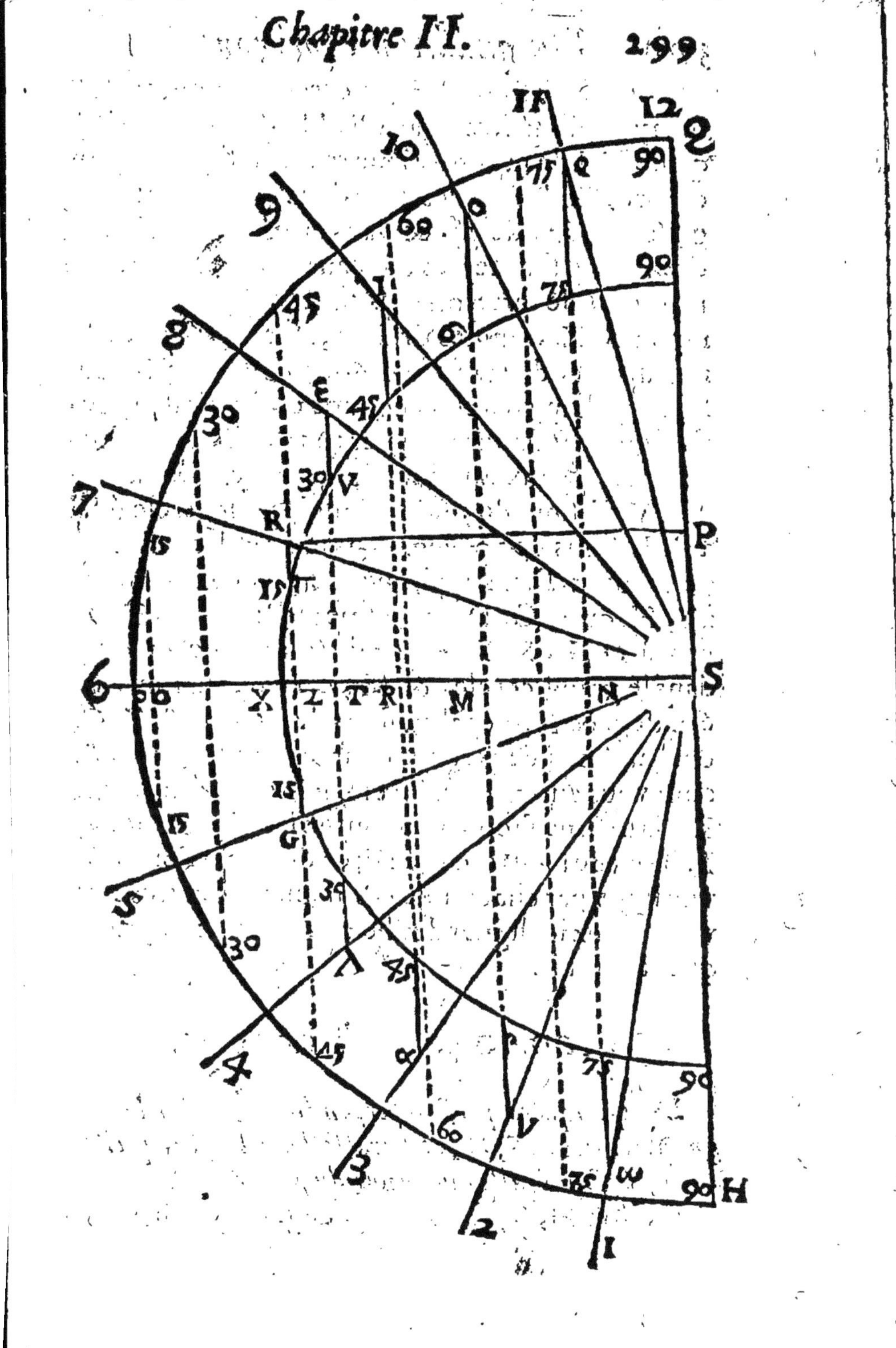

12
11
10
9
8
7
6
5
4
3
2
1
Q
P
S
H
90
75
60
45
30
15
E
V
R
X
Z
T
M
N
G

Du poinct S, tirez deux cercles desquels X, S, le rayon d'vn soit égal à F, H, diametre de l'Equateur, & le rayon de l'autre soit S, H, somme des ombres. Et diuisez les tous deux en 24. parties égalles chacun de 15. & dans la moitié de chacun tirez cinq soubtenses, à sçauoir de 30. 60. 90. 120. 150. de sorte que ces soubtenses coupent le rayon S, X, à angles droicts, afin d'auoir les sinus droicts de 15. 30. 45. 60. 75. deg. dans tous les deux demy cercles, comme est à voir dans ceste figure. Puis apres faictes tous les sinus du petit cercle égaux au sinus du grand cercle, à sçauoir V, T, sinus de 30. deg. dans le petit cercle égal à P, L, sinus de 30. deg. dans le grand cercle, & vous aurez T, ε, l'appliquée de 30. deg. parallelle à S, H, ou S, Q. De la mesme façon faictes T, λ, égal à D, L, & K, α, égal au sinus de 45. deg. dans le grand cercle, & M, ν, égal, au sinus de 60. deg. & N, ω, égal au sinus de 75. deg. & Z, G, égal au sinus de 15. deg. dans le grand cercle, & ainsi vous aurez les poincts horaires ω, ν, α, λ, G, De la mesme façon vous aurez les poincts R, ε, I, o, e, de l'autre costé: tirez donc du poinct S, vne ligne par chacun de ces poincts horaires, & vous aurez les lignes des heures depuis midy iusques à minuit.

Prop. 104. Theor. 31.

Les appliquées qui sont perpendiculaires sur la ligne Meridienne S, H, & parallelles à la plus petite axe S, X, sont égalles aux sinus du petit cercle.

Car soit H, B, sinus de 75. deg. perpendiculaire sur la ligne Meridienne H, B, qui est dans le plan de l'Equateur B, G, H, & soit F, S, axe du monde perpendiculaire sur la ligne Meridienne H, B, de sorte que les lignes F, S, & H, B, & N, P, & O, S, soient dans le plan du cercle Meridien & partant tout le triangle N, P, H, soit dans le plan du cercle Meridien. Soit aussi G, X, la ligne de 6. heures dãs

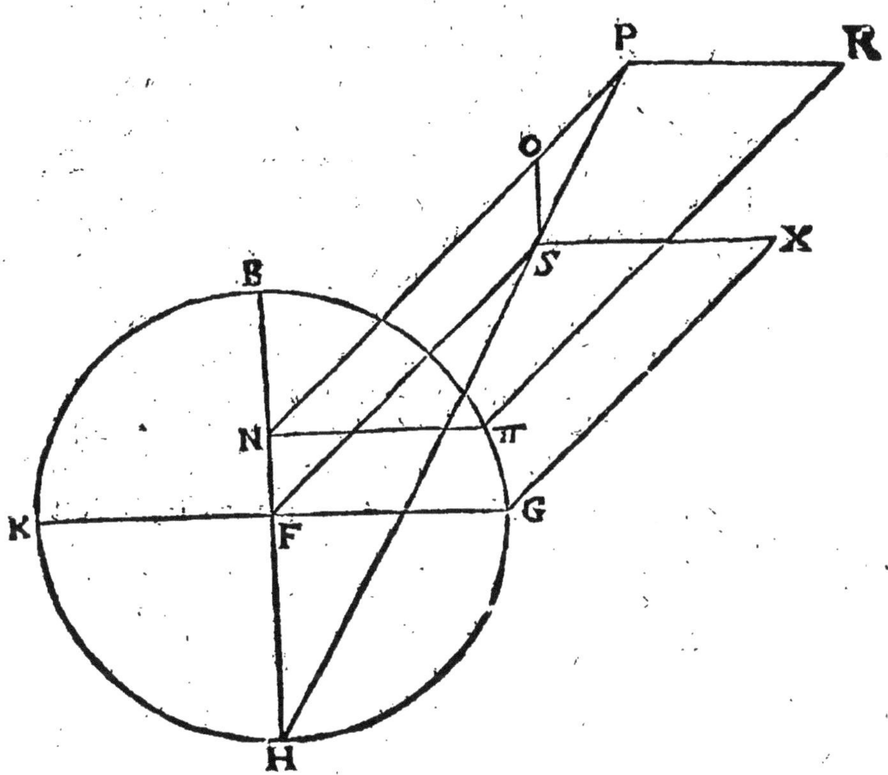

le conuexe du cylindre, soit S, X, perpendiculaire au plan du Meridien & à la ligne Meridienne H, B, dans le plan du quadrant Horizontal. Ie dis que S, X, appliquée de 90. deg. sera égalle au rayon F, G, ligne de six heures.

Car S, X, estant perpendiculaire sur le plan du Meridien, sera aussi perpenditulaire sur toutes celles qu'elle touche dans ce plan là, & partant aussi sur la ligne F, S, axe du monde, & parce que F, G, est perpendiculaire sur la mesme ligne; X, S, & F, G, seront parallelles entre-elles: Mais G, X, ligne de 6. heures dans la superficie conuexe du cylindre, est parallelle à F, S, axe du mõde, comme sont toutes les autres lignes horaires dãs ceste superficie; donc F, S, X, G. est parallelogramme, & partant les costez opposez S, X, & F, G, seront égaux.

De mesme; soit N, π, sinus de 75. deg. & π, R, la ligne de cinq heures dans la superficie conuexe du cylindre, & soit R, P, vne appliquée tirée du poinct R, poinct de 5. heures, ou 75. deg. dans la section Elliptique, ie dis que R, P, appliquée de 75. deg. est égalle à N, π, sinus de 75. deg.

Car R, P, estant appliquée est aussi perpendiculaire sur le plan du Meridien, & partant aussi sur toutes les lignes qu'elle touche dans ce plan là comme N, P, & partant l'angle R, P, N, est droicte, & pour la mesme raison N, π, sera perpendiculaire sur la ligne N, P, parce qu'elle l'est sur le plan du Meridien: donc N, π, & P, R, sont parallelles. Mais l'angle N, π, R, est droict, à cause que les lignes horaires sont perpendiculaires sur toutes les lignes qu'elles touchent dans le plan de l'Equateur, dautant qu'elles sont perpendiculaires sur ledit plan, & partant π, R, fera angle droict auec N, π, & parainsi π, R, sera parallelle à N, P, qui est dans le mesme plan, & la figure N, π, R, P, sera parallelogramme, ayant les costez opposez N, π, & P, R, égaux, ce qu'il faut prouuer.

Prop. 105. Theor. 32.

Vne appliquee parallelle à la petite axe S, X, est distante du centre S, de la longueur de l'appliquée de son complement qui est parallelle à S, H.

Soit P, R, appliquée de 75. deg. ie dis que P, R, sera distant du centre S, de la longueur de P, S, qui est égal à vne appliquée de 15. degr. complement de 75. laquelle soit parallelle à H, S, plus grande axe.

Car soit du poinct S, tirée O, S, parallelle à N, F, elle sera aussi égalle à N, F, d'autant que N, P, & F, S, sont parallelles, puisque N, P, est parallelle à π, R, estans costez d'vn mesme parallelogramme: mais π, R, est parallele à l'axe F, S, donc N, O, est aussi parallelle à F, S. Donc il est comme F, H, à H, S, ainsi O, S, à P, S, les deux triangles F, S, H, & O, S, P, estãs equiangles. Et par la 104. il est comme O, S, ou N, F, son égal sinus de 15. deg. à l'appliquée, ainsi F, H, à H, S, & partant il sera comme N, F, ou O, S, sinus de 15. deg. à vne appliquée de 15. degrez, ainsi N, F, ou O, S, à P, S. Puis donc, qu'vn mesme sinus N, F, à mesme raison à P, S, qu'a vne appliquée de 15. deg. il faut necessairement que S, P, & vne appliquée de 15. deg. soient égaux, ce qu'il falloit prouuer.

Or les triangles rectangles F, S, H, & O, S, P, sont equiangles, dautant que O, S, P, & F, H, S, sont chacun de 41. degrez à Paris: la ligne O, S, estant parallelle à la ligne Meridienne F, H, & les deux angles F, S, H, & O, S, P, sont chacun de 49. deg. à Paris, O, P, estant parallelles à l'axe F, S:

mais les deux autres H, F, S, & S, O, P, sont droicts.

Prop. 106. Theor. 33.

Le sinus d'aucun arc est aussi tangent d'un arc d'autant de degrez dans un cercle qui a pour rayon le sinus de complement du premier arc.

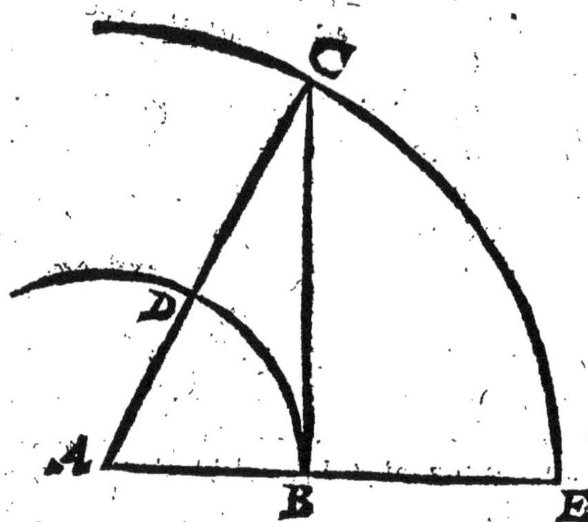

Comme C, B, est sinus de l'arc C, E, de 60. deg. & aussi tangent de l'arc D, B, de 60. degrez duquel arc D, B, le rayon A, B, est sinus de 30. deg. complement du premier arc C, E.

Prop.

Prop. 107. Theor. 34.

Le sinus de la declinaison d'aucun cercle parallel, à sçauoir la partie de l'axe entre le centre du monde & le centre du parallel, est aussi tangent d'autant de degrez dans ledit parallel.

Cecy est euident par la precedente, parce que le rayon dudit parallel est sinus de complement de sa declinaison. Comme la declinaison du Tropic est de 23. deg. 30. m. & partant son rayon est le sinus de 66. deg. 30. m. Et le sinus de sa declinaison 23. d. 30. min. sera tangent de 23. degr. 30. m. du cercle Tropic. Et parce que la declinaison du cercle polaire est de 66. d. 30. m. le sinus de la declinaison sera tangente d'vn arc de 66. deg. 30. min. du cercle polaire. Et parce que le plus grād parallel tousiours apparent a 41. d. de declinaison à Paris, le sinus de 41. degr. sera tangent de 41. deg. dudict parallel, ou bien la distance entre le centre dudit parallel & le centre du monde, sera tangent de 41. deg. dudit parallel.

Prop. 108. Probl. 73.

Vn parallel estant donné & son arc diurne ou semidiurne, trouuer sa declinaison, ou distance de l'Equateur.

Soit le parallel donné V, M, B, F, son centre Z, & son arc semidiurne V, M, B, de 150. deg. & son arc seminocturne B, F, de 30. & ie desire sçauoir sa declinaison.

Premierement il faut du poinct B, tirer le sinus

droict B, Y, perpendiculaire sur Z, F; & Z, Y, sera la distance entre le centre du parallel & sa ligne de section auec l'Horizon B, Y. Donc au poinct Y, faictes vn angle égal à celuy que ledit parallel fait auec l'Horizon, qui est à Paris de 41.d. tousiours égal à celuy de l'Equateur, comme est l'angle Z, Y, A, & partant la ligne Y, A, sera dans le plan de l'Horizon : puis apres faictes au poinct Z, vne ligne perpendiculaire, & produisez toutes ces deux lignes iusques à ce qu'elles se rencontrent en A, qui sera le centre du monde, & A, Z, sera le sinus

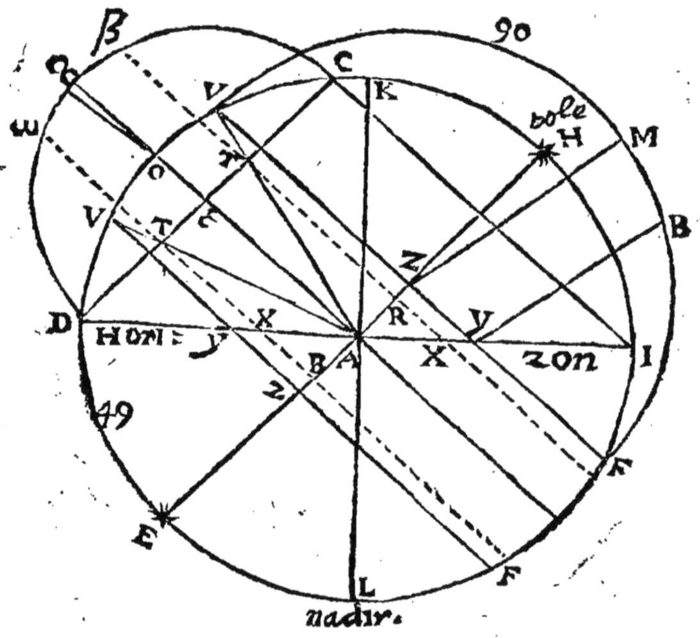

de la declinaison dudit parallel.

Car si vous tirez la ligne A, V, l'angle A, V, Z, sera l'angle de la declinaison ; parce que A, Z, ſera ſon tangent en prenant V, Z, demy-diametre du parallelle pour rayon, & partant par les precedents A, Z, ſera ſinus de la declinaiſon en prenant le diametre du Meridien ou de l'Equateur pour rayon; & parce que A, Z, eſtant ſinus de V, le rayon ſera A, V: auſſi A, V, ſera demy-diametre du Meridien; Du poinct A, donc par le poinct V, tirez vn cercle V, C, F, D, & par le poinct A, tirez l'Equateur α, A, parallel à V, F, & A, H, ſera l'axe du monde: mais l'arc O, V, ſera la declinaiſon cherchée.

Prop. 109. Theor. 35.

Si par l'extremité du ſinus verſe d'vn arc du cercle (qui a pour rayon le ſinus de la hauteur de l'Equateur) on tire vn demy-diametre du Meridien, & par le bout du diametre eſt tiré vn cercle parallel à l'Equateur, iceluy parallel aura ſõ arc seminocturne d'autãt de degrez que le ſuſdit arc du petit cercle contient.

Soit le ſinus verſe T, C, & le rayon A, T, V, & ε, C, ſinus de la hauteur de l'Equateur & rayõ de D, α, C: l'arc β, C, de ſoixante d. ie dis que ſi vous tirez par le poinct V, vn parallel cõme V, F, que ſon arc ſeminocturne ſera de 60. d. d'autant que β, C, à ſçauoir l'arc B, F. Car il faut s'imaginer toute la ligne Y, B, dans le plan de l'Horizon & perpendiculaire ſur la ligne V, F, qui eſt dans le plan du Meridien; & M, Z, auſſi perpendiculaire ſur le plan du Meridien; & le plan du demy cercle D, α, C, dans le plan du Meridien, ayant pour rayon ε, C, le ſinus de la declinaiſon du parallel plus grand de ceux qui ſont touſiours apparents V, F,

Car puis que V, Z, rayon est à Y, Z, sinus comme D, ε, rayon à ε, T, sinus, mais ε, T, est sinus de 30. deg. donc Z, Y, est aussi sinus de 30. deg. & partant l'arc M, B, est de 30. deg. & B, F, est de 60. deg. d'autant que β, C.

Or D, ε, est à ε, T, comme V, Z, est à Y, Z, parce que en composant il est comme D, T, à ε, T, ainsi V, Y, à Y, Z, & cecy est à cause qu'il est comme T, X, à X, R, ainsi V, Y, à Y, Z, d'autant que les deux triangles T, A, X, & D, A, Y, sont equiangles leur bases T, X, & V, Y, estãt parallels, & partant comme le tout Y, V, au segment Y, Z, ainsi le tout T, X. au segment R, X, ou bien le tout V, Y, au tout T, X, ainsi le segment Z, Y, au segment R, X.

Or le tout est au tout, comme le segment au segment, parce qu'ils sont comme A, Y, à A, X, car en mesme raison sont T, X, à V, Y, à cause que les triangles V, A, Y, & T, A, X, sont equiangles comme dit est, & aussi comme A, X, à A, Y: ainsi R, X, à Z, Y. Parce que les triangles A, R, X, & A, Z, Y, sont equiangles.

De la mesme façon on prouuera que l'arc semidiurne du parallel V, F, du costé Meridional estre de 1. heure ou 15 d. parce que l'arc D, ω, est de 15. d. dans le petit cercle, & ω, C, de 165. degr. & partant l'arc seminocturne V, F, du parallel sera de 11. heures.

On trouuera vne demonstration semblable à celle-cy cy dessus en la proposition 25. au 2. chap.

Prop 110. Probl. 74.

Estant donné l'arc semidiurne d'vn parallel trouuer sa distance à l'Equateur autrement que dessus, & la tirer dans le plan du Meridien.

Dans le demycercle D, α, C, comptez autant de degrez que contient l'arc semidiurne en commençant à D, vers C, & à la fin de ce nombre des degrez mettez vn poinct, & de ce poinct tirez vn sinus droict sur le diametre D, C, & par le bout en bas tirez vn demydiametre du centre du monde, & par l'extremité de ce diametre, tirez vne ligne parallelle à l'Equateur, vous aurez le parallel demandé.

Comme si l'arc diurne est de 1. heure ou 15. deg. ie fais l'arc D, ω, de 15. deg. & ayant tiré le sinus ω, T, par le poinct T, ie tire le demydiametre A, T, V, & puis par le poinct V, ie fais vne ligne, V, F, parallelle à l'Equateur; l'arc semidiurne Y, V, de ce parallel sera de 15. deg. par la precedente prop.

De la mesme façon on tire le parallelle V, F, qui a son arc semidiurne de 8. heures ou 20. degrez en faisant l'arc D, β, de 120, deg. & en tirant le sinus β, T, & par le poinct T, le diametre A, V, & par le poinct V, vne ligne parallelle à l'Equateur comme V, F, l'arc dessous l'Horizon Y, F, sera de 60. deg. & l'arc dessus V, M, de 120. comme est demonstré cy dessus, ou bien Y, F, sera sinus verse de 60. deg. & Y, V, 120.

Prop. 111. Probl. 75.

Trouuer les declinaisons de tous les parallelles depuis le plus grand de ceux qui sont tousiours apparents iusques au plus grand de ceux qui sont tousiours cachés selon ce que leurs arcs semidiurnes croissent tousiours d'vne heure.

Soit faict o, A, l'Equateur, & D, A, l'Horizon, & D, ε, le sinus de la hauteur de l'Equateur de 41. deg. & C, ε, le sinus de la declinaison du

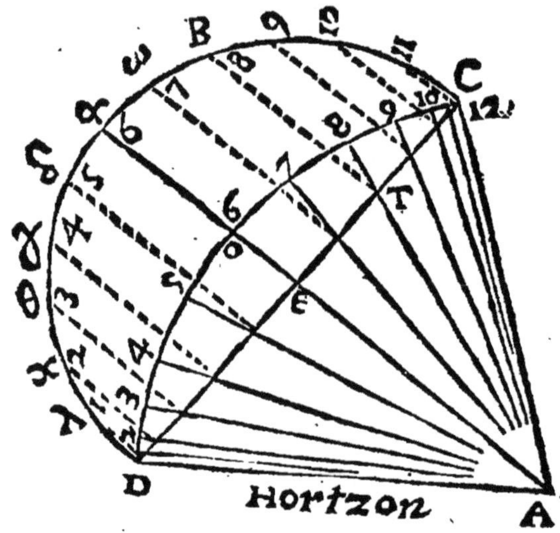

parallel, qui est le plus grand de tous ceux qui sont tousiours apparens, laquelle declinaison est aussi de 41. deg. à Paris. Puis apres du poinct ε, tirez vn demy cercle par les poincts D, & C, & soit diuisé la circonference de ce demy cercle en 12. parties esgalles, en y mettant vn poinct de 15. deg. en 15. deg. comme λ, κ, θ, γ, δ, α, ω, β, &c. Puis apres de chacun de ces poincts, tirez vne perpendiculaire sur le diametre D, C, qui seront autant de sinus, & par les extremitez en bas de ces sinus tirez dix demy diametres du poinct A, châque demy diametre fera vn angle auec l'Equateur O, A, égal à la declinaison du parallel, comme 4. A, O, est vn angle égal à la declinaison du parallel qui a son arc semidiurne de 4. heures, & l'angle 2. A, O, est vn angle égal à la declinaison du parallel qui a son arc semidiurne de deux heures. Ainsi 10. A, O, est vn angle égal à la declinaisõ du parallel qui a son arc semidiurne de 10. heures.

Si vous voulez trouuer leurs declinaisons à la difference d'vne demy heure pour leurs arcs semidiurnes, ou d'vne heure pour leurs arcs diurnes il faut diuiser le demy cercle D, α, C, en 24. parties esgalles, & des poincts diuisants tirez 22. sinus droicts, & par leurs extremitez tirez 22. demy-diametres du poinct A, sans compter l'Equateur o, A, ny le sinus total α, ε.

Autrement: Diuisez le demy cercle α, θ, en 12. parties égalles, par les poincts β, γ, δ, ε, θ, &c. & tirez les lignes θ, λ, & ε, M, & γ, S, &c. & vous aurez les distances de o, centre du parallel à la ligne de section auec l'Horizon. Car si l'arc semidiurne est de 3. heures, o, S, sera la distãce, d'autant que l'arc semidiurne α, γ, S, est de 3. heures ou 45. d. en supposant seulement cest arc α, γ, S, dessus l'Horizõ & tout le reste γ, S, D, dessous. Mais si l'arc semidiurne est de 4. heures & le diurne de 8. heures, comme si l'arc ε, M, α, est dessous l'Horizon, la distance du centre du parallel à l'Horizõ sera M, O. Car O, est ledit centre & M, le poinct par ou l'Horizon coupe la ligne α, D. Mais si l'arc diurne est de 10. heur. & le semidiurne de 5. comme est l'arc θ, L, α, alors laditte distance est L, o.

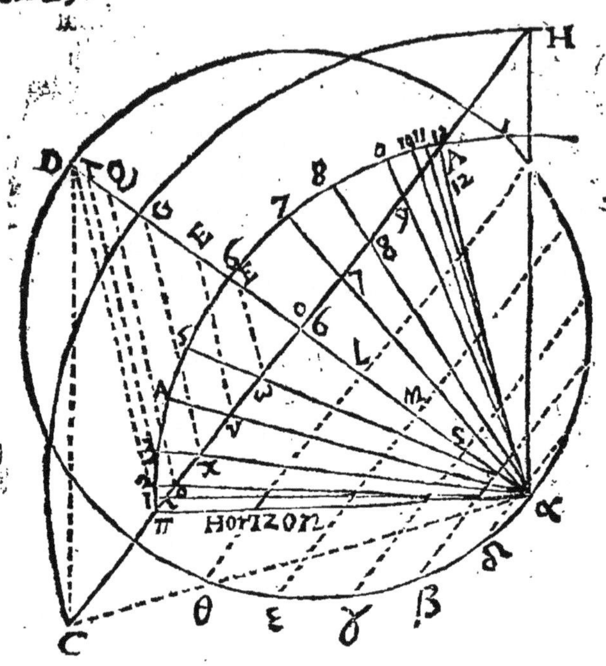

Puis apres transposez toutes ces distances sur la ligne o, D, comme o, E, & o, F, & o, G, esgalles aux precedentes. Et par chacun de ces poincts tirez vne ligne faisant on angle auec o, D, égal à la hauteur de l'Equateur de 41. degr. à Paris, & à Rome de 48. comme E, ω, & ν, F, & G, $\varkappa$, & Q, o, & λ, 1, & D, π, & vous aurez, par la 108. les distances entre les centres des parallels & le centre du monde qui sont les sinus des declinaisons des parallels, par la 107. à sçauoir, si vn parallel à son arc semidiurne de cinq heures, laditte diſtance ſera o, ω, & ſi le parallel a ſon arc ſemidiurne de 4. heures, laditte diſtance ſera o, ν, & ſi 3. heures elle ſera o, κ, & ſi 2. heures o, o, & ſi 1. h. o, I, & ſi o, heures π, o. Car alors tout le parallel ſera ſous l'Horizon. Puis apres tranſpoſez toutes ces diſtances ſur o, A, & vous aurez celles de 7. 8. 9. 10. & 11. heures pour arcs ſemidiurnes des parallels.

Tout cecy eſtant ainſi appreſté du poinct α, tirez vne ligne par chacun de ces poincts comme α, 5. & α, O & α, 8. & α, 9. & α, 10. & vous aurez les angles de declinaiſons ; comme ω, α, o, eſt la declinaiſon d'vn parallel qui a ſon arc ſemidiurne de 5. heures ou 75. deg. ν, α, o, eſt celle d'vn qui a 4. heures pour ſon arc ſemidiurne, & κ, α, o, celle d'vn qui a 3. h. ſon arc ſemidiurne; mais 9. α, o, eſt la declinaiſon d'vn parallel qui a pour ſon arc ſemidiurne 9. heures ou 135. d. & partant eſt entre l'Equateur & le Pole, eſleué comme ſont tous ceux d'entre o, A, comme ceux d'entre o, & C, ſont entre l'Equateur & le Pole deprimé.

Or que les ſuſdits angles ſont les angles de declinaiſon, il eſt ayſé à prouuer: puiſque les coſtez oppoſez ſont leur tangents, le rayon eſtant touſiours α, o, demy diametre du parallel, & les coſtez oppoſez eſtant tangents des angles de declinaiſon, & auſſi leur ſinus par la precedente, par la 107. il faut que ces angles deſquels ils ſont ſinus & tangents, ſoient les declinaiſons cherchées par la 107. Si vous voulez, vous pouuez diuiſer le demy cercle en 24. parties eſgalles & proceder comme deſſus, & alors vous aurez les declinaiſons des parallels à la difference d'vne demy heure, pour l'arc ſemidiurne.

Si la hauteur de l'Equateur est plus grand que 45. d. cõme à Rome de 48. C, α, o, alors il faut produire o, π, iusques en C, & tirer la ligne D, C, faisant l'angle de o, D, C, égal à la hauteur de l'Equateur C, α, o, & puis apres par les poincts λ, Q, G, F, E, tirer des lignes parallelles à D, C, & ainsi vous trouuerez les poincts 1. 2. 3. 4. 5. dans la ligne C, o.

Prop. 112. Probl. 76.

L'arc semidiurne estant donné, trouuer la declinaison d'vn parallel par les sinus.

Soit l'arc diurne B, V, 120. degr. & M, B, de 30. deg. & ie desire sçauoir l'arc O, V, ou l'angle V, A, O, ou A, V, Z.

Puisque B, M, est de 30. degr. son sinus Z, Y, sera 50000. le rayon estant Z, V, ou Z, M. Et parce que dans le triangle A, Z, Y, les trois angles sont cognus & le costé Z, Y, vous trouuerez A, Z, aysément; en mettant en premier lieu 100000. en second Z, Y, & en troisiesme la tangente de l'angle Z, Y, A, de 41. deg. à Paris, par la regle de trois vous trouuerez A, Z, qui sera tangente de l'angle A, V, Z, en prenant V, Z, pour rayon.

Rayon	Z, Y,	*Tangente de 41. deg.*
100000.	50000.	Z, Y, A, 99:

Autrement; par les triangles spheriques: il faut imaginer vn triangle duquel vn costé est la declinaison du parallel, vn autre son amplitude ortiue, & le troisiesme vn arc de l'Equateur compris entre l'arc de declinaiſon & l'Horizon, à ſçauoir ſa difference aſcenſionalle. Il y a trois cognus, l'angle droict, & l'angle aigu, qui eſt la hauteur de l'Equateur ſur l'Horizon, & auſſi la difference aſcenſionalle de 30. degr. les trois angles eſtant donc cognus, & vn coſté, mettez en premier lieu le rayon, en ſecond le ſinus de la difference aſcenſionalle, & en troiſieſme la tangente de 41. deg. hauteur de l'Equateur ; en quatrieſme lieu vous aurez la tangente de la declinaiſon du parallelle, duquel l'arc ſemidiurne eſt cognu.

Logarymes.

Rayon. 1000000.	*Sinus de 30. deg. difference aſcenſionalle.*	*Tangente de 41. deg. hauteur de l'Equateur.*

La difference aſcenſionalle ſe trouue en oſtant l'arc ſemidiurne de 90. degr. ou bien 90. deg. de l'arc ſemidiurne : car tantoſt l'vn eſt moindre, tantoſt l'autre.

Vous ferez la meſme choſe autrement, mettez de ſuite la ſecante de l'arc ſemidiurne 60. deg. le rayon, & la tangente de 41. deg. vous trouuerez la tangente de la declinaiſon.

Secante de 60. deg. arc ſemidiurne.	*Rayon.*	*Tangente de 41. deg*

Voyez la figure de la 306. page.

Prop. 113. Theor. 36.

Les Lignes horaires font des angles auec l'axe F, S, qui soient egaux aux complements des declinaisons des parallels susdicts.

Ou bien les lignes tirées du sommet de l'axe, ou centre de l'Equateur vers les poincts horaires, font des angles auec les lignes horaires, qui sont esgaux aux declinaisons susdittes.

Car soit F, G, tirée du sommet de l'axe F, vers le poinct horaire G, elle fera vn angle auec la ligne horaire S, G, qui soit esgal à la declinaison du parallel, qui a 5. heures ou 75. deg. pour arc semidiurne.

Par la precedẽte, & par la 61. & 56. de nos triangles spheriques, il est comme la secante de 75. arc semidiurne au rayon, ainsi la tangente de 41. deg. hauteur de l'Equateur à la tangente de la declinaison du parallel, qui a 75. deg. pour son arc semidiurne. Mais F, G, est la secante de septante cinq

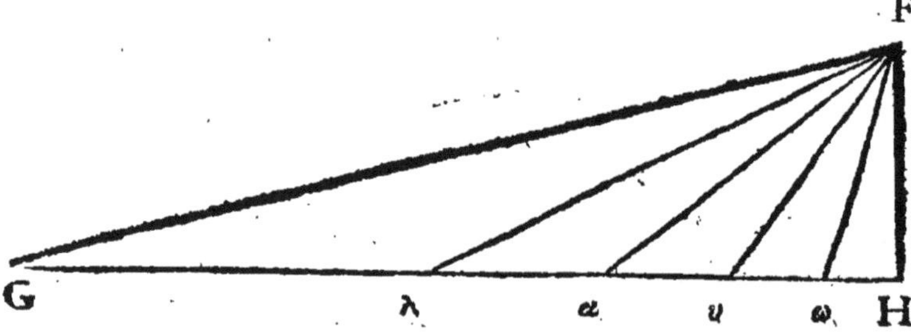

degrez arc semidiurne, le rayon estant F, H, & F, S, est tangente de 41. degr. hauteur de l'Equateur, le rayon estant F, H, mais si le rayon est F, G, alors F, S, est tangente de l'angle F, G, S.

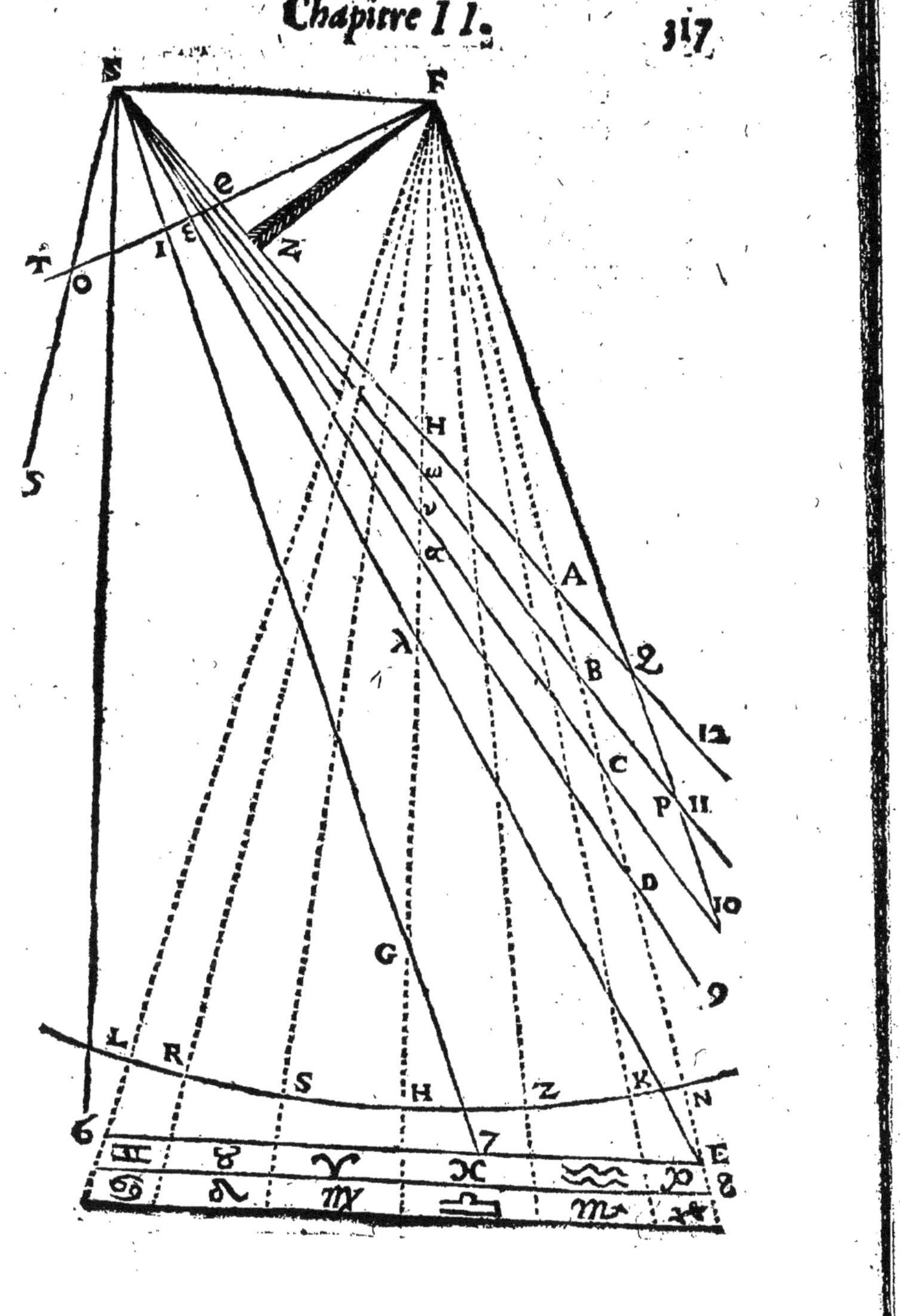

S
F
e
T
O
I
ε
Z
5
H
ω
ν
α
A
λ
B
2
12
C
P
11
D
10
G
9
L
R
S
H
Z
K
N
6
7
E
8

Donc puis qu'il eſt comme F, G, ſecante de 75. deg. arc ſemidiurne à F, G, rayon, ainſi F, S, tangente de quarante & vn. deg. à F, S, tangente de l'angle F, G, S, & qu'il eſt auſſi comme F, G, ſecante à F, G, rayon, ainſi F, S, tangente de 41. deg. à F, S, tangente de la declinaiſon du parallel, qui a 75. deg. pour arc ſemidiurne : il faut neceſſairement que F, S, tangente de F, G, S, & F, S, tangente de laditte declinaiſon ſoit la meſme choſe, puis que la meſme F, S, tangente de 41. deg. a meſme raiſon à tous les deux, à ſçauoir la raiſon de F, G, ſecante de 75. degr. au rayon. Donc F, G, S, ou G, S, 6. eſt l'angle de la declinaiſon d'vn parallel, qui a 75. deg. pour arc ſemidiurne.

Table des angles des declinaiſons des parallels à la difference d'vne heure pour leur arc ſemidiurne, à l'eleuation du Pole de 49. degr. Et ces angles ſont auſſy les complemens des angles dans la Table de la page 139.

Arcs ſemidiurnes. Heures.	
1. & 11.	40. d & 16 m ω, S. 6. ou o, A, 1. ou, o A, 11.
2. & 10.	36. deg. & 58 m υ, S, 6. ou o, A, 2. ou o, A, 10.
3. & 9.	31. d, & 34 m. α, S, 6. ou o, A, 3 ou o, A, 9.
4. & 8.	23. d. & 30. m. λ, S, 6. ou o, A, 4. ou o, A, 8.
5. & 7.	12. d. & 41, m, G, S, 6. ou o, A, 5. ou o, A. 7.
6. & 6.	o, deg. o, m. c'eſt l'Equateur meſme qui a ſon arc ſemidiurne de 6. heures & partant il n'y a nulle declinaiſon.

Table des mesmes angles des declinaisons l'eleuation du Pole de 41. deg.

1. & 11.	48. deg. 19. min. ω, S, 6.
2. & 10.	44. deg. 53. min. υ, S, 6.
3. & 9.	39. deg. 8. min. α, S, 6.
4. & 8.	29. deg. 55. min. λ, S. 6.
5. & 7.	16. deg. 35. min. G, S, 6.
6. & 6.	0, deg. 0. min.

Prop. 119. Probl. 77.

Trouuer les poincts horaires dans la ligne Equinoctialle autrement que dessus.

Faictes l'axe du monde F,S, de telle longueur vous voudrez, & à vn bout faictes vne ligne perpendiculaire qui seruira pour ligne Equinoctialle, & à l'autre bout S, faictes vne autre perpendiculaire S, ε, qui sera la ligne de 6. heures : car dans le quadrant toutes ces deux lignes sont perpendiculaires sur l'axe du monde. Puis apres faictes l'ãgle F,S,H. égal à la hauteur du Pole, ou bien l'angle ε, S, D, ou H, S, 6. égal à la hauteur de l'Equateur, & du poinct D, tirez vne ligne perpendiculaire sur la ligne de 6. heures comme ε, D, & sur ceste ligne faictes vn quart de cercle diuisé en six parties esgalles, & les sinus de 15. 30. 45. 60. & 75. deg. & du poinct S. tirez vne ligne par l'extremité de chacun des sinus, & vous aurez la ligne Equinoctialle F, H, coupée en 6. poincts, qui seront les poincts horaires les mesmes que dans la figure cy dessus.

Car la ligne passant par l'extremité du sinus 1, passera par le poinct d'vne heure ω, dans la ligne Equinoctialle, dautant que l'angle 1, S, ε, en ce-

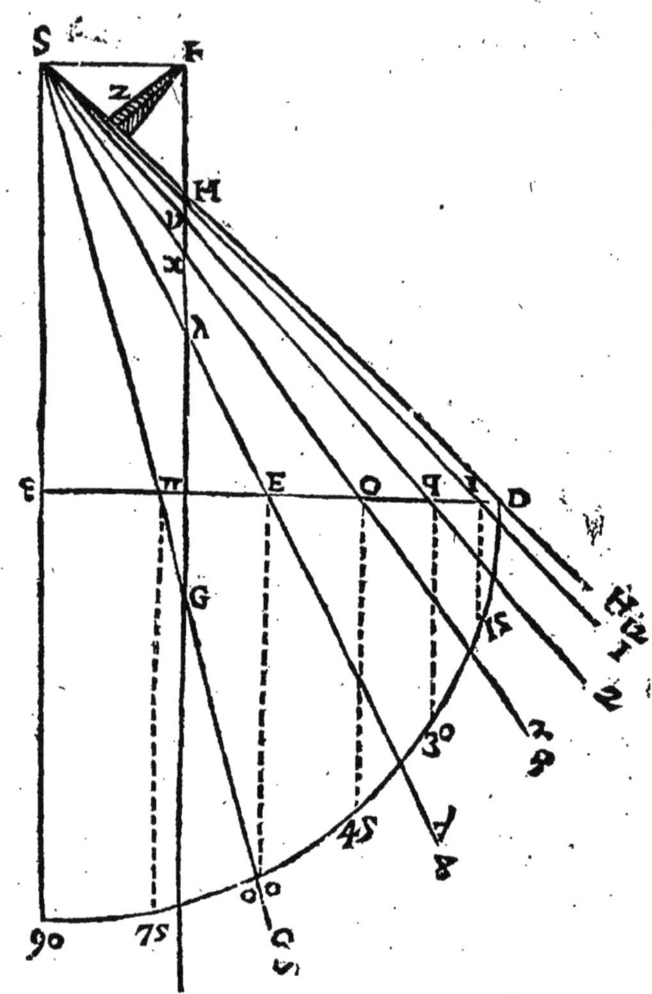

ste, figure est égal à ω, S, 6. dãs la precedẽte estant tous deux la declinaison d'vn parallel qui a vne heure

heure pour arc ſemidiurne, & partant leur complements ι, S, F, & ω, S, F, ſont eſgaux. Où il faut noter que F, ω, denote la diſtance entre F, ſommet du ſtyle & le poinct ω. Pour la meſme raiſon la ligne qui paſſe par P, paſſera auſſi par ν, à cauſe que P, S, F, & ν, S, F, ſont égaux & F, ν, denote la diſtance entre F, le ſommet du ſtyle & le poinct ν. Auſſi la ligne paſſant par o, paſſera auſſi par α, à cauſe que les angles ε, S, o, & 6, S, α, dans la figure precedente, ſont égaux, eſtant declinaiſon d'vn meſme parallel, qui a 4. heures pour arc ſemidiurne. Et pour la meſme raiſon la ligne paſſant par π, paſſera auſſi par G, & la ligne F, G denote la diſtance entre le ſommet du ſtyle F, & le poinct G, qui eſt poinct horaire de cinq heures.

Autrement; vous pourrez trouuer les poincts horaires auſſi par les tangents. Car ſi vous faictes H, α, dans la ligne Equinoctialle égal à F, H, vous aurez la tangente de 45. degrez ou 3. heures &, partant F, α, ſera la ligne de 3. heures, à cauſe

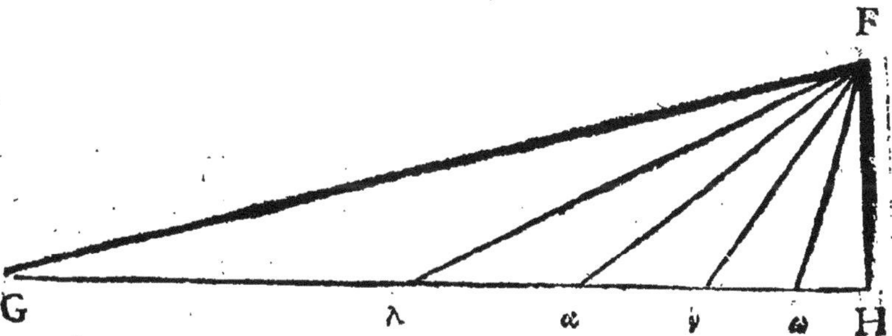

que la tangente de 45. deg. eſt 100000. égalle au rayon F, H, 100000. & par ainſi vous trouuez le poinct horaire de 3. heures α,

Mais pour trouuer le poinct de 4. heures, il faut

appliquer au poinct F, la secante de 60. d. λ, F, H, ou 4. heures ou quatre fois quinze; en mettant vn pied du compas au poinct F, l'autre tombera sur le poinct λ, si le compas est ouuert à la distance de deux fois F, H: c'est à dire, 200000. qui est secante de 60. à sçauoir F, λ, vous aurez H, λ, tangente de 4. heures de 173205.

Et pour trouuer la tangente de 75. deg. il faut adiouster à la tangente de 60. deg. H, λ, la secante de 60. F, λ, & vous aurez H, G, tangente de 75. deg. Car λ, G, est égal à F, λ, à cause que le triangle F, λ, G, est Isoscele, ayant chaque angle aigu de 15. deg. & partant H, G, sera tangente de 75. d. de 373205. d'autant que 200000. F, λ, ou λ, G, auec H, λ, 173205. tangente de 60. donnent H, G, d'autãt, tangente de 75. deg. ou 5. heur.

Mais pour trouuer la tangente de deux heures ou 30. deg. il faut sçauoir que la tangente de deux heures ou 30. deg. est la troisiesme partie de celle de 60. deg. ou quatre heures. D'autant que deux tangentes de 30. deg. ν, H, & H, ο, sont égalles à ν, F, ou ν, λ, ou bien à ο, F, ou ο, ε. Car le triangle ο, F, ν, est equilateral ayant chaque angle de 60. deg. & partant tous les costez sont égaux ν, F, & ο, F, & ν, ο; & aussi le triangle F, ν, λ, est Isoscele ayant les deux angles aigus à F, & λ, chacun de 30. deg. & aussi le triangle F, ο, ε, est Isoscele ayant les aigus de 30. degrez, & partant F, ο, est égal à ο, ε, & aussi ν, λ, à F, ν, ou F, ο, à ο, ν, & partant ο, ν, est égal à ο, ε, ou bien ν, λ, & est la troisiesme partie de ε, λ, & partant la moitié de ο, ν, à sçauoir ν, H, est la troisiesme partie de H, λ, moitié de ε, λ, & partant H, λ, de 173205. tangente de 60. deg.

& H, ν, eſt la troiſieſme partie de ce nombre là 57735. tangente de 30. deg.

Et pour trouuer la tangente de 15. degr. H, ω, ou H, 1, il faut faire la ligne λ, 1, égal à λ, F, de 200000. & partant l'angle λ, F, 1, eſt de 75. deg. (& H, F, 1. de 15.) d'autant que le triangle λ, 1, F, eſt Iſoſcele, ayant deux coſtez égaux λ, F, & λ, 1, & l'angle à, λ, de 30. deg. car λ, eſtant de 30. deg. les autres deux ſeront 150. & chacun de 75. degrez, partant la tangente H, ω, ou H, 1, eſt de 26795. lequel eſtant adiouſté à H, λ, 173205. donne la ſecante de 60. deg. 200000. λ, F,

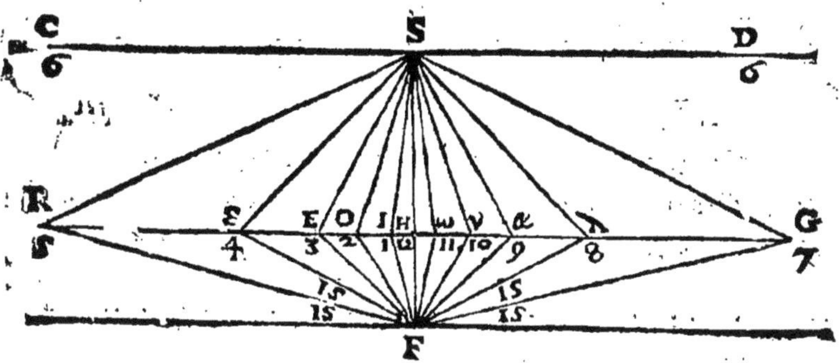

D'où il appert que la tangente de 60. H, λ, & celle de 15. H, ω, donnent la ſecante de 60. & comme 200000. & auſſi la tangente de 60. degr.

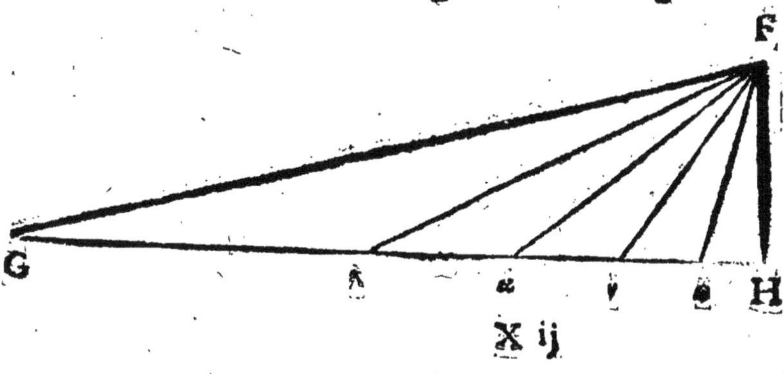

173205. H, λ, auec la secante de 60. F, λ, 200000. donnent 373197. tangente de 75. d. Aussi que si vous ostez la tangente de 60. deg. 173197. H, λ, de F, λ, ou λ, 1, 200000. secante de 60. restera H, 1, la tangente de 15. deg. 26795. ou H, ω.

Et de cette façon il sera aysé de trouuer les poincts horaires, seulement auec trois ouuertures du compas. Car l'ouuerture égalle à F, H, donne la tangente de 45. degr. & l'ouuerture égalle à deux fois le rayon F, H, donne F, λ, la secante de 60. degr. Aussi la tierce de la tangente de soixante degrez donnera la tangente de trente degrez Aussi λ, 1, estant faict égal à λ, F, donne le poinct 1. pour le poinct horaire d'vne heure ; & partant la secante λ, F, 200000. ou λ, 1, est égalle à la tangente de 60. deg. & à celle de 15. deg. Aussi λ, F, secante de 60. degrez, ou l'ouuerture du compas égalle à deux fois le rayon estant adiousté à λ, H, tangente de 60. donne la tangente 75. deg.

Ainsi F, H, donne le poinct de 3. h. & deux fois F, H, donne les poincts de 4. heur. 5. heur. & 1. heure, & la tierce de H, λ, donne celuy de 2. heures. Donc par trois ouuertures du compas vous trouuerez tous les poincts horaires, selon ce que plusieurs ont enseigné.

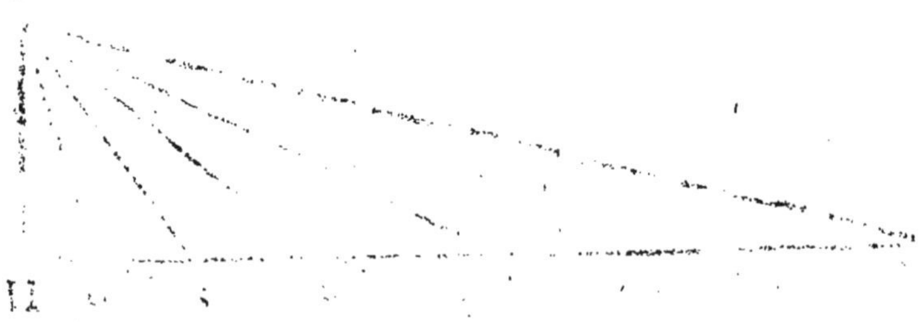

DV QVADRANT EQVINOCTIAL ASTRONOMIC.

Chapitre III.

NOus auons parlé cy dessus de la façon de construire vn quadrant Equinoctial & comment il le faut placer pour le faire marquer les heures, à cause que tous les autres quadrants quasi se tirent de cestuy-cy, & sans sçauoir faire le quadrant Equinoctial, on ne sçaura faire le quadrant Horizontal; maintenant il est necessaire seulement de sçauoir tirer les lignes des iours & des signes & des maisons celestes, & les Meridiens des villes, & toutes les autres lignes que nous auons enseigné à tirer dans le quadrant Horizontal cy-dessus.

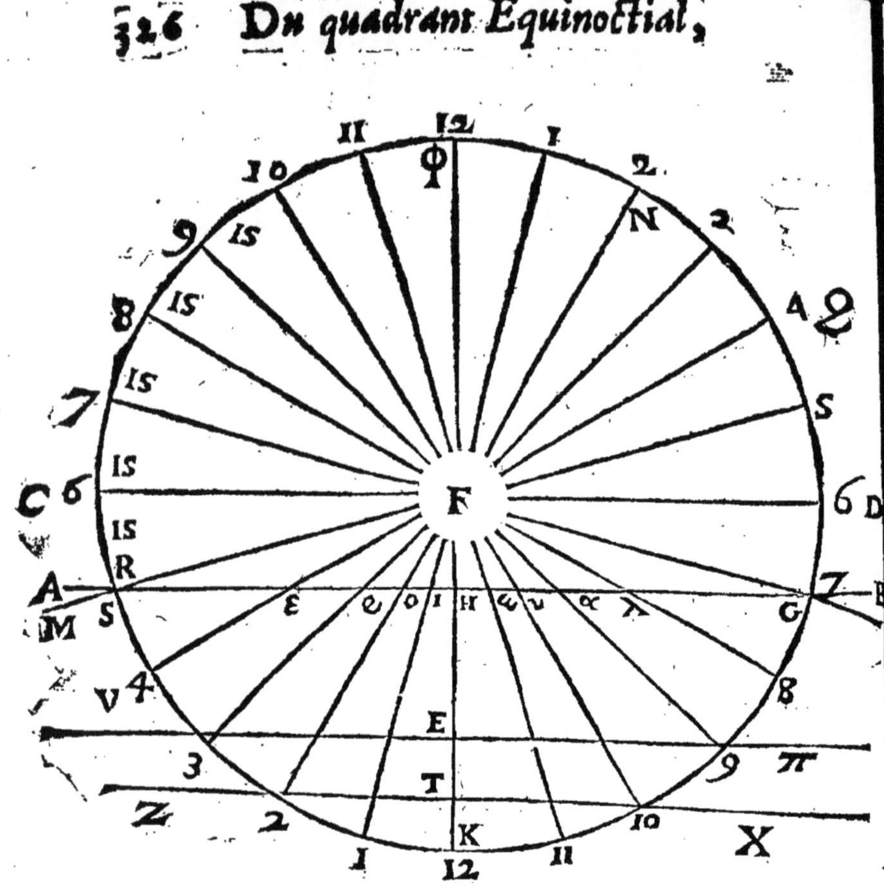

Prop. 115. Probl. 78.

Tirer les parallels des ſignes du Zodiaque dans le quadrant Equinoctial.

D'autant que le plan du quadrant Equinoctial ſuperieur eſt parallel au plan du Tropique de ♑, faiſant la baſe du cone de l'ombre du Soleil eſtant en ♋, ledict plan du quadrant coupera ledict cone en cercle, & partant le iour que le ſoleil eſt dans le commencement de ♋ l'ombre du ſtyle deſcrit vn cercle eſtant toute la iournee d'vne meſme longueur, car le ſoleil eſtant toute la iournée dans le Tropique de ♋, il eſt auſſi toute la iournée 23. deg. 30. m. eſleué ſur le plan du quadrant Equinoctial, & partant l'ombre eſt touſiours d'vne meſme longueur, comme dict eſt.

Mais pour ſçauoir la lõgueur de l'ombre, tirez

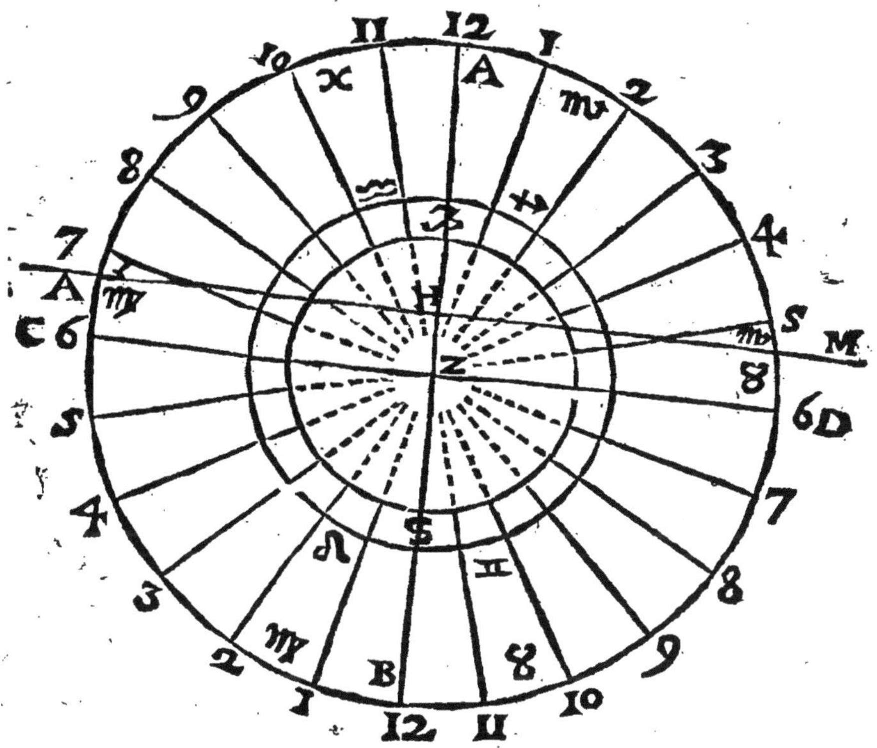

ſur la terre ou ſur le papier vne ligne égalle à la longueur du ſtyle de 12. poulces, & à vn bout faites vn angle droict, & à l'autre faictes vn angle de 66.d.30.m. & produiſez ces deux lignes iuſques à ce qu'elles ſe rencontrent en vn poinct, la ligne

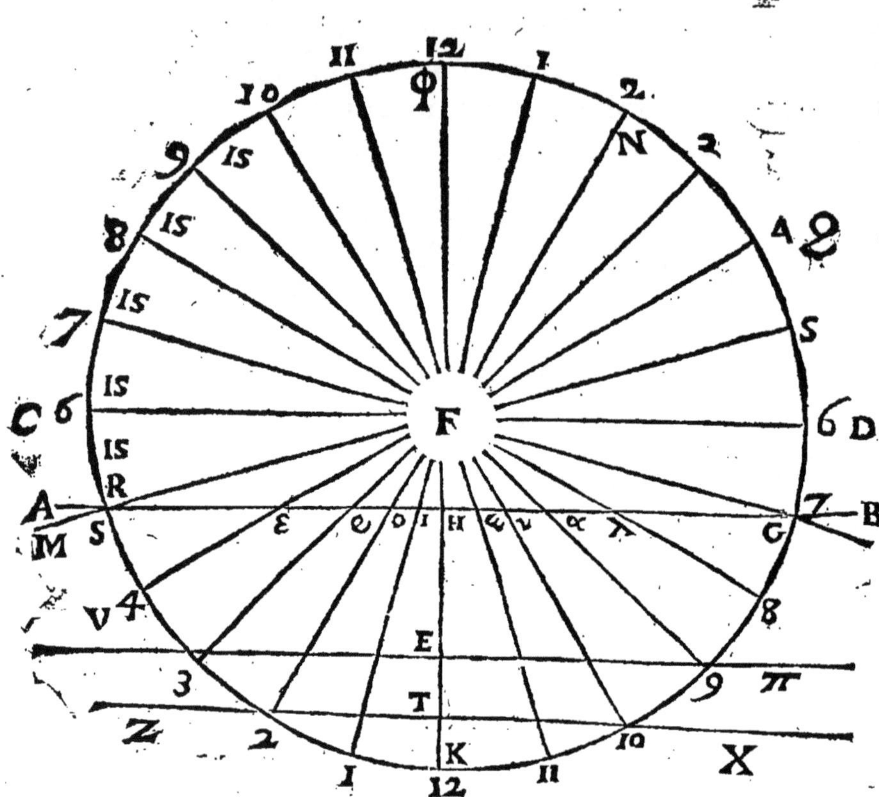

Prop. 115. Probl. 78.

Tirer les parallels des signes du Zodiaque dans le quadrant Equinoctial.

D'autant que le plan du quadrant Equinoctial superieur est parallel au plan du Tropique de ♑, faisant la base du cone de l'ombre du Soleil estant en ♋, ledict plan du quadrant coupera ledict cone en cercle, & partant le iour que le soleil est dans le commencement de ♋ l'ombre du ſtyle deſcrit vn cercle eſtant toute la iournee d'vne meſme longueur, car le ſoleil eſtant toute la iournée dans le Tropique de ♋, il eſt auſſi toute la iournée 23. deg. 30. m. eſleué ſur le plan du quadrant Equinoctial, & partant l'ombre eſt touſiours d'vne meſme longueur, comme dict eſt.

Mais pour ſçauoir la lõgueur de l'ombre, tirez

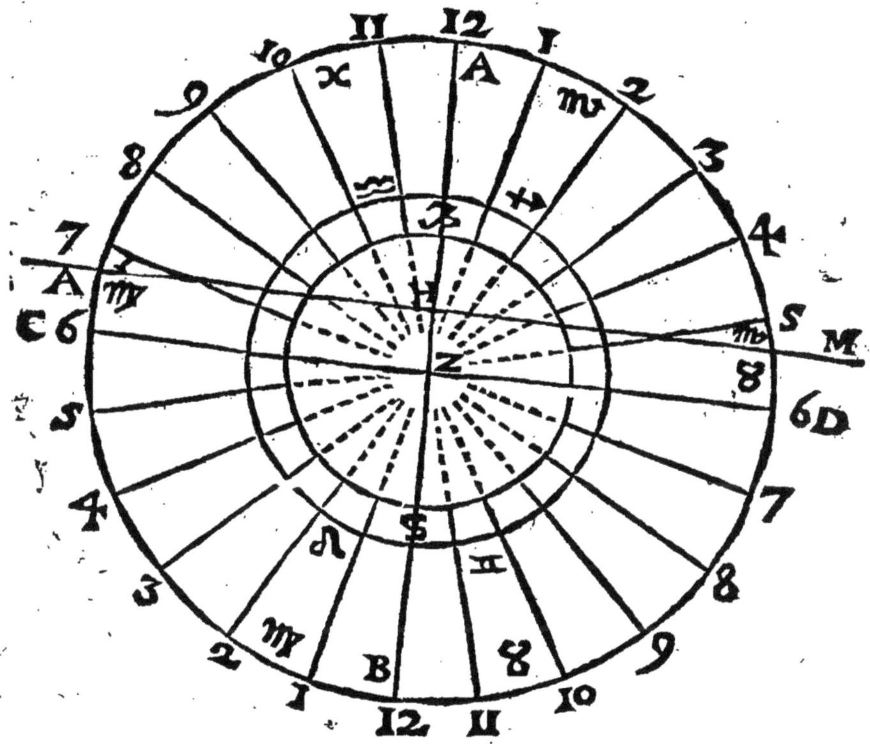

ſur la terre ou ſur le papier vne ligne égalle à la longueur du ſtyle de 12. poulces, & à vn bout faictes vn angle droict, & à l'autre faictes vn angle de 66.d.30.m. & produiſez ces deux lignes iuſques à ce qu'elles ſe rencontrent en vn poinct, la ligne faisant l'angle droict sera la longueur de l'ombre. Sçachant donc la longueur de l'ombre, mettez vn pied du compas au poinct Z, au bas du style, & tirez vn cercle de la longueur de cette ombre, & vous aurez le Tropicque de ♋.

Et pour tirer le parallel qui passe par le commencement du ♌ & des ♊, trouuez la longueur de l'ombre le soleil estant au commencement du ♌ ou des ♊, & du poinct Z de la distance de cette ombre, tirez vn autre cercle qui sera vn peu plus grand que le Tropicque de ♋, à cause que cette ombre est vn peu plus grand.

Et pour tirer le parallel passant par ♍ ou ♉ trouuez la longueur de l'ombre, le soleil estant au commencement de ♍ ou ♉, & tirez vn autre cercle comme dessus, qui sera encore plus grand, à cause que l'ombre est plus grand que dans ♊. Et pour auoir sa grandeur, à vn bout du style faictes vn angle droict, & à l'autre bout faictes vn angle égal au complement de 11. deg. 30. min. qui est la hauteur du soleil sur le quadrant; à sçauoir de 78. deg. 30. min. & produisez ces deux lignes iusques à ce qu'elles se rencontrent, la ligne faisant l'angle droict sera la longueur de l'ombre. Vous pourrez trouuer aussi la longueur de l'ombre selon la 5. proposition precedente, par la Trigonometrie.

Dans le quadrant Equinoctial inferieur vous pourrez descrire les parallels de ♏ & ♓ de ♐, & ♒ & aussi le Tropique de ♑, & de la mesme façon, & ces trois seront de mesme grandeur que les trois cy-dessus.

Mais le cercle Equinoctial ne peut estre descrit

ny dans l'vn, ny dans l'autre, comme nous auons enseigné cy-dessus, à cause que le soleil estant dans l'Equateur, la longueur de l'ombre du style est infinie, le rayon du soleil alors estant parallel, à l'ombre du style, & partant ne se rencontrant iamais auec laditte ombre, faict l'ombre infinie.

De la mesme façon on peut tirer tous les parallels des iours & des villes, ou de la latitude des lieux. Car si vne ville a 60. deg. de latitude, faictes au bout du style F, vn angle de 30. deg. & à l'autre bout vn angle de 90. & produisez ces deux

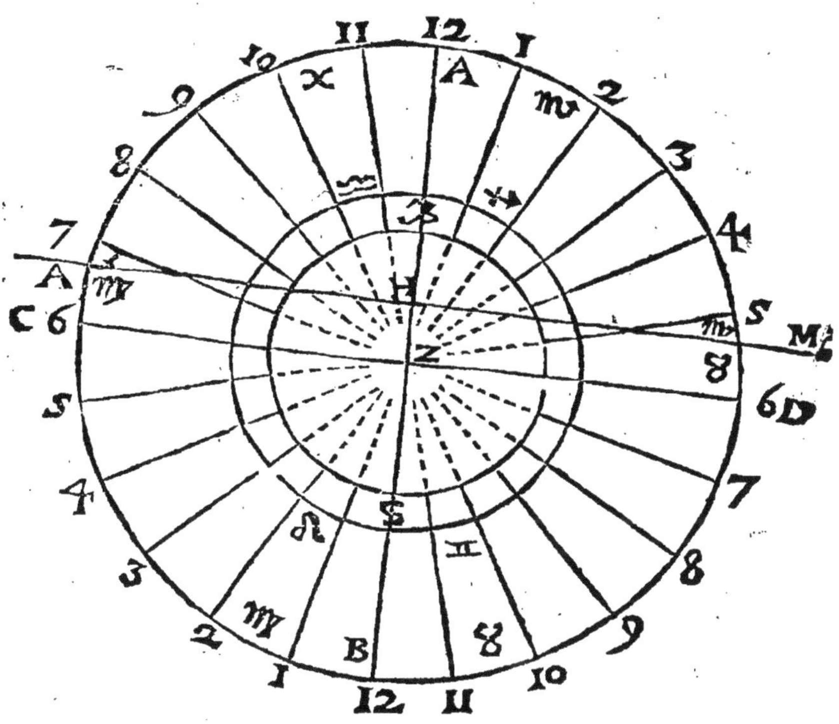

lignes iusques à ce qu'elles se rencontrent, la ligne faisant l'angle de 90. deg. sera le demydiametre du cercle, ou parallel de laditte ville. Ouurez donc vostre compas de la distance de cette ligne, & mettant vn pied au poinct Z, tirez le cercle.

Prop. 116. Theor. 37.

Tirer les cercles Meridiens dans le quadrant Equinoctial.

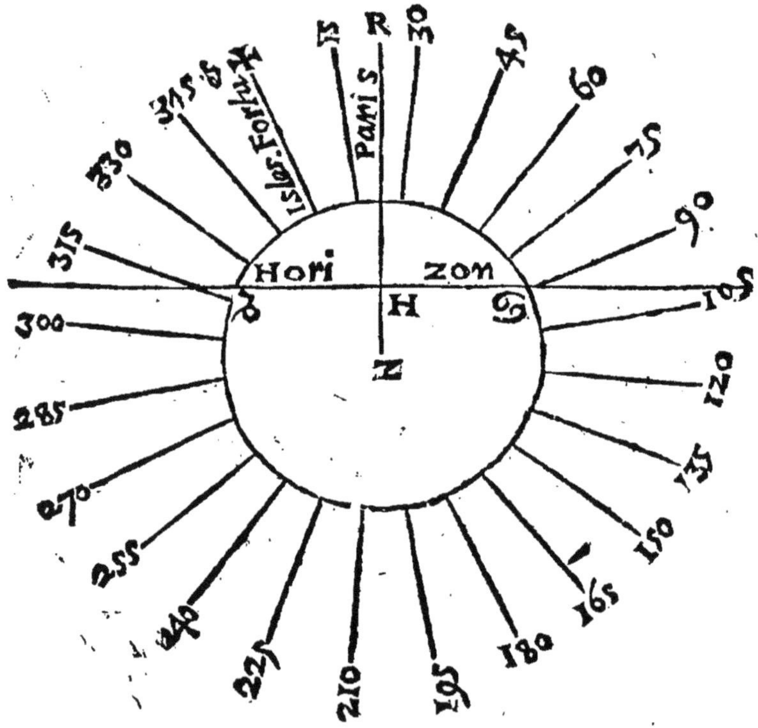

Les Meridiens se tirent tout de mesme dans ce quadrant comme les lignes horaires, car ils diuisent ce quadrant en 24. parties esgalles, en commençant par le premier Meridien, lequel vous trouuerez ainsi. Comptez depuis le Meridien du lieu auquel vostre quadrant est faict vers l'Occident, la longitude de vostre lieu, & au bout de ceste longitude, tirez vne ligne vers le centre du quadrant, vous aurez le premier Meridien.

Comme pour tirer le premier Meridien dans vn quadrant Equinoctial faict pour Paris il faut cōpter 23. d.30. m. qui est sa longitude vers l'Occidēt, du bout des 23.d. 30.min. tirez vne ligne vers le centre du quadrant, & vous aurez la ligne Meridienne qui sera comme au milieu entre vne heure & deux heures apres midy, & partant quand il est vne heure & demye à Paris, il sera midy dans les isles de Canarie.

Sçachant donc le premier Meridien, il sera aysé de tirer tous les autres; car le second Meridien tombera entre midy & vne heure; & le troisiesme entre midy & vnze heures, & le quatriesmè entre dix & vnze, & le cinquiesme entre 9. & 10. &c.

Prop. 117. Probl. 79.

Tirer la ligne Horizontalle du lieu dans le quadrant Equinoctial.

Trouuer premierement la differ. ascensionalle du soleil estāt en ♋, & au poinct Z, sur la ligne de 6. heur. faictes vn angle égal à cette differ. ascensionalle du costé Meridional, & par le poinct dans lequel ceste ligne qni est la longueur de l'ombre, le soleil estāt dans l'Horizon coupe le Tropicque de ♋ tirez vne ligne parallelle à la ligne de 6. heures, vous aurez la ligne Horizontalle dans le quadrant superieur.

Et pour la tirer dans le quadrant inferieur, au poinct Z, ſur la ligne de 6. heur. du coſté Septent. de la ligne, il faut faire vn angle égal à la differ. aſcenſionalle de ♑, qui eſt la meſme que celle de ♋, & par le poinct où ceſte ligne coupe le Tropicque de Capricorne, tirez vne ligne parallel à l'Equateur vous aurez la ligne Horizontalle.

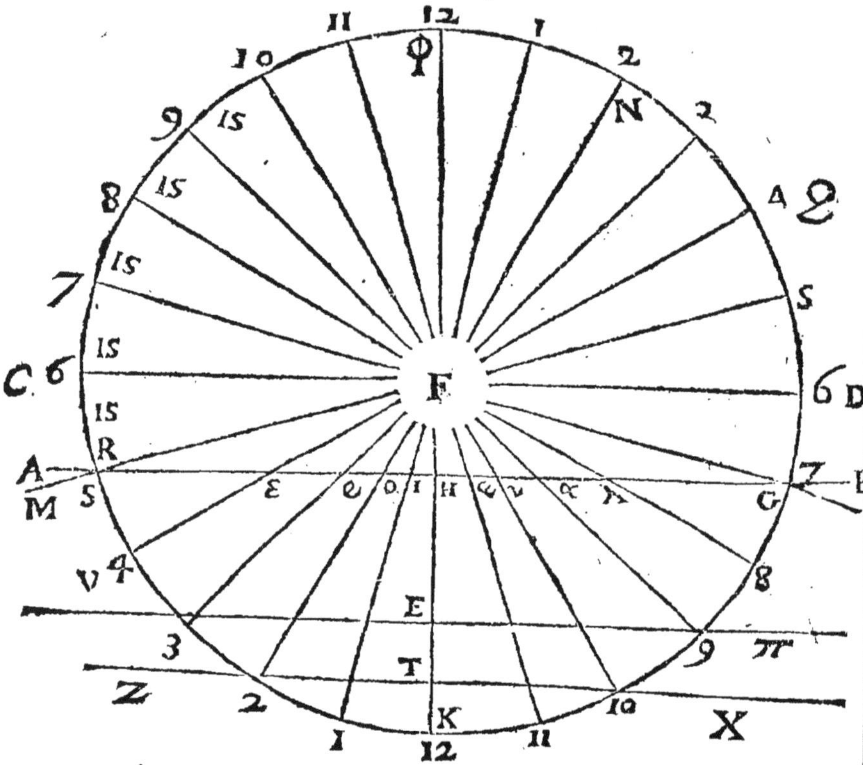

Vous ferez la meſme choſe, ſi au poinct Z, vous faictes vn angle égal à la differ. aſcēſionalle du cōmēcement de ♐ où ♏, & par le poinct où la ligne faiſant l'angle coupe les parallels de ♐ ou ♏, tirez vne ligne parallelle à la ligne de 6, heures, icelle pararallelle sera la ligne Horizontalle dans le quadrant inferieur. De la mesme façon dans le quadrant superieur, la ligne faisant vn angle égal à la difference ascensionalle de ♌ ou ♍, (qui est l'ombre du soleil se leuant) coupera les cercles de ♌ & ♍ en deux poincts, & la ligne passant par ces deux poincts sera la susditte ligne Horizontalle dans le quadrant superieur.

Autrement; A vn bout du style, faictes vn angle égal à l'eleuation du pole sur l'Horizon du lieu comme Z, F, H, & produisez la ligne faisant l'angle iusques à ce qu'elle se rencontre auec la ligne Meridienne au poinct H, & par ce poinct H, tirez vne ligne parallelle à la ligne de 6. heures, icelle ligne sera la ligne Horizontalle, laquelle doit estre tirée du costé Austral du style, dans le quadrant superieur, & du costé Septentrional du style dans le quadrant inferieur, comme dans la figure de la prop.15. Où il faut noter que dans le quadrant superieur, le bout du style estăt le centre du monde, la ligne F, H, qui est dans le plan du cercle qui est l'Horizon & passe par le bout du style, tombe du costé Meridional du style dans vn quadrant superieur; & par la mesme raison, le bout du style dans le quadrant inferieur estant le centre du monde, F, H, qui est dans le plan de l'Horizon, passant par le bout du style, tombera du costé Septentrional du style.

Prop. 118. Theor. 38.

Tirer les cercles Verticaux ou Azimuths dans le quadrant Equinoctial.

Puis que les 24. cercles Verticaux dans le plan

Et pour la tirer dans le quadrant inferieur, au poinct Z, sur la ligne de 6. heur. du costé Septent. de la ligne, il faut faire vn angle égal à la differ. ascensionalle de ♑, qui est la mesme que celle de ♋, & par le poinct où ceste ligne coupe le Tropicque de Capricorne, tirez vne ligne parallel à l'Equateur vous aurez la ligne Horizontalle.

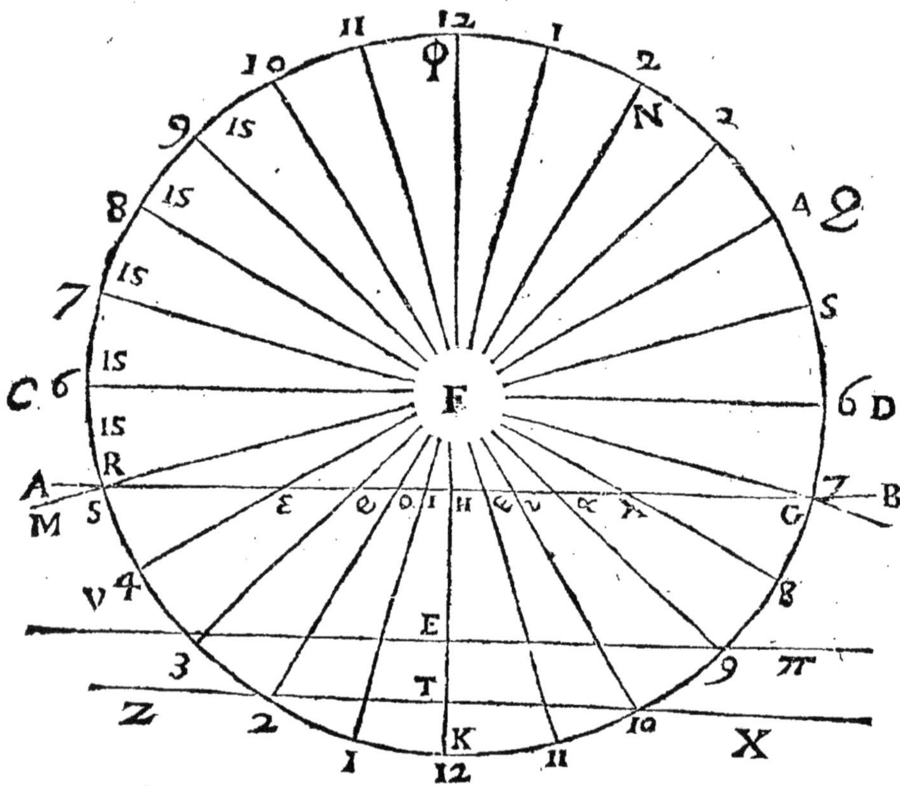

Vous ferez la mesme chose, si au poinct Z, vous faictes vn angle égal à la differ. ascẽsionalle du cõmẽcement de ♐ où ♏, & par le poinct où la ligne faisant l'angle coupe les parallels de ♐ ou ♏, tirez vne ligne parallelle à la ligne de 6, heures, icelle pararallelle ſera la ligne Horizontalle dans le quadrant inferieur. De la meſme façon dans le quadrant ſuperieur, la ligne faiſant vn angle égal à la difference aſcenſionalle de ♌ ou ♍, (qui eſt l'ombre du ſoleil ſe leuant) coupera les cercles de ♌ & ♍ en deux poincts, & la ligne paſſant par ces deux poincts ſera la ſuſditte ligne Horizontalle dans le quadrant ſuperieur.

Autrement; A vn bout du ſtyle, faictes vn angle égal à l'eleuation du pole ſur l'Horizon du lieu comme Z, F, H, & produiſez la ligne faiſant l'angle iuſques à ce qu'elle ſe rencontre auec la ligne Meridienne au poinct H, & par ce poinct H, tirez vne ligne parallelle à la ligne de 6. heures, icelle ligne ſera la ligne Horizontalle, laquelle doit eſtre tirée du coſté Auſtral du ſtyle, dans le quadrant ſuperieur, & du coſté Septentrional du ſtyle dans le quadrant inferieur, comme dans la figure de la prop. 15. Où il faut noter que dans le quadrant ſuperieur, le bout du ſtyle eſtāt le centre du monde, la ligne F, H, qui eſt dans le plan du cercle qui eſt l'Horizon & paſſe par le bout du ſtyle, tombe du coſté Meridional du ſtyle dans vn quadrant ſuperieur; & par la meſme raiſon, le bout du ſtyle dans le quadrant inferieur eſtant le centre du monde, F, H, qui eſt dans le plan de l'Horizon, paſſant par le bout du ſtyle, tombera du coſté Septentrional du ſtyle.

Prop. 118. Theor. 38.

Tirer les cercles Verticaux ou Azimuths dans le quadrant Equinoctial.

Puis que les 24. cercles Verticaux dans le plan

de l'Horizon font 24. angles esgaux chacun de 15. deg. Tirez donc le quart de cercle H, B, S, & diuisez le en 6. parties esgalles, & vous trouuerez

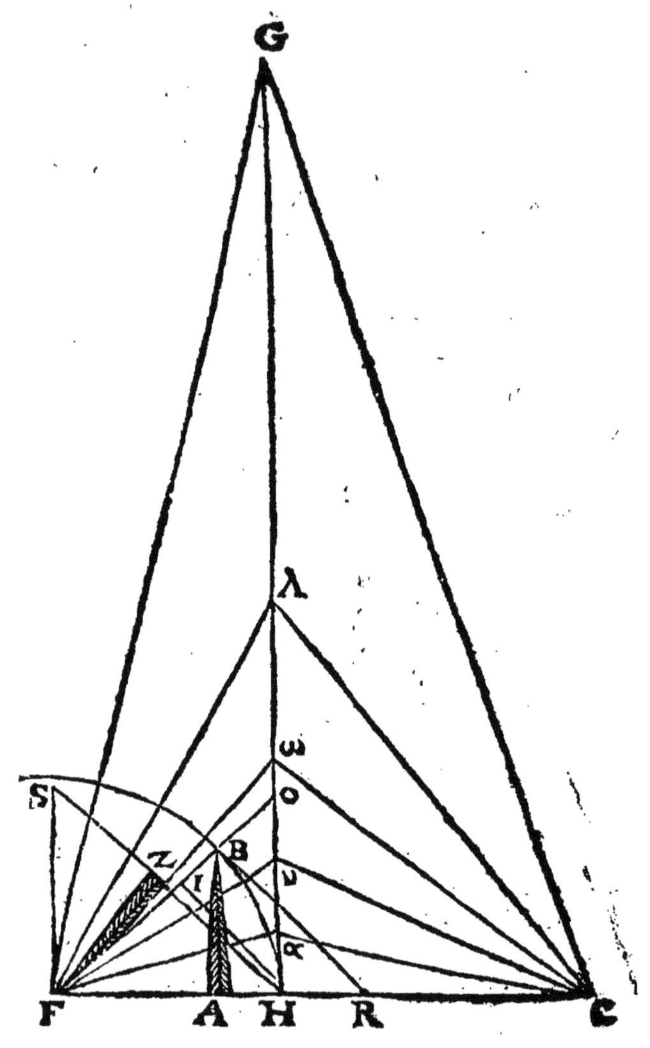

les poincts ω, ν, α, λ, G. Puis apres faites C, H, ou S, H, esgalle à la distâce entre le poincts Vertical S, dans le quadrant Equinoctial & la ligne Horizontalle, & de ce poinct Vertical C, tirez les lignes Verticalles par les poincts susdits, & C, ω, C, ν, C, α, C, λ, C, G, en seront cinq de ces lignes la ligne Meridienne en fera deux, & la ligne Verticalle tirée par le poinct Vertical parallelle à la ligne de 6. heures autres deux; toutes les autres se trouueront comme ces cinq susdites, & de la mesme façon que les lignes horaires dans le quadrant Horizontal.

Le poinct Vertical C, ou S, est le poinct de rencontre de la ligne de commune section de tous les cercles Verticaux, ou bien de l'axe de l'Horizon auec le plan du quadrant Equinoctial, tout de mesme comme le centre du quadrant Horizontal est le poinct de rencontre de la ligne de commune section des cercles horaires, qui est l'axe du monde auec le plan du quadrant Horizontal, & aussi (tout de mesme comme le cẽtre du quadrant Horizontal,) ce poinct Vertical est tantost du costé Septentrional, tantost du costé Meridional du style, mais au rebours de l'autre : car dans le quadrant Equinoctial superieur, le poinct Vertical est dans la ligne Meridienne du costé Septentrional du style, & dans le quadrant inferieur du costé Meridional du style; car le bas du style est tousjours entre le poinct Vertical & la ligne Horizontalle, tout de mesme comme dans le quadrant Horizontal le bas style est tousiours entre le centre du quadrant & la ligne Equinoctialle.

Mais ce poinct Vertical se trouue ainsi : A vn bout du style faictes vn angle égal à la hauteur de l'Equateur sur l'Horizon, comme Z, F, S, & produisez la ligne faisant l'angle, à sçauoir l'axe de l'Horizon, iusques à ce qu'elle se rencontre auec la ligne Meridienne en S, iceluy poinct sera le poinct Vertical, & S, Z, sera la distance de ce poinct au bas du style, & S, H, sera sa distance à la ligne Horizontalle, & Z, F, style sera l'axe du monde, & F, H, sera vne partie du diametre de l'Horizon; de sorte que si le style d'vn quadrant Equinoctial est égal au style d'vn quadrant Horitontal, S, Z, dans l'vn sera égal à S, Z, dans l'autre, & Z, H, dans l'vn à Z, H, dãs l'autre, & F, H, dans l'vn à F, H, dans l'autre, & S, F, dans l'vn

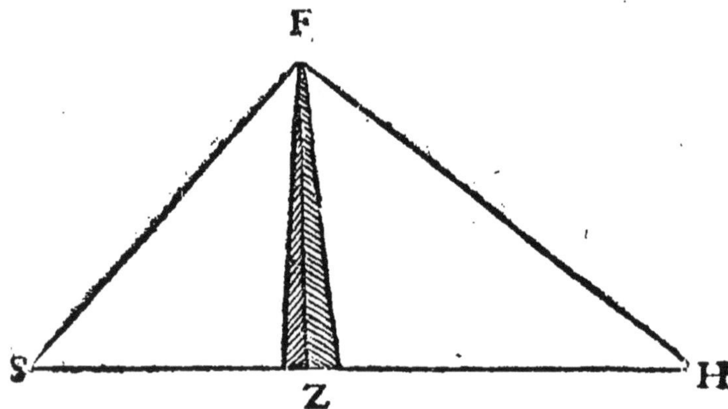

à S, F, dans l'autre, car l'angle F, S, H, en tous les deux est égal à l'eleuation du Pole, & F, H, S, à la hauteur de l'Equateur sur l'Horizon en tous les deux.

Dans le quadrant superieur les lignes Verticalles sont tirées de bas en haut, de Septentrion vers le Midy : dans l'inferieur elles sont tirees de haut en bas.

Où il faut noter que S, ω, est la ligne Verticalle où

le ou Azimuts de 75. deg. & S, ν, de 60. deg. & S, α, de 45. & S, λ, de 30. & S, G, de 15. & S, H, de 90. degr. dans vn quart du ciel seulement, & dans les autres trois quarts du ciel, il faut tirer cinq lignes Verticalles faisans angles égaux à ceux-cy & vous aurez les autres lignes Verticalles.

Prop. 118. Probl. 78.

Trouuer les diametres de l'Horizon, les parties des lignes Verticalles comprises entre le centre du quadrant & la ligne Horizontalle; & aussi les angles que l'axe de l'Horizon F, S, faict auec les lignes Verticalles.

Les diametres de l'Horizon se trouuent selon la 34. prop. tout de mesme comme les diametres de l'Equateur & seront F, H, & F, ω, & F, ν, & F, α, & F, G.

Où il faut se souuenir que toutes ces six lignes font angles droicts auec l'axe de l'Horizon F, S, d'autant que ces lignes sont dans le plan de l'Horizon.

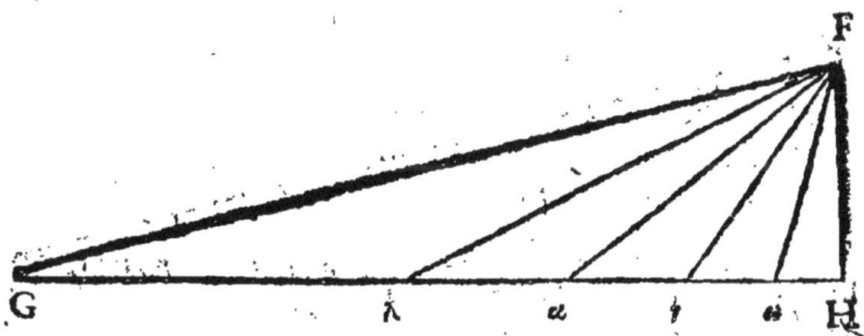

Les longueurs des lignes Verticalles comprises entre le centre S, & la ligne Horizontalle H, G, settrouue tout de mesme comme les longueurs des ombres de l'axe F, S, dans la 35. proposition; c'est pourquoy i'y renuoye le lecteur: & vous aurez S,H, & S, ω, & S, ν, & S, α, & S, λ, S, G.

Les angles que l'axe de l'Horizon faict auec chacune des lignes Verticalles, se trouuent par la 36. prop. car ces angles sont les mesmes que l'axe

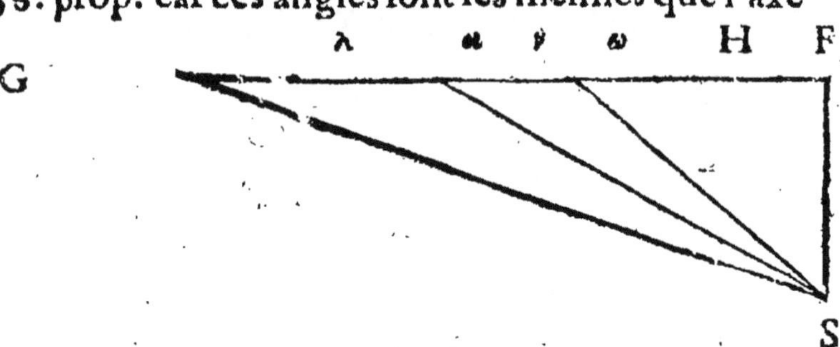

du monde F, S, faict auec les lignes horaires dans le plan du quadrant Horizontal, & de mesme grandeur, comme F, S,H, 49. deg. F, S, ω, 49. d. 44. min. F, S, ν, 53. degr. 2. min. &c. Voyez la 139. page.

Dans la grande figure, il faut noter que les lignes punctuées sont lignes Verticalles dans le plan de l'Horizon, & diuisent vn demy cercle en 12. parties esgalles, chacune de 15. deg. Mais les lignes noires sont lignes Verticalles dans le plan du quadrant Equinoctial, & font angles égaux aux angles horaires du quadrant Horizontal.

Prop. 119. Probl. 79.

Tirer vn Almicanthara qui soit dessus l'Horizon dans le plan du quadrant Equinoctial superieur.

Faictes au poinct F, bout de l'axe F, S, vn angle esgal à la distance entre l'Almicanthara & le Ze-

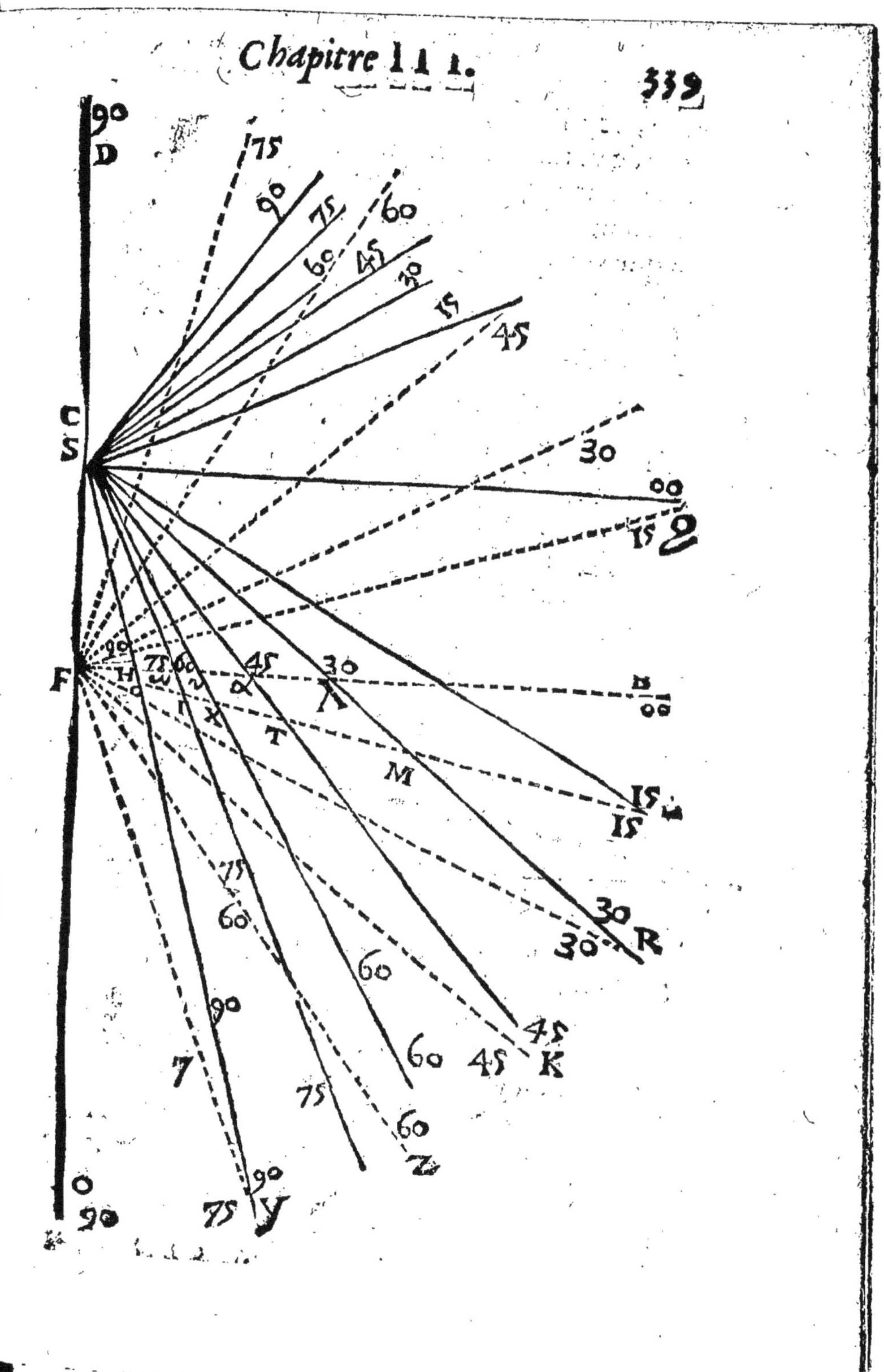

nith, & à l'autre bout de l'axe S, faictes des angles égaux aux precedentes F, S, H, & F, S, ω, &c. ainsi vous aurez les longueurs des lignes Verticalles comprises entre le centre S, & l'Almicanthara que vous deuez tirer.

Comme si ie veux tirer le premier Almicanthara qui est distant de l'Horizon de 15. degr. & du Zenith de 75. deg. Au poinct F, ie faicts vn angle de 75. degrez & au poinct S, ie fais l'angle F, S, 90. égal à F, S, H, & F, S, 75. égal à F, S, ω, & & F, S, 60. égal à F, S, ν, & F, S, 40. égal à F, S, α, & F, S, 30. égal à F, S, λ, & F, S, 15. égal F, S, G, & F, S, O, de 90. deg.

Faictes donc chacune des lignes Verticalles de la longueur qu'elles sont dans ceste figure cy, comme S, 90. qui represente la ligne Meridienne

de la longueur qu'elle a dans ceste figure, & aussi S, 75. de la longueur qu'elle a icy, & ainsi S, 60. & S, 45. & S, 30. & S, 15. & S, O, qui represente la ligne de 6. heures, de la longueur qu'elles ont dans celle-cy. Et par les extremités de toutes ces lignes Verticalles, tirez vne ligne courbe adroictement, vous aurez la partie de l'Almicanthara, qui est dans vn des quartiers du quadrant; & pour auoir les autres parties, il faut faire S, 75. dans les autres quartiers de la mesme grandeur, & S, 60. de la mesme grandeur, & aussi S, 45. & S, 30. &c. & tirez par leurs extremitez vne ligne courbe comme dessus. Cecy s'entend si l'Almicanthara ne fait pas vne Ellipse.

Pour tirer l'Almicanthara de 75. degr. c'est à

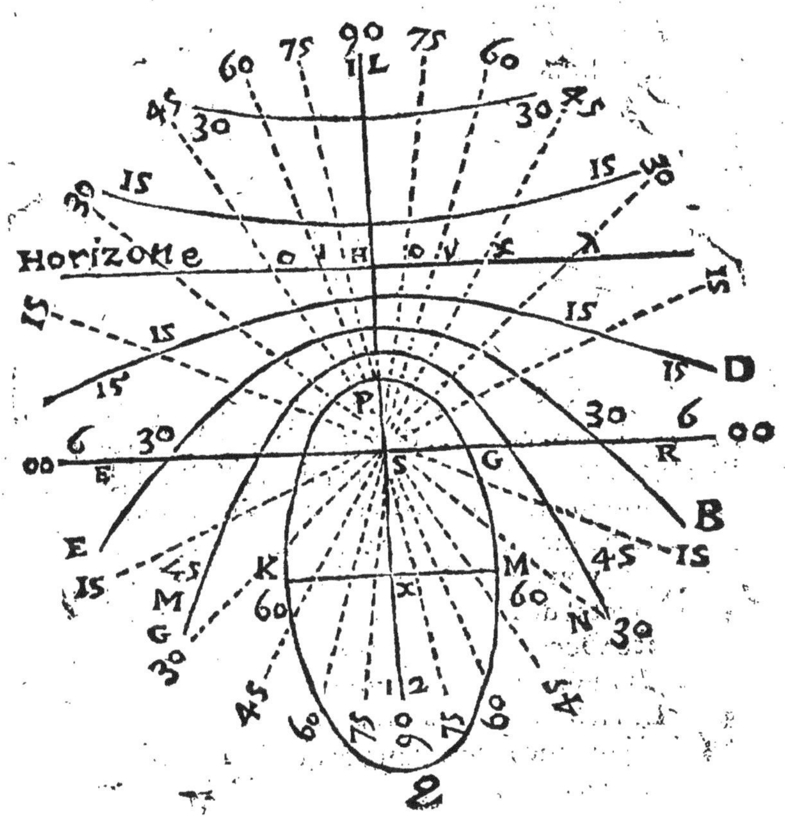

dire qui est 15. deg. esloigné du zenith, il faut faire l'angle à F, de 15. deg. & les angles à S, de la grandeur susdite: mais F, S, 15. obtus égal au complement de F, S, G, de 102. deg. 41. m. & F, S, 30. obtus au complement de F, S, λ, de 113. deg. 30. m. & F, S, 45. obtus égal au complement de F, S, α, de 121. deg. 34. min. & F, S, 60. obtus au complement de F, S, ν, de 126. deg. 58. min. & F, S, 75. égal au complement de F, S, ω, de 130. deg. 16. minut. & F, S, 90. égal au complement de F, S, H, de 131. Voyez dans la grande figure ou la ligne F, S, 75. coupe 13. lignes, à sçauoir,

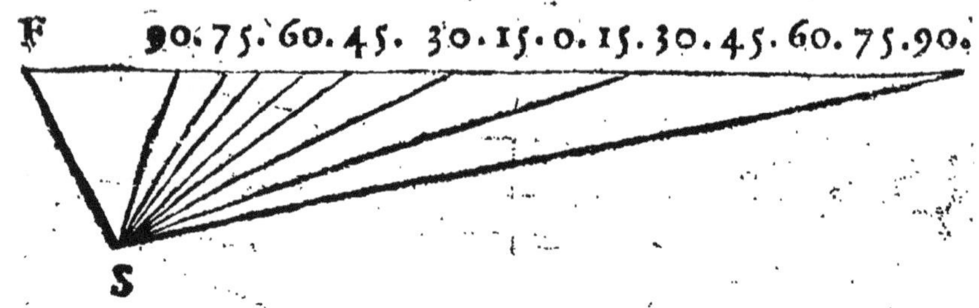

S, 90. & S, 75. & S, 60. & S, 45. & S, 30. & S, 15. & S. 0, & S, 15. & S, 30. & S, 45. & S, 60. & S, 75. & S, 90. Ayant dõc fait ces treize lignes de la longueur qu'elles doiuent auoir, tirez vne ligne courbe adroictement par les extremitez de ces lignes, vous aurez la moitié d'vne Ellipse du costé Oriental de la ligne Meridienne, faictes donc du costé Occidentale l'autre moitié de l'Ellipse, & de la mesme façon, & vous aurez toute l'Ellipse.

Les Almicantharas sous l'Horizon, se descriuent de la mesme façon dans le quadrant Equinoctial inferieur.

Prop. 120. Probl. 80.

Tirer les Almicantharas dessoubs l'Horizon dans le quadrant Equinoctial superieur; & ceux de dessus l'Horizon dans le quadrant Equinoctial inferieur.

Faictes l'angle à F, tousiours égal à la distance entre l'Almicanthara & le Zenith du quadrant. Comme pour tirer l'Almicanthara de 30. d. soubs l'Horizon, il faut faire l'angle F, de 120. parce que cest Almicanthara est esloigné d'autāt du Zenith du quadrant superieur, & puis apres il faut faire les autres angles, & tout le reste comme dessus; mais le Zenith du quadrant inferieur est le Nadir.

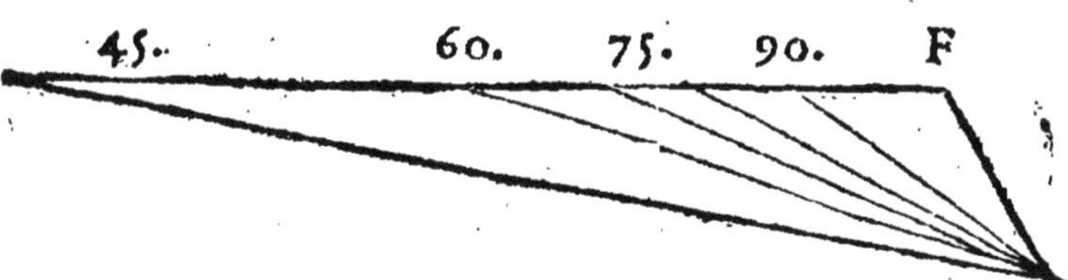

Car toutes les lignes tirées de F, diuisants le quart de cercle superieur B, O, en six parties égalles denotent les parallels dessous l'Horizō, & les autres lignes diuisans le quart de cercle inferieur, denotēt les Almicantharas dessus l'Horizon dans la fig. de la 339. p.

Toutes ces sections coniques sont hyperboles, au dessous 42. degr. qui est la hauteur de l'Equateur dessus l'Horizon, mais la section conique du cone qui a le parallel de 42. deg. de hauteur pour base est parabole à cause que le plan coupant, à ſçauoir le plan du quadrant Equinoctial eſt parallel au coſté de ce cone. Mais les ſections coniques de tous les Almicantharas au deſſus 42. degr. à Paris ſont des Ellipſes. Et à Rome toutes les ſections coniques des Almicantharas au deſſus 48. deg. ſont Ellipſes & celle de 48. deg. eſt Parabole, les autres Hyperboles, à cauſe que la hauteur de l'Equateur à Rome eſt de 48. deg. & l'eleuation du pole 42. deg. Mais tous les Almicantharas deſſous l'Horizon, ne font que des Hyperboles deſſus la ligne Horizontalle, eſtans coupez par le quadrant Equinoctial, comme 15. D, 15. & E, B, 30. iuſques à l'Almicanthara qui touche l'Equateur deſſous l'Horizon, qui fait vne parabole au deſſous de la ligne Horizontalle, dans l'inferieur comme eſt à voir dans la figure. Ces ſections coniques ſe tirent comme nous auons enſeigné dans le quadrant Horizontal.

La demonſtration de celle-cy eſt la meſme que celle de la 35. prop. Car les lignes diuiſant le quart de cercle B, O, inferieur de 15. d. en 15. d. repreſente les lignes des ſignes Meridionaux, & celles qui diuiſent le quart B, D, ſuperieur repreſente les lignes des ſignes Septentrionaux dans la figure de la 35. prop. comme F, L, & F, R, & F, S, & la ligne Equinoctialle F, H, eſt repreſentee dans ceſte figure icy par la ligne Horizontalle F, B. Mais les lignes horaires dans la figure de la 35. propoſ. ſont repreſentées dans ceſte figure icy par les Verticalles comme toutes celles qui procedent de S.

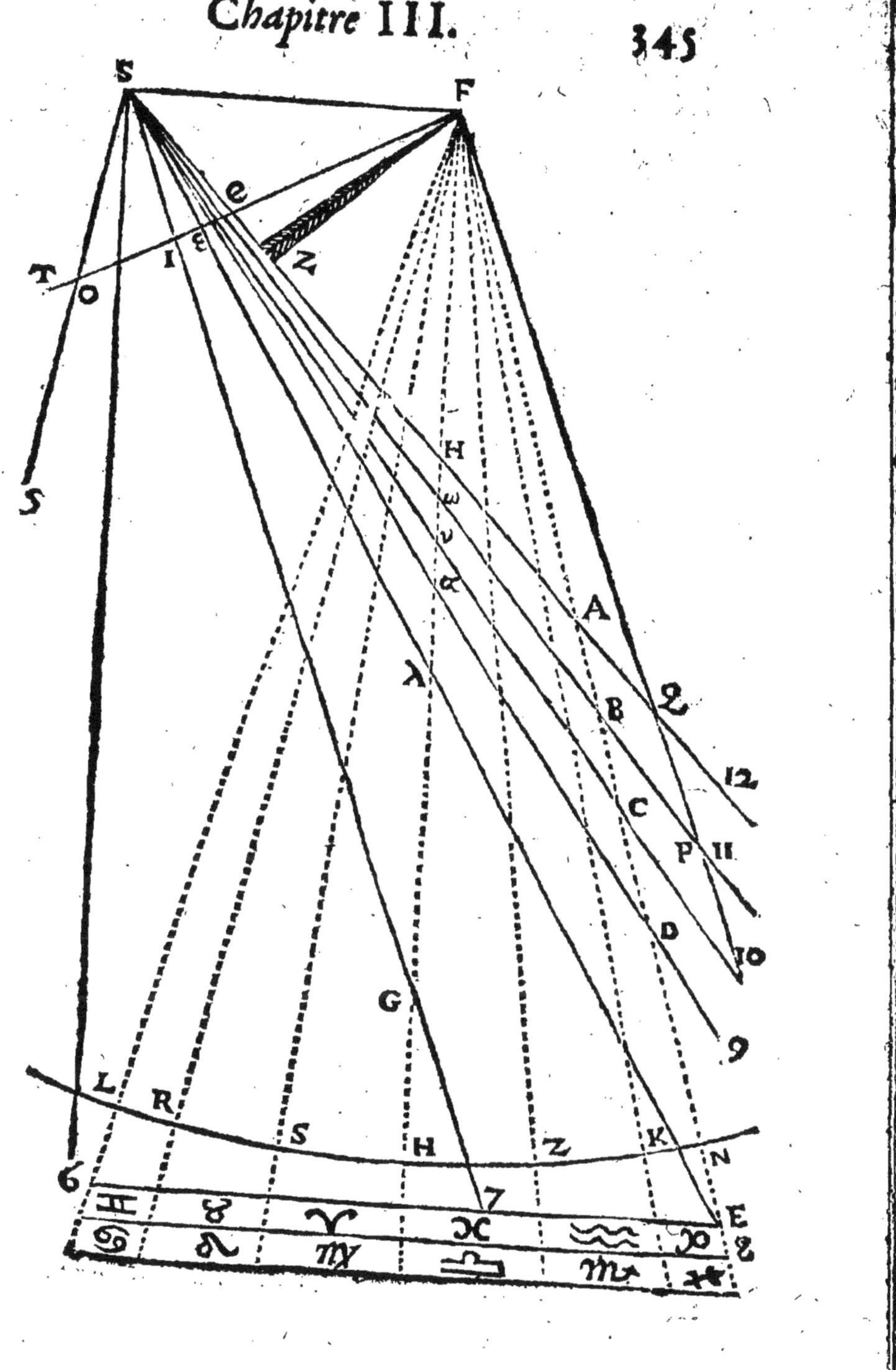
S
F
e
T
O
I
Z
5
H
A
λ
B
12
C
P
11
D
10
G
9
L
R
S
H
Z
K
N
6
7
E
8

Prop. 121. Probl. 81.

Trouuer les lignes des maisons celestes dans le quadrant Equinoctial.

D'autant que l'axe du cercle Vertical est la ligne de commune section des cercles des maisons celestes, à sçauoir la ligne qui est tirée du poinct du Midy dans l'Horizon iusques au Septentrion,

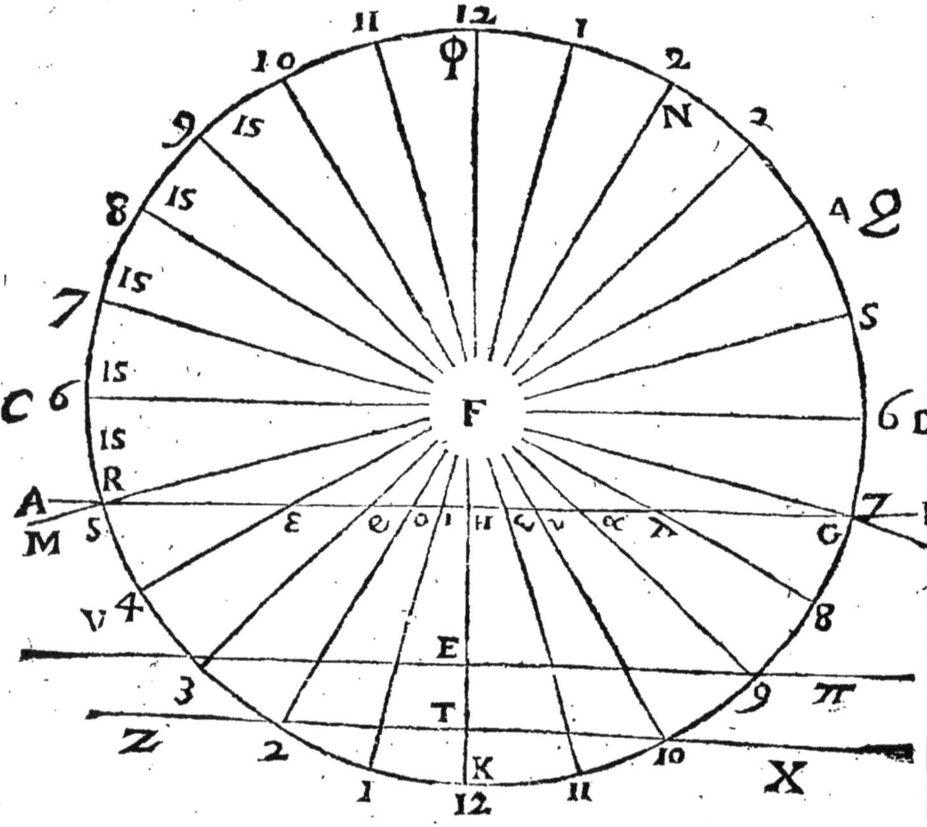

passant par le centre du monde ou sommet du style, lesquels deux poincts sont les poincts d'entresection du Meridien auec l'Horizon, il est certain que ceste ligne tombera sur le poinct H, où la ligne Horizontalle H, G, coupe le Meridien dans le plan du quadrant Equinoctial inferieur ou superieur; & parce que les cercles des maisons coupēt l'Equateur en 12. parties esgalles chacune de 30. degr. les lignes de section des cercles des maisons dans le plan du quadrant feront 12. angles au poinct H, dans le plan du quadrant chacun de 30. deg. Car dans le plan du cercle Equinoctial les lignes de section des maisons, & les lignes de section des cercles horaires sont les mesmes; & partant les lignes des maisons dans le plan du quadrant estant parallelles aux susdictes lignes sur le plan de l'Equateur, & aussi les lignes horaires dans le plan du quadrant parallelles aux mesmes lignes susdites, necessairement les lignes des maisons dans le quadrant, & les lignes horaires dans le quadrant seront parallelles entre elles; à sçauoir la ligne de 10. heures sera parallele à la ligne de l'vnziesme maison, & celle de 8. heures parallelle à la ligne de la 12. maison, & la ligne de 6. heures parallelle à celle de la premiere maison; & celle de 2. heures à celle de la 9. maison, & celle de 4. heures à la ligne de la 8. maison, & la ligne de 6. heures de soir à la ligne de la 7. maison, & ainsi d'autres.

Donc pour tirer les lignes des maisons, il faut faire du poinct H, sur la ligne Meridienne, vn angle de 30. d. du costé droit de la ligne Meridienne & aussi du costé gauche, & ainsi tout autour il faut faire 12. angles chacun de 30. deg. au poinct H, & vous aurez toutes les lignes des maisons celestes.

Mais pour faire les maisons celestes selon Campanus, il faut trouuer les poincts des maisons dans la ligne Verticalle, & par ces poincts tirez les lignes des maisons du poinct H. On trouue les poincts des maisons dans la ligne Verticalle tout de mesme comme les poincts horaires dans l'Equinoctialle du quadrant Horizontal, sinon qu'icy

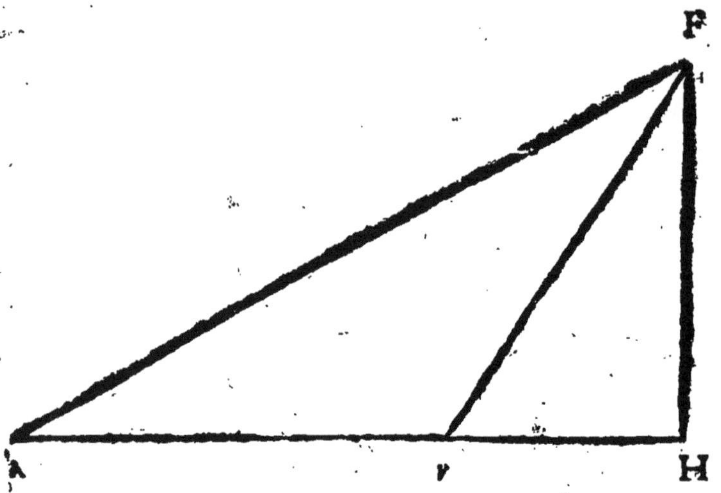

cy il faut faire chaque angle de 30. degr. & non pas de 15.

Prop. 122. Probl. 82.

Tirer les lignes de section de l'Ecclyptique auec le plan du quadrant.

Trouuez l'ascension droicte du degré qui est dans le Meridien, c'est à dire la distance entre le Meridien & le commencement d'Aries ou Libra en comptant les deg. de l'Equateur, & faictes vn poinct sur la circonference du quadrant autant eſloigné de la ligne Meridienne du coſté dextre ou ſeneſtre, & de ce poinct tirez vne ligne qui paſſe par la centre, & à icelle ligne, tirez vn parallel touchant le Tropic de ♋ dans le ſuperieur, & celuy de ♑ dans l'inferieur. Ou bien cõptez dans le Tropicque du poinct d'Orient ou d'Occident vers le Meridien, autant de degrez, & au bout de ce nombre des degrez mettez vn poinct, & par ce poinct tirez vne ligne touchant le Tropic, cette ligne ſera la ligne de ſection des deux plans.

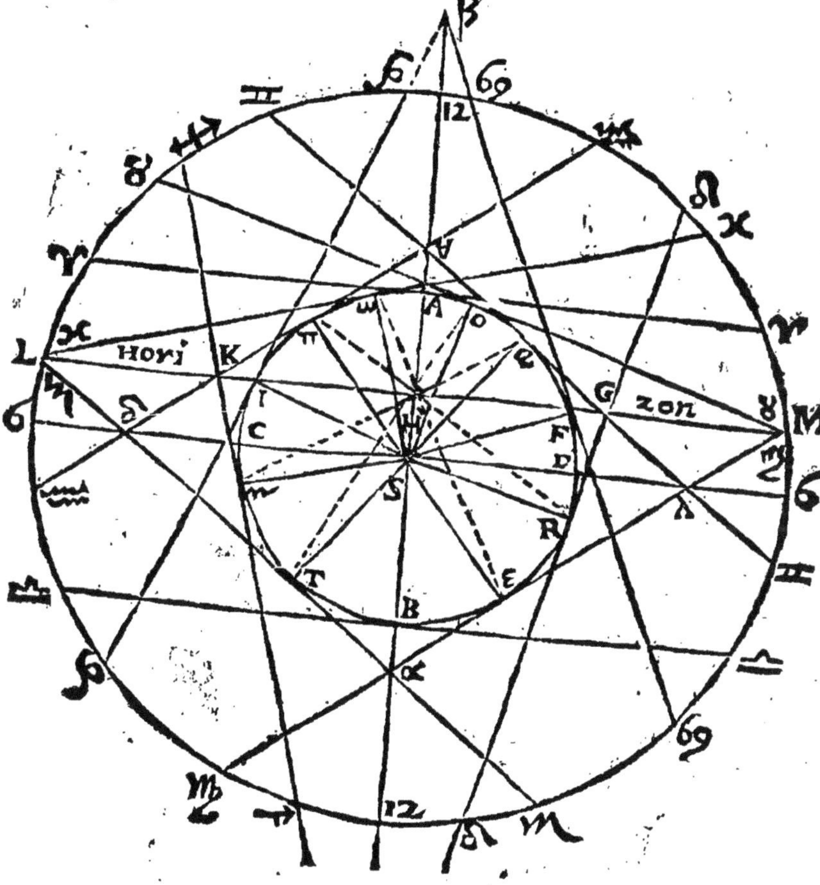

Exẽple: Si ♈ est dans l'Horizon du lieu, le commencemeut de Capricorne sera dans le Meridien mais au dessous le quadrant Equinoctial & partant le centre de l'Eccliptique estant le sommet du style du quadrant superieur, necessairement il faut que le plan de l'Eccliptique coupe le plan du quadrant dans vne ligne qui touche le Tropique de Cancer au poinct A, qui est le poinct dudit Tropique le plus proche du midy, laquelle tangente sera parallelle à la ligne de 6. heures, & à la ligne Horizontalle. Donc parce que l'ascension droicte d' ♈ est de 360. degr. & celle de ♑ de 270. deg. la distance de ♈ au Meridien, sera de 90. en comptant les degr. de l'Equateur. Et si vous comptez 90. degrez du Meridien vers l'Orient, vous trouuerez le poinct duquel il faut tirer laditte ligne à laquelle la tangente A, ♈, est parallelle. Ou bien pour mieux faire il faut compter du poinct d'Orient C, dans le Tropic 90. deg. vers le Meridien, & vous trouuerez le poinct A, par lequel il faut tirer la ligne tangente, qui est la ligne de section de l'Eccliptiqne auec le plan du quadrant.

De mesme si le commencement de ♉ est dans l'Horizon, le 13. deg. de ♑ sera dans le Meridien & la difference entre l'ascension droicte du degré dans le Meridien, & celle de ♈ 360. sera de 76. Comptez donc 76. deg. depuis le poinct D, dans le Tropique vers le Meridien iusques au poinct O, & par ce poinct O, tirez vne ligne tangente le Tropic, vous aurez la ligne de section de l'Eccliptique auec le plan du quadrant, quand le commencement de ♉ est dans l'Horizon oblique du lieu. Et ceſte ligne auſſi eſt du coſté Meridional du Tropicque dans le quadrant ſuperieur, d'autãt que le 13. degré de ♑ qui eſt dans le Meridiẽ de Paris eſt au deſſous le quadrãt Equinoctial, & le centre de l'eccliptique eſtant le ſommet du ſtyle dans le quadrãt ſuperieur, neceſſairement le plan de l'Ecclíptique coupe le plan du quadrant dans la moitié Meridionalle, ou bien du coſté Me-

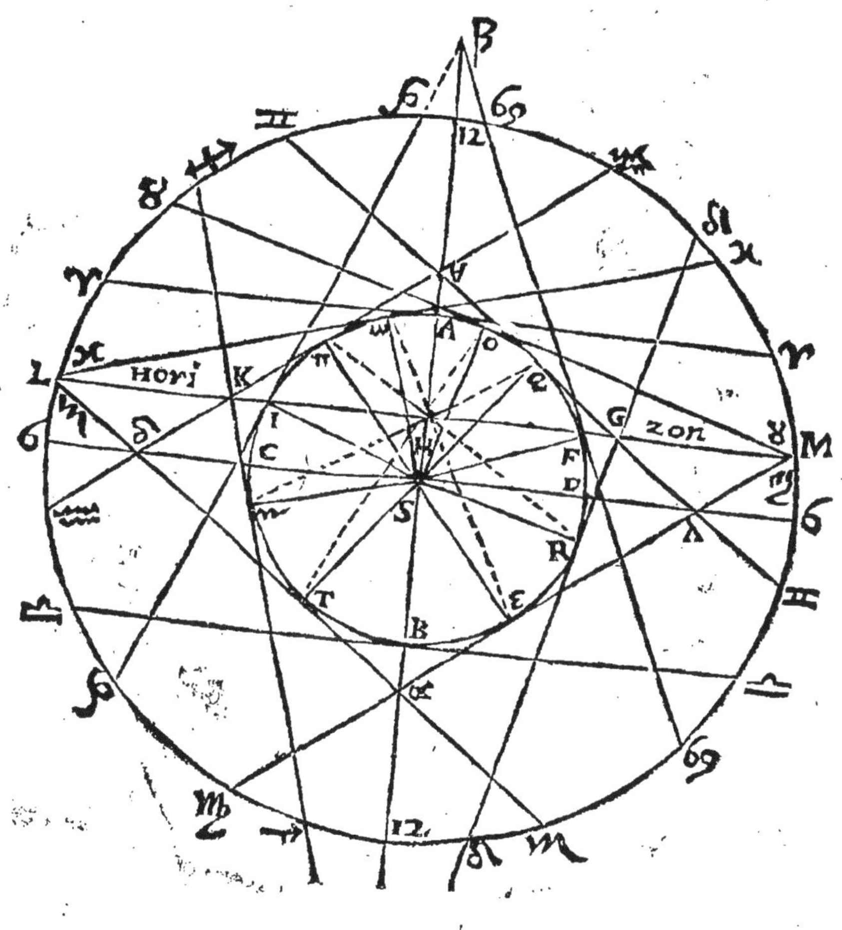

ridional du Tropic : car si vous tirez vne ligne du ♋ qui est dans la moitié Septentrionalle dessus le plan du quadrant iusques au centre de l'Ecclip-tique, qui est le sommet du style, icelle ligne coupera le plan du quadrant du costé Meridional de l'Eccliptique, & ainsi de tous les degrez des signes Meridionaux, lesquels estans dans le Meridien dessous ♋ est tousiours au dessus dans la moitié Septentrionalle du Ciel. C'est pourquoy toutes les lignes des signes qui se leuent quand aucun degré des signes Meridionaux, est dans le Meridien touchent le cercle Tropique dans vn poinct vers le midy.

Mais si le poinct d'Aries est dans le Meridien, alors la ligne de section des plans, touchera le Tropique dans le poinct D, qui est le poinct Occidental, d'autant que le commencement de ♋, estant dans l'Orient dans le cercle de 6. h. si vous en tirez vne ligne par le centre de l'Eccliptique, à sçauoir le sommet du style, icelle ligne tombera sur le poinct D, & fera vn angle de 23. deg. 30. min. Et si le commencement de ♎ est dans le Meridien, le commencement de ♋ sera dans l'Occidenr dans le cercle de 6. h. & laditte ligne tirée par le sommet du style tombera sur le poinct C, & partant la ligne de section des plans touchera le cercle Tropic au poinct C.

Mais si quelqu'vn des signes Septentrionaux est dans le Meridien, alors les lignes de section touchent le Tropicque és poincts Septẽtrionaux; comme si le cõmencement de Leo estdans l'Horizon Oriental, alors le d. 13. d'Aries est dãs le Meridien, de Rome & l'ascension droicte de ce degré

sera

ſera 13. deg. partant la diſtance entre ce degré & le commencement d'Aries ſera de 13. Comptez donc dans le Tropic 13. deg. du poinct Occidental D, vers le Meridien B,13. d. iuſques au poinct R, lequel eſt dãs la moitié Septẽtrionalle du Tropic, parce que le degré qui eſt dans le Meridien eſt 13.d.59.m.d'♈ d'vn ſigne Septẽtrional. Donc ſi vous tirez vne ligne par le poinct R, touchant le cercle vous aurez la ligne de ſection des deux plans, quand le commencement de ♌ eſt dans l'Horizon Oriental à Rome. La raiſon Pourquoy le poinct R, eſt dans la moitié Septentrionalle du Tropique, eſt à cauſe que le degré qui eſt dans le Meridien eſtant Septentrional, & partant au deſſus le plan du quadrant, & le commencement de ♋ dans la moitié du ciel Meridional, ſi vous en tirez vne ligne paſſant par le ſommet du ſtyle du quadrant ſuperieur, icelle ligne coupera le plan du quadrant dans vn poinct Septentrional du Tropic : car il faut ſçauoir que tout auſſi toſt que le commencement d'Aries a paſſé le Meridien, le commencement de ♋ entre dans la moitié Meridionalle du ciel, & partant aucun degr. d'Aries ou Taurus eſtant dans le Meridien, le commencement de Cancer eſt deſia entré dans la moitié Meridionalle du ciel. Car le commencement d'Aries eſtant dans le Meridien, Cancer eſt dans le cercle de 6. h. deſſus l'Horizon qui ſepare la moitié du ciel Meridional, de la moitié Septentrionalle ; & deuant que ♈ paruienne au Meridien, ♋ eſt touſiours dans la moitié Septentrionalle du ciel. De meſme ſi le commencement de ♎ eſt dans le Meridien, ♋ eſt dans le cercle de 6. h. de l'Occident, & tout aussi tost que quelque degré des signes Meridionaux, est dans le Meridien, ♋ passe vers la moitié Septentrionalle du ciel, & partant si vous en tirez vne ligne par le sommet du style, elle touchera sur vn poinct du Tropic Meridional.

Donc si vous voulez tirer la ligne de section de ♌, il faut compter 90. d. depuis D, iusques à B, parce que ♎ estant dans l'Horizon ♋ est dans le Meridien, & la difference entre leurs ascensions droictes est de 90. deg. apres par le poinct B, tirez vne ligne, vous aurez la ligne de section des deux plans, le commencement de ♌ estant dans l'Horizon.

De la mesme façon vous pourrez tirer la ligne de ♍, de ♏, de ♐ & toutes les autres lignes.

Mais les poincts par lesquels ces lignes sont tirees se trouuent encore autrement. Trouuez la distance entre ♋ & le Meridien Austral, & de l'autre costé du Meridien comptez dans le Tropic de ♋ autant de degrez, en commençant à compter les deg. au Meridien Septentrional, vers le Midy, & au bout de ces degrez, sera le poinct par lequel il faut tirer la ligne de section.

Exemple: Si le commencement de ♌ est dans l'Horizon, le commencement de ♋ sera dans la moitié Orientalle du ciel, & sa distance du Meridien sera trouuée en ostant l'ascension droicte du milieu du ciel de celle de ♋, à sçauoir 90. & ce qui restera sera la distance cherchée, à sçauoir 77. Apres en commençant du poinct B, comtez autant de degrez dans le Tropic de ♋ du costé Occidental du quadrant vers le poinct D, &

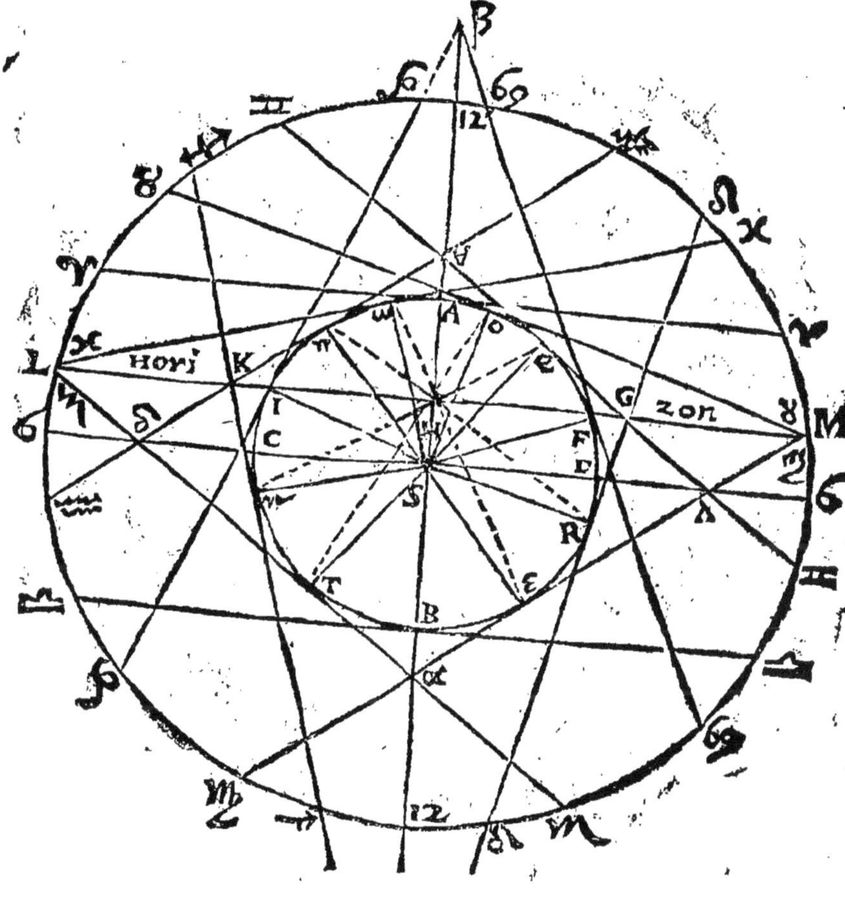

vous aurez l'arc B, R, égal à la susdicte distance & partant le poinct R, sera le poinct par lequel il faut tirer la ligne de section touchant le Tropic, la raison est à cause qu'vne ligne tirée du poinct de ♋ par le sommet du style, tombera sur le poinct R, dans le Tropic de ♋ du quadrant, lequel poinct estant dans le plan de l'Eccliptique (comme estant l'extremité de la susdicte ligne, laquelle est tout entiere dans le plan de l'Eccliptique) & aussi dans le plan du quadrant, necessairement sera aussi dans la ligne de commune section des deux plans, & partant la ligne de ♌ doit estre tirée par le poinct R, laquelle touche le Tropic de Cancer du quadrant, d'autant que la ligne de section de l'Eccliptique & du plan du quadrant, touche tousiours le Tropic du quadrant. Car le diametre de l'Eccliptique passant par le sommet du style, tombe tousiours sur ledit Tropic du quadrant en toute sorte de situation du ciel, puis qu'elle fait tousiours vn angle de 23. d. 30. min. auec le demy diametre du Tropic S, R, ou S, D, ou S, e, &c. & le diametre de l'vn & de l'autre estans tousiours perpendiculaires sur la ligne de commune section des deux plans, necessairement la ligne de section sera tangente du Tropic A, D, B, puis qu'elle faict des angles droicts auec son demy diametre.

De mesme; Si le commencement de ♊, est dans l'Horizon, ♋, sera dans la moitié Orientalle du ciel, & sa distance du milieu du ciel sera de 143. d. donc comptez autant de degrez dans le Tropic de Cancer, en commençant du Meridien Septentrional du poinct B, & comptant iusques au poinct e, & par ce poinct e, vous tirerez vne ligne qui sera la ligne de section des deux plans, quand le commencement de ♊ est dans l'Horizon.

De mesme: quand ♑ est dans l'Horizon Oriental, ♋ sera dans l'Horizon Occidental, dans la moitié Occidentalle du ciel, & sa distance du milieu du ciel ſera de 114. deg. comptez donc dans le Tropic autant de degr. en commençant par le poinct B, comptez vers C, l'arc I, B, ſera égal à la ſuſdite diſtance, tirez donc par le poinct I, vne ligne touchant le cercle A, D, B, & vous aurez la ligne de ſection des plans, quand le commencement du ♑ eſt dans l'Horizon Oriental.

Si vous voulez tirer toutes ces lignes dans le quadrant inferieur, il faut proceder tout de meſme, en tirant vne ligne du ♋ par le ſommet du ſtyle du quadrant inferieur, pour trouuer les poincts A, o, e, R, F, D, I, C, B, &c. dans la circonference du Tropic, par leſquels poincts ces lignes doiuent eſtre tirées touchans le Tropic. Et vous verrez que la ligne d'♈ paſſera par le poinct B, & ſera dans la moitié du Tropic Septentrional, & la ligne de ♎ paſſera par le poinct A, & celle de ♑ par le poinct F, & celle de ♋ par le poinct I, & celle de ♒ par le poinct R, & celle de ♐ par le poinct e, & celle de ♏ par le poinct o.

Ou bien vous pourrez faire vn quadrant inferieur d'vn ſuperieur, en mettant le poinct A, vers le Septentrion, & le poinct B, vers le midy, & le poinct C, vers l'Occident, & le poinct D, vers l'Orient.

Les poincts Meridionaux ſe trouuent par les

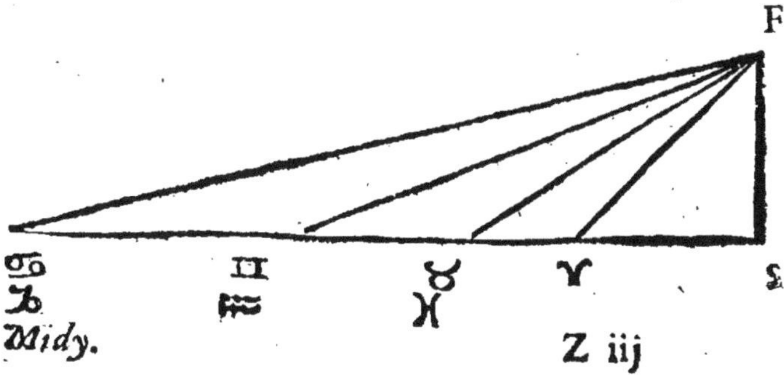

hauteurs Meridiennes dessus le plan du quadrant Horizontal; mais les hauteurs sont les declinaisons des deg. qui sont dans le Meridien quand Taurus, Gemini, & Cancer, sont dans l'Horizon: ou quand ♏, Sagitarius, Libra dessous le plan du quadrant inferieur, & partant il n'y a que trois poincts Meridionaux entre le style & le Septentrion: car les poincts de ♈, ♉, ♊, ♋, dans le quadrant superieur, sont entre le style & le Midy, d'autant que ♑, ♒, ♓, sont dans le

Poincts Meridionaux.

Voyez la 212. pag.

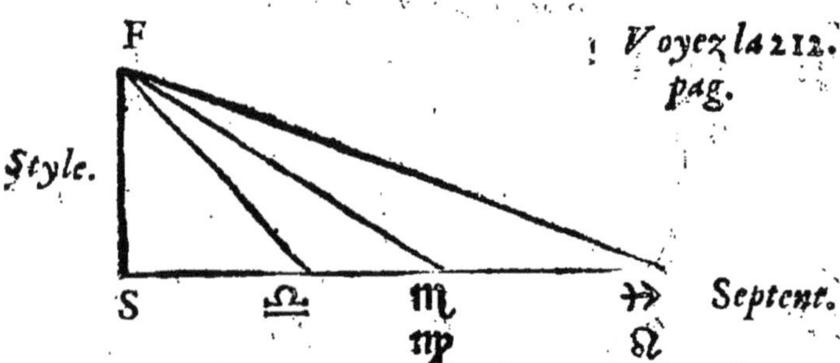

Meridiẽ, & si vous tirez vne ligne du degré dans le Meridien vers le sommet du style du quadrant superieur, icelle ligne percera le plan du quadrant dans vn poinct entre le style & le Midy. De la mesme façon les poincts Meridiens de ♈, ♉, ♊, & ♋, dans le quadrant inferieur, sont entre le style le Septentrion.

Les poincts du cercle de six heures se trouuent de la mesme façon, & sont dans la ligne de six heur. autant esloignees du bas du style d'vn costé que d'autre, à sçauoir Gemini ♍, ♒♏, aussi ♑ & ♌ ou Cancer & ♐, aussi ♓, & ♉, voyez la 214. page.

Poincts dans la ligne de 6. heures.

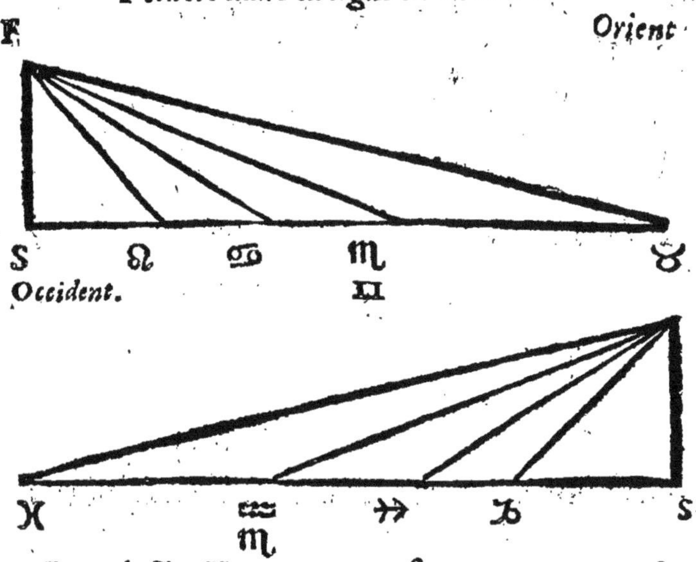

Les poincts Horizontaux ſe trouuent par les amplitudes ortiues du Soleil, & ceux de ♉, ♊, & ♋, ſont du coſté Occidental du ſtyle dans le quadrant ſuperieur, ceux des ſignes Meridionaux

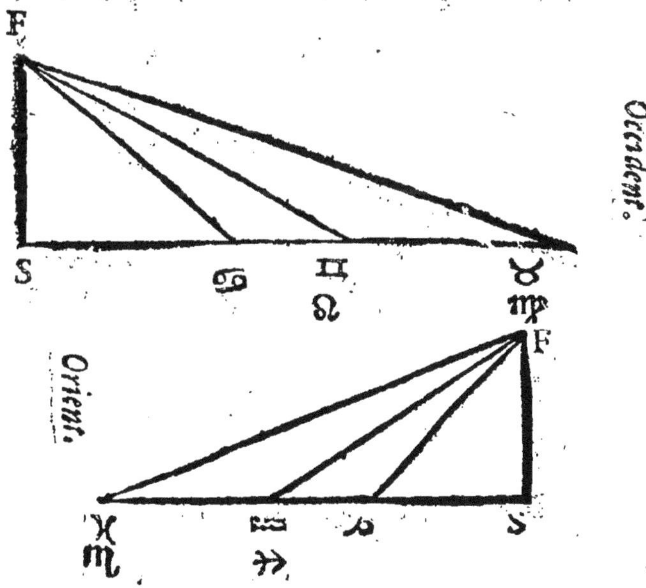

ſont du coſté Oriental du ſtyle dans la ligne Horizontalle dans le meſme quadrant ſuperieur, parce que ſi vous tirez vne ligne du ſigne Meridional dans l'Orient vers le ſommet du ſtyle dans le quadrant ſuperieur, icelle ligne percera le plan du quadrant dans vn poinct du coſté Oriental du ſtyle. Dans le quadrant inferieur, les poincts des ſignes Meridionaux ſont dans l'Occident, les poincts des ſignes Septentrionaux ſont dans l'Orient, *les poincts* dans *le Tropic* de ♋ ou ♑ ſe trouuent comme par la 71. propoſ. precedente, en ſçachant l'heure qu'vn ſigne ſe leue, lors que le ſoleil eſt en ♋, ou ♑ tirant la ligne de cette heure là, comme eſt enſeigné en ceſte propoſition. Les poincts Equinoctiaux ne ſe trouuent point, parce que la ligne Equinoctialle ne ſe deſcrit pas ſur le quadrant Equinoctial.

Sçachant donc tous ces poincts vous pourrez tirer les lignes des ſections par les poincts Horizontaux & Meridionaux, ou bien par les Horizontaux & Verticaux, ou bien par les Horizontaux & ceux de la ligne de ſix heures, ou bien par les Horizontaux & ceux du Tropic, ou bien par les Meridionaux & Verticaux, ou par les Meridionaux & ceux de la ligne de ſix heures, ou par les Meridionaux & ceux du Tropic, ou bien par les Verticaux & ceux de la ligne de ſix heures, ou par les Verticaux & ceux du Tropic, ou bien par ceux de la ligne de ſix heures & ceux du Tropic.

Les poincts Verticaux ſe trouuent par les amplitudes ortiues dans le cercle Vertical, c'eſt à dire, par les hauteurs du degré de l'Ecliptique, qui eſt dans le cercle Vertical, lors que quelque ſigne eſt dans l'Horizon, les poincts des ſignes Septentrionaux ſont dans la moitié Occidentalle de la ligne Verticalle ceux des ſignes Meridionaux ſont dans la moitié Orientalle de la meſme ligne du quadrant ſuperieur. Mais dans le quadrant inferieur, les poincts des ſignes Septèntrionaux ſont dans la moitié Orientalle, & ceux des ſignes Meridionaux ſont dans la moitié Occidentalle. Donc pour les trouuer faictes vne ligne égalle à la diſtance entre le ſommet du ſtyle & la ligne Verticalle, & à vn bout faictes vn angle de 90. deg. à l'autre vn angle de 41. égal à la hauteur du degré de l'Eccliptique, qui eſt dans le cercle Vertical deſſus l'Horizon, & en produiſant ces deux lignes iuſques à ce qu'elles ſe rencontrent en vn poinct, la ligne faiſant l'angle droict ſera la diſtance du poinct Vertical au poinct où la ligne Meridienne coupe la ligne Verticalle, tranſportez donc ceſte longueur ſur la ligne Verticalle, vous aurez le poinct Vertical du ſigne qui eſt alors dans l'Horizon, quand vn ſeul degré de l'Eccliptique eſt dans le cercle Vertical. Comment l'amplitude d'aucun ſigne dans le cercle Vertical ſe trouue, vous verrez amplement cy-deſſous au ſuiuant chapitre du quadrant Vertical.

DV QVADRANT VERTICAL.

Chapitre IV.

Prop. 123. Probl. 84.

COnstruire vn quadrant dans vn plan perpendiculaire à l'Horizon, & allant droict de l'Orient vers l'Occident, ou parallel au cercle Vertical.

Ce quadrant se fait tout de mesme comme le quadrant Horizontal, & les lignes horaires se tirent de la mesme façon, & les angles horaires aussi, en sçachant l'eleuation du pole dessus le plan de ce quadrant, soit du pole Boreal ou du pole Austral. Car sur le plan du quadrant Austral est esleué le pole Austral, & sur le plan du qua-

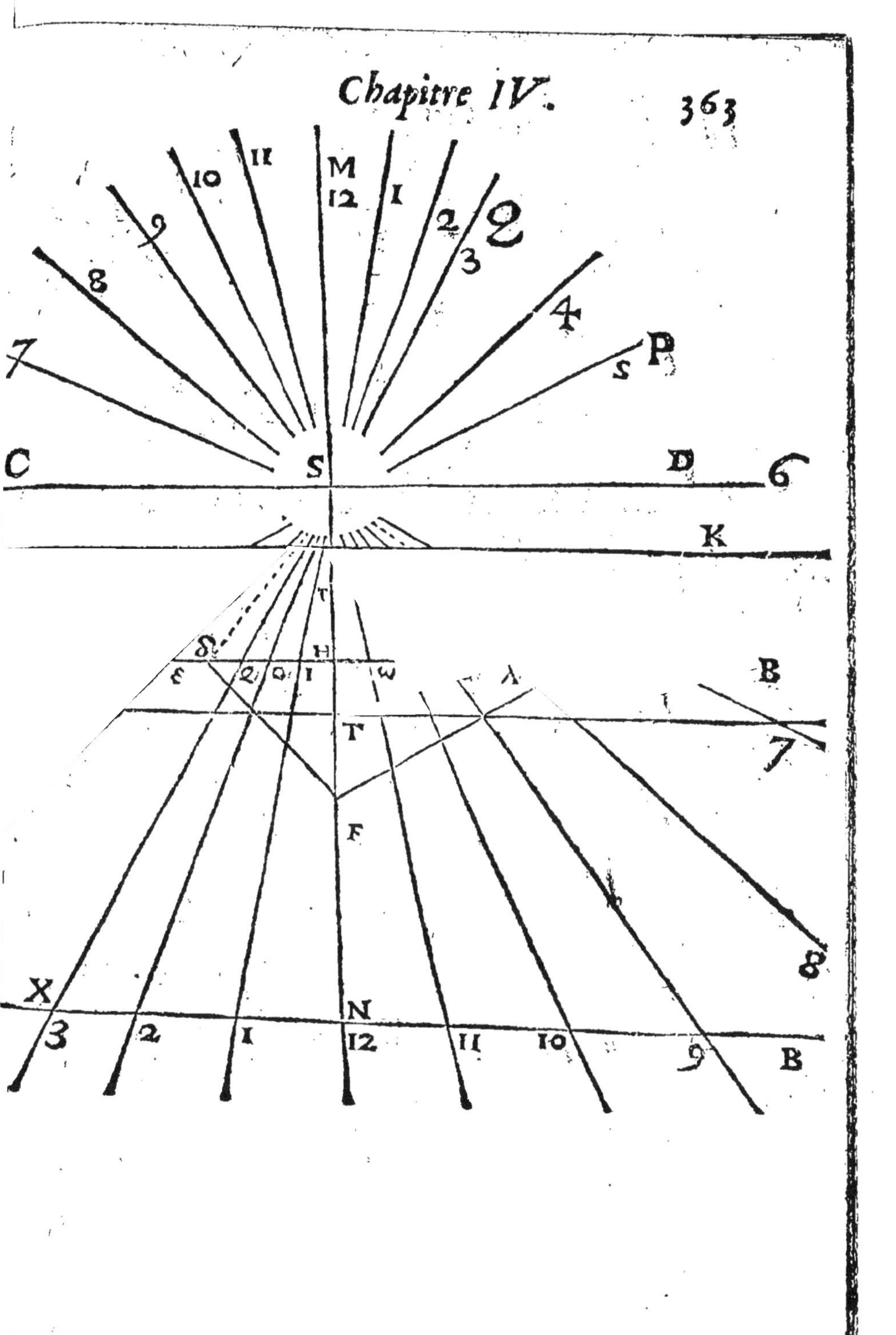
M
12
11
10
9
8
7
I
2
3
4
P
5
C
S
D
6
K
T
H
B
T
F
7
8
X
N
3
2
I
12
II
10
9
B

drant Boreal eſt eſleué le pole Boreal, d'autant de degrez & minuttes que le pole Auſtral eſt eſleué ſur le plan du quadrant Auſtral. Et partant le quadrant Boreal ſe fait tout de meſ-

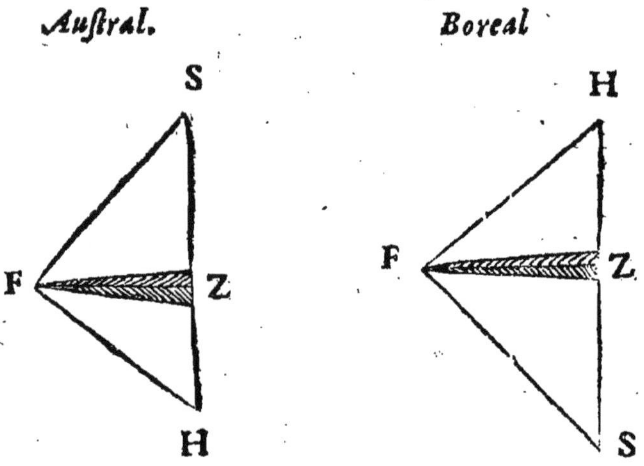

me comme le quadrant Horizontal ſuperieur : & le quadrant Auſtral ſe fait tout de meſme comme le quadrant Horizontal inferieur ſur le plan duquel le pole Auſtral eſt eſleué.

Comme à Paris l'eſleuation du pole deſſus le cercle Vertical eſt de 41. deg. ou enuiron. Donc pour conſtruire le quadrant Vertical, il faut faire tout de meſme comme ſi vous vouliez faire vn quadrant Horizontal à l'eſleuation du pole de 41. deg. Car l'angle F, S, H, ſera de 41. deg. & l'angle F, H, S, de 49. deg. & les angles horaires ſeront de meſme grandeur comme ſi c'eſtoit vn quadrant Horizontal.

Mais dans le quadrant Auſtral, les lignes horaires ſont tirées de haut en bas & le poinct S, eſt plus haut que le bas du ſtyle Z, ou H, le poinct Meridien dans l'Equinoctialle ligne, tout de meſme comme dans le quadrant Horizontal inferieur, le poinct S, eſt plus proche du Septentrion que le poinct Z, ou H. Mais dans le quadrant Septentrional, les lignes horaires vont de bas en haut, & le poinct S, eſt plus bas, que Z, ou H. La raiſon eſt à cauſe que l'axe du monde paſſant par le ſommet du ſtyle, penetre la muraille au dessus du style dans le quadrant Austral, d'autant que le plan est plus proche de nostre pole esleué que n'est le sommet du style, mais dans le quadrant Septentrional,

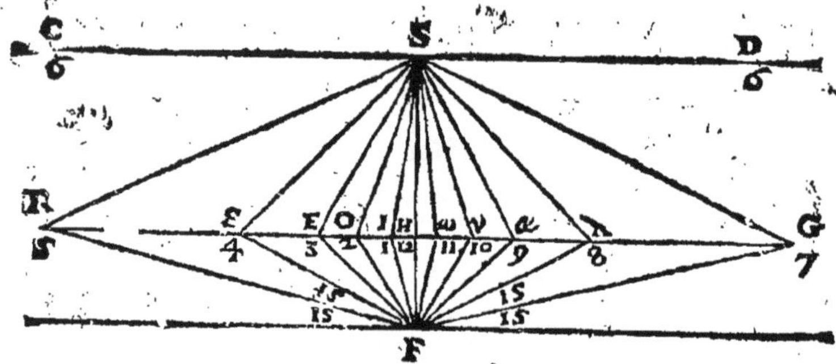

l'axe du monde penetre le plan dessous le bas du style, d'autant que le sommet du style est plus proche de nostre pole esleué que n'est le plan du quadrant Boreal.

Angles horaires du quadrant Vertical à la latitude de 49. deg.

H, H,		
11. & 1.	9. d. 58. min.	*Les angles horaires dans le quadrant Horizontal à l'eleuation de 41. deg. sont égaux à ceux-cy.*
10. & 2.	10. d. 57. min.	
9. & 3.	12. d. 31. min.	
8. & 4.	15. d. 23. min.	
7. & 5.	19. d. 8. min.	
6. & 6.	22. d. 13. min.	

Si vous desirez tirer les lignes de six heures depuis midy ou la minuit, il faut faire selon la 24. prop. du chapitre 2.

Vous pourrez aussi faire le quadrant Vertical, selon la 102. propos. & 103. &

Prop. 124. Probl. 85.

Tirer les lignes horaires autrement que dessus, selon la 114. prop. dans la page 319.

Faites l'axe F, S, de telle lógueur que vous voulez, & à vn bout faictes vne

ligne perpendiculaire F, G, qui re-

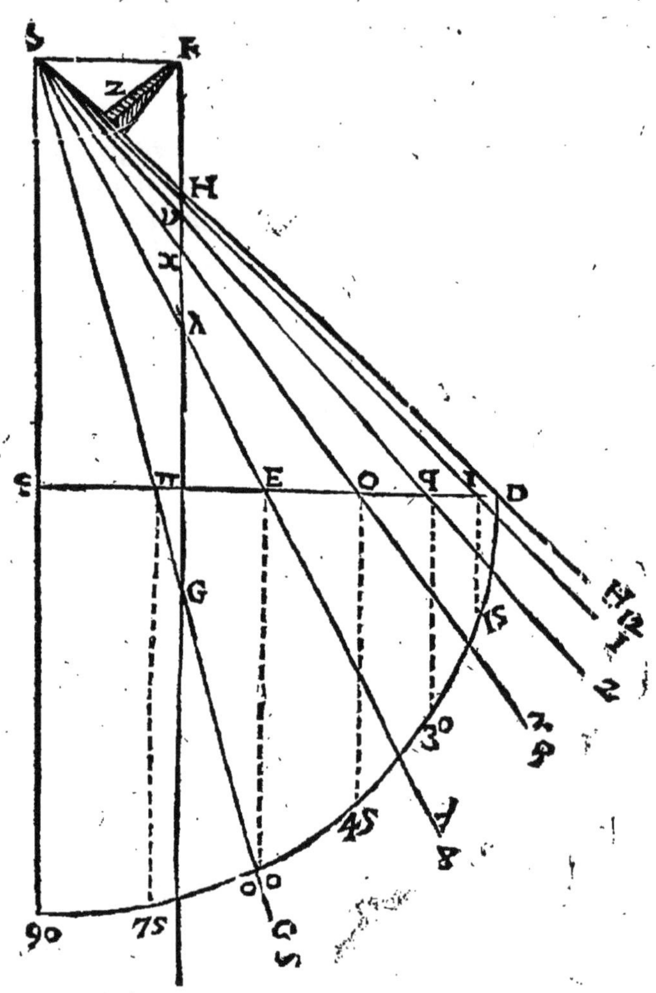

presente le diametre de l'Equateur, & à l'autre bout S, ε, parallel à F, G.

Puis

Puis apres au poinct S, faictes vn angle égal à la hauteur du pole dessus le quadrant Vertical, qui est à Paris de 41. deg. l'angle ε, S, H, ou F, H, S, sera de 49. deg. égal â la hauteur de l'Equateur. Apres diuisez le quart de cercle ε, D, 90. en six parties esgalles par six sinus, & par leurs extremitez ϖ, E, O, q, 1, tirez cinq lignes du poinct S, elles couperont la ligne F, G, en cinq poincts, ω, ν, α, λ, G, & S, ω, sera la longueur de l'ombre de l'axe ou de la ligne horaire de 1 heure, le Soleil estant dans l'Equateur, S, ν, la longueur de celle de 2. heures S, α, celle de 3; S, λ, celle de 4. & S, G, la longueur de l'ombre de l'axe à 5. heures, à sçauoir quand le Soleil est dans l'Equateur.

Faictes donc sur le plan où vous voulez faire vostre quadrant la ligne S, H, de la longueur qu'elle a icy en ceste figure, & au poinct H, faictes vne ligne perpendiculaire pour seruir d'Equinoctialle, & ouurant le compas à la longueur de la ligne S, ω, mettez vn pied du compas au poinct S, dans le plan, l'autre tombera sur le poinct de l'Equinoctialle ligne dans le plan où doit estre le poinct ω, à sçauoir le poinct de 1. heure. Ayant donc trouué le poinct ω, tirez la ligne S, ω, & vous aurez la ligne de 1. heure dans le plan du quadrant. Puis

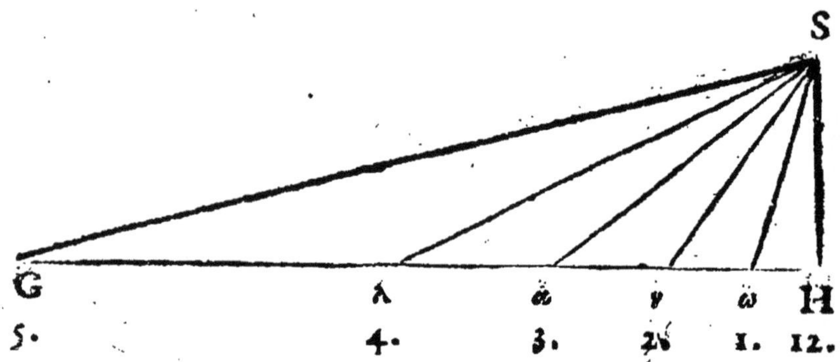

apres ouurez le compas à la longueur de S, γ, dans ceste figure, & en mettant vn pied au poinct S, dans le plan, l'autre tombera au poinct de l'Equinoctialle dans le plan où doit estre γ, qui est le poinct de 2. heures. Tirez donc la ligne S,ν, vous aurez la ligne de 2. heures dans le plan du quadrant. Puis apres ouurez le compas à la longueur de S, α, dans ceste figure & mettant vn pied au poinct S, dans le plan, l'autre tombera sur α, & S, α, sera la ligne de 3. heures dans ledit plan. Puis ayant ouuert le cõpas à la longueur de l'ombre S, λ, & en mettãt vn pied sur S, dans le plan, l'autre tombera sur λ, & S, λ, sera la ligne de 4. h. dans ledit plan du quadrãt. De la mesme façon se tire dans le plan du quadrant S, G, ligne de 5. heures, en en la faisant égalle à S, G, dans la grande figure.

Ayant donc fait ces six lignes horaires dans le plan S, H, & S, ω, S, ν, & S, α, & S, λ, & S, G, égalles aux mesmes lignes dãs la figure preced. & la ligne ω, H, ou α, H, ou λ, H, perpendiculaire sur S, H, vous estes asseurez d'auoir les angles d'vn quart du quadrant de telle grandeur qu'elles doiuent auoir, d'autant que ω, H, & ν, H, & α, H, & λ, H, & G, H, sont égalles à ω, H, & ν, H, &c. dans la figure de la 105. page ou 99. page. Car en supposant C, H, dans la 99. égal à S, H, dans celle-cy, l'ombre de l'axe S, ω, dans l'vn sera égal à l'ombre de l'axe C, ω, dans l'autre; & partant ces deux triangles C, ω, H, & S, ω, H, seront égaux, ayant deux costez égaux, & vn angle droit chacun; par la 26. du 1. d'Euclide. La mesme chose se prouue de tous les autres triangles C, ν, H, sera égal à S, ν, H, & C, λ, H, égal à S, λ, H, &c. Où il faut supposer aussi que les quadrants de la 105. page & de la 99. soient faits à l'eleuation de 41. aussi bien que cestuy-cy.

Vous pourrez aussi trouuer la longueur de l'ombre de l'axe F, S, par la 35. prop. page 134. à chasque heure du iour.

Prop. 125. Probl.

Trouuer les angles horaires auec vne distance du compas.

Soit F, H, de quelle longueur on veut, perpendiculaire ſur la ligne Equinoctialle R, G, & du poinct H, ſoit tiré vn cercle de la diſtance F, H, lequel doit eſtre diuiſé en ſix parties égalles (par la meſme ouuerture du compas F, H, par les ſix poincts F, B, C, M, V, Z, Q. Puis apres mettez vn pied du compas ſur F, l'autre tombera ſur B, & le pied qui eſt en B, demeurant au meſme endroict, transpoſez l'autre ſur la ligne R, G, il tombera ſur le poinct λ, & vous donnera celuy de 4. heures. Puis apres gardant touſiours la meſme diſtance du compas; mettez deux de ces diſtances de λ, en G, comme λ, K, & K, G, vous aurez le poinct G, qui ſera le

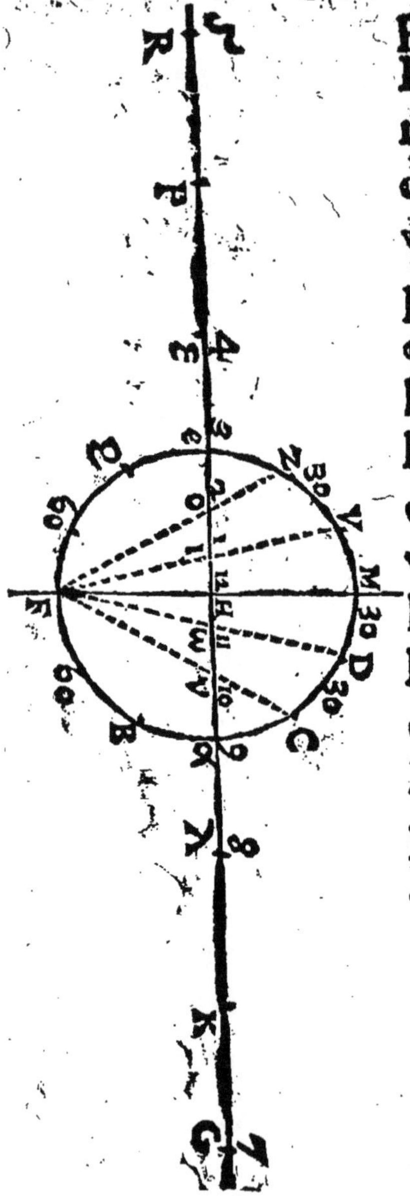

poinct de 7. h. Et de λ, en 1. mettez aussi deux distances, vous aurez 1, pour le poinct de 1. heure. De la mesme façon les deux distances F, Q, & Q, ε, vous donnent le poinct de 4. heures, & les deux ε, P, & P, R, donne R, le poinct de cinq heures, aussi deux distances de ε, vers H, donne ω, le poinct de 11. heures. Et quãd on tire le cercle on trouue les poincts α, & e, qui sont les poincts de 3. heures & 9. heures. Mais pour auoir les poincts de deux heures & 10. heures il faut tirer les lignes F, C, & F, Z, & vous aurez les poincts ν, & o. Car l'arc M, C, estant de 60. deg. & M, Z, d'autant, les angles dans la circonference M, F, C, & M, F, Z, seront chacun de la moitié, à sçauoir 30. selon le 3. liure d'Euclide, Et partant M, C, sera la ligne de 10. & M, Z, celle de 2. heures dans le quadrant Equinoctial. De mesme, parce que M, α, est de 90. l'angle M, F, α, seroit de 45. si la ligne F, α, estoit tirée, & partant F, α, seroit la ligne de 9. heures. Et parce que l'arc M, α, B, est de 120. deg. l'angle M, F, B, ou M, F, λ, seroit la moitié à sçauoir de 60. si la ligne F, B, λ, estoit tirée, & partant icelle ligne seroit la ligne de 8. heures.

Prop. 126. Probl. 87.

Tirer les parallels des signes, & des iours, & de la latitude des villes.

Il faut faire tout de mesme comme dans le quadrãt Horizontal, & il n'y a aucune difference, car dans le quadrant Austral, ces parallels se tirent tout de mesme comme dans vn quadrant Horizontal, sur le plan duquel le pole Austral est esle-

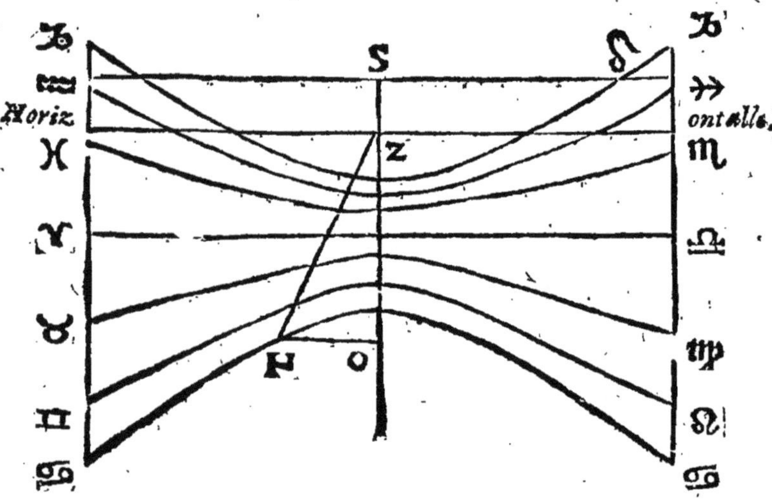

ué, & partant les parallels de Cancer est plus esloigné du bas du style que n'est le parallel de Capricorne, à cause que le Soleil estant en Cancer, l'ombre du style est plus longue qu'estant en Capricorne. Et la raison est à cause que le pole Austral est esleué sur l'Horizon, & non pas le pole Boreal, tout de mesme comme sur les plans des Horologes, qui sont delà l'Equateur. Aussi

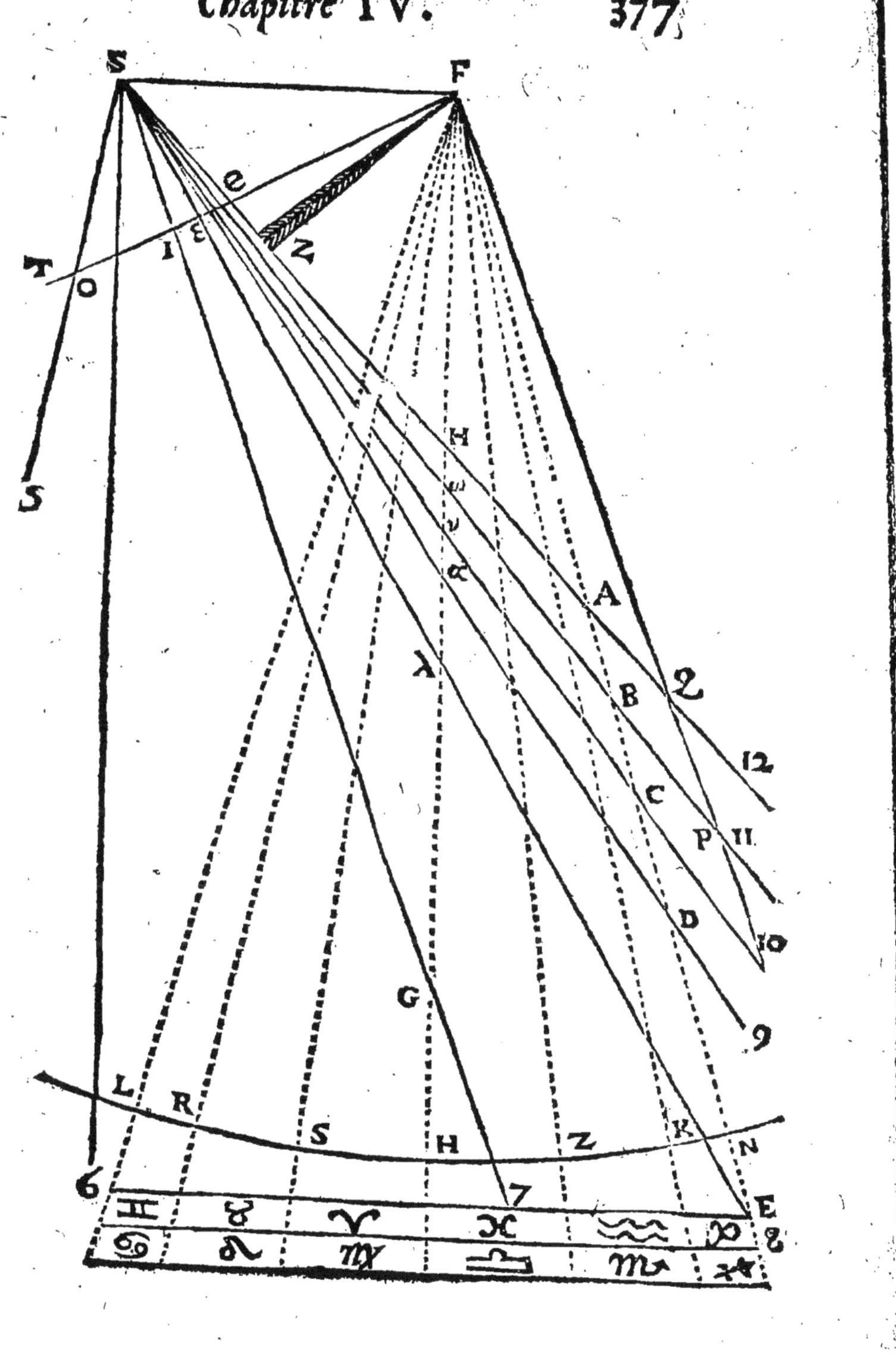
S
F
e
T
O
I
ε
Z
5
H
ω
υ
α
A
λ
B
2
12
C
P
11
D
10
G
9
L
R
S
H
Z
K
N
6
7
E
8

dans tous les plans de quadrants ſur leſquels le Pole Antarctique eſt eſleué, les parallels des ſignes Meridionaux ſont courbés vers en haut, ou vers le pole Arctique, & ceux des ſignes Septentrionaux ſont courbés vers en bas, ou vers le pole Antarctique, & tous les deux ſont plus proches du pole Auſtral, ou plus bas que le bas du ſtyle.

Nous auons dit que les parallels, ſe tirent icy tout de meſme comme dans le quadrant Horizontal : c'eſt à dire les diametres de l'Equateur ſe trouuent de la meſme façon ſelon la 34. propoſ. & les ombres de l'axe, le Soleil eſtant dans l'Equateur, ſelon la 35. propoſ. & les angles que l'axe faict auec les lignes horaires, ſelon la 36. propoſ. & le reſte, ſelon les autres propoſitions

Table des angles que l'axe fait auec les lignes horaires, à l'eleuation du pole de 41. deg. & ſont complements de ceux de la page 319.

φ, S, F, 41. d. 41. minut.
ν, S, F, 48. d. 9. o. min.
α, S, F, 50. deg. 52. minut.
λ, S, F, 60. d. 5. min.
G, S, F, 75. deg. 25. min.
6. S, F, 60. deg. o. minut.

Mais dans le quadrant Boreal, tous les parallels ſont plus haut que le bas du ſtyle, & les Septentrionaux ſont courbés vers en bas & les Meridionaux vers en haut, & ſe tirent de la meſme façon, & en meſme proportion que dans l'Au-

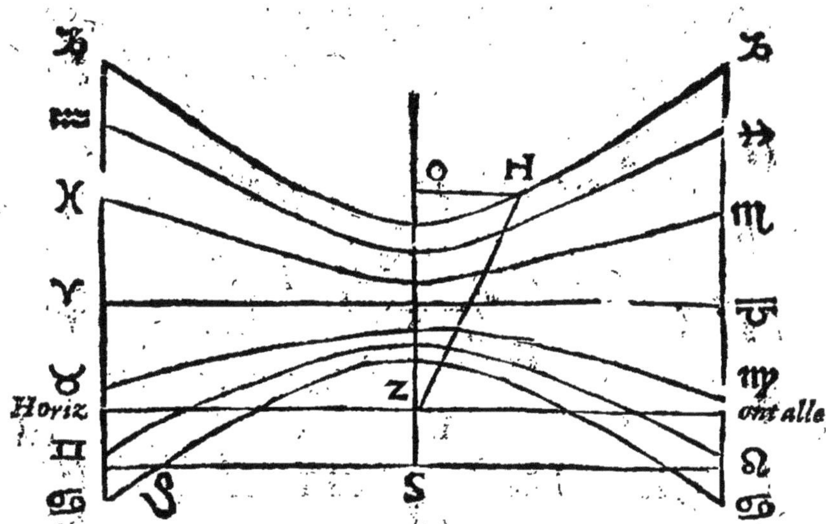

ſtral, & de meſme grandeur ; de ſorte que le pa-sallel de Cancer dans le quadrant Auſtral, eſt égal à celuy de Capricorne dans le quadrant Bo-

Ombres Meridiennes dans le quadrant Auſtral.

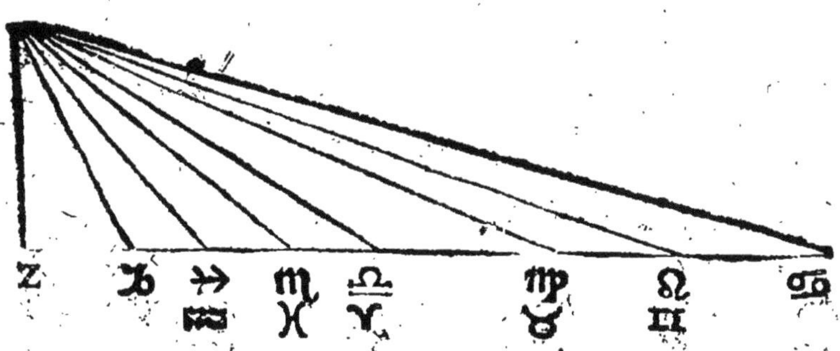

real, & celuy de Capricorne dans l'Auſtral eſt égal à celuy de Cancer dans le Boreal. Auſſi celuy de Gemini & Leo dans l'vn eſt égal à celuy de ♒ & Sagitarius dans l'autre & celuy de Virgo & Taurus dans l'autre eſt égal à celuy de ♏, & ♓, dans l'autre.

Mais il faut noter que dans l'Auſtral ſe marquent ſeulement les heures, depuis ſix heures du matin iuſques à ſix heures du ſoir, & dans le quadrant Boreal, ſe marquent les heures deuant 7. heures du matin, & apres cinq heures du ſoir, és lieux où l'eſleuation du pole eſt grande. Mais és lieux où l'eſleuation du pole eſt petite, quand le Soleil eſt proche du Tropic de l'eſté, l'heure de 7. heures ſe marque dans le quadrant Boreal, & auſſi l'heure de 5. heures du ſoir, à cauſe qu'en ces lieux là, le Soleil paruient au cercle de 7 heures deuant que paruenir au Vertical du matin & paruient le ſoir au cercle Vertical deuant qu paruenir au cercle de cinq heures. La raiſon e à cauſe que l'arc du cercle de ſept heures entre l cercle Vertical & l'Equateur eſt de moins qu de 23.deg.30.m. comme eſtant oppoſé à vn ang fort petit que fait le cercle Vertical auec l'Equa teur, qui eſt l'eleuation du pole. Car il faut s' maginer vn triangle rectangle duquel vn coſ eſt de 15. deg. de l'Equateur, entre le cercle 6. heures & celuy de 7. heures, vn autre eſt l'a ſuſdict du cercle de 7. heures, le troiſieſme vne partie du cercle Vertical, faiſant la ſoubter de l'angle droict que le cercle de 7. heures fa auec l'Equateur. Donc afin que cela arriue il fa que la partie du cercle de 7. heures compriſe e tre le cercle Vertical & l'Equateur ſoit plus petit que 23. deg. 30. minut. & partant il faut que l'éleuation du pole, qui eſt l'angle oppoſé à cette partie du cercle de 7. heures, ſoit gueres plus grand que 23. deg. 30. m. puis que ceſt' angle eſt touſiours plus grand que le coſté oppoſé, qui eſt coſté d'vn angle droict.

C'eſt pourquoy auſſi dans le quadrant Boreal les parties des parallels des ſignes Septentrionaux qui ſont au deſſus de la ligne Horizontalle, ne ſont pas neceſſaires, ains ſeulement ce qui eſt deſſous la ligne Horizontalle, ainſi tous les parallels des ſignes Meridionaux dans le quadrant Boreal, ne ſont pas neceſſaires, parce que le Soleil eſtant dans les ſignes Meridionaux, ne donne iamais ſur le plan du quadrant Boreal. Auſſi tout ce qui eſt deſſus la ligne Horizontalle dans tous les deux quadrants, n'eſt iamais neceſſaire, d'autant que l'ombre du Soleil ne monte iamais: car tout auſſi toſt que le Soleil eſt dans l'Horizon, l'ombre du ſtyle va tout le long de la ligne Horizontalle, d'autant que toute la longueur du ſtyle eſt dans le plan de l'Horizon, comme eſtant perpendiculaire ſur le plan du cercle Vertical; car il faut s'imaginer l'Horizon paſſant par le ſommet du ſtyle, qui eſt le centre du monde faiſant angles droits auec le plan du cercle Vertical, & de cette façon la ligne Horizontalle ſera parallelle à l'Horizon du lieu, & perpendiculaire ſur la ligne Meridienne, paſſant par le bas du ſtyle. Puis donc que le Soleil eſtant dans l'Horizon, l'ombre du ſtyle va le long de la ligne Horizontalle, tout auſſi toſt que le Soleil eſt deſſus l'Horizon, l'ombre du ſtyle ſera deſſous la ligne Horizontalle dans tous les deux quadrants, & partant n'eſt iamais deſſus la ligne, & partant toute la partie du quadrant qui eſt deſſus la ligne Horizontalle, ne ſert de rien en tous les deux quadrants.

De cecy il appert qu'ayant faict le quadrant Auſtral, & auſſi tiré les parallels, vous n'auez que faire de faire le quadrant Boreal; car ſi vous coupez l'Auſtral le long de la ligne Horizontalle, toute la partie deſſus la ligne Horizontalle vous ſeruira pour quadrant Boreal, & quoy que ce ſoient les parallels des ſignes Meridionaux dans le quadrant Auſtral, neantmoins les meſmes parallels ſeront parallels des ſignes Septentrionaux dans le quadrant Boreal, en diſpoſant ceſte partie du quadrant Auſtral dans vn plan Boreal, ainſi que les trois parallels qui y ſont ſoient courbées vers en bas. Ou bien ne coupez rien, ains mettez le meſme quadrant Auſtral de ſorte que le poinct S, ou centre ſoit en bas, & le poinct H, deſſus, mais il faut changer les ſignes, les plus proches du poinct S, doiuent eſtre les Septentrionaux, les plus eſloignés les Meridionaux.

Tous les parallels deſſus la ligne Horizontalle ſont parallels nocturnes dans tous les deux Horologes, & auſſi les parties des parallels qui ſont courbées vers en haut deſſus la ligne Horizontalle ſont parties d'arcs nocturnes. Comme dans le quadrant Auſtral, les parties des parallels des ſignes Meridionaux qui ſont deſſus la ligne Horizontalle ſont parties d'arcs nocturnes, parce que le Soleil eſtant deſſous l'Horizon aux commencemens des ſignes Meridionaux, ſi vous produisez son rayon par le sommet du style qui est centre du monde iusques au plan du quadrant, le bout du rayon tombera sur la partie du parallel, qui est dessus la ligne Horizontalle. Aussi dans le quadrant Boreal, les parallels des signes Meridionaux, sont arcs nocturnes, parce qu'ils sont tout à fait dessus la ligne Horizontalle & le Soleil estant dessous l'Horizon dans aucun de ces signes là, son rayon estant produict par le sommet du style du quadrant Boreal, tomberoit sur vn de ces parallels dessus la ligne Horizontalle. Aussi le Soleil estant dessous l'Horizon dans aucun des signes Septentrionaux, son rayon estant produict par le sommet du style, tomberoit sur la partie d'vn des parallels des signes Septentrionaux, laquelle est dessus la ligne Horizontalle; car vne grande partie de chacun de ces parallels est dessus la ligne Horizontalle, & ceste partie s'appelle l'arc nocturne. Ainsi il est aysé à voir que le Soleil estant dessus la terre, son rayon tombe tousiours dans la partie inferieure du quadrant Vertical en tous les deux quadrants, & le Soleil estant dessous la terre, le bout du rayon tombe tousiours dessus la ligne Horizontalle: neantmoins si le Soleil est d'vn costé du cercle Vertical, & le quadrant de l'autre, alors s'il est dessus ou dessous la terre, le bout du rayon tombera sur la partie superieure du quadrant, & s'il est dessous le bout de son rayon tombera sur la partie inferieure du quadrant. Comme si le Soleil est dans Cancer dans le Meridien sur la terre, si vous produisez son rayon par le sommet du style du quadrant Boreal, iceluy rayon perceroit le plan du quadrant Boreal en la moitié superieure; deuant que paruenir au sommet du style. Aussi le Soleil estant daus Capricorne dessus la terre du costé Austral du cercle Vertical, son rayon perceroit le quadrant Boreal dans la partie superieure deuant que d'estre produit iusques au sommet du style du quadrant Boreal.

A ce qui est de prouuer que les arcs diurnes des signes dans vn quadrant, sont égaux aux arcs diurnes des signes opposez dans l'autre quadrant comme l'arc diurne de Cancer dans le Boreal, est égal à l'arc nocturne de Capricorne dans l'Austral, & le diurne de Capricorne dans le Boreal est égal au nocturne de Cancer dans l'Austral; & le nocturne de Capricorne dans le Boreal est égal au diurne de ♋, dans l'Austral, & le diurne de ♑ dans l'Austral, est esgal au nocturne de ♋, dans le Boreal. Aussi que l'arc diurne de Sagitarius & Aquarius dans l'vn est égal au nocturne de Gemini & Leo dans l'autre, & ainsi que l'arc nocturne de ♐, & ♒ dans vn quadrant est esgal au diurne de Gemini & Leo dans l'autre. Ie dis que pour demonstrer cecy, Clauius prend vne longue voye & fascheuse, tout de mesme comme vn homme qui ayant enuie d'aller à Rome prendroit son chemin par la Pologne ou par Madrid. Donc pour le prouuer en peu de mots: faut sçauoir que l'axe, du parallel de Cancer dans le quadrant Boreal, est égal à l'axe du parallel de Capricorne dans le quadrant Austral, d'autant que la hauteur Meridienne de Capricorne sur le plan du quadrant Boreal est égal à la hauteur Meridienne de Cancer sur le plan

plan du quadrant Auſtral, & partant les angles faits par le rayon du Soleil paſſant par le ſommet du ſtyle quand il eſt là, ſont eſgaux, & les longueurs des ſtyles perpendiculaires ſur les plans de tous les deux quadrans eſtant auſſi ſuppoſez egaux, neceſſairement les deux triangles dans les deux quadrants ſeront equiangles & eſgaux, à ſçauoir ceux deſquels vn coſté eſt le ſtyle, l'autre la partie du rayon du Soleil compriſe entre le ſommet du ſtyle & le plan du quadrant, & le troiſieſme eſt la partie de la ligne Meridienne compriſe entre le bout du rayon & le bas du ſtyle, qui eſt icy l'axe du parallel Hyperbole: donc puis que ces deux triangles ſont eſgaux, auſſi les coſtez axes ſeront eſgalles. Et outre que les axes ſont eſgalles, les parametres principalles & tangentes ſont auſſi eſgalles, & partant les ſections coniques ſont eſgalles. Auſſi par meſme raiſon quand le Soleil eſt dans le cercle de ſix heures dans Cancer, l'ombre du ſtyle S, 6. dans la ligne de ſix heures du quadrant Boreal eſt eſgalle à l'ombre du ſtyle du quadrant Auſtral S, 6. dans le quadrant Auſtral, laquelle ombre ſe fait quand le Soleil eſt dans le cercle de ſix heures dans Capricorne. Mais ces ombres ſont les lignes appliquez à l'axe de ſection conique. Donc puis que l'axe eſgalle à l'axe & la ligne appliquee à laligne appliquée neceſſairement la ſection conique de Capricorne dans l'Auſtral, ſera eſgalle à celle de Cancer dans le quadrant Boreal. De meſme parce que l'axe eſt égal à l'axe plan du quadrant Boreal en la moitié superieure, deuant que paruenir au sommet du ſtyle. Auſſi le Soleil eſtant daus Capricorne deſſus la terre du coſté Auſtral du cercle Vertical, ſon rayon perceroit le quadrant Boreal dans la partie ſuperieure deuant que d'eſtre produit iuſques au ſommet du ſtyle du quadrant Boreal.

A ce qui eſt de prouuer que les arcs diurnes des ſignes dans vn quadrant, ſont égaux aux arcs diurnes des ſignes oppoſez dans l'autre quadrant comme l'arc diurne de Cancer dans le Boreal, eſt égal à l'arc nocturne de Capricorne dans l'Auſtral, & le diurne de Capricorne dans le Boreal eſt égal au nocturne de Cancer dans l'Auſtral; & le nocturne de Capricorne dans le Boreal eſt égal au diurne de ♋, dans l'Auſtral, & le diurne de ♑ dans l'Auſtral, eſt eſgal au nocturne de ♋, dans le Boreal. Auſſi que l'arc diurne de Sagitarius & Aquarius dans l'vn eſt égal au nocturne de Gemini & Leo dans l'autre, & ainſi que l'arc nocturne de ♐, & ♒ dans vn quadrant eſt eſgal au diurne de Gemini & Leo dans l'autre. Ie dis que pour demonſtrer cecy, Clauius prend vne longue voye & faſcheuſe, tout de meſme comme vn homme qui ayant enuie d'aller à Rome prendroit ſon chemin par la Pologne ou par Madrid. Donc pour le prouuer en peu de mots: faut ſçauoir que l'axe, du parallel de Cancer dans le quadrant Boreal, eſt égal à l'axe du parallel de Capricorne dans le quadrant Auſtral, d'autant que la hauteur Meridienne de Capricorne ſur le plan du quadrant Boreal eſt égal à la hauteur Meridienne de Cancer ſur le plan

plan du quadrant Austral, & partant les angles faits par le rayon du Soleil passant par le sommet du style quand il est là, sont esgaux, & les longueurs des styles perpendiculaires sur les plans de tous les deux quadrans estant aussi supposez egaux, necessairement les deux triangles dans les deux quadrants seront equiangles & esgaux, à sçauoir ceux desquels vn costé est le style, l'autre la partie du rayon du Soleil comprise entre le sommet du style & le plan du quadrant, & le troisiesme est la partie de la ligne Meridienne comprise entre le bout du rayon & le bas du style, qui est icy l'axe du parallel Hyperbole: donc puis que ces deux triangles sont esgaux, aussi les costez axes seront esgalles. Et outre que les axes sont esgalles, les parametres principalles & tangentes sont aussi esgalles, & partant les sections coniques sont esgalles. Aussi par mesme raison quand le Soleil est dans le cercle de six heures dans Cancer, l'ombre du style S, 6. dans la ligne de six heures du quadrant Boreal est esgalle à l'ombre du style du quadrant Austral S, 6. dans le quadrant Austral, laquelle ombre se fait quand le Soleil est dans le cercle de six heures dans Capricorne. Mais ces ombres sont les lignes appliquez à l'axe de section conique. Donc puis que l'axe esgalle à l'axe & la ligne appliquee à laligne appliquée necessairement la section conique de Capricorne dansl'Austral, sera esgalle à celle de Cancer dans le quadrant Boreal. De mesme parce que l'axe est égal à l'axe

& l'appliquee eſgalle à l'appliquee, auſſi la ſection conique deſſous la ligne Horizontalle dans le quadrant Auſtral ſera eſgalle à la ſection conique deſſus dans le Boreal, c'eſt à dire l'arc diurne de Capricorne, ſera égal à l'arc nocturne de ♋. Or Z, ♋, eſt l'ombre du ſtyle, le Soleil eſtant en ♋, dans l'Horizon, Z, ♑ ſon ombre Horizontalle, le Soleil eſtant dans Capricorne & dans l'Horizon.

De la meſme façon ſe prouue que le parallel

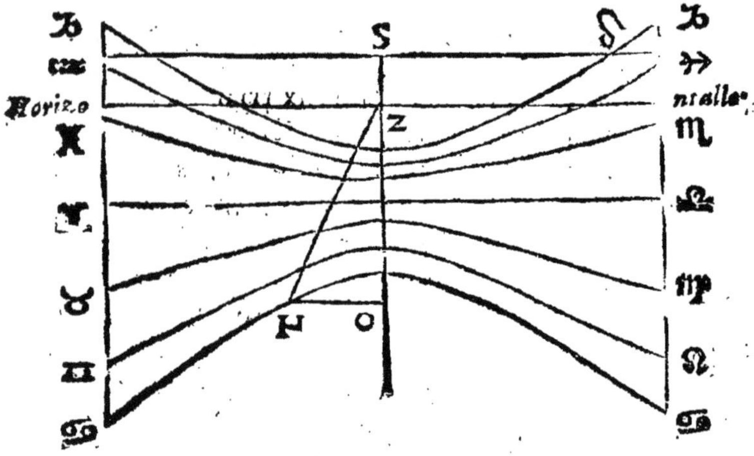

de ♓, & ♏, dans le quadrant Auſtral eſt égal à celuy de ♍ & ♉ dans le quadrant Boreal; & que l'arc nocturne de l'vn eſt eſgal à l'arc diurne de l'autre, & ainſi de tous les autres parallels.

Il faut entendre la meſme choſe du quadrant Equinoctial & Polaire, inferieur & ſuperieur, & tous autres deux, qui ſont deſcrits ſur les deux ſuperficies d'vne meſme muraille; car le parallel d'vn signe dans vn des quadrans, sera tousiours esgal au parallel du signe opposé dans l'autre; & l'arc diurne d'vn signe dans aucun des quadrans, sera tousiours esgal à l'arc nocturne du signe opposé dans l'autre quadrant. Car deux plans parallelles esgallement distans du sommet du cones coupez, & coupant deux cones esgaux font tousiours les sections coniques esgalles par la propos. 84.

Pour descrire les parallels des iours, comme d'vn iour de feste, il faut trouuer le lieu du Soleil ce iour de feste là, & la declinaison du degré du Soleil, & du degré de declinaison, dans la figure de la 35. prop. tirez vne ligne vers le poinct F, icelle ligne sera coupée par toutes les lignes horaires, & par ainsi vous aurez la longueur de toutes les lignes horaires depuis le centre du quadrant iusques au parallelle du iour cherché; ou bien la longueur de l'ombre de l'axe à toutes les heures du iour quand le Soleil est dans le parallel de ce iour là; donc par les extremitez de ces ombres, tirez vne section conique adroictement, vous aurez le parallel de ce jour là.

Pour tirer le parallel d'vne ville, il faut proceder de mesme façon comme nous auons enseigné au quadrant Horizontal, en imaginant le Vertical quadrant estre vn sur lequel le pole est esleué d'autant que la distance du Zenith au pole. Ou bien vous pourrez faire sur la ligne F, G, au poinct F, vn angle esgal à la declinaison de la ville & la ligne faisant l'angle estant produicte sera coupée par toutes les lignes horaires tirées du poinct S, & les parties des lignes horaires comprises entre

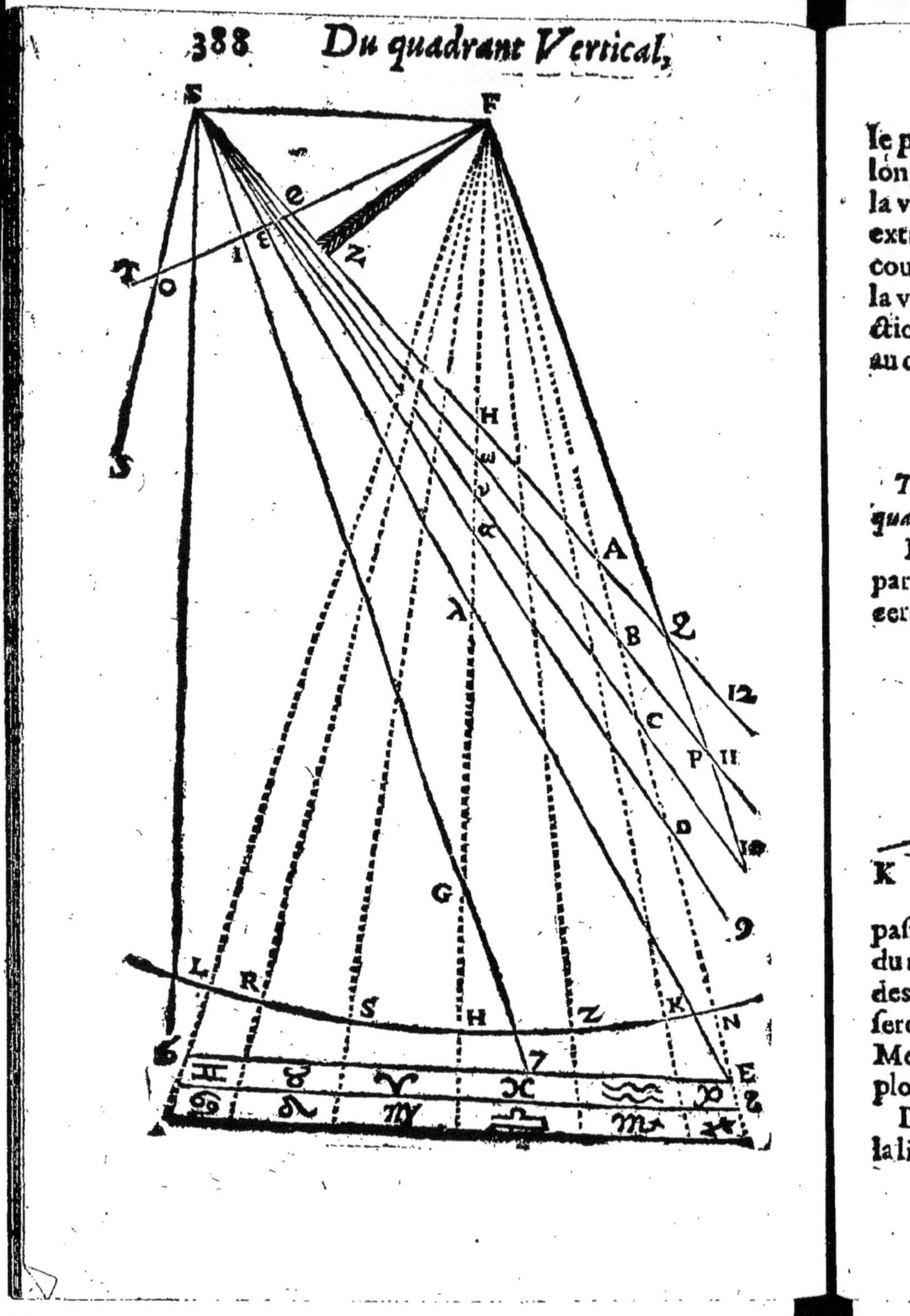
S
F
e
Z
O
I
H
A
B
Q
12
C
P
11
D
10
G
9
L
R
S
H
Z
K
N
7
E

le poinct S, & la ligne venant de F, monstrera les longueurs des lignes horaires entre le parallel de la ville & le centre de l'Horologe, donc par les extremitez de toutes ces lignes, tirez vne ligne courbe adroictement, vous aurez le parallel de la ville. Vous pourrez tirer aussi aucune de ces sections coniques, comme est enseigné cy-dessus au chap. 2. dans la 86. prop.

Prop. 127. Probl. 88.

Tirer les lignes Verticalles ou Azimuths dans le quadrant Vertical, Austral, & Boreal.

D'autant que le plan du quadrant Vertical est parallel à la ligne de commune section de tous les cercles Verticaux, à sçauoir l'axe de l'Horizon

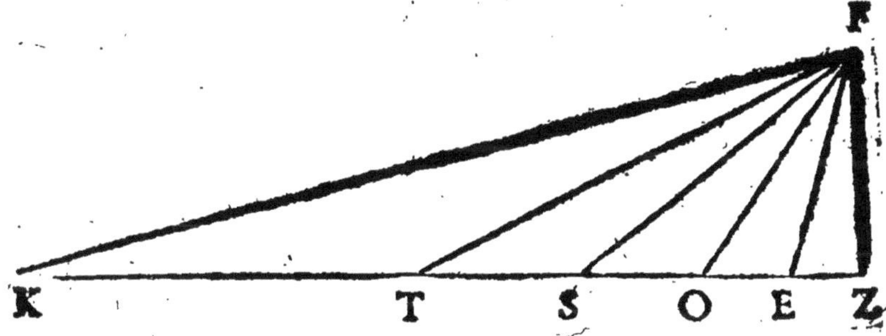

passant par le sommet du style, qui est le centre du monde; necessairement les lignes de section des cercles Verticaux auec le plan du quadrant seront toutes paralleles entr'elles & à la ligne Meridienne par la 56. propos. & partant seront à plomb sur le plan de l'Horizon.

Donc pour les tirer, il faut premierement tirer la ligne Horizontalle par le bas du style Z, comme Z, K, & puis apres sur la ligne F, Z, au poinct F, qui est le sommet du style, faictes vn angle de 15. deg. comme Z, F, E, & de 30. comme Z, F, O, & de 45. comme Z, F, S, & de 60. comme Z, F, T, & de 75. comme Z, F, K, & produisez toutes les lignes faisants les angles, iusques à ce qu'elles se rencontrent auec la ligne Horizontalle Z, K, és cinq poincts E, O, S, T, K. Puis apres par ces poincts de rencontre, tirez cinq lignes parallelles à la ligne Meridienne à plomb sur le plan de l'Horizon, & vous aurez les lignes Verticalles. De la mesme façon on descrit les cercles des maisons celestes par les poincts horaires de la ligne Equinoctialle : voyez la 58. prop.

Prop. 128. Theor. 40.

Toute ligne tirée du sommet du style F, iusques à vn poinct de section d'vne ligne Verticalle, auec la ligne Horizontalle E, ou O, ou S, &c. fait vn angle auec le rayon du Soleil, qui soit esgal à la hauteur du Soleil dessus l'Horizon, quand il est dans le mesme cercle Vertical.

Il faut s'imaginer icy vn triangle rectangle, perpendiculaire, dont vn costé soubtense, est le rayon du Soleil, vn autre la ligne tirée du sommet du style, comme F, O, & le troisiesme aussi perpendiculaire est vne partie de la ligne Verticalle, comprise entre le poinct O, & le bout du rayon du Soleil. Or la ligne F, O ou F, S, &c. est tousiours vne partie du diametre de l'Horizon, & le rayon du Soleil est tousiours vne partie du diametre de l'Azimuth ou cercle Vertical où est le

Soleil, & est aussi dans le mesme plan auec la ligne tirée du sommet du style comme F, O, ou F, S, car ceste ligne F, O, ou F, S, est dans le plan du cercle Verticalle, dans lequel est le corps du Soleil, à cause que le poinct F, est dans les plans de tous les grands cercles comme estant centre du monde, & le poinct O, est dans la ligne de commune section du cercle Vertical auec le plan du quadrant, qui est la ligne Verticalle, & partant aussi O, est dans le mesme plan du cercle Vertical dans lequel est le Soleil, & ainsi toute la ligne F, O. Donc le rayon du Soleil & F, O, ou F, S, ou F, K, estant dans le plan d'vn mesme cercle Vertical, & F, estant centre de ce cercle Vertical & aussi de l'Horizon, l'angle que ces deux lignes ferōt au poinct F, aura pour sa mesure vn arc du cer-

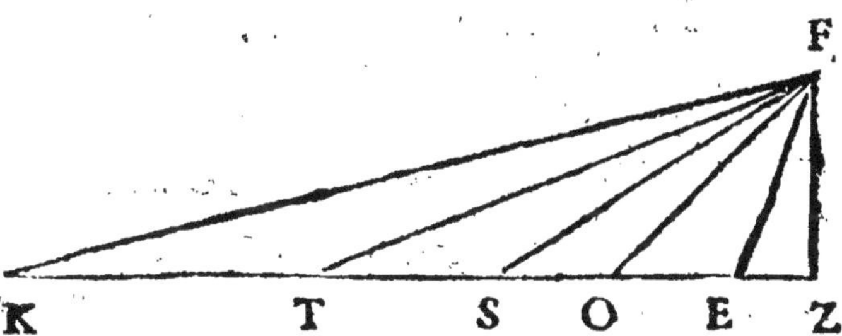

cle Vertical, qui est cōpris entre F, O, diametre de l'Horizon produit iusques à l'Horizon, & le rayon du Soleil, produit iusques au Soleil. Mais cest arc est la hauteur du Soleil dessus l'Horizon, donc la mesure de cest angle est la hauteur du Soleil, partant cest angle & la hauteur du Soleil sur l'Horizon est la mesme chose. Car tout de mesme comme le rayon du Soleil dans l'Equateur faict vne angle auec le diametre du Meridien F, H, esgal à la distance du Soleil au Meridien, comme ω, F H, ou ν, F, H, &c. ainsi le rayon du Soleil

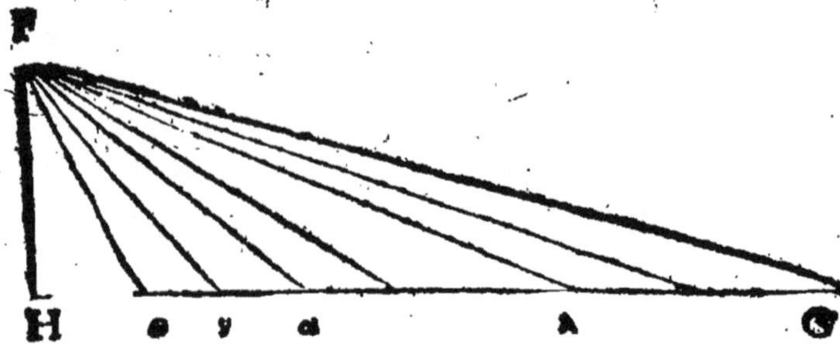

dans vn cercle Vertical, fait vn angle auec le diametre de l'Horizon F, O, ou F, S, esgal à la distance du Soleil à l'Horizon.

Prop. 129. Probl. 89.

Trouuer la longueur d'aucune ligne Verticalle comprise entre la ligne Horizontalle, & aucun Almicanthara.

Puis que le diametre de l'Horizon est tousiours cogneu par la figure precedente, comme F, O, ou F, S, ou F, T, ou F, K, il y a vn costé cogneu dans le triangle & tous les angles. Faictes donc vne ligne esgalle à ce costé cognu, & à vn bout faictes vn angle droict, & à l'autre vn angle esgal à la hauteur de l'Almicanthara dessus l'Horizon à sçauoir de 15. 30. ou 45. ou 60. ou 75. deg. & produisez ces deux lignes iusques à ce qu'elles se rencontrent en vn poinct, & la ligne faisant l'angle droict sera la longueur de la partie de la ligne Verticalle comprise entre la ligne Horizontalle & l'Almicanthara requise.

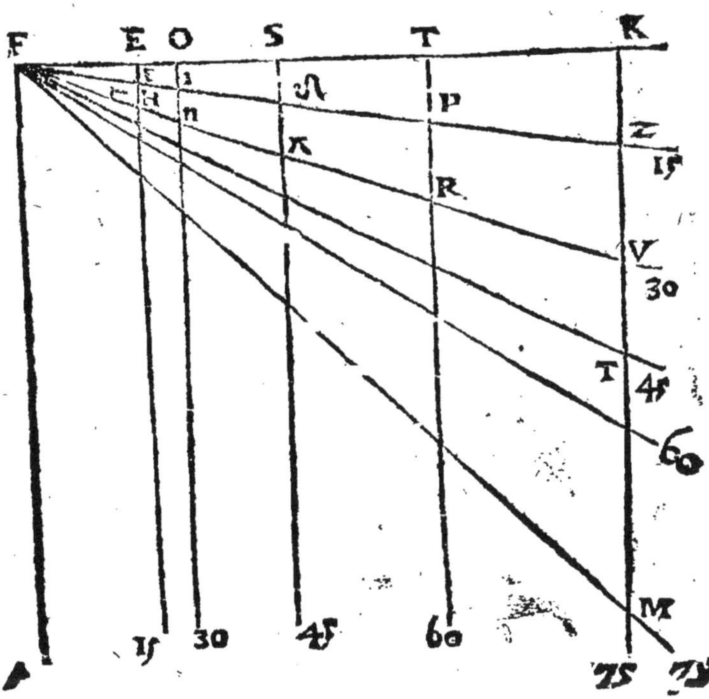

Comme si ie veux sçauoir la partie de la ligne Verticalle E, 15. c'est à dire de celle qui est de 15. degrez esloigné du style vers l'Orient ou Occident, à sçauoir la partie comprise entre la ligne Horizontalle Z, K, & l'Almicanthara de 15. deg. c'est à dire plus bas que la ligne Horizontalle de 15. deg Donc pour le sçauoir, il faut faire vne ligne esgalle au diametre de l'Horizon F, E, & au poinct F, faictes vn angle de 15. degr. comme Z, F, E, & au poinct E, faictes vn angle droict & produisez ces deux lignes iusques à ce qu'elles se rencontrent au poinct ε, & la ligne perpendiculaire E, ε, sera la partie de la ligne Verticalle E, 15. comprise entre la ligne Horizontalle & l'Almicanthara de 15.

De mesme pour sçauoir la partie de la ligne Verticalle de 30. il faut faire vne ligne esgalle à F, O, diametre de l'Horizon, & au poinct F, faire vn angle de 15. deg. & au poinct O, vn de 90. ces deux lignes estant produictes, se rencontreront au poinct I, vous aurez I, O, pour la partie de la ligne Verticalle 30. De la mesme façon vous

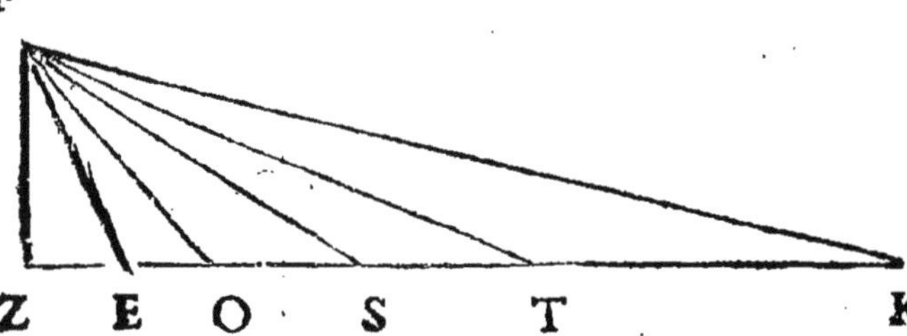

trouuerez S, ∂, pour la partie de celle de 45. & T, P, de celle de 60. & K, Z, celle de 75. Et ainsi vous auez les parties de toutes les lignes Verticalles comprises entre l'Almicanthara 15. & la ligne Horizontalle Z, K.

Mais pour trouuer les parties de toutes les lignes Verticalles comprises entre l'Almicanthara 30. & la ligne Horizontalle, il faut faire vn angle de 30. au poinct F, & vn angle de 90. au poinct E, & produisez ces deux lignes iusques à ce qu'elles se rencontrent au poinct H, & E, H, sera la partie de la Verticalle 15. & O, n, sera la partie de la Verticalle 30. & S, π, celle de 45. & T, R, celle de 60. & K, V, celle de 75.

Pour auoir les parties de toutes les Verticalle entre l'Horizontalle & l'Almicanthara 45. il faut faire l'angle à F, de 45, deg. & faire comme dessus, comme T, F, K, & ainsi d'autres.

Mais pour sçauoir les parties du Meridien entre la ligne Horizontalle & toutes les Almicantharas

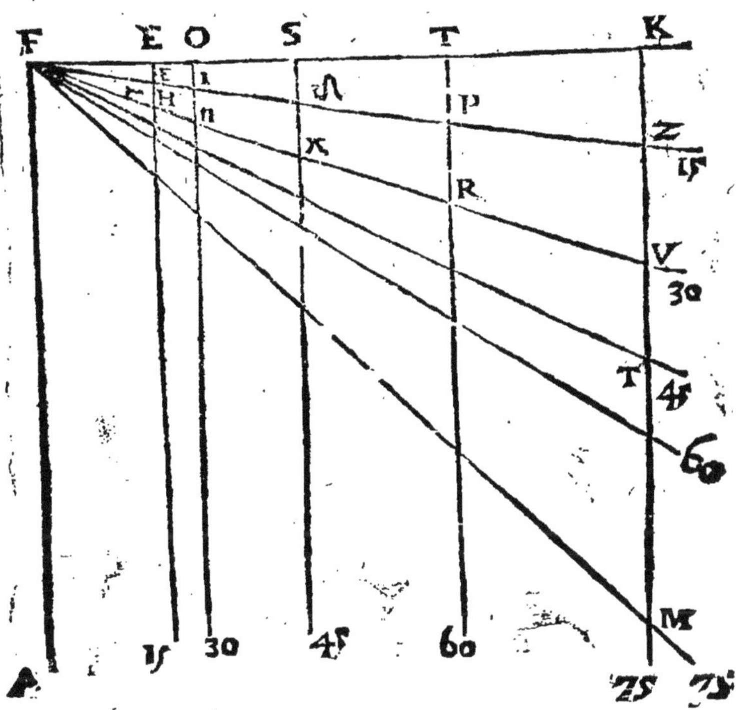

il ne faut que transporter les six poincts de la 127. prop. sur la ligne Meridienne Z, E, O, S, T, K. Car Z, est le poinct d'entresectiō de la ligne Horizontalle & du Meridien, & E, est plus bas distant de Z, de Z, E, & O, encore plus bas dans la ligne Meridienne distant de la ligne Horizontalle, de Z, O, & apres S, est plus bas que O, &.T, encore plus bas, mais K, est plus bas que tous les autres poincts.

Prop. 129. Probl. 90.

Tirer les Almicantharas dans le quadrant Vertical.

Trouuez par la precedente toutes les parties des lignes Verticalles comprises entre la ligne Horizontalle & les Almicantharas, & par les extremitez de ces parties, tirez vne ligne courbe adroictement, & vous aurez les Almicantharas, qui seront toutes Hyperboles.

Comme par exemple, si ie veux tirer l'Almicanthara 15. premierement ie trouue par la precedente toutes les parties des lignes Verticalles comprises entre la ligne Horizontalle & l'Almicanthara 15. comme Z, E, E, ε, o, 1. S, δ, T, P, & K, Z, & par tous les poincts E, ε, 1, δ, P, Z, tirez vne ligne courbe adroictement, vous aurez la moitié de l'Almicanthara qui a 15. degrez de hauteur sur l'Horizon.

De mesme ayant trouué par la precedente les lignes Z, O, E, H, o, n, S, π, T, R, K, V : il faut tirer vne ligne courbe adroictement par leurs extremitez o, H, n, π, R, & V, des deux costez du Meridien, & au dessous la ligne Horizontalle Z, K, seulement, & vous aurez l'Almicanthara de 30. deg. & de la mesme façon vous ferez celle de 45. & celle de 60. & celle de 75.

Autrement, Ayant trouué l'apse de la section

conique trouuez aussi quelque autre poinct, & de ce poinct tirez vne ligne perpendiculaire sur la ligne Meridienne, vous aurez l'axe de la section conique, & aussi la ligne appliquée, tirez donc la section conique qui est Hyperbole selon les regles.

Comme si ie veux tirer l'Almicanthara 15. premierement ie trouue son apse, c'est à dire le poinct le plus proche de la ligne Horizontalle estre E; puis apres ie trouue aucun autre poinct dans ceste section conique comme ς, & de ce poinct ς, ie ti-

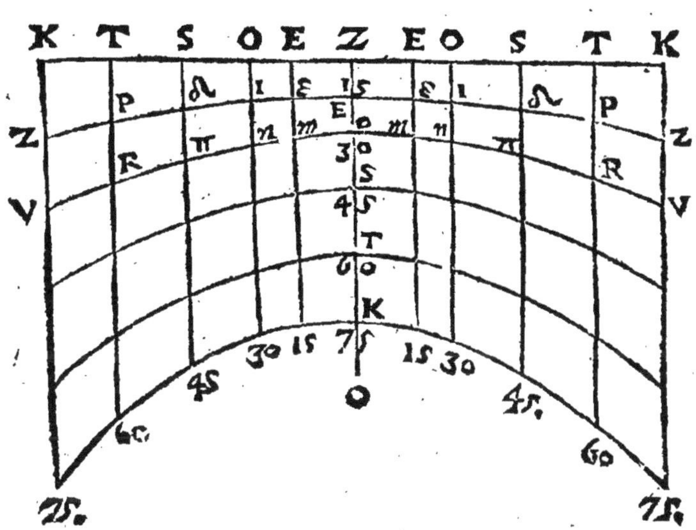

re vne perpendiculaire sur la ligne Meridienne, & icelle ligne sera la ligne appliquée, & la partie de la ligne Meridienne comprise entre ceste perpendiculaire & l'apse de l'Hyperbole sera l'axe de l'Hyperbole ; ſçachant donc l'axe & la ligne appliquée, tirez la ligne Hyperbole. Or que toutes ces ſections coniques ſont Hyperboles, il eſt ayſé à voir, puis que le plan du quadrant eſt parallel au cercle Vertical, qui coupe les cones des Almicantharas par le ſommet ; & partant ce plan eſtant produit ne ſe rencontrera iamais auec le coſté oppoſé, ny eſt parallel à celuy coſté oppoſé du cone.

Probl. 130. Prop. 90.

Deſcrire le cercle Meridien d'aucune Ville dans le quadrant Vertical.

Il faut faire tout de meſme comme dans le quadrant Horizontal, voyez la 55. propoſ. Sçachez premierement la diſtance entre le Meridien que vous voulez deſcrire, & celuy du lieu où eſt le quadrant. Apres ſi ceſte ville eſt plus Occidentalle que la voſtre, au poinct F, du coſté Oriental de la ligne H, F, faictes vn angle comme H, F, ♪, eſgal à laditte diſtance entre les deux Meridiens, en tirant la ligne F, ♫, & vous aurez le poinct ♪, dans la ligne Equinoctialle H, B, par lequel poinct ♪, il faut tirer la ligne Meridienne du poinct S, & S, ♫, ſera celuy que vous demandez. Comme ſi la diſtance entre les Meridiens eſtoient de 50. deg. faictes ♫, F, H, de 50. & le poinct ♫, ſera entre celuy de 3. heures & celuy de 4. heur. Mais ſi la ville de laquelle vous voulez deſcrire le Meridien dans voſtre quadrant eſt plus Oriental que la ville où eſt le quadrant, alors il faut faire l'angle esgal à la distance entre les deux du costé Occidental de la ligne S, H, Comme la distance entre le Meridien de Paris & vne ville dans la Perse peut estre de 68. degrez. Il faut donc faire l'angle H, F, θ, de 68. deg. en tirant la ligne F, θ, vous aurez le poinct θ, entre le poinct de 8. heur. & celuy de 7. heures du matin, & S, θ, sera le Meridien de cette ville là.

De mesme si ie veux tirer le premier Meridien qui passe par les isles Canaries dans vn quadrant faict pour Paris; parce que ce Meridien est distant de celuy de Paris de 23. deg. 30. min. vers l'Occident. Faictes l'angle H, F, ♌, (du costé Oriental de la ligne H, F,) de 23. deg. 30. & le poinct

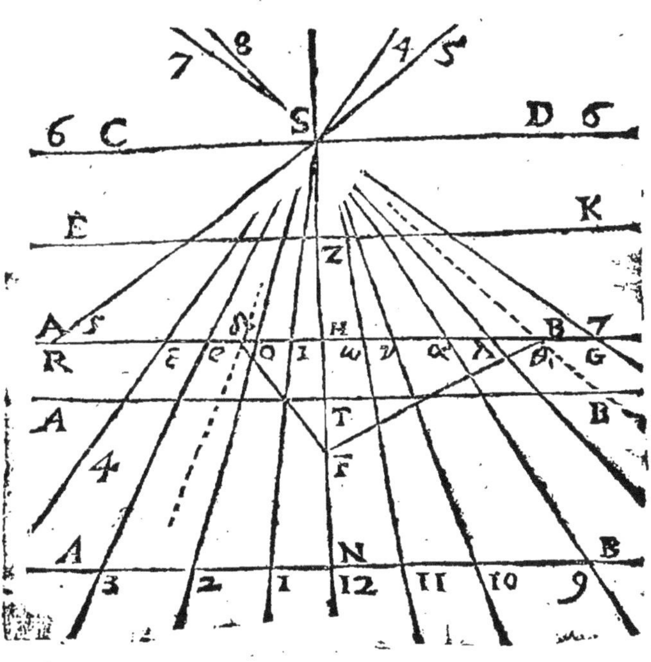

ɷ, tombera entre le poinct de 1. heure & celle de 2. heures; & partant le premier Meridien S, ɷ, tombera entre la ligne de 1. heure & celle de deux heures: & ainsi quand l'ombre du style ou de l'axe est dans cette ligne il est midy aux isles Canaries, à sçauoir quand il est 1. heure & demie à Paris. D'où il appert que le second Meridien sera entre midy & vne heure, & le troisiesme entre 11. & 12. heures: le quatriesme entre 10. & 11. heur. le cinquiesme entre 9. & 10. le sixiesme entre 8. & 9. & ainsi d'autres en plaçant les Meridiens de 15. deg. en 15. deg.

Si le Meridien d'vne ville est esloigné de celuy de Paris de 15. d. vers l'Occident, alors la ligne de 1. heure seruira pour Meridien de ceste ville là, si de 30. deg. la ligne de 2. heures sera Meridien, si de 45. la ligne de 3. heures, si de 60. la ligne de 4. heures. Mais si elle est esloignee de 15. d. vers l'Orient, alors la ligne de 11. heures sera le Meridien de ceste ville-là, si de 30. la ligne de 10. heures; si de 45. celle de 9. heures; si de 60. celle de 8. & ainsi d'autres.

Prop. 131. Probl. 91.

Tirer les cercles des maisons celestes dans le quadrant Vertical.

Du bas du style Z, par le poinct horaire de 2. heures, comme *v*, tirez vne ligne & vous aurez la ligne de la neufuiesme maison: & du mesme poinct Z, par le poinct horaire λ, de 4. heures, tirez vne autre ligne & vous aurez la ligne de la 8. maison,

maiſon, & la ligne Horizontalle ſera celle de la 7. maiſon & de la premiere, & la ligne Meridienne eſt celle de la 10. & 4. Et ſi vous tirez des lignes du poinct Z, par les poincts horaires de 10. & 8. heures, vous aurez les lignes de la 11. & 12. maiſons, & ainſi d'autres.

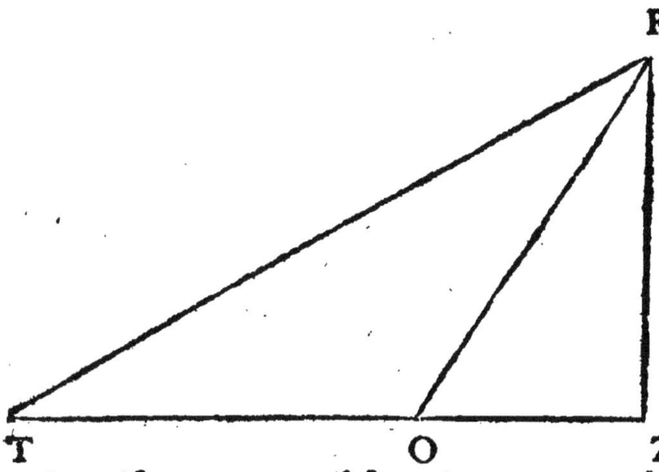

La raiſon pourquoy il faut tirer toutes ces lignes du poinct Z, eſt à cauſe que la ligne de commune ſection des cercles des maiſons eſt auſſi axe du cercle Vertical, & paſſant par le poinct F, centre du monde, tombe perpendiculairement ſur le plan du cercle Vertical, & partant le ſtyle F, Z, faict vne partie de ceſte ligne de commune ſection des cercles des maiſons, & le poinct Z, eſt le poinct de rencontre de cette ligne auec le plan du cercle Vertical. Et la raiſon pourquoy il les faut tirer touſiours par quelque poinct horaire dans la ligne Equinoctialle eſt à cauſe que les cercles des maiſons & ces cercles horaires s'entrecoupent tous deux dans vn meſme poinct du cercle Equinoctial dans le ciel, à sçauoir dans vn poinct qui est esloigné du Meridien de 30. deg. ou 60. ou 90. deg. de l'Equateur.

Vous pourrez tirer les mesmes lignes autrement en trouuant les angles de position des maisons, & faisant au poinct Z, des angles égaux à ceux-là sur la ligne Meridienne.

Pour tirer les lignes des maisons à la façon de Campanus, il faut du poinct Z, tirer vn cercle & le diuiser en 12. parties esgalles par 12. demy diametres, vous aurez les lignes des maisons selon Campanus, à cause que Campanus diuise le cercle Vertical en 12. parties esgalles & non pas le cercle Equateur.

Prop. 132. Probl. 92.

Trouuer les poincts Horizontaux par les ombres matutinales du Soleil, I, O, C, K, ε, θ.

Faictes vne ligne esgalle à la longueur du style F, Z, & au poinct F, faictes vn angle esgal au complement de l'amplitude ortiue du commencement du signe, comme de Cancer (qui sera de 35.) & à l'autre bout Z, faictes vn angle droict de 90. d. & produisez ces deux lignes iusques à ce qu'elles se rencontrent en vn poinct, la ligne perpendiculaire sera la lõgueur de l'ombre quand le Soleil se leue dans ♋ comme Z, F, & partant F, est le poinct Horizontal de ♋. Vous pourrez trouuer aussi la mesme longueur par la Trigonometrie.

Vous pourrez faire vn angle esgal au complement de l'amplitude ortiue Geometriquement par la 50. prop. du 2. chapitre.

De la mesme façon vous trouuerez O, le poinct Horizontal de Leo & C, de ♍, & θ, de ♑, & ε, de ♐, & K, de ♏. Mais ♉ a mesme poinct Horizontal que la ♍, à sçauoir C, & ♊, a le mesme que le ♌, à sçauoir O, & ♓ à le mesme que ♏, à sçauoir K, & ♒, a le mesme que ♐ à sçauoir ε, à cause que les signes qui ont mesme de-

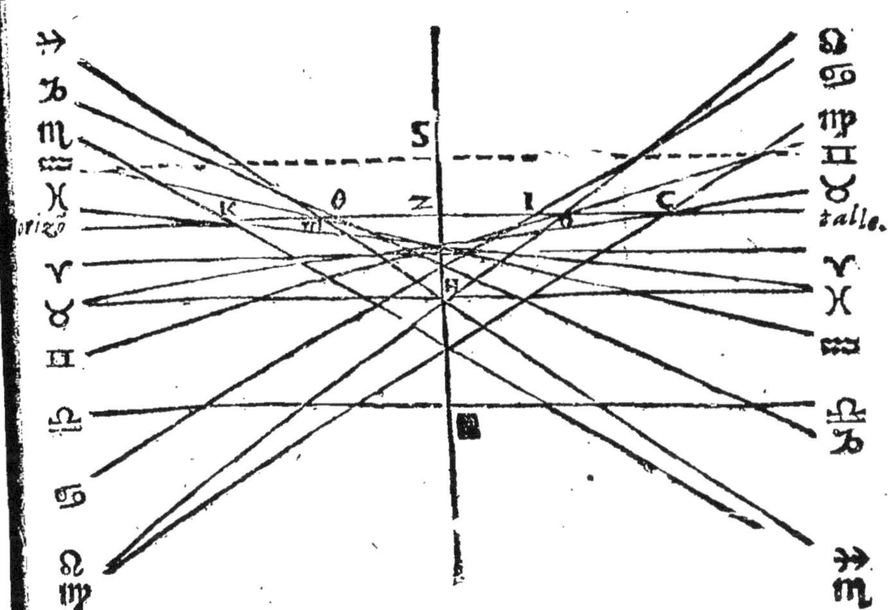

clinaison, ou mesme amplitude, ont aussi mesme poinct Horizontal. Il faut noter que le Soleil estant dans vn signe Boreal, il ne fait poinct d'ombre dans les quadrants Austraux en se leuant ains seulement dans les quadrants Boreaux. Et si il est dans vn signe Austral, il ne fait point d'ombre dans les quadrants Boreaux en se leuant, ains seulement dans les quadrants Austraux. C'est pourquoy la longueur de l'ombre au matin, quand le Soleil est en ♋, vous donnera le poinct θ, pour le poinct de Cancer, dans le quadrant Boreal à cause que l'ombre du style alors tombe sur le quadrant Boreal au poinct θ, du costé droict de la ligne Meridienne. Ainsi la longueur de l'ombre du soir quand le soleil est dans ♋ est Z, I, & partant I, est le poinct Horizontal de Capricorne dans le quadrant Vertical Boreal du costé gauche de la ligne Meridienne, ces deux poincts θ, & I, sont ceux qui sont les plus proches du

Poincts Horizontaux dans le quadrant Austral.

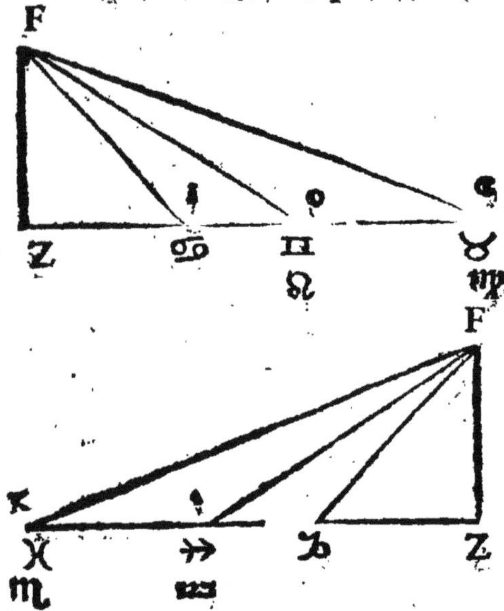

bas du style Z, d'autant que les ombres sont les plus courtes, le Soleil estant dans les poincts solstitiaux à cause qu'alors l'amplitude ortiue est la plus grande. Car plus que l'amplitude ortiue est grande plus est l'ombre matutinalle courte, & plus elle est petite plus est l'ombre longue, & partant si l'amplitude ortiue est nulle comme dans ♈, ou ♎, l'ombre matutinalle est infinie, à cause qu'elle est parallelle au plan du quadrant. C'est pourquoy ♉, & ♍, & ♏, ♓, ont la plus longue ombre Z, K, & Z, C. Parce que leur amplitudes ortiues sont les plus petites.

Autrement, Faictes au poinct F, vn angle égal à la moitié de l'arc diurne du signe du costé de l'Orient, c'est à dire vn angle égal au nombre des heures & minutes que le signe se leue deuant midy & produisez la ligne faisant l'angle iusques à la ligne Equinoctialle, & du poinct de rencontre, tirez vne ligne iusques au centre du quadrant, icelle ligne sera vne ligne horaire & coupera la ligne Horizontalle, au poinct Horizonl du signe.

Oubien, ce qui est la mesme chose; trouuez le poinct horaire de l'heure que chasque signe se leue quand le Soleil y est, & tirez la ligne horaire de cette heure icelle ligne horaire coupera la ligne Horizontalle au poinct Horizontal du signe. La raison est à cause que le Soleil se leuant au commencement de ce signe, & l'extremité de l'ombre du style estant tousiours dans le plan du Zodiaque, & partant aussi dans la ligne de section du plan du Zodiaque auec le plan du quadrant, & aussi dans la ligne horaire de l'heure qu'il est alors, & aussi toute la longueur de l'ombre estant dans la ligne Horizontalle lors que le Soleil se leue, necessairement le bout de l'ombre du style sera le poinct de rencontre de ces trois lignes, à sçauoir de la ligne horaire, la ligne Horizontalle, & de la ligne de ſection de l'Ecliptic, & partant ſi vous tirez la ligne horaire de l'heure qu'il eſt lors que le Soleil ſe leue, le poinct où cette ligne horaire coupe la ligne Horizontalle ſera le poinct Horizontal cherché, car cē poinct ſera auſſi dans la ligne de ſection de l'Ecliptic.

Comme ſi le commencement de Cancer ſe leuoit auec le Soleil à 4. heures 30. min. de matin, il faudroit tirer la ligne horaire de 4. heures 30. min. & où icelle ligne coupera la ligne Horizontalle dans le quadrant Boreal ſera le poinct Horizontal. Car pource qui eſt des ſignes Septentrionaux, le Soleil s'y leuant fera ombre dans le quadrant Boreal comme dit eſt.

Mais ſi ♑ ſe leuant à 8. heur. 30. min. du matin, il faudroit tirer la ligne horaire de 8. h. 30. min. dans le quadrant Boreal, & où icelle ligne coupe la ligne Horizontalle, ſera le poinct Horizontal 8, du coſté gauche ou Oriental de la ligne Meridienne; car Capricorne eſtant dans l'Orient le rayon du Soleil qui y eſt percera le plan du quadrant dans la partie Orientalle deuant que de paruenir au ſommet du ſtyle, qui eſt centre du monde, & parce que le Soleil eſt dans l'Horizon, neceſſairement ſon rayon tombera ſur la ligne Horizontalle, & percera le quadrant dans la ligne Horizontalle, ce qu'il faut entendre de tous les ſignes Meridionaux.

Auſſi ſi ♋ ſe couchoit à 8. heures 30 min. du ſoir, il fauldroit tirer la ligne horaire de 8. heur. 30. min. du ſoir & où ceſte ligne coupe la ligne Horizontalle ſera le poinct Horizontal de Cancer ſe couchant, ou Capricorne ſe leuant dans le quadrant Boreal.

Mais dans le quadrant Auſtral le contraire arriue, car le poinct Horizontal de Cancer eſt M, du coſté Oriental de la ligne Meridienne, & le poinct Horizontal de ♑, eſt F, du coſté Occidental de la ligne Meridienne : Et les poincts Horizontaux de tous les ſignes Septentrionaux ſont du coſté Oriental, & ceux des Meridionaux ſont du coſté Occidental de la ligne Meridienne.

Mais il eſt à remarquer que la ligne horaire d'vne heure deuant ſix du matin, ou apres ſix du ſoir ne coupera iamais la ligne Horizontalle dans le quadrãt Auſtral, par ce qu'elle ne s'y trouue pas c'eſt pourquoy il faut tirer vne telle ligne dans le quadrant Boreal. Telles ſont les lignes horaires du leuer & coucher du Soleil quand il eſt dans les ſignes Septentrionaux, & partant tous les poincts Horizontaux des ſignes Septentrionaux ſe trouuent dans le quadrant Boreal. Et parce que les heures depuis ſix du matin iuſques à cinq du ſoir ne ſe marquent pas dans le quadrant Boreal, auſſi les heures du leuer du Soleil eſtant dans les ſignes Meridionaux ne s'y trouuent pas, & quand elles s'y trouueroiẽt, ſi eſt-ce que les lignes horaires de ces heures là eſtant produictes ne couperoiẽt iamais la ligne Horizontalle ; non plus que les lignes horaires des heures depuis ſix du ſoir iuſques à 6. heures du matin ne pourroient iamais couper la ligne Verticalle eſtant produictes dans le quadrant Horizontal ſuperieur ; d'autant que plus elles ſeront produictes, plus en ſeront-elles eſloignées. Neantmoins on peut prendre le complement du nombre des heures à 12. & en faire vn angle de l'autre costé du Meridien. Comme si l'heure que Cancer se leue est 3. heur. 30. min. & vous desirez sçauoir en quel poinct son rayon coupera alors la ligne Horizontalle dans le plan du quadrant Vertical Austral, parce que l'heure donnée est 8. h. 30. minut. deuant midy, son complement sera 3. heur. 30. min. ou bien 52. deg. 30. min. Faictes donc au poinct F,

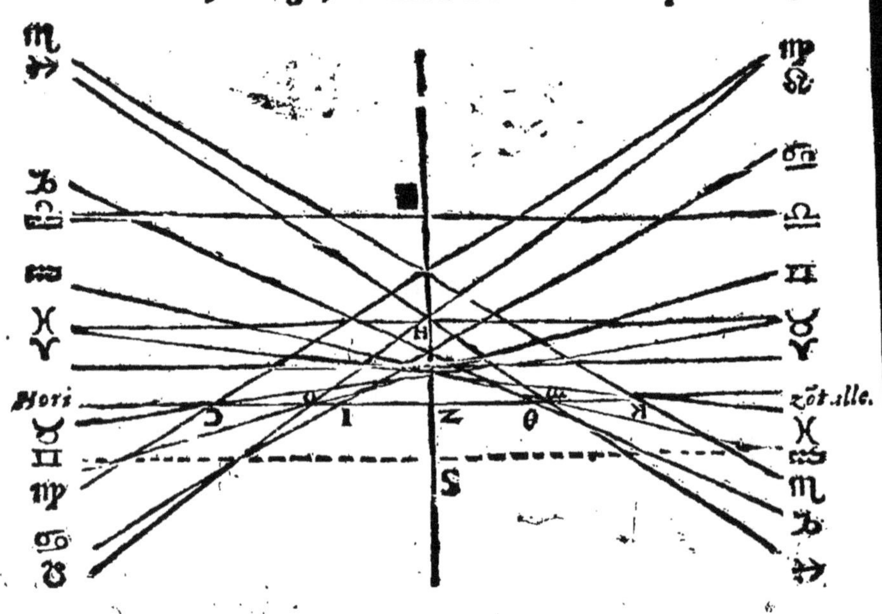

du costé Oriental de la ligne Meridienne, vn angle de 52. deg. 30. min. & produisez la ligne faisant l'angle iusques à la ligne Equinoctialle, & du poinct dans la ligne Equinoctialle, tirez vne ligne iusques au centre du quadrant & icelle ligne sera la ligne horaire de 3. h. 30. m. qui est l'heure apres que le Soleil se couche estant au commencement de Cancer, & le poinct I, sera le poinct Horizontal de Cancer, d'autant que la ligne horaire coupera la ligne Horizontalle au poinct I, & partant le poinct I, est celuy dans le plan du quadrant Austral par lequel passeroit le rayon du Soleil estant produict iusques au sommet du style dans le quadrant Austral. De la mesme façon on peut trouuer tous les autres deux poincts des autres signes Septentrionaux dans le quadrant Austral. Aussi on trouueroit de la mesme façon les trois poincts des signes Meridionaux dans le quadrant Boreal.

Prop. 133. Probl. 93.

Trouuer l'amplitude ortiue d'aucun signe dans le cercle Vertical; c'est à dire l'arc du cerle Vertical compris entre l'Ecliptic & l'Equateur lors que le commencement du signe est dans l'Horizon Oriental ou Occidental.

Trouuez premierement l'amplitude ortiue dans l'Horizon, par la 73. Geometriquement, ou par la 61, selon la Trigonometrie: vous aurez vn triangle Rectangle, duquel vn costé est l'amplitude ortiue cogneüe, vn autre vn arc de l'Ecliptic compris entre le cercle Vertical & l'Horizon, le troisiesme est l'arc du cercle Vertical cherché, que nous appellons icy amplitude ortiue dans le cercle Vertical.

Donc puis que dans ce triangle il y a trois cogneus, l'angle droict, l'aigu, & la perpendiculaire adiacent à l'aigu, par la 5. de nostre Trigonometrie, il sera aysé à trouuer l'autre perpendiculaire qui est opposé à l'aigu. Or l'aigu cogneu est l'angle de l'Orient, la perpendiculaire cogneue est l'amplitude ortiue dans l'Horizon.

Autrement, Trouuez le degré de l'Ecliptic qui est dans le cercle Vertical, lors que le commencement du signe est dans l'Horizon, & cherchez l'amplitude ortiue de ce degré à l'éleuation du pole de 41. degr. qui est celle dessus le cercle Vertical à Paris, vous aurez l'amplitude ortiue cherchée.

Or on trouue ce degré de l'Ecliptic, en adioustant 90. deg. à l'ascension droicte du milieu du ciel, ou à la descension oblique du degré cherché, à l'esleuation de 41. degrez. Cherchez donc ceste descension oblique, dans les tables faictes à l'esleuation du pole de 41. deg. & on aura ledit degré. Comme si ♋, est dans l'Orient, 330. deg. sera l'ascension droicte du milieu du ciel, adioustez y 90. la somme sera 60. pour descension oblique du degré cherché. Trouuez donc 60. dans les tables faictes à l'éleuation du pole de 41. deg. & vis à vis dans la marge, vous trouuerez le degré de l'Ecliptique cherché.

Autrement, *Trouuez l'ascension oblique du commencement du signe, à l'esleuation du pole de 48. deg. & l'ayant troué cherchez le mesme nombre, comme descension oblique dans les tables faites à l'éleuation de 41. deg. & vous aurez le mesme nombre que dessus pour degré qui est dans le Vertical. Où il faut remarquer que ce degré là se leue sur le plan du quadrant Vertical Austral, sur lequel le pole Antarctique est esleué, & le mesme degré se couche dessous le plan du quadrant Boreal, sur lequel le pole*

Arctique est esleué & partant le degré de l'Equateur qui est en mesme temps dans le cercle Vertical est sa descension oblique plustost que son ascension oblique. Car ce qui est vne ascension oblique à ceux qui ont l'autre pole esleué, cela nous est vne descension oblique, & au rebours, & partant, parce que ce nombre 59.d.59.m.ou 60.d. qui est dãs le cercle Vertical en mesme temps auec le degré cherché, quand le commencement de Cancer est dans l'Horizon, ie dis que ce nombre est la descension oblique dudit degré, puis que ledit degré descend à l'esgard d'vn plan sur lequel nostre pole Arctique est esleué en passant du Septentrion vers le midy; mais quand du midy vers le Septentrion, alors le degré de l'Equateur qui passe le cercle Vertical auec, est son ascension oblique, parce qu'alors il monte à l'esgard d'vn plan sur lequel nostre pole Arctique est esleué.

Prop. 134. Probl. 94.

Tirer les lignes de section de l'Ecliptic auec le plan du quadrant, quand les commencemens des signes sont dans l'Horizon Oriental.

Dans le quadrant Austral toutes ces lignes coupent la ligne Meridienne plus bas que le style, & les lignes des signes descendans coupent la ligne Meridienne tousiours plus bas que les signes ascendans. Car la ligne de section de Libra est plus esloignée du bas du style, car alors ♋ est dans le Meridien, & si du poinct de ♋ vous tirez vne ligne par le bout du style iusques au Meridien, icelle ligne tombera plus bas dans la ligne

Meridienne, que ſi aucun autre poinct de l'Ecliptique, eſtoit dans le Meridien, car le poinct de ♋ eſt le plus haut qui y puiſſe eſtre

Le poinct de ♍, & de ♏, eſt plus proche du bas du ſtyle que celuy de Libra, c'eſt à dire plus haut dans la ligne Meridienne, & celuy de ♐ & ♌ encore plus proche, & celuy de ♑, & ♋ encore plus proche, & celuy de Gemini & Aquarius encore plus proche, & plus haut, & & de ♉ & ♓ encore plus proche du bas du ſtyle & plus haut dans le Meridien, mais le poinct Meridional le plus haut de tous eſt celuy d'Aries,

F *Poincts Meridionaux.*

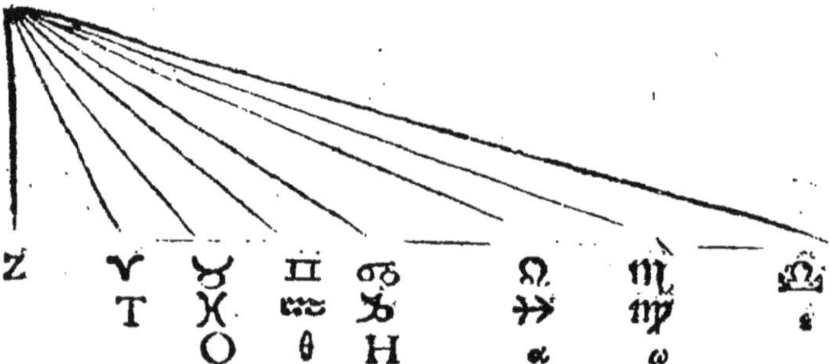

car quand ♈ eſt dans l'Horizon, alors Capricorne eſt dans le Meridien, & pourtant vne ligne tiree du poinct de ♑ par le haut du ſtyle du quadrant Auſtral tombera en vn poinct plus haut qu'aucun poinct Meridional, à cauſe que le poinct de Capricorne eſt plus bas dans le Meridien que tous les poincts de l'Ecliptique

Dans le quadrant Boreal tous les poincts Meridionaux ſont plus hauts que le ſtyle, & ſont eſloignées du bas ſtyle de la meſme façon : car les poinɥts Meridionaux des ſignes deſcendants ſont plus eſloignées du bas du ſtyle que les poinɥts des ſignes aſcendans & partant les poinɥts des ſignes deſcendans ſont beaucoup plus hauts que les aſcendans, & le poinɥt de ♎ eſt le plus haut de tous, car alors Cancer eſt dans le Meridien; & le poinɥt Meridional d'Aries eſt le plus bas de tous & plus proche du ſtyle: car alors Capricorne eſt dans le Meridien, à ſçauoir quand Aries eſt dans l'Orient.

Dans tous les deux quadrants, les lignes d'Aries & Libra ſont paralleles, par ce qu'elles ont meſme amplitude ortiue dans le cercle Vertical à ſçauoir o, car ils ſont dans l'Equateur. Mais outre celles-cy il n'y a poinɥt de parallels dans le cercle Vertical, ſinon la ligne Equinoɥtialle B, H, l'Horizontalle Z, K, & la ligne de 6. heures paſſant par le centre du quadrant.

Or pour tirer les lignes de ſeɥtion, il faut premiérement trouuer les ſuſdiɥts poinɥts Meridionaux dans la ligne Meridienne par les ombres Meridiennes, en ſuppoſant le Soleil dans le Meridien lors que le commencement d'aucun ſigne eſt dans l'Horizon. Puis apres à chacun de ces poinɥts faiɥtes vn angle eſgal au complement de l'amplitude ortiue du commencement du ſigne dans le cercle Vertical, ce qui ſe trouue par la precedente propoſition. Comme au poinɥt Meridional de Virgo, faiɥtes vn angle eſgal au complement de l'amplitude ortiue de ♍, c'eſt à dire au complement de la partie du cercle Vertical, qui eſt compris entre l'Eccliptic & l'Equateur, lors que le commencement de ♍, eſt dans l'Horizon Oriental. Mais il faut faire c'est angle sur la ligne Meridionalle du costé de l'Orient, de sorte que la ligne faisant l'angle soit tiree vers en haut, quand le signe est Septentrional, à cause que l'amplitude ortiue susdicte est vn arc du cercle Vertical qui est dessus la terre. Mais si c'est vn signe Meridional qui est dans l'Horizon, alors il faut faire le susdict angle en tirant la ligne faisant l'angle vers en bas, à cause que l'amplitude ortiue est vn arc du cercle Vertical dessous l'Horizon, partant les lignes des signes Meridionaux ont la partie Orientalle dessous la ligne Horizontalle, & la partie Occidentalle dessus; & les lignes des signes Septentrionaux ont la partie Orientalle dessus la ligne Horizontalle, & la partie Occidentalle dessous, tant dans le quadrant Boreal que dans l'Austral.

Autrement; Trouuez les poincts Meridionaux dans la ligne Meridienne, & aussi les poincts Horizontaux dans la ligne Horizontalle & par le poinct Meridional & le poinct Horizontal d'vn mesme signe tirez vne ligne droicte vous aurez la ligne de section du plan de l'Ecliptic auec le plan du quadrant quand le commencement d'vn tel signe est dans l'Horizon.

Autrement, Trouuez les poincts Horizontaux comme dessus, & aussi les poincts Equinoctiaux dans la ligne Equinoctialle, & par le poinct Horizontal & le poinct Equinoctial d'vn mesme signe, tirez vne ligne: comme si ie trouue α, pour le poinct Equinoctial de ♉, & C, pour le poinct Horizontal de ♉, tirez vne ligne par α, & C, & vous aurez la ligne de section de l'Ecliptic auec le plan du quadrant quand le commencement de ♉ est dans l'Horizon Oriental.

Autrement : Faictes vn angle au bas du style au poinct Z, sur la ligne Meridienne, égal à l'amplitude ortiue dans le cercle Vertical, laquelle amplitude ortiue est la distance du nonantiesme degré au Meridien. Puis apres faictes la ligne faisant l'angle esgal à la longueur de l'ombre le Soleil estant dans le nonantiesme degré, & au bout de ceste ligne faictes vne perpendiculaire & produisez la deça & delà, & vous aurez la ligne de section.

Où il faut noter que nous appellons icy le nonantiesme degré celuy qui est égallement distant des deux poincts de section de l'Ecclíptic & du cercle Vertical, aussi l'angle de l'Orient est celuy qui est compris de l'Ecclíptic, & du cercle Vertical, & sa mesure est la hauteur du nonantiesme degré dessus le cercle Vertical, il se trouue par la 60 propos. du chapitre 2. aussi la longueur de l'ombre se trouue par la 62.

Autrement, tirez par le poinct Meridional & poinct Equinoctial d'vn mesme signe, vne ligne droicte & vous aurez la ligne de section.

Autrement, Trouuez les poincts de section dans la ligne de 9. heures par la 69. propos. & par vn poinct de 6. & vn poinct Equinoctial du mesme signe ou poinct Horizontal ou poinct Meridional du mesme signe tirez vne ligne droicte. Où il faut noter que les poincts de la ligne de six heures de Taurus, Gemini, Cancer, Virgo & Leo sont dans le quadrant Boreal dans la moitié Occidentalle de laditte ligne, & celuy de

Taurus est le plus esloigné du style, & celuy de Cancer est le plus proche: mais ceux de ♏, ♐, ♑ ♒ & ♓, sont dans la partie Orientalle du mesme quadrant dans la mesme ligne, & celuy de ♏, & ♓ est le plus esloigné & le plus proche est celuy de Capricorne, à cause que le commencement de Capricorne estant dans l'Horizon. quelque degré d'Aquarius est dans le cercle de 6. heures dessous l'Horizon & du costé Austral du cercle Vertical, & partant si vous tirez vne ligne de ce degré dans le cercle de 6 heures vers le sommet du style du quadrant Boreal, icelle ligne percera le plan du quadrant Boreal dans la partie Orientalle de la ligne de 6. heures. Mais pour sçauoir quel degré de l'Eccliptic est alors dans le cercle de 6. heures quand le commencement de Capricorne est dans l'Horizon, il faut sçauoir l'ascension oblique de Capricorne, qui est à Paris de 300. puis apres trouuez de quel degré de l'Ecliptique 300. est ascension droicte & vous aurez le degrè qui est dans le cercle de 6. heures, voyez la 66. prop.

Tout le contraire de cecy arriue dans le quadrant Austral : car les poincts des signes Septentrionaux sont dans la moitié Orientalle de la ligne de 6. heures, & les autres dans la moitié Occidentalle.

Autrement; Ayant trouué les poincts dans les Tropics, par chacun de ces poincts, & le poinct Horizontal du mesme signe, ou poinct Equinoctial, ou poinct Meridional, ou poinct de 6. heures, tirez vne ligne, vous aurez la ligne de section

ſection : les poincts des Tropics ſe trouuent par la 71. prop.

Il faut noter que ſi vous coupez le quadrant Vertical Auſtral le long de la ligne Horizontalle ; la partie ſuperieur ſeruira pour quadrant Boreal, en faiſant la ligne Horizontalle K, F, la plus haute partie du quadrant.

Probl. 335. Prop. 95.

L'eleuation du pole eſtant ſi grande que la ligne Equinoctialle ne puiſſe eſtre deſcritte dans le quadrant Horizontal ou Vertical, tirer les lignes horaires.

Car pour tirer les lignes horaires il faut neceſſairement que la ligne Equinoctialle ſoit deſcritte dans le quadrant, & dans icelle les poincts horaires ſoient trouuez, & partant ſi la ligne Equinoctialle eſt grandement eſloignée du bas du ſtyle, on ne ſçauroit iamais bien trouuer les poincts horaires, ny bien tirer les lignes horaires.

Donc pour remedier à ceſte incommodité, il faut prendre deux poincts dans l'axe du monde qui ſoient fort bas & proches le centre du quadrant, & à ces deux poincts faire deux perpendiculaires, & les produire iuſques à la ligne Meridienne qui eſt dans le plan du quadrant, & au bout de ces perpendiculaires, tirez deux lignes Equinoctialles, dans leſquelles vous trouuerez ayſément les poincts horaires par le moyen des deux diametres de l'Equateur qui ſont ces deux perpendiculaires. Vous pourrez auſſi choiſir deux

deux poincts T, & H, dans la ligne Meridienne desquels vous pourrez tirer deux perpendiculaires sur l'axe du monde.

Car soit F, S, l'axe du monde, & l'angle F, S, T, de 89. deg. Si vous faisiez vne perpendiculaire sur le poinct F, le plus haut, il faudroit produire ceste perpendiculaire fort longue deuant qu'elle peut rencontrer la ligne Meridienne S, T, qui seroit hors du plan du quadrant. Donc pour remedier à cela, il faut prendre deux poincts F, dans l'axe F, S, plus proche du centre S, & y con-

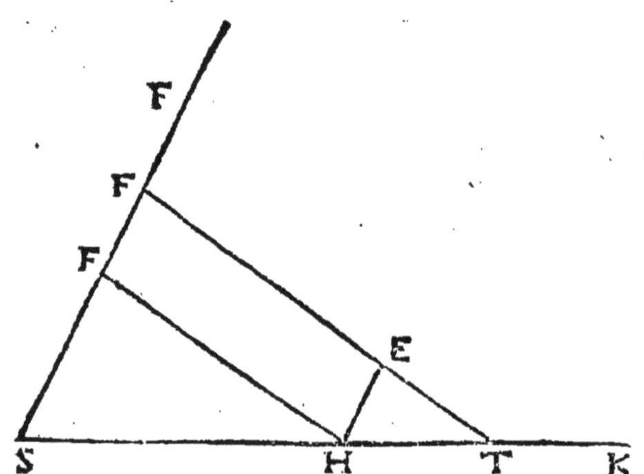

stituer deux perpendiculaires F, T, & F, H, lesquels se rencontrent auec la ligne Meridienne és poincts T, & H. Donc tirez dans le quadrant Equinoctial deux lignes perpẽdiculaires à la ligne Meridiẽne, desquels l'vne soit éloignée du centre du quadrant F, de toute la ligne F, H, & l'autre soit esloignée du mesme centre de toute la ligne F, T, & les lignes horaires du quadrant Equinoctial couperont ces deux lignes chacun en vnze poincts , leſquels ſeront les poincts horaires. Puis apres tirez ces deux lignes Equinoctialles eſtants diuiſées par les poincts horaires dans le plan du quadrant Horizontal, deſquelles vne ſoit

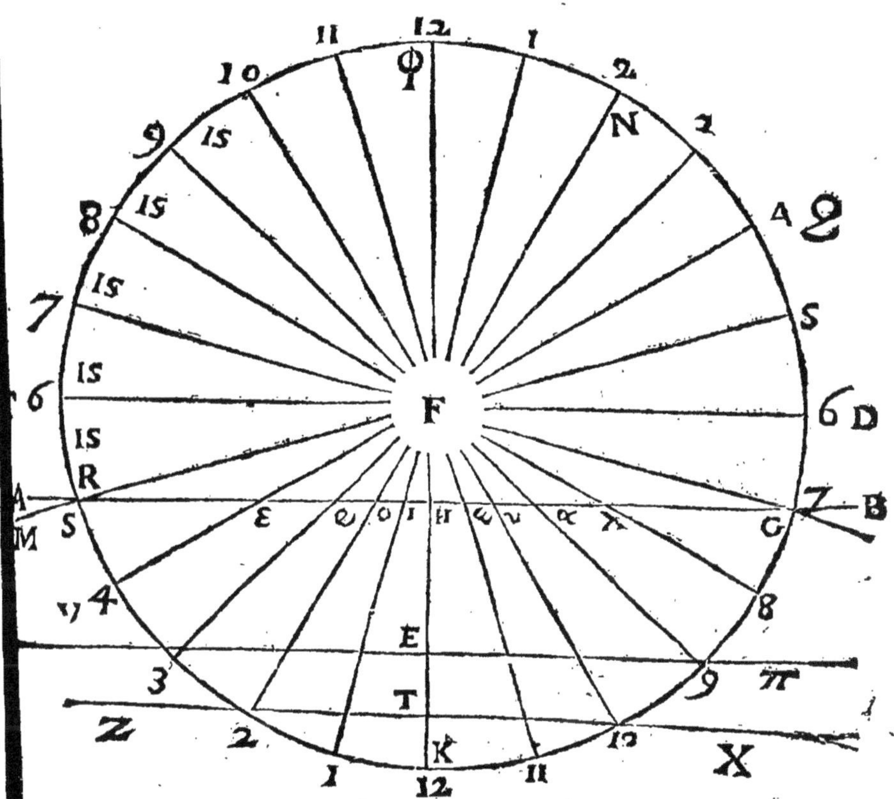

eſloignée du centre du quadrant S, de toute la li- gne S, T , & l'autre de toute la ligne S , H, & la diſtance entre les deux ſoit H, T. Et ayant tranſ- porté les poincts horaires des deux lignes dans le quadrant Equinoctial ſur ces deux qui ſont

dãs le quadrant Vertical, tirez y les lignes horaires par les poincts horaires des deux lignes Equinoctialles en telle façon qu'vne mesme ligne hor: ire passe par les deux poincts horaires marqués d'vne mesme lettre, soit λ, ou α, ou ω, ou ν, ou G.

Mais, comme nous auons dit cy-dessus, il faut des poincts H, & T, tirer deux perpendiculaires sur l'axe F, S, en mettaut vn pied du compas sur la

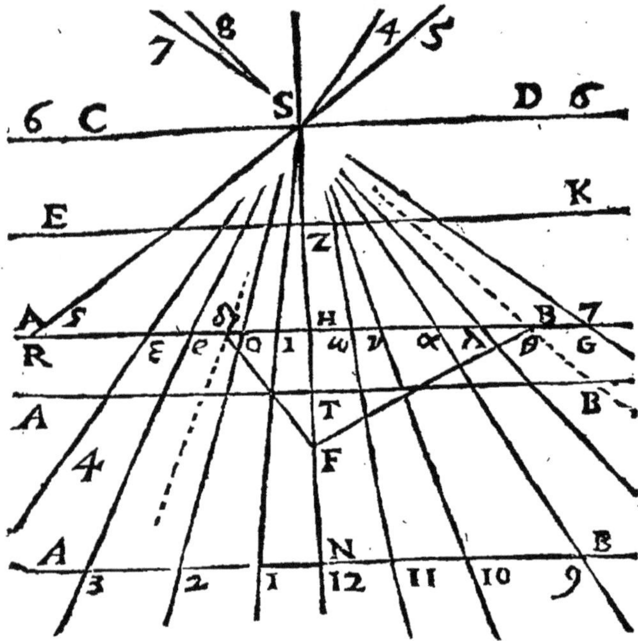

ligne Meridiẽne S, T, & faisant aller l'autre par le poinct H, & S, vous aurez vn demy cercle, qui coupera l'axe F, S, au poinct F, le plus bas, tirez donc la ligne F, H, vous aurez l'angle S, F, H, qui sera vn angle dans vn demy cercle & partant droict. De mesme si vous tirez vn demy cercle en mettant vn pied du compas sur la ligne Meridienne & faisant passer l'autre par les deux poincts S, & T, iceluy demy cercle coupera l'axe au poinct F, moyen, tirez donc F, T, l'angle F, S, T, sera droict ou dans le demy cercle.

Si vous voulez vous pourrez par vne seule ligne Equinoctialle tirer les lignes horaires, en tirant des lignes du centre de l'Horologe par les poincts horaires de ceste ligne Equinoctialle. Mais il faut icy que le style de l'Horologe soit fort petit, aussi il n'est pas besoin qu'il soit bien grand dans vn plan sur lequel le pole est tant esleué, car le Soleil n'est iamais gueres haut sur ce plan là (lequel est quasi parallel, ou peu s'en faut au cercle Equinoctial) pour le plus de 24. ou 25. deg. & partant l'ombre est tousiours bien longue quel petit soit le style. Ie serois d'auis de prendre vne partie de l'axe F, S, pour le style, à sçauoir autant qu'il s'en faut pour faire vne ombre assez longue.

Vous pourrez mieux faire le quadrant quand l'éleuation du pole est grande : par la propos. 103. du 2. chapitre.

Prop. 136. Probl. 96.

L'éleuation du pole estant si petite, que le centre ne se puisse trouuer dans le plan du quadrant, tirer les lignes horaires dans le quadrant Horizontal ou Vertical.

Il faut auoir icy deux lignes Equinoctialles comme dessus ; car par vne seule on n'y peut rien faire du tout.

Soit le style F, Z, & le diametre de l'Equateur

F, H, & soit faicte F, R, perpendiculaire sur la ligne F, H, au centre du monde F, & partant F, R, sera l'axe du monde lequel estant produict se rencontrera auec le plan du quadrant au centre, & par le poinct H, soit tiré vne ligne Equinoctialle, & y soient trouuez les poincts horaires par le moyen de F, H, c'est à dire ayant appliqué ladicte ligne sur le plan du quadrant Equinoctial esloigné du centre F, de toute la distance F, H, & soit appliquée vne autre ligne Equinoctialle es-

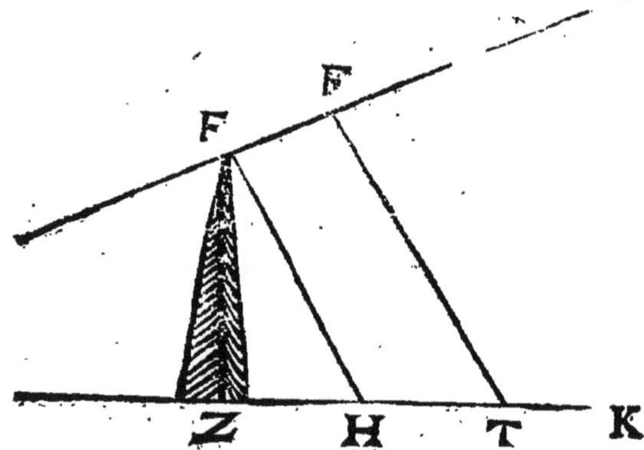

loigné du centre F, de toute la distance F, T, de sorte que F, T, soit la distance entre les deux lignes.

Puis apres transportez lesmesme lignes Equinoctialles sur le plan du quadrant Horizontal ou Vertical, de sorte que la premiere soit esloignée du bas du style de toute la ligne Z, H, l'autre esloignée du bas du style de toute la ligne Z, T, & partant toute la distance entre ces deux lignes sera H, T. Donc par chasques deux poincts qui sont marqués d'vne mesme lettre & sont poincts d'vne mesme heure, tirez vne ligne, vous aurez toutes les lignes horaires du quadrant, sans vous soucier de trouuer le centre du quadrant.

Si vous desirez faire vostre style plus long tirez vne ligne perpendiculaire du poinct F, le plus haut sur Z, K. Ou bien du poinct R, sur Z, K, ou bien sur le poinct K, erigez vne perpendicu-

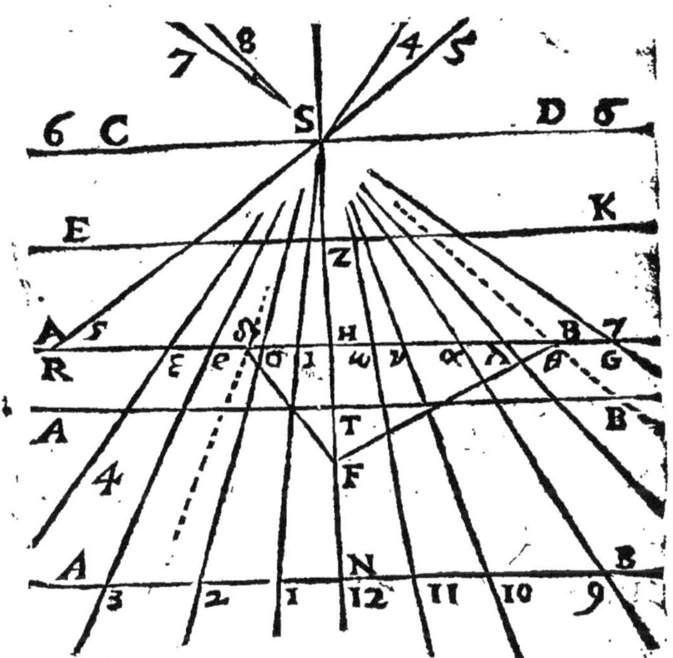

laire, & produisez ceste perpendiculaire, & aussi l'axe F, K, iusques à ce que ces deux se rencontrent ensemble & ainsi vous aurez la longueur que le style doit auoir.

DV QVADRANT MERIDIONAL

CHAPITRE V.

Construire le quadrant Meridien, Oriental, ou Occidental.

DAns ce quadrant icy il n'y a point de centre d'Horologe, parce que le plan du quadrant estant parallel à l'essieu du mõde, ne se rencontre iamais auec iceluy essieu, & partãt par la 43. les lignes horaires sõt toutes paralleles. Ayant donc trouué les poincts horaires dans la ligne Equinoctialle, il ne faut que tirer vne perpendiculaire à la ligne Equinoctialle par chasque poinct horaire, soit dans le quadrant Oriental, ou Occidental; & dans tous les deux la ligne Equinoctialle eſt tirée du Septentrion vers le midy, de haut en bas, de ſorte que la partie de la ligne Equinoctialle qui eſt plus proche du

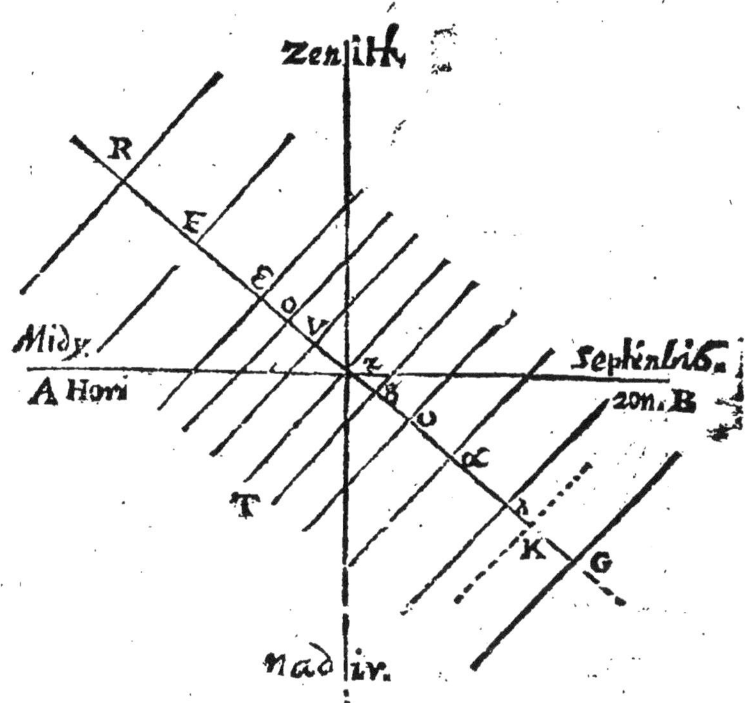

Septentrion eſt plus baſſe, & celle qui eſt plus proche du midy eſt plus haute, c'eſt pourquoy il ne faut qu'vne figure pour repreſenter tous les deux quadrants, Oriental & Occidental.

Or pour trouuer les poincts horaires dans la ligne Equinoctialle, il faut faire ainsi. Soit F, Z, la longueur du style du quadrant, & Z, G, la ligne faisant l'angle F, Z, G, droict, & soient fait cinq angles chascun de 15. deg. & les lignes faisant les angles donneront les poincts horaires, ω, ν, α, λ, G, par lesquels poincts si vous tirez des lignes parallelles entr'elles &

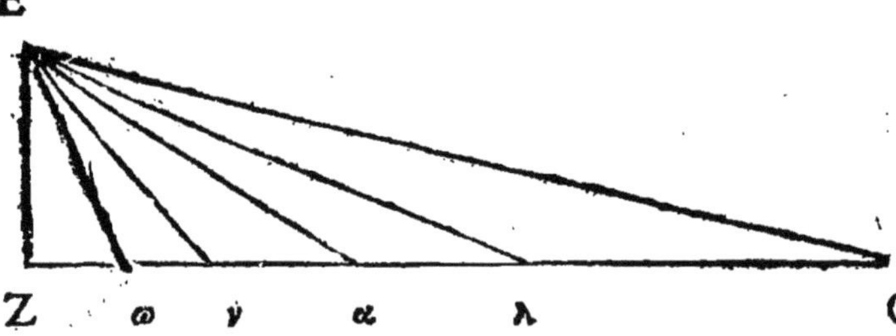

perpendiculaires sur la ligne Equinoctialle Z, G, vous aurez les lignes; d'autāt que les lignes horaires tōbent perpendiculairement, sur le plan de l'Equateur, & partant les lignes horaires sont perpendiculaires sur la ligne Equinoctialle de ce quadrant,

Car puis qu'elles sont toutes parallelles à la ligne de 6. heures & la ligne de six heures est perpendiculaire sur la ligne Equinoctialle, necessairement icelles lignes seront aussi perpendiculaires sur la ligne Equinoctialle. Or que la ligne de 6. heures est perpendiculaire sur la ligne Equinoctialle, il est euident à cause que le cercle de six heures est perpendiculaire sur le plan du Meridien & ce cercle de six heures, auec le Meridien diuise l'Equateur en quatre parties esgalles; aussi le style estant tout entier dans le cercle Equinoctial, & aussi tout entier dans le plan de l'Horizon, & aussi dans le plan du cercle de 6. heures, & dés le plan du cercle Vertical, necessairement ce style fait vne partie de la ligne de commune section de tous, ces quatre plans, qui est vne ligne tiree de lOrient en Occident.

Mais il faut noter que dans le quadrant Occidental, la ligne horaire la plus basse est celle de 1. heure, & la plus haute est celle de d'vnze heures, puis celle de dix, puis celle de neuf puis celle de huict, puis celle de sept, puis celle de 6. laquelle est tousiours au milieu dans tous les deux quadrants, & dessous celle-là est la ligne de 5. heur, puis de quatre, puis de trois, puis de deux heures, & la plus basse de toute est celle d'vne. Ce qui est tout au rebours du quadrant Oriental, ou la ligne horaire la plus haute est celle d'vne heure & la plus basse est celle d'vnze heures, d'autant que le quadrant Oriental marque les heures depuis minuict iusques à midy, & l'Occidental marque les heures depuis midy iusques à minuict.

Or la ligne Horizontalle est tousiours parallel au plan de l'Horizon, tiree par le bas du ſtyle Z, comme A, B, d'autant que toute la longueur du ſtyle eſt touſiours dans le plan de l'Horizon, & partant la ligne de commune ſection du plan du quadrant auec le plan de l'Horizon paſſera par le bas du ſtyle. Mais la ligne Equinoctialle R, G, faict vn angle auec la ligne Horizonralle égal à l'angle que le plan de l'Equateur fait auec l'Horizon: c'eſt à dire à la hauteur de l'Equateur deſſus l'Horizon: comme icy l'angle R, Z, A, doit eſtre de quarante-&-vn deg. à Paris à cauſe que la hauteur de l'Equateur deſſus l'Horizon de Paris eſt d'autant.

De cecy il eſt ayſé à voir que quand le Soleil ſe leue eſtant dans l'Equateur, le ſtyle ne iette aucun ombre du tout, à cauſe que les rayons du Soleil donnent droict ſur le ſommet du ſtyle, le Soleil eſtant alors dans le poinct de ſection des quatre cercles ſuſdits, à ſçauoir l'Equateur, l'Horizon, le cercle de 6. heures & auſſi le cercle Vertical, car aux meſmes poincts que l'Equateur & l'Horizon

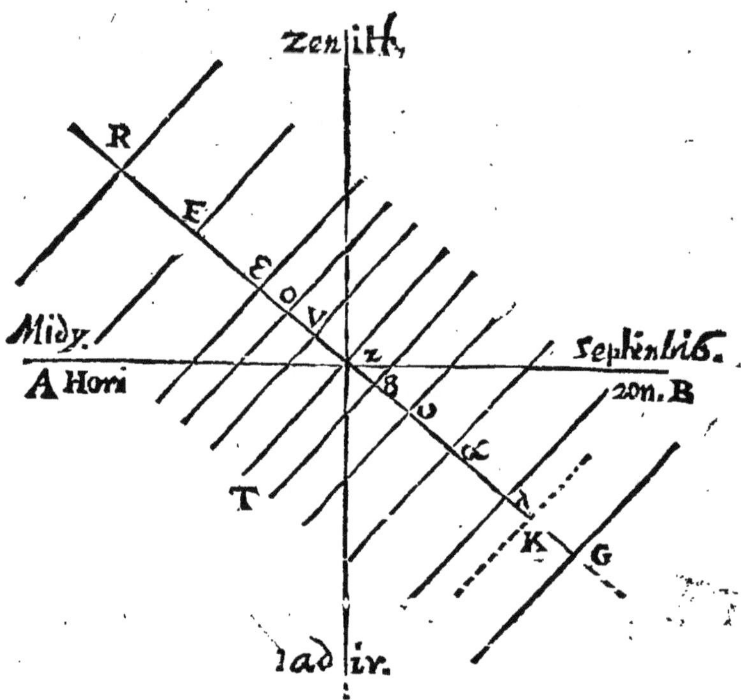

s'entrecoupent qui ſont les poincts d'Orient & d'Occident, le cercle de 6. heures & le Vertical s'entrecoupent auſſi. Et ſi le Soleil eſt dans l'Equateur, toute la iournée l'ombre demeure dans la ligne Equinoctialle, non pas le bout de l'ombre seulement comme dans les quadrants Verticaux & Horizontaux, mais aussi toute la longueur de l'ombre, d'autant que le bas du style est dás le plan du cercle Equinoctial aussi bien que le sommet du style. Et à vnze heures deuant midy, la longueur de l'ombre est Z, G, à dix elle est Z, λ, & à 9. heures la longueur de l'ombre est Z, α, à 8. heures elle est Z, ν, à 7. Z, ω, à six heures elle est rien, les rayons du Soleil tombant sur le bas du style Z, & parallels au style F, Z. Il faut se souuenir qu'il faut necessairement faire le style du fer de la longueur qu'est la ligne F, Z, dans la figure cy-dessus quand on veut trouuer les poincts horaires.

Si vous voulez tirer les lignes horaires d'vn quart d'heure, ou demy heure, il faut premieremeut trouuer les poincts horaires d'vne demy heure, ou d'vn quart d'heure, en diuisant tous les angles horaires en deux ou en quatre.

Aussi si vous voulez tirer vne ligne de 4. h. 25. min. ou de 7. heur. 37. m. il faut tirer vne telle ligne entre 7. & 8. & entre quatre & cinq, en faisant sur le sommet du du style F, & sur la ligne F, ω, de 8. heures vn angle de 9. deg. quatre min. la ligne faisant l'angle estant produite donnera le poinct horaire cherché dans la ligne Equinoctialle, entre ω, & ν, par ce poinct donc, tirez vne ligne parallelle aux autres lignes horaires, vous aurez la ligne de 7.h.37.min. Aussi si au poinct F, sur la ligne de 9 heures F, ν, vous faictes vn angle de 6. deg. quatre min. & produisez la ligne faisant l'angle iusques à la ligne Equinoctialle & le poinct de rencontre sera le poinct de 9. heur. 25. min. par ce

poinct

poinct donc tirez vne ligne parallel aux autres lignes horaires, vous aurez la ligne de 9. h. 25. m.

Prop. 138. Probl. 98.

Tirer les parallels des signes dans le quadrant Meridien, & aussi des villes & des iours de festes.

D'autant que le plan du quadrant est parallel au plan du Meridien, iceluy plan du quadrant coupera tous les cones des susdits parallels en hyperbole, & partant en sçachant la longueur de l'ombre du Soleil à 6. heures, quand le Soleil est au commencement d'aucun des signes, & aussi à quelqu'autre heure du iour, & de l'extremité de cest'autre ombre tirez vne ligne perpendiculaire sur la ligne de signe de 6. heures & vous aurez la ligne appliquée de la section conique, & la partie de la ligne de 6. heures comprise entre le bout de l'ombre de 6. heures qui est l'apse de la section conique, & entre le bout de ceste perpendiculaire, est l'axe de la section conique. Donc par la 89. il sera aysé de tirer l'hyperbole.

Or la longueur de l'ombre à 6. heures se trouue aysément, en sçachant la declinaison du commencement de chasque signe : Comme pour trouuer la longueur de l'ombre à 6. heures le Soleil estant au commencement de Taurus sur le poinct F, faictes vn angle égal à la declinaison 11. deg. 30. m. comme Z, F, R, & au poinct Z, faictes vn angle droict la ligne Z, R, sera la longneur de l'ombre cherchee. Ainsi si le Soleil est au commencement de ♊ sa declinaison est de 20. d. 30. m. & partant si vous faictes l'angle Z, F, E, de 20. deg. 30. minut. la ligne Z, E, sera la longueur de l'ombre du style à 6. heures. Si le Soleil est en ♋, sa declinaison est de 23. deg. 30. min. & partant si vous faictes l'angle Z, F, S, d'autant que la ligne Z, S, sera la longueur de l'ombre à 9. heures.

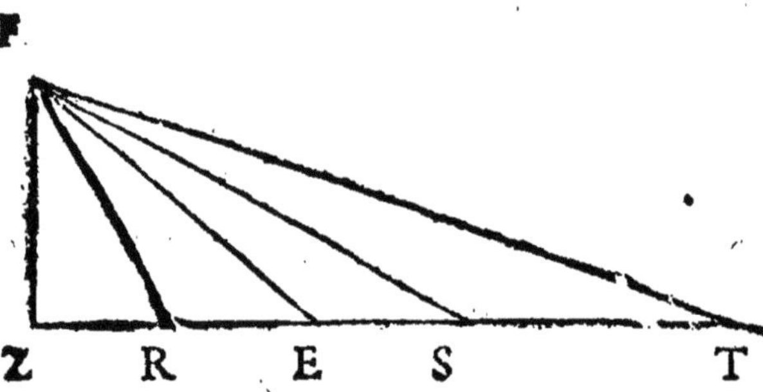

Mais pour sçauoir la longueur de l'ombre à aucune autre heure vous l'apprendrez à trouuer par les suiuantes propositions.

Quand le Soleil est dans les signes Meridionaux l'ombre du style est tousiours du costé Septentrional de la ligne Equinoctialle, & quand il dans les signes Meridionaux l'ombre du style est tousiours du costé Septentrional de la ligne Equinoctialle dans l'vn & dans l'autre quadrant. C'est pourquoy les parallels des signes Septent. sont courbez en bas vers l'Horizon, & les parallels des signes Meridionaux sont courbez vers en haut vers le pole Arctique.

Les parallels des iours des festes se descriuent de la mesme façon, en prenant la declinaison du degré où est le Soleil ce iour-là, & par ceste declinaison, trouuant la longueur de l'ombre à 6. heures, & apres la longueur de l'ombre à quelqu'autre heure.

Aussi pour tirer les parallels des villes, il faut proceder de la mesme façon, en prenāt la latitude de la ville pour la declinaison du signe, pour auoir la distance du parallel à l'Equateur dans la ligne de 6. heures. Et pour sçauoir ceste distance, il faut faire au poinct F, vn angle de 49. deg. pour Paris, & au poinct Z, vn angle droict par la ligne de 6. heures & produire la ligne faisant l'angle iusques à la ligne de six heures au poinct T, la distance entre Z, T, sera la distance cherchée. Puis apres trouuez à quelqu'autre heure la longueur de l'ombre, en imaginant le Soleil auoir 49. deg. de declinaison, par les suiuants & du bout de cest ombre tirez vne perpendiculaire sur la ligne de 6. heures & faictes l'Hyperbole comme de coustume.

Prop. 128. Theor. 41.

Toute ligne tiree du sommet du style iusques à l'extremité de l'ombre du style, fait vn angle auec le diametre de l'Equateur qui est dans le mesme plan du mesme cercle horaire, qui est esgal à la declinaison du Soleil.

Car la ligne allant à l'extremité de l'ombre est le rayon du Soleil dans le plan du cercle horaire; & le diametre de l'Equateur, est vne ligne tirée dans le plan du mesme cercle horaire du sommet du style vers la ligne Equinoctialle; & partant ces deux lignes ſe rencontrants au centre du monde, qui eſt le ſommet du ſtyle faict vn angle duquel la meſure eſt la declinaiſon du Soleil ou ſa diſtance à l'Equáteur, & partant c'eſt angle eſt égal à la declinaiſon du Soleil.

Prop. 140. Probl. 99.

Trouuer la partie du diametre de l'Equateur tirée vers aucune ligne horaire.

Faictes au poinct F, vn angle de 15. ou 30, ou 45. ou 60. ou 75. deg. & au poinct Z, vn de 90. & produiſez ces lignes iuſques à ce que ces lignes ſe rencontrent auec la perpendiculaire qui eſt fait au poinct Z, & les longueurs de ces lignes ſeront les longueurs des parties des diametres de l'Equateur que vous cherchez, comme ω, & ν, & α, & λ, & G, leſquelles lignes ſont toutes parties

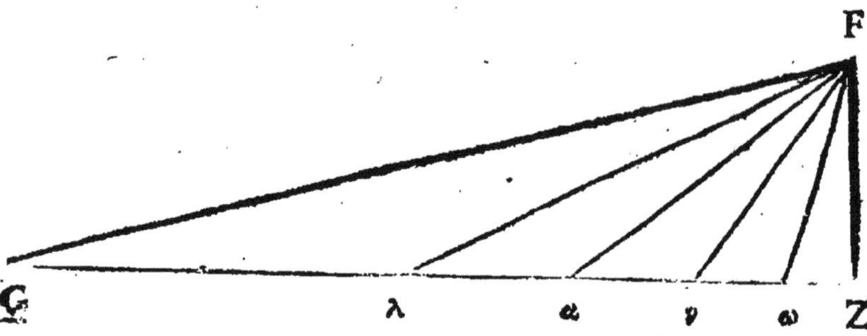

des diametres de l'Equateur vers les lignes horaires: comme F, ω, eſt la longueurs de celle qui eſt tirée vers la ligne horaire de 7. heures du matin, & F, ν, celle qui eſt la ligne de 8. heures & ainſi d'autres.

Prop. 141. Probl. 100.

Trouuer la longueur de la partie d'aucune ligne horaire comprise entre aucune des parallels & la ligne Equinoctialle.

Trouuez par la precedente la longueur du diametre de l'Equateur qui est tiree vers ceste ligne horaire, & à vn bout de ceste ligne faites vne perpendiculaire, & à l'autre faictes vn angle égal à la declinaison du Soleil, quand il est dans ce parallel, & produisez ces deux lignes iusques à ce qu'elles se rencontrent en vn poinct, la ligne faisant l'angle droict sera la longueur de la partie de la ligne horaire qui est comprise entre l'Equateur & la ligne parallelle.

Exemple; Ie veux sçauoir la longueur de la ligne de 10. heures comprise entre la ligne Equinoctialle, & le Tropic de ♋. La longueur du diametre de l'Equateur sera F, λ, faictes donc au poinct F, vne ligne sur le papier égal à F, λ, & au poinct F, faictes vn angle de 23. d. 30. min. égal à la declinaison dudit Tropic de ♋ & au poinct λ, faictes vn angle de 90. deg. puis apres produisez ces deux lignes iusques à ce qu'elles se rencontrent en vn poinct, comme P, λ, sera la longueur de la ligne horaire de 10. heures comprise entre la ligne Equinoctialle & le Tropic de ♋, ou ♑.

De la mesme façon on peut trouuer la longueur des lignes de 11. heures & 9. heures, & 8. heures &c. qui sont cōprises entre ledit Tropic & la ligne

Equinoctialle en faisant l'angle à F, tousiours de 23.deg, 30.min. comme les lignes ω, o, & υ, e, & α, D, & G, S.

Mais pour trouuer la longueur des lignes ho-

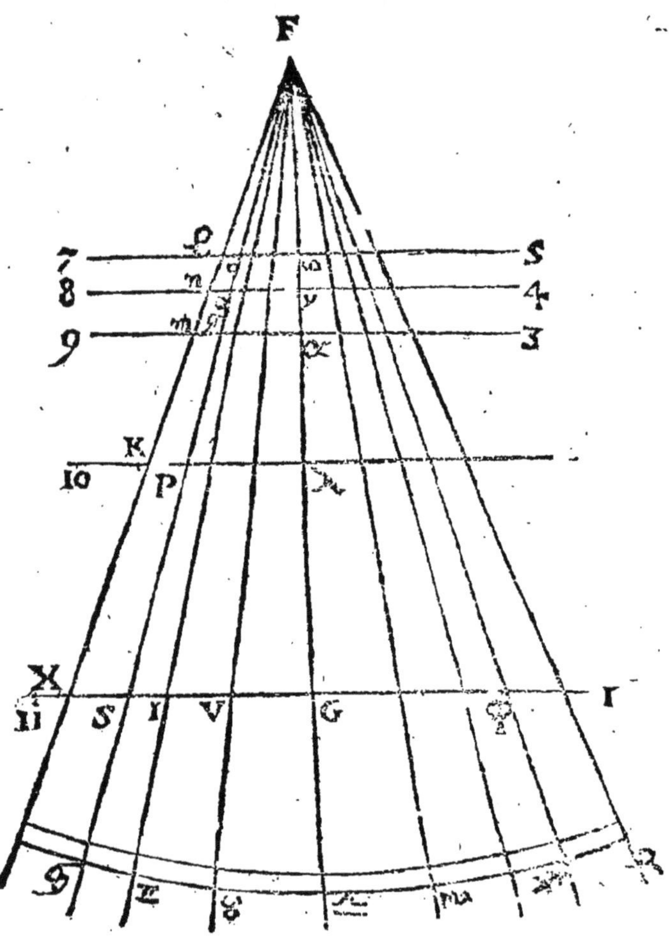

raires entre le parallel de ♉, & ♏, & la ligne Equinoctialle il faut tousiours faire l'angle à F, de 11. d. 30. m. comme G, F, V, & les lignes seront

G, V, & λ, R, &c. a, H, R, &c.

Et pour trouuer les lignes horaires entre le parallel de Gemini & Sagitarius, il faut faire l'angle à F, de 20. d. 30. min. comme G, F, I, & G, I, sera la ligne de 11. heures comprise entre l'Equateur F, G, & le parallel de Gemini ou Leo.

Où il faut noter que les parallels Meridionaux sont tout autant esloignez d'vn costé de l'Equateur que les signes Septentrionaux sont de l'autre & partant les lignes horaires interceptées sont égalles aux autres comme G, T, est esgal à G, S, & λ, B, à λ, P, dans ceste figure.

Prop. 142. Probl. 101.

Tirer les parallels des signes, des iours & des villes plus facilement que par la 138.

Pour tirer le Tropic de ♋, ou de ♑, il faut trouuer les longueurs des lignes comprises entre la ligne Equinoctialle & le Tropic de ♋, ou ♑, & par les extremitez de ces lignes, tirez vne ligne courbe le plus adroictement que vous pourrez, & vous aurez le Tropic de ♋, ou ♑.

Pour tirer le parallel de ♉ ou de ♏, il faut trouuer les longueurs des lignes horaires entre le parallel de ♉, ou de ♏, & la ligne Equinoctialle, & par les extremitez de ces lignes il faut tirer vne ligne courbe le plus adroictement que vous pourrez.

Pour tirer le parallel de ♊, ou de ♓, il faut trouuer la longueur des lignes horaires comprise entre la ligne Equinoctialle & le parallel de ♊

ou de ♐ & par l'extremité de ces lignes, tirez vne ligne courbe le plus adroictement que vous pourrez.

Pour tirer le parallel d'vn iour de feste, comme du iour de Sainct Martin, qui est l'vnziesme de Nouembre, parce que le Soleil est alors dans le 20. degr. de ♏, ou enuiron, tirez vne ligne du poinct F, vers le 20. de ♏, entre le parallel de ♏ & ♐, mais plus approchant de celuy de Sagitaire comme F, φ, & ceste ligne coupera toutes les lignes horaires, & leur parties comprises entre le parallel F, φ, & la ligne Equinoctialle F, G, seront les longueurs des lignes horaires, par les extremitez desquels il faut tirer vne ligne courbe adroictement, & vous aurez le parallel du iour de feste.

Pour tirer le parallel d'vne ville, il faut faire vn angle au poinct F, esgal à la latitude de la ville, comme pour Paris, il faudroit faire vn angle de 49. deg. tel qu'est G, F, X, & la ligne F, X, coupera les lignes horaires és poincts X, m, n, K, & Q, & les lignes Q, ω, & ν, n, & α, m, & λ, K, & G, X, serõt les parties des lignes cõprises entre la ligne Equinoctialle & le parallel de Paris F, X. Donc par les bouts de ces parties des lignes horaires tirez vne ligne courbe adroictement, & vous aurez le parallel de la ville de Paris.

Il faut noter que la partie de l'vn & l'autre quadrant dessus la ligne Horizontalle ne sert de rien, comme aussi du quadrant Vertical, d'autant que le Soleil estant dessus l'Horizon l'ombre du style tombe tousiours dessous la ligne Horizontalle & n'est iamais dessus, & quand le Soleil est desſous l'Horizon, le ſtyle ne fait aucune ombre du tout.

Donc ſi ayant fait vn quadrant Oriental vous en oſtez ce qui eſt deſſus la ligne Horizontalle, cela ſeruira pour quadrant Occidental, & au rebours, la moitié ſuperieure de l'Occidental, ſeruira pour l'inferieure de l'Oriental.

Prop. 143. Probl. 102.

Tirer les lignes Verticalles dans le plan du quadrant Meridien.

D'autant que le plan de ce quadrant eſt parallel à la ligne de commune ſection des cercles Verticaux dãs le plan du quadrãt, ces lignes ſerõt paralleles entr'elles & perpẽdiculaires ſur la ligne Horizontalle & à plomb ſur le plan de l'Horizon, comme ſont tous les cercles Verticaux. Et ſi vous deſirez ſçauoir par quels poincts de la li-

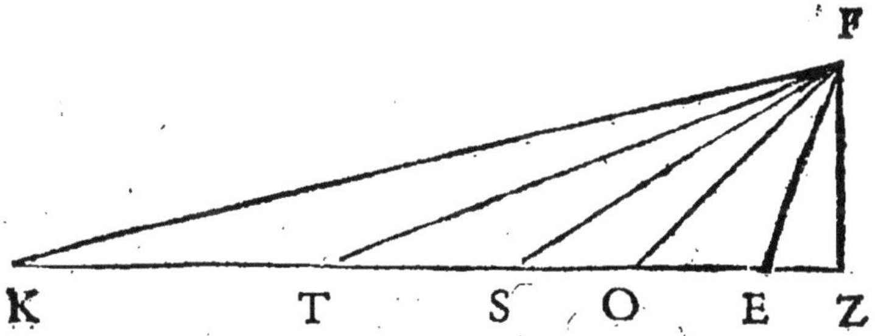

gne Horizõtalle il faut tirer ces lignes parallelles, il faut faire au poinct F, vn angle de 15. de 30. de 45. de 60. de 75. deg. & produire les lignes faiſant les angles iuſques à la ligne Horizontalle, vous aurez les poincts K, T, S, O, E, & par chacun de ces poincts tirez vne ligne perpendiculaire à l'Horizontalle; vous aurez les lignes Verticalles de 15. deg. en 15. deg. qui seront à plomb sur le plan de l'Horizon : d'autant que la ligne de commune section de tous les cercles Verticaux sont à plomb sur l'Horizon, comme estant l'axe de l'Horizon, à sçauoir vne ligne tirée du poinct Vertical iusques au centre de l'Horizon passant par le sommet du style.

Prop. 144. Theor. 41.

Toute ligne tiree du sommet du style F, iusques à vn poinct de section de la ligne Horizontalle auec vne ligne verticalle, faict vn angle auec le rayon du Soleil, qui est égalle à la hauteur du Soleil quand il est dans le mesme cercle Vertical.

Ceste proposition est la mesme auec la 128. & se demonstre de mesme façon. Car le rayon du Soleil faict tousiours vn angle auec le diametre de l'Horizon F, S, ou F, O, ou F, E, ou F, K, ou F, T, duquel la mesure est l'arc qui est la hauteur du Soleil, d'autant que le rayon va plus bas que la ligne Horizontalle d'autant de degrez que le Soleil est haut dessus l'Horizon, & faict tousiours vn angle auec le plan de l'Horizon égal à sa hauteur, aussi auec toutes les lignes qui sont dans le plan de l'Horizon, comme auec F, K, pourueu que F, K, soit aussi diametre du mesme cercle Vertical, où est alors le Soleil, à sçauoir du cercle Vertical esloigné du Meridien de 15. deg. de l'Horizon; car quand le rayon du Soleil tombe ſur la ligne Verticalle K, V, il faut qu'il ſoit eſloigné du Meridien de 15. deg. comme la ligne F, K, qui eſt diametre de l'Horizon, eſt eſloignee du Meridien d'autant, & partant le rayon du Soleil tombant ſur la ligne Verticalle F, K, eſt en meſme plan du cercle Vertical qu'eſt la ligne F, K, diametre de l'Horizon, & partant puiſque ces deux

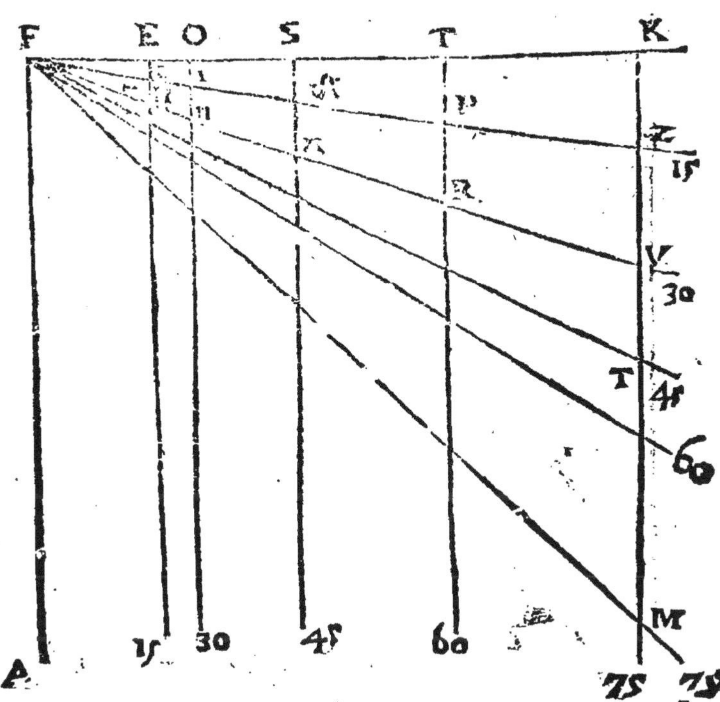

lignes F, K, & le rayon du Soleil F, V, ſont dans meſme plan d'vn meſme cercle & ſe rencontrent au centre, la meſure de l'angle qu'ils font ſera vn arc du cercle Vertical dans le plan duquel elles ſont, & ceſt arc eſt la diſtance entre la ligne F, K, qui eſt dans l'Horizon, & le rayon du Soleil qui eſt deſſus l'Horizon, à ſçauoir la hauteur du Soleil deſſus l'Horizon.

Prop. 145. Probl. 102.

Trouuer la longueur de la partie d'aucune ligne Verticalle compriſe entre la ligne Horizontalle, & aucun Almicanthara.

Faictes vne ligne egalle à celle qui eſt tirée du

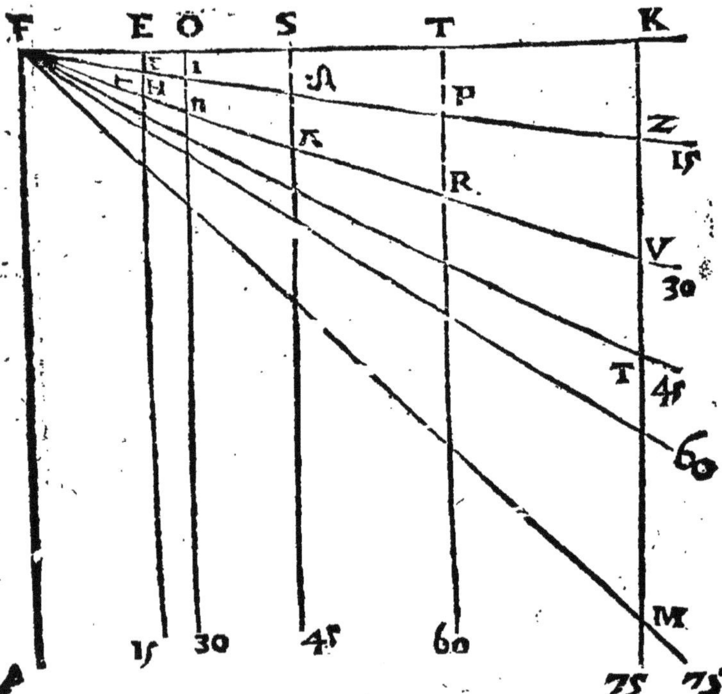

ſommet du ſtyle, iuſques au poinct de ſectionde laditte ligne Verticalle auec la ligne Horizontalle, & à vn bout faictes vn angle égal à la hauteur de l'Almicantharà, & à l'autre bout vn angle droict, & produisez ces lignes iusques à ce qu'elles se rencontrent en vn poinct, la longueur de la ligne perpendiculaire sera la longueur de la partie de la ligne Verticalle comprise que vous demandez. Ce que nous enseignons à faire de la mesme façon dans le quadrant Vertical, où nous renuoyons le Lecteur, prop. 129.

Prop. 146. Probl. 104.

Tirer les Almicantharas dans les quadrants Meridiens.

Cecy se fait tout de mesme comme dans le qua-

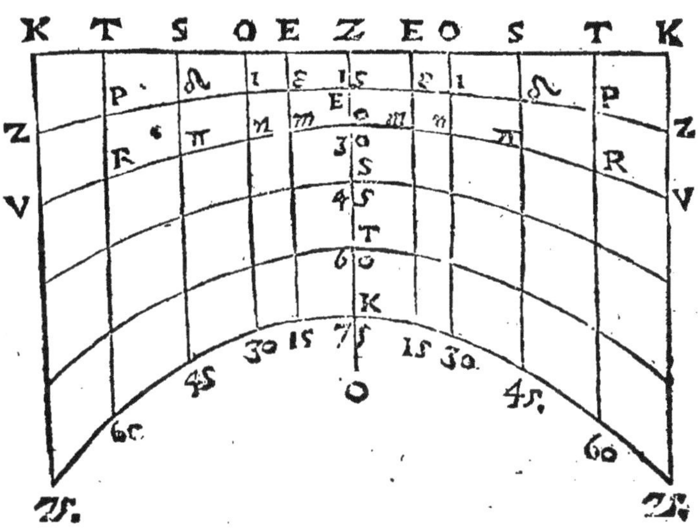

drant Vertical par la prop. 130. Car ayant trouué la longueur de toutes les parties des lignes horaires entre la ligne Horizontalle & vn Almicanthara, il faut tirer vne ligne courbe adroictement par les extremitez de ces parties des lignes horaires, & vous aurez l'Almicanthara, & ainsi vous pourrez tirer tous les Almicantharas comme est enseigné cy-dessus. Vous les pourrez tirer encore autrement, comme on tire ordinairement les Hyperboles. Ils se descriuent dans l'Oriental & Occidental de la mesme façon.

Prop. 145. Probl. 105.

Descrire les Meridiens dans le quadrant Meridien, Oriental, & Occidental.

Faictes au poinct F, vn angle égal au complement de la distance entre le Meridien du lieu où est le quadrant, & le Meridien de la ville de laquelle vous voulez descrire le Meridien & produisez la ligne faisant l'angle ou vers en bas, où vers en haut iusques à ce qu'elle se rencontre auec la ligne Equinoctialle, & par le poinct de rencontre, tirez vne ligne parallelle aux lignes horaires, & vous aurez la ligne Meridienne, de la ville que vous demandez.

Comme pour tirer le premier Meridien dans le quadrant de Paris, il faut faire l'angle au poinct F, de 66. d. 30. qui est le complement de la distance entre le premier Meridien & le Meridien de Paris, à sçauoir de 23. degr. 30. m. & puis apres il faut produire la ligne faisant l'angle iusques à ce qu'elle se rencontre auec l'Equateur Z,R, au poinct K, entre la ligne de 1. heure & 2. heures, à cause que s'il est midy en Canarie sous le premier Meridien, il eſt 1. heure 34. min. apres midy à Paris dans le quadrant Occidental. Tirez donc vne ligne par ce poinct K, qui ſoit parallelle, aux lignes horaires, & partant perpendiculaire à l'Equinoctialle. Si la diſtance entre les deux Meridiens excede 90. il faut faire l'angle à

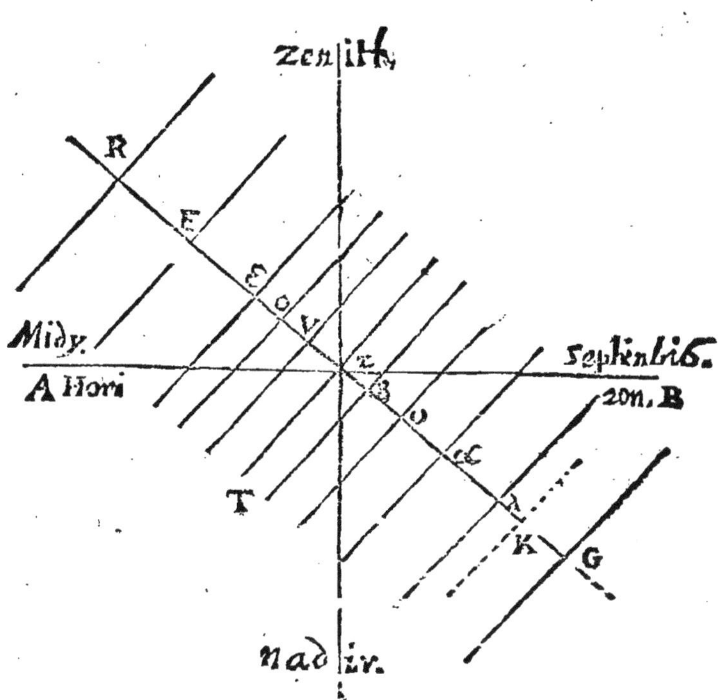

F, vn angle égal à l'excez par deſſus 90. & non pas égal au complement. Comme ſi la ville eſt plus Orientalle que Paris de 115. d. l'excez ſera de 25. degr. Faictes donc vn angle de 25. degr. au poinct F, & le reſte cmme deſſus.

Comme si ie veux descrire le Meridien d'vne ville, qui est 15. degr. plus Orientalle que Paris la ligne de 11. heures du matin dans le quadrant Oriental sera son Meridien, & si la ville est plus esloignee vers l'Orient de 30. deg. la ligne de 10. heures sera son Meridien, & si la ville est plus Orientalle de 45. son Meridien sera la ligne de 9. heures, & si elle est plus Orientalle de 60. deg. son Meridien sera la ligne de 8. h. si la ville est plus Orientalle de 90. deg. son Meridien sera la ligne de 6. heures, & si de 105. son Meridien sera la ligne de 5. heures, & si de 120. il sera la ligne de 4. heures: & si de 135. deg. elle sera celle de 3. & si de 150. elle sera la ligne de 2. heures: & si elle est esloignée de 165. degr. elle sera la ligne de 1. heure.

Mais si la ville est plus Occidentalle de 15. deg. que Paris, son Meridien sera la ligne horaire de 1. heure, si de 30. deux heures, si de 45. sera la ligne de 3. heures: si de 105. la ligne Meridienne sera la ligne horaire de 7. heures: & si de 165. le Meridien sera la ligne horaire de 8. heures, & si de 90. le Meridien sera la ligne de 6. heures, aussi bien dans le quadrant Occidental, comme dans le quadrant Oriental.

Ou il faut noter que si laditte distance, est plus petite que 90. le Meridien est tiré tousiours plus bas que le bas du style dans l'Equateur; & si la distance est plus grande que 90. le Meridien est tiré par vn poinct de la ligne Equinoctialle qui est plus haut que le bas du style, à sçauoir au dessus la ligne Horizontal, autrement ce poinct est tousiours dessous la ligne Horizontalle dans tous les deux quadrants.

Si vous

Si vous coupez vn quadrant Meridien Oriental le long de la ligne Horizontalle, la partie superieure vous seruira pour la partie inferieure d'vn quadrant Occidental, ayant changé les nombres des Meridiens, tout de mesme comme les nombres des heures se changent en mesme cas.

Or pour mettre les nombres des Meridiens, vous pourrez mettre le Meridien du lieu où est le quadrant pour le premier, & alors la ligne horaire de 1. heure apres minuict sera le 15. & celle de 2. heures le 30. & celle de 3. heures le 45. & celle de 4. heures de 60 & celle de 5. heures le 75. & celle de 6. heures le nonantiesme, & celle de 7. heur. le 105. & celle de 8. heures le 120. & celle de 11. heures le 165. & celle de 1. h. apres midy le 195. & celle de 2. heur. le 210. Meridien & celle de 6. heures, le 270. & celle de 8. h. le 300. & celle de 11. le 345.

Mais si vous voulez que le premier Meridien dans la charte soit le premier dans le quadrant, faictes au poinct F, vn angle de 66. deg. 30. min. & produisez la ligne faisant l'angle iusques à vn poinct entre 1. & 2. heures apres midy dans le quadrant Occidental, & puis apres au mesme poinct F, faictes vn angle sur la ligne F, Z, plus grand que 66. d. m. de 15. à sçauoir de 81. degr. 30. m. & vous aurez le poinct par où passe le dernier Meridien, & vn autre de 15. deg. moins, & vous aurez le poinct par où passe le second Meridien, & vn autre de 30. deg. moins, vn autre de 45. deg. moins, vn autre de 60. degr. moins, à sçauoir de 6. deg. 3. m vous aurez le poinct par où passe le cinquiesme Meridien, & alors aussi vous aurez tous les poincts dans la moitié inferieure de la ligne Equinoctialle dans le quadrant Occidental, par lesquels poincts les Meridiens passent. Puis apres au poinct F, sur l'autre costé du style, faictes vn angle de 8. deg. 30. min. & vn autre de 15. deg. plus grand, vn autrre de 30. deg. plus grand, vn autre plus grand de 45. vn autre plus grand de 60. & vn autre plus grand de 75. à sçauoir de 83. deg. 30. m. & alors vous aurez le poinct par où passe le 10. Meridien en mettant 15. degrez entre chasque Meridien.

Dans le quadrant Oriental, il faut faire tout de mesme, en faisant sur la ligne F, Z, au poinct F, vn angle de 81. deg. 30. m. & vous aurez l'vnziesme Meridien, de sorte qu'entre le 10. qui est dans le quadrant Occidental, & le 11. qui est dans le quadrant Oriental, il y ait 15. deg. Car si vous ostez 83. deg 30. m. de 90. resteront 6. deg. 30. m. & si vous ostez 81. d. 30. m. de 90. resteront 8. deg. 30. m. mais 8. degr. 30. m. & 6. deg. 30. font 15. deg. Puis apres faictes vn autre moindre de 15. vn autre moindre de 30. vn autre moindre de 45. vn autre de 60. vn autre moindre de 75. deg. qui sera de 6. deg. 30. m. qui sera le seiziesme, & le dernier poinct dans la moitié de l'Equinoctial superieur. Et apres de l'autre costé du style, faictes vn angle de 8. d. 30. m & vn autre plus grand de 15. deg. de 30. de 45. de 60. de 75. deg. & ce dernier angle sera de 83. degr. 30. min. & ainsi vous aurez tous les poincts par lesquels doiuent passer les Meridiens, & ce dernier sera le 23. car le 24. est dans le quadrant Occidental, & non pas dans le quadrant Oriental.

Probl. 147. Prop. 105.

Tirer les lignes des maisons celestes dans le quadrant Oriental & Occidental.

Parce que la ligne de commune sectiõ des cercles des maisons celestes est parallelle au plan du quadrant, & dans le plan de l'Horizon, toutes ces lignes des maisons seront parallelles entr'elles & à la ligne Horizontalle par la 51. prop. Tirez donc vne ligne par le poinct horaire de deux heures apres midy, parallelle à la ligne Horizontalle vous aurez la ligne de la neufuiesme maison, & vne autre par le poinct de 4. heures, sera celle de la 8. maison : vne autre par le poinct de 6. heures, sera celle de la septiesme maison, qui est la ligne Horizontalle mesme : vn autre par celuy de 8. heures, sera celle de la sixiesme maison, & vn autre par le poinct de dix heures du soir, vous donnera la ligne de la 5. maison. Et dans le quadrant Oriental vous en aurez autant : car vne ligne parallelle à la ligne Horizontalle estant tirée par le poinct horaire de 2. heures apres minuict, vous donnera la ligne de la troisiesme maison, & vne par le poinct de 4. h. apres minuict sera celle de la seconde maison, & la ligne Horizontalle sera celle de la 1. maison, & vne par le poinct de 8. heures, sera celle de la 12. maison, & vne par le poinct de 10. heures, sera celle de l'vnziesme maison.

Mis pour tirer les lignes des maisons selon Cãpanus, il faut transporter les poincts E, O, S, T,

G, ſur la ligne Verticalle, & par chaſque poinct en ſaultant vn, il faut tirer vne ligne parallelle à la ligne Horizontaile, comme par O, & par T, deſſus & deſſous la ligne Horizontalle dans tous les deux quadrants, Oriental & Occidental.

La raiſon eſt à cauſe que les cercles des maiſons, qui font angles de 30. & de 60. deg. auec le ſtyle F, Z, diametre de l'Horizon, coupent la ligne Verticalle és poincts O, T, en diuiſant le cercle Vertical en 12. parties eſgalles. Tout de meſme comme les cercles des maiſons ſelon

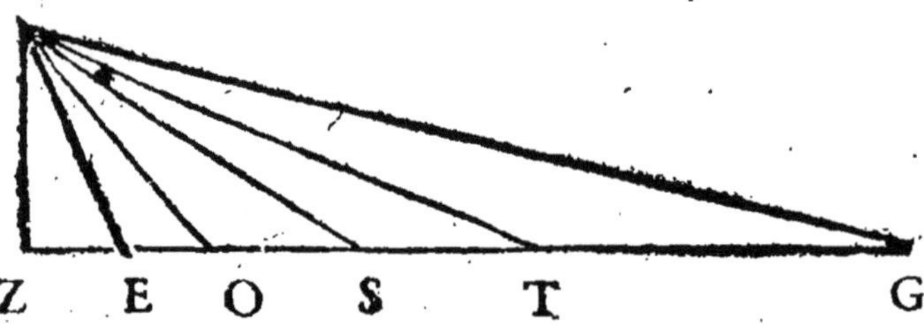

Regiomontanus, font angles de 30. deg. & de 60. deg. auec le ſtyle F, Z, entant qu'il eſt diametre du cercle Equinoctial, & ces cercles des maiſons coupent la ligne Equinoctialle és poincts horaires, en ſaultant touſiours vn des poincts, à cauſe que ces cercles diuiſent l'Equateur en 12. parties eſgalles. Car en tout quadrant les lignes des maiſons celeſtes, ſelon Regiomontanus coupent la ligne Equinoctialle és meſmes poincts que font les lignes horaires, c'eſt pourquoy dans tout quadrant, ces trois, l'Equateur, la ligne horaire, & la ligne des maiſons s'entrecoupent tous trois dans vn poinct dans le ciel, & partant vne ligne tiree de ce poinct dans le ciel, par le ſom met du ſtyle tombera droict ſur le plan du quadrant, qui ſera dans tous les trois plans comme eſt auſſi ceſte ligne tiree par le ſommet du ſtyle, & partant ce poinct eſtant dans tous les trois plans ſera auſſi dans toutes les trois lignes de ſection des trois plans, auec le plan du quadrant, à ſçauoir dans la ligne de ſection de l'Equateur, du cercle horaire, & du cercle de la maiſon celeſte, & ces trois lignes de ſection dans le plan du quadrant ſont appellées, la ligne Equinoctialle, la ligne horaire, & la ligne de maiſon, & partant ce poinct eſt le poinct de rencontre de toutes ces trois lignes.

Prop. 148. Probl. 94.

Trouuer les poincts de la ligne de 6. heures par leſquels paſſent les lignes de ſection des ſignes.

Vous les trouuerez tout de meſme comme les poincts Meridionaux dans le quadrant Equino-

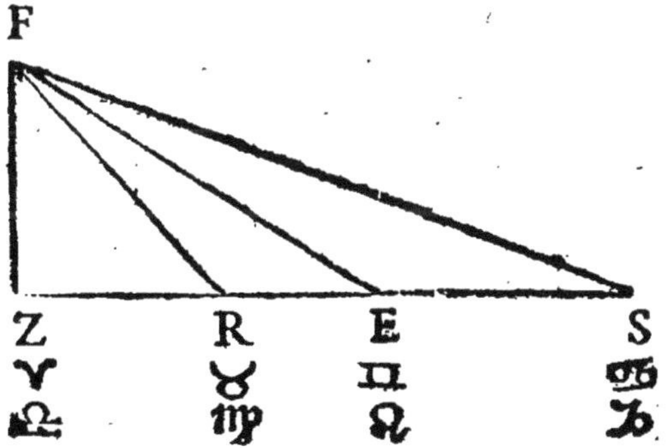

ctial, en faiſant au poinct F, vn angle de 11. deg. 30. m. qui eſt la declinaiſon de ♉, Z, F, R, & vn autre de 20. deg. 30. m. Z, E, F, qui est la declinaison du commencement de ♊ ou ♌, & vn autre de 23. deg. 30. m. Z F, S, qui est la decliniason de ♋, & ♑, & ayant produict les lignes faisant les angles iusques à ce qu'elles se rencontrent auec la ligne de 6. heures és poincts R, E, & S, ces poincts de la ligne de six heures, à sçauoir trois dessous la ligne Equinoctialle, & trois dessus dãs chacun des quadrants. Où il faut noter que ♈, & ♎, & les deux signes qui ont mesme declinaison & sont de mesme costé dans l'Equateur, ont vn mesme poinct dans la ligne de six heures, comme ♉, & ♏, & ♊ ♌, & ♏, ♓, & ♒, ♐, ont vn mesme poinct, les Meridionaux ont leur poinct dessus la ligne Equinoctialle, les Septentrionaux ont le poinct dessous le quadrant Oriental; & dans l'Occidental c'est tout au rebours: car les Meridionaux ont leurs poincts dessous la ligne Equinoctialle, d'autant que le Soleil est dans le cercle de six heures dans vn signe Meridional, si vous tirez vne ligne du corps du Soleil iusques au sommet du style du quadrant Occidental, icelle ligne percera le plan du quadrant dessous la ligne Equinoctialle dans vn poinct de la ligne de 6. heures. Et pour la mesme raison les poincts des signes Septentrionaux sont dessus la ligne Equinoctialle dans le quadrant Occidental.

Prop. 149. Probl. 107.

Trouuer les poincts Horizontaux par les ombres matutinalles du Soleil, ou amplitudes ortiues.

Faictes au poinct F, sur la ligne F, Z, vn angle

égal à l'amplitude ortiue de ♉ F, Z, R, & vn autre égal à l'amplitnde ortiue de Gemini, comme Z, F, E. & vn autre égal à l'amplitude ortiue de ♋, ou Capricorne Z, F, S, & par ce moyen là, vous aurez trois poincts dans la partie Septētrionalle de la ligne Horizontalle, & trois dans la moitié Meridionalle de la mesme ligne dans tous les deux quadrants, & les poincts des signes Septentrionaux sont tousiours dans la moitié Meridionalle de la ligne Horizontalle, & les poincts des signes Meridionaux, sont dans la moitié Septentrionalle de la ligne Horizontalle dans le quadrant Oriental; mais dans le quadrant Occidental, les poincts des signes Septentrionaux, sont dans la moitié Septentrionalle, d'autant que le Soleil se leuant dans vn signe Septentrional, si vous tirez vne ligne du corps du Soleil vers le sommet du

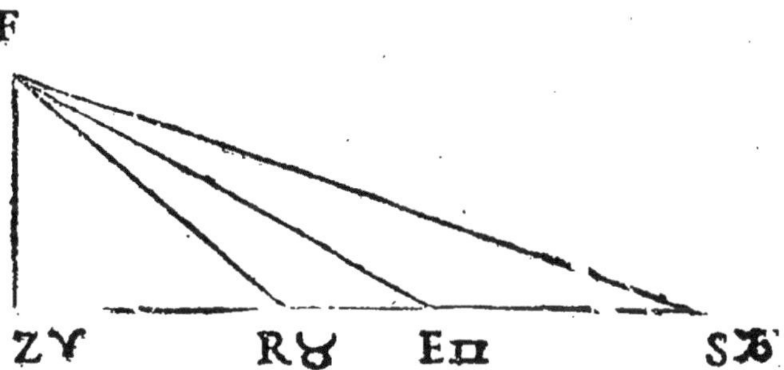

style du quadrant Occidental, icelle ligne percera le plan du quadrant dans vn poinct qui est dans la ligne Horizontalle; & par la mesme ou semblable raison, les poincts Horizontaux des signes Meridionaux sont dans la moitié Meridionalle de laditte ligne.

Autrement : trouuez à quelle heure du iour le

Soleil se leue ce iour là, qu'il est au commencement de chasque signe, puis apres trouuez le poinct horaire de ceste heure là, en faisant vn angle au poinct F, égal à la difference de ceste heure à six heures du matin, si la difference est moins que 90. degr. ou six heures, ce qui arriue tousiours, & ne peut estre autrement, & en produisant la ligne faisant l'angle, iusques à ce qu'elle se rencontre auec la ligne Equinoctialle, le poinct de rencontre sera le poinct horaire, par ce poinct horaire donc, tirez vne ligne parallelle aux autres lignes horaires & perpendiculaires à la ligne Equinoctialle, icelle ligne horaire estant produicte coupera la ligne Horizontalle en vn poinct & donnera le poinct Horizontal du signe qui se leue lors.

Exemple; comme si ♋ se leuoit à trois heures 30. min. du matin, faictes au poinct F, sur la ligne F, Z, vn angle égal à la difference entre 6. heures & l'heure trouuée, à sçauoir de 2. heur. 30. min. ou bien de 37. deg. 30. minut. du costé Austral de la ligne de six heures, à cause que ♋ est signe Septentrional, & se leue dans le Austral, c'est à dire dans vn poinct de l'Horizon Oriental plus proche du Septentrion, & ayant produict la ligne faisant l'angle iusques à ce qu'elle se rencontre auec la ligne Equinoctialle, vous aurez le poinct horaire de 3. heures 30. m. du matin, & par ce poinct, si vous tirez la ligne horaire, icelle ligne horaire coupera la ligne Horizontalle au poinct Horizontal de ♋, qui sera dans la moitié Australle de la ligne Horizontalle dans le quadrant Oriental.

Mais dans le quadrant Occidental ce poinct de ♋, sera dans la moitié Septentrionalle de la ligne Horizontalle, autant distant de la ligne de six heures vers le Septentrion, que le poinct de ♋, dans le quadrant Oriental est distant de la mesme ligne six heures vers le midy. Et ainsi tous les autres poincts des signes Septentrionaux sont dans la moitié Septentrionalle de la ligne Horizontalle dans le quadrant Occidẽtal, & tous les poincts Horizontaux des signes Meridionaux sont dans la moitié Meridionalle de la mesme ligne, mais dans le quadrant Oriental, ils sont dans la moitié Septentrionalle de la ligne Horizontalle.

Prop. 150. Probl. 108.

Trouuer les poincts de section dans la ligne Verticalle de tous les signes.

Trouuez par la 145. l'amplitude ortiue du cercle Vertical, aucun signe estant dans l'Horizon & au poinct F, faictes vn angle égal à ceste amplitude ortiue, & produisez la ligne faisant l'angle iusques à ce qu'elle se rencontre auec la ligne Verticalle, & le poinct de rencontre sera le poinct cherché, & partant le poinct le plus bas des signes Septentrionaux, sera celuy de ♋, & le plus proche du bas du style sera celuy de ♉, car les poincts des signes Septentrionaux sont au dessous du bas du style. Mais les poincts des signes Meridionaux sont plus hauts que le style, & le plus haut est celuy de ♑, & le plus proche est celuy de ♏ dans le quadrant Oriental.

Mais dans le quadrant Occidental, les poincts

des signes Meriodionaux sont dessous le bas du style, & les poincts des signes Septentrionaux sont dessus le bas du style. C'est pourquoy quand vn signe Septentrional est dans l'Horizon, le degré de l'Ecliptic qui est dans le cercle Vertical est dessus l'Horizon, Et si vous tirez vne ligne de ce degré là par le sommet du style du quadrant Occidental, icelle ligne coupera le plan du quadrant Occidental dans vn poinct qui est dessus la ligne Horizontalle. De mesme parce qu'aucun

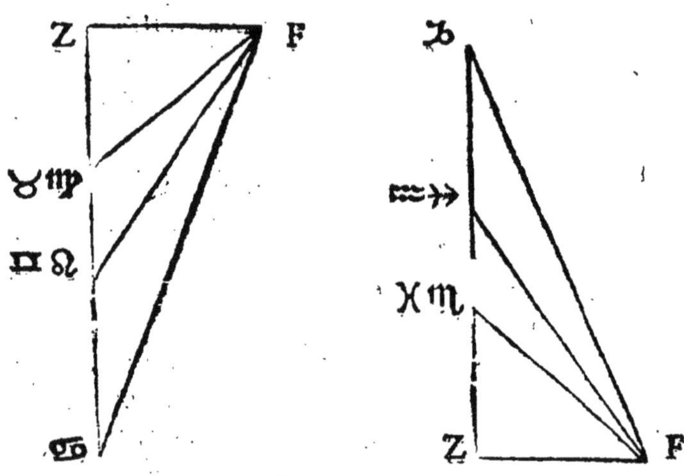

signe Meridional estant dãs l'Horizõ, le degré de l'Ecliptique qui est dans le cercle Vertical est dessous l'Horizon, si vous tirez vne ligne de ce degré iusques au sommet du style du quadrant Occidental, icelle ligne percera le plan du quadrant au dessous le bas du style.

Prop. 151. Probl. 109.

Trouuer les poincts de l'Ecliptic qui sont dans le cercle de 1. heure apres midy ou apres minuict, quand aucun signe commence à se leuer; & leurs declinaisons.

Trouuez l'Ascension oblique du commencement du signe, qui se leue, & cest' ascension oblique sera aussi l'ascension droicte du degré de l'Ecliptic qui est dans le cercle de 6. heures. Donc de ceste ascension droicte ostez autant de degrez qu'il y a entre le cercle de 6. heures & 1. heure, & vous aurez l'Ascension droicte du degré de l'Ecliptic qui est dans le cercle de 1. heur. Entre le cercle de 1. heure apres midy & celuy de 6. heures, il y a 7. heures ou 105. degrez. Entre le cercle de 1. heure apres minuict, & celuy de 6. heures il y a 19. heures ou 285. deg.

Donc si l'ascension oblique est 66. d. 57. min. comme est celle de ♋ à l'éleuation de 42. deg. à Rome, & vous en ostez 105. deg. vous aurez 321. deg. 57. min. pour l'ascension droicte du degré de l'Ecliptic, qui est dans le cercle de 1. h. apres midy, à sçauoir 19. deg. 31. min. de ♒. Si vous en ostez 285. deg. resteront 141. deg. 57. m. pour l'ascension droicte du degré qui est dans le cercle de 1. heure apres minuict, qui est 17. degr. 31. min. de Leo. D'où il appert qu'il suffit de sçauoir les poincts dans le cercle de 1. heure apres midy; car les poincts opposez seront ceux qui sont dans le cercle de 1. heure apres minuict. Sçachant donc ces poincts, vous trouuerez ayſément leurs declinaiſons.

Les poincts de l'Ecliptic qui ſont dans le cercle de 1. heure apres midy, quand le commencement d'aucun ſigne ſe leue : à la latitude de 42.d.

		Leurs declinaiſons.	
Aries	♐ 16.d.12.m.	22.d.47.m.	
Taurus	♑ 2.d. 8.m.	23.d. 29.m.	
Gemini	♑ 21.d. 41.m.	21.d. 54.m.	*Merid*
Cancer	♒ 19.d.32.m.	15.d. 0.m.	
Leo	♓ 27.d.39.m.	0.d. 56.m.	
Virgo	♉ 8.d. 57.m.	14.d.41.m.	
Libra	♊ 16.d.12.m.	22.d.47.m.	
Scorpius	♋ 21.d.41.m.	21.d.45.m.	*Sept.*
Sagitarius	♍ 0.d. 3.m.	11.d. 29.m.	
Capricorn⁹	♎ 8.d.47.m.	3.d. 30.m.	
Aquarius	♏ 8.d. 57.m.	14.d. 31.m.	
Piſces.	♐ 0.d. 8.m.	20.d.14.m.	

Prop. 152. Probl. 110.

Trouuer les poincts de l'Ecliptic qui ſont dans le cercle de 11. heures apres minuict ou apres midy quand le commencement d'aucun ſigne ſe leue, & leur declinaiſons.

Oſtez de l'aſcenſion oblique du commencement du ſigne, le nombre des degrez qui ſont entre le cercle de 6. heures, & celuy de 11. deuant midy, à ſçauoir 75. deg. ou 5. heures, & ce qui reſtera ſera l'aſcenſion droicte du degré de l'Eccliptic, qui eſt alors dans le cercle de 11. heures.

Comme ſi le commencement de ♋ ſe leue à Rome à la latitude de 42. degr. l'aſcenſion oblique eſt de 66. d. 57. m. Oſtez donc de 66. deg. 57. m. ou 426. d. 57. le nombre de 5. h. ou 75. d. reſteront 351. d. 57. m. qui ſera l'aſcenſion droicte de 21. d. 6. m. de ♓. Donc iceluy degr. ſera dans le cercle de 11. deuant midy, quand le commencement de Cancer ſe leue. Auſſi dans le cercle de 11. heures apres minuict ſera le poinct opposé à ſçauoir 21. d. 6. m. de ♍.

Degrez qui ſont dans le cercle de 11. h. deuant midy quand les commencemens des ſignes ſe leuent, à la latitude de 42. deg.

		Declinaiſons de ces poincts.	
Aries	♑ 13. d. 48. m.	22. d 47. m.	
Taurus	♒ 0. d 9. m.	10. d 10. m	*Merid.*
Gemeaux	♒ 21. d. 3 m.	14. d. 31. m.	
Cancer	♓ 21. d. 6 m.	3. d 32. m.	
Lyon	♈ 29. d. 51. m.	11. d 29. m.	
Vierge	♊ 8. d. 19 m.	21. d 45. m.	*Septent.*
Libra	♋ 13 d. 48. m.	22. d 47. m.	
Scorpion	♌ 21. d. 3. m.	14 d. 31. m.	
Sagittaire	♎ 2. d. 21. m.	0. d 56. m.	
Capricorne	♏ 10 d. 28. m.	15. d. 0. m	
Aquatius	♐ 8. d. 19 m.	21 d. 45. m.	*Merid.*
Poiſſons.	♐ 27. d. 52. m.	23. d. 29. m.	

Prop. 153. Theor. III.

Trouuer les poincts dans la ligne de 11. heures, ou 1. heure, par lesquels passent les lignes de section de l'Eccliptic auec le plan du quadrant.

Faictes vne ligne esgalle à la longueur du style F, Z, & à vn bout faictes vn angle de 75. d. pour 11. heures apres ou deuant midy, & à l'autre bout Z, faictes vn angle droict, & produisez ces deux lignes iusques à ce qu'elles se rencontrent la ligne F, G, sera la longueur du diametre de l'Equateur de vne heure ou 11. heures.

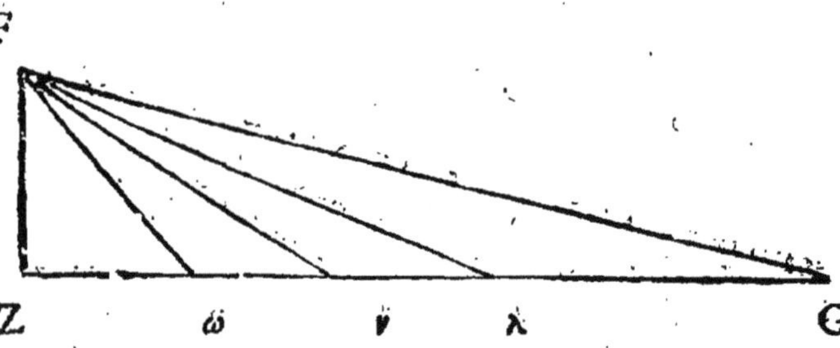

Puis apres faictes vne ligne esgalle à F, G, & & à vn bout F, faictes vn angle égal à la declinaison du degré dans le cercle horaire, & à l'autre bout G, vn angle de 90. deg. & produisez ces deux lignes, iusques à ce qu'elles se rencontrent au poinct R, vous aurez G, R, qui sera la partie de la ligne horaire de 1. heure, comprise entre la ligne Equinoctialle G, Z, & la ligne de section de l'Eccliptic, & partant le poinct R, sera le poinct par où la ligne de section passera.

Comme si ie veux sçauoir le poinct de Cancer, la declinaison selon la table de la 151. prop. sera de 15. deg. o. m. Faictes donc l'angle R, F, G, de 15. deg. & l'angle à G, droict, & vous aurez G, R, de la longueur requise.

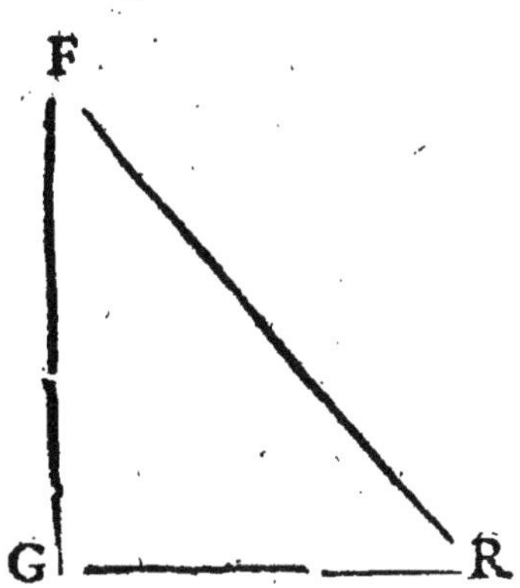

Il faut noter que les signes qui ont leur declinaison dans les deux tables precedentes, esgalles passeront par les poincts de la ligne de 1. heur. ou 11. heures égallement distans de la ligne Equinoctialle, les vns du costé Septentrional, les autres du costé Meridional de laditte ligne. Comme Aries & Libra, aussi Gemini & ♏, aussi ♒, & ♍, dans la ligne de 11. heures. M..is dans la ligne de 1. h. vous les pourrez voir dans la table de la 151. propos.

Prop, 154. Probl, 112

Tirer les lignes des sections du plan du quadrant auec le plan de l'Eccliptic, quand les commencemens des signes se leuent.

Trouuez les poincts Verticaux & les poincts Horizontaux de chasque signe, & par les deux poincts d'vn mesme signe tirez vne ligne, vous aurez la ligne de ce signe. Ou bien trouuez les poincts Equinoctiaux & les Verticaux d'vn mesme signe tirez vne ligne. Ou bien trouuez les poincts de la ligne de 6. heures & les poincts de la ligne de 1. heure, & par deux poincts d'vn mesme signe, tirez vne ligne; ou bien trouuez les poincts de la ligne de 6. h & de la ligne de 11. heures, & par deux poincts d'vn mesme signe tirez vne ligne. Ou bien par vn poinct Horizontal, & vn Equinoctial d'vn mesme signe tirez vne ligne. Ou bien par vn poinct Equinoctial & vn de 6. heures du mesme signe tirez vne ligne; & ainsi d'autres, en prenant tousiours deux quelconques poincts d'vn mesme signe, & par iceux tirant vne ligne, vous aurez les lignes de section.

Les lignes de section des signes desquels les degrez Meridiens ont mesme declinaison (laquelle est comme amplitude ortiue dans le quadrant Meridien (& aussi sont de mesme denominaison Borealle, ou Australle : ces lignes sont parallelles entr'elles,

Comme ♍ & ♏ ont la declinaison de leur degré Meridien chacun de dix-huict deg. quarante huict min. à Rome, Septentrionalle, & partant leurs lignes sont parallelles. Les degrez sont le 23. deg. 57. min. de Taurus, & le 6. d. 3. min. de Leo.

Aussi les lignes d'Aquarius & Gemini sont parallelles, parce que la declinaisod du degré Meridien de chacun est Meridionalle de 18. deg. 48. miu. les degrez Meridiens sont, le 23. d. 57. min. de Scorpius, & le 6. deg. 3. m. d'Aquarius.

Aussi

Aussi les lignes d'Aquarius & Gemini sont parallelles, parce que les declinaisõs de leurs degrez Meridiens sont Meridionalles, & esgalles chascun de 22. eeg.32. m. les degrez sont le 14. d. 1. m. de Sagitarius , & le 15. deg. 59. m. de Taurus.

Aussi celles de Cancer & Capricorne sont parallelles, parce que les declinaisons de leurs degrez Meridiens sont chascun de 9. d. 40. m. Septentrionalles. Les degrez sont le 5. d. 6. m. de Pisces, le 24. d. 54. m. de Libra.

Aussi les lignes de Leo & Sagitarius sont parallelles, parce que leurs degrez Meridiens ont mesme declinaison Septentrionalle de 5. d. 32. m. à Rome. Les degrez sont le 13. d. 59. m. d'Aries & le 16, d. 1. m. de Virgo.

DV QVADRANT POLAIRE SVPERIEVR ET INFERIEVR.

CHAPITRE VI.

Construire le quadrant Polaire, c'est à dire duquel le plan est parallel au cercle de 6. heures.

LE quadrant Polaire se fait quasi tout de mesme comme le quadrant Meridien. Car par la longueur du style F, Z, on trouue les poincts horaires de la mesme façon, dans la ligne Equinoctialle; & dans tous les deux le style F, Z, est tousiours égal à Z, α, tangente de 45. degr. Aussi dans tous les deux, les lignes horaires ſont parallelles, & perpendiculaires ſur la ligne Equinoctialle.

Mais dás ceſtuy-cy la ligne Equinoctialle, ne coupe iamais la ligne Horizontalle cóme dans l'autre; ains eſt parallel à la ligne Horizontalle, comme auſſi à la ligne Verticalle, d'autant que le plan du quadrant eſt parallel à la ligne de commune ſection de ces

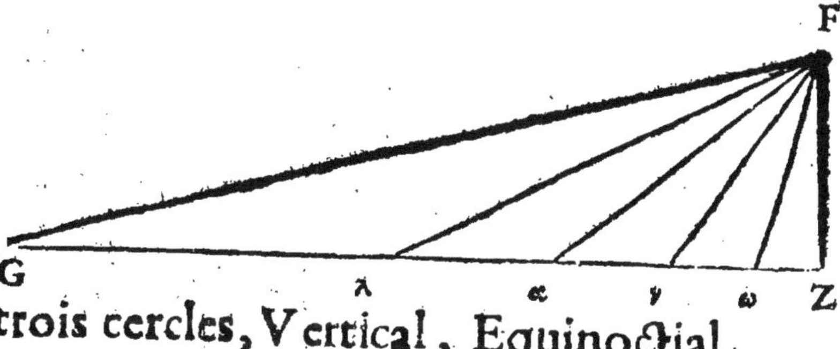

trois cercles, Vertical, Equinoctial, & l'Horizon, puiſque ledit plan eſt parallel au plan du cercle de 6. heures, qui a meſme ligne de commune ſection que les autres trois. La diſtance entre la ligne Horizontalle A, B, & la ligne Equinoctialle R, G, eſt Z, H, ombre droicte dans le quadrant Horizontal, & la diſtance entre la ligne

Verticalle, & la ligne Equinoctialle est Z, S, ombre verse dans le quadrant Horizontal. Or comment les longueurs de Z, S, & Z, H, se trouuent, il est enseigné cy-dessus. Dans le quadrant superieur, la ligne Hori-

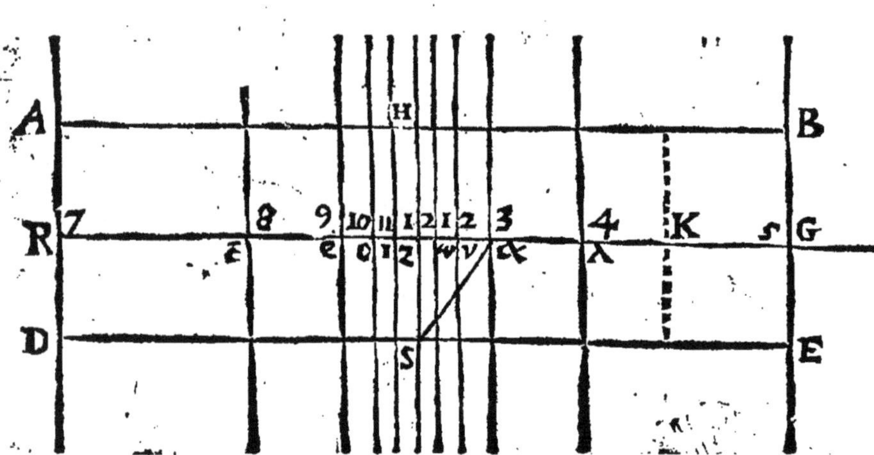

zontalle A,B, est dessus la ligne Equinoctialle R, G, & la ligne Verticalle D,E, dessous la ligne R,G. Mais dans l'inferieur la ligne Horizontalle est dessous, & la Verticalle dessus : le style est tousiours placé dans la ligne Equinoctialle au poinct Z, & toute sa longueur est dans le plan de l'Equateur, & partant quand le Soleil est au midy dans l'Equateur, le style ne iette aucune ombre du tout, & ce iour là aussi aux autres heures, toute la longueur de l'ombre est dans la ligne Equinoctialle.

Le quadrant superieur marque les heures depuis 6. heures du matin iusques à six du soir. L'inferieur marque les heures deuant six du matin, & apres six du soir, c'est pourquoy dans les pays qui ont le pole beaucoup esleué il y a plus d'heures marquees dans le quadrant inferieur, parce que les iours sont plus longs en ce pays-là.

La raison pourquoy les lignes horaires sont toutes parallelles entr'elles est parce que le plan du quadrant est parallel à l'axe du monde, qui est la ligne de section de tous les cercles horaires, tout de mesme comme dans le quadrant Meridien.

Toute la partie de tout quadrant, soit inferieur ou superieur, Meridien ou Vertical, qui est dessus la ligne Horizontalle est inutile, à cause que l'ombre du style ne monte iamais dessus la ligne Horizontalle, ains est tousiours plus bas, sinon quand le Soleil est dans l'Horizon, & alors le bout de l'ombre est dans la ligne Horizontalle; car le bout de l'ombre est la seule chose qui marque les heures.

Prop. 155. Probl. 113.

Tirer les parallelles des signes, & des iours de feste, & des villes dans le quadrant Polaire.

Ces paralelles se tirent tout de mesme comme dans le quadrant Meridien, & la demonstration est aussi la mesme; & les parallels des signes Boreaux sont dessous la ligne Equinoctialle, & ceux des signes Austraux sont dessus dans tous les deux quadrants. La raison est à cause que ces parallels eſtants deſcrits par le bout de l'ombre du ſtyle, & l'ombre eſtant touſiours du coſté oppoſé au Soleil, il eſt certain que ſi le Soleil eſt deſſus l'Equateur dans les ſignes Septentrionaux, l'ombre ſera deſſous la ligne Equinoctialle, & vers le midy, dans le quadrant, du coſté oppoſé à celuy où eſt le Soleil. De meſme, ſi le Soleil eſt dans les ſignes Meridionaux deſſous l'Equateur alors l'ombre du ſtyle eſt au coſté oppoſé deſſus la ligne Equinoctialle, & vers le Septentrion dans le quadrant. Mais ſi le Soleil eſt dans l'Equateur, alors l'om-

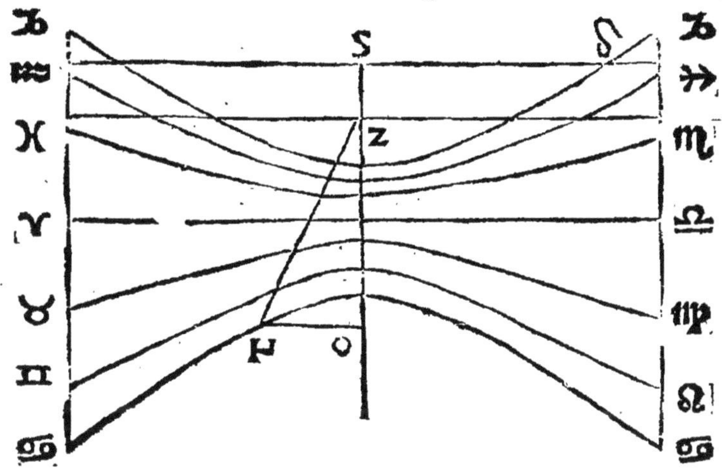

bre du ſtyle ſera toute la iournée le long de la ligne Equinoctialle tout de meſme comme dans le quadrant Meridien.

Les parallels des iours de feſte, & ceux des villes s'y tirent tout de meſme comme dans le quadrant Meridien, voyez la 138. la 139. la 140. la 141. & la 142.

Si le Soleil eſt dans aucun ſigne Meridional, le quadrant inferieur ne peut marquer aucune heure, à cause qu'il n'est iamais esclairé du Soleil.

Si vous rêuersez le quadrãt superieur de sorte que le Zenith S, soit dessus, & le poinct H, dessous la ligne Equinoctialle, iceluy superieur seruira pour inferieur, & alors le bout de l'ombre du style passera & coupera tousiours la ligne Horizontalle A, B, sinon quand le Soleil est dans l'Horizon, & alors le bout de l'ombre sera dans la ligne A, B. Dans le quadrant superieur l'ombre ne passe ny coupe iamais la ligne Horizontalle A, B, car toute la longueur de l'ombre est tousiours dessous icelle ligne, & le bout de l'ombre ne l'atteint iamais, sinon quand le Soleil est dans l'Horizon.

Prop. 156. Probl. 114.

Tirer les lignes Verticalles dans le quadrant Polaire.

Les lignes Verticalles s'y tirent du poinct Vertical S, tout de mesme comme les lignes horaires du quadrant Vertical ; sinon que dans le superieur les lignes Verticalles sont tirées du bas en haut, comme dans le superieur Equinoctial, & dans l'inferieur elles sont tirées de haut en bas comme dans l'inferieur Equinoctial. Nous auons dit qu'elles se tirent comme les lignes horaires dans vn quadrant Vertical, parce que le pole de l'Horizon ou poinct Vertical est autant esleué sur le plan du quadrant Polaire, que le pole du monde est esleué sur le plan du quadrant Vertical, à sçauoir de 41. deg. à Paris, Donc il faut tirer les lignes Verticalles du Zenith S, tout de mesme comme les lignes horaires, dans vn plan sur lequel le pole est esleué de 41. deg. Les lignes Verticalles dans le quadrant Equinoctial sont tirées de la mesme façon : Voyez le 3. chap.

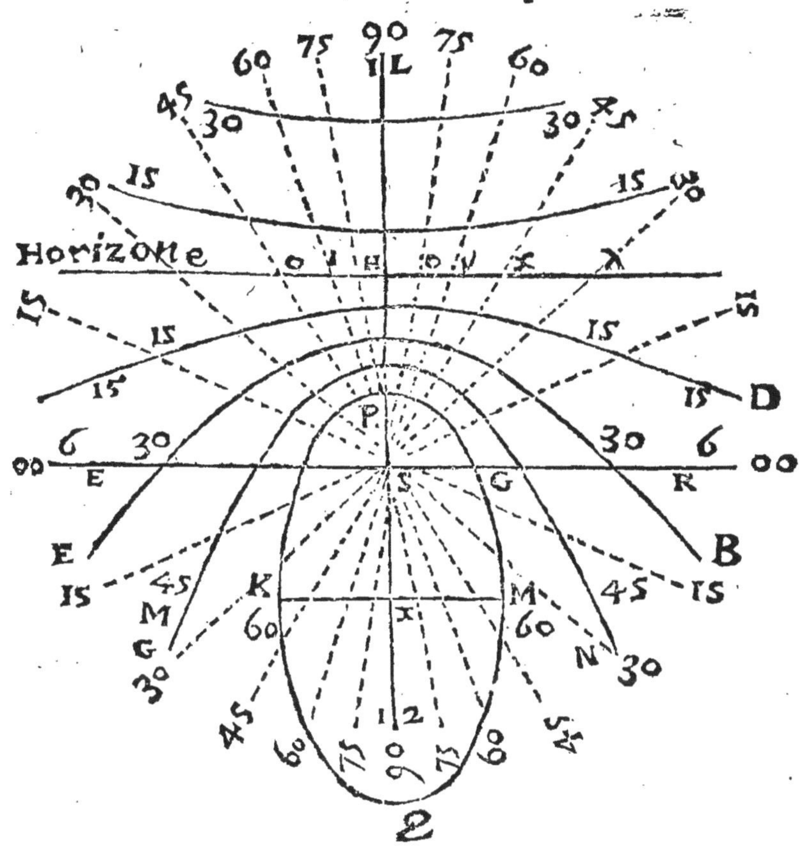

Prop. 157. Probl. 115.

Tirer les Almicantharas dans le quadrant Polaire.
Ils se tirent tout de mesme comme dans le qua-

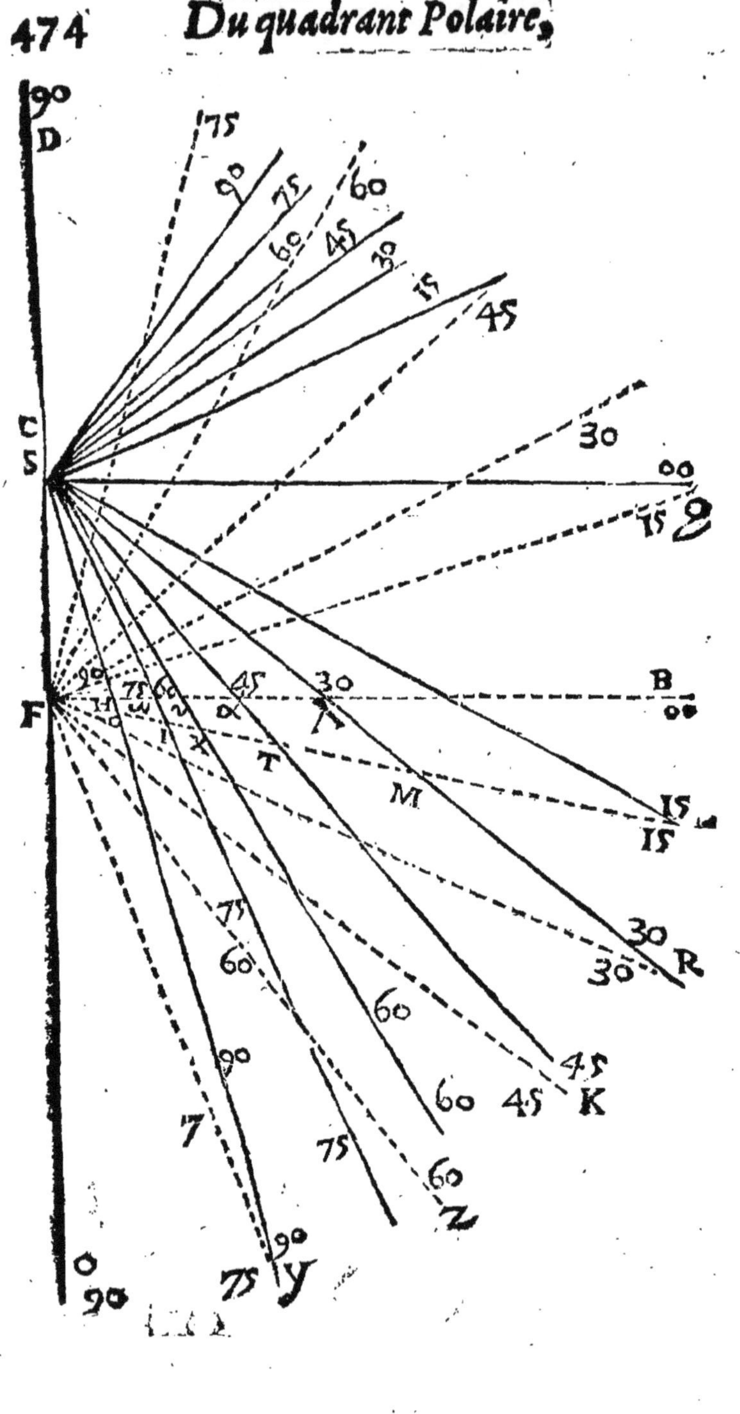
90
D
75
90
75
60
60
45
30
15
45
C
S
30
00
15
g
90
75
60
45
30
B
F
00
T
M
15
15
30
R
30
75
60
60
90
60
45
45
K
7
75
60
Z
90
75
Y
o
90

drant Equinoctial, & la demonstration est la mesme, n'y ayant aucune difference du tout. Voyez le 3. chap. prop. 116. 117.

Prop. 157. Probl. 114.

Tirer les lignes des maisons celestes dans le quadrant Polaire.

Du poinct Horizontal H, tirez vne ligne par le poinct de 2. heures & celuy de 4. heures dans la ligne Equinoctialle R, G, vous aurez les lignes de la 9. & 8. maison. Aussi du poinct H, tirez deux lignes par le poinct de 10. heures, & par celuy de 8. heures, & vous aurez les lignes de la 11. & 12. maison; selon Regiomontanus. Mais si

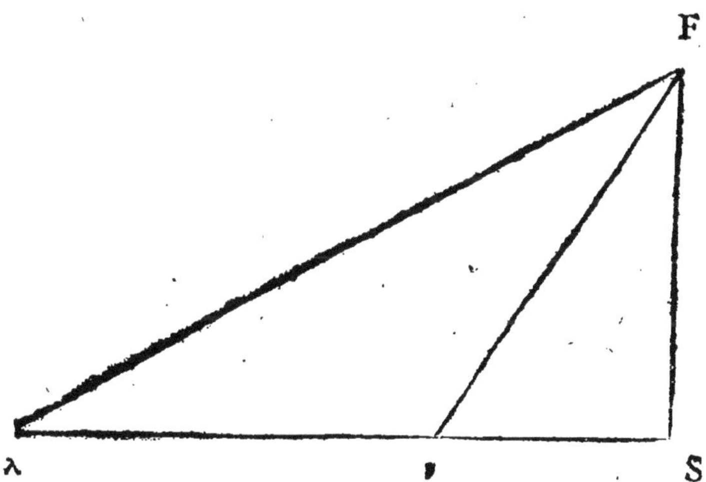

vous voulez tirer les maisons selon Campanus, qui diuise le cercle Vertical de 30. deg. en 30. deg. & non pas l'Equateur; il faut trouuer la longueur de F, S, (qui est esgal à S, o, ou S, α,) par la 10. 12. & puis que vous sçauez les ombres verse & droicte Z, S, & Z, H, & aussi le style F, Z. Puis apres au poinct F, faictes vn angle de 30. d. & vn de 60. & au poinct S, vn angle droit, & produisez la ligne iusques à ce qu'elle se rencontre auec les deux autres aux poincts ν, & λ. Transposez donc ces deux poincts ν, & λ, sur la ligne Verticalle D, E, du costé droict & du costé gauche du poinct S, & par ces quatre poincts tirez quatre lignes du poinct H, elles seront celle de la 9. & 8. & 11. & 12. & H, S, sera celle de la 10. maison.

Prop. 159. Probl. 117.

Tirer les Meridiens des villes dans le quadrant Polaire, inferieur & superieur.

Ils se tirent tout de mesme comme dans le quadrant Meridien: Voyez la 145. prop. ainsi, Faictes au poinct F, qui est le bout du style, vn angle égal à la distance entre le Meridien du lieu où est le quadrant & celuy de la ville de laquelle vous voulez tirer le Meridien, & produisez la ligne faisant l'angle, ou du costé Oriental ou du costé Occidental du style, iusques à ce qu'elle se rencontre auec la ligne Equinoctialle, & par le poinct de rencontre tirez vne ligne parallelle aux lignes horaires, & vous aurez la ligne Meridienne de la ville laquelle vous demandez.

Comme pour tirer le premier Meridien dans le quadrant de Paris, il faut faire l'angle au poinct F, de 23. deg. 30. m. qui est la distance entre le premier Meridien & celuy de Paris, & parce que le premier Meridien eſt plus Occidental que celuy de Paris, il faut produire la ligne faiſant l'angle vers la moitié Orientalle de la ligne Equinoctialle, dans laquelle ſont marquées les heures apres midy, & elle tombera entre la ligne de 1. h. & 2. heur. à cauſe que s'il eſt midy dans les Iſles Canaries ſous le premier Meridien, il eſt 1. heure & 34. m. apres midy à Paris. Tirez donc vne ligne par ce poinct que vous trouuerez entre 1. heure & 2. heures, & vous aurez le premier Meridien.

Si la diſtance entre les deux Meridiens excede 90. alors la ligne Meridienne de ceſte ville la doit eſtre tirée dans le quadrant inferieur & non pas dans le ſuperieur: à cauſe que quand il eſt midy dans ceſte ville là, il ſera plus que 6. heures du ſoir à Paris, ou bien moins que 6. heures du matin. Comme ſi la ville eſt plus Orientalle que Paris de 115. deg. l'excez ſera 25. deg. qui font 1. h. 40. m. du matin à Paris, laquelle heure ne ſe marque pas dans le quadrant ſuperieur ains dans l'inferieur; ainſi la ligne Meridienne de cette ville la tombera entre 4. heur. & 5. heur. du matin. Et pour trouuer le poinct par lequel il la faut tirer, il faut faire au poinct F, dans le quadrant inferieur, vn angle eſgal à 4. heures 20. m. ou 65. deg. qui eſt le complement de l'excez 25. à 90. & produire la ligne faiſant l'angle iuſques à la ligne Equinoctialle vers la moitié Occidentalle d'icelle ligne, où ſont marquées les heures deuant midy, & la ligne produicte tombera ſur vn poinct entre 4. h. & 5. h. La raiſon pourquoy les lignes horaires du matin ſont du coſté Occidental, eſt à cauſe que le Soleil au matin eſt touſiours dans l'Orient, & partant l'ombre du ſtyle qui marque les heures va touſiours vers l'Occident. De meſme, ſi le Soleil eſt dans l'Occident, l'ombre du ſtyle va vers l'Orient, & partant les lignes des heures aprés midy ſont touſiours du coſté Oriental du ſtyle dans tous les deux quadrants, à ſçauoir l'inferieur & le ſuperieur.

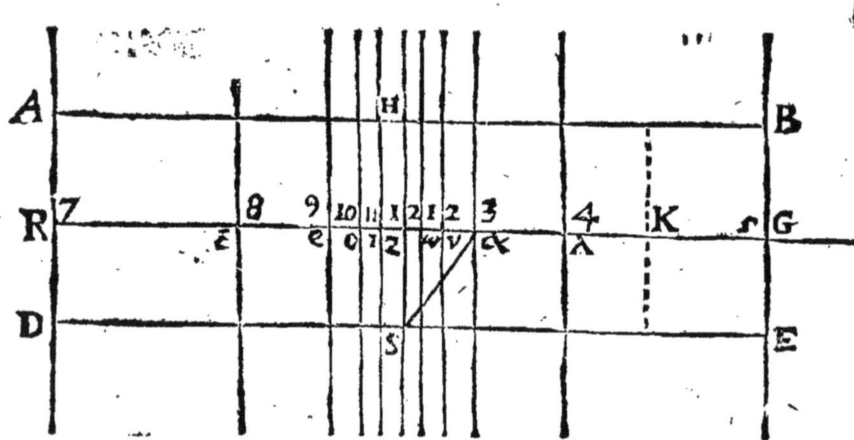

Si ie veux deſcrire le Meridien d'vne ville qui eſt de 15. deg. plus Occidentalle que Paris, la ligne de 1. heure ſera ſon Meridien, ſi de 30. degr. la ligne de 2. heure, ſi de 45. degr. la ligne de 3.

heures sera son Meridien, & ainsi d'autres.

Mais si la ville est plus Occidentalle que Paris de 15. deg. la ligne de 11. h. sera son Meridien, si de 30. la ligne de 10. heures le sera, si de 45. deg. la ligne de 9. heures le sera, si de 60. la ligne de 8. le sera, & ainsi d'autres.

Prop. 160. Probl. 118.

Trouuer les poincts dans le Meridien par lesquelles les lignes de section du plan de l'Ecliptic auec le plan du quadrant passent quand les commencemens des signes se leuent.

Les declinaisons des degrez (qui sont dans le Meridien quand chasque signe commence à se leuer) estants trouuez par la table de la 65. propos. Voyez quels degrez ont mesme declinaison Boreale, ou la mesme Meridionalle; les signes qui commencent à se leuer alors que ces degrez sont dans le Meridien, auront vn mesme poinct Meridien. Par exemple : quand les Gemeaux se leuent le 9. d'♒ 3. m. est dans le Meridien, & sa declinaison Australle est de 18. d. 48. m. Et quand ♒ se leue, le degré dans le Meridien est le 23. d. 57. m. de ♍ & sa declinaison Australle est la mesme & partant Gemini & ♒ auront vn mesme poinct Meridien. Aussi ♋ & ♑ la declinaison de leur degré Meridien estant 9. d. 40. m. Aussi ♉, & ♓ aussi ♌ & ♐, aussi ♍ & ♏,

Declinaison des degrez Meridiens des signes.

♐ & ♌	5. d. 32. min. *Septent.*
♑ & ♋	9. d. 40. m. *Meridion.*
♒ & ♊	18. d. 48. m. *Meridion.*
♏ & ♍	18. d. 48. m. *Septent.*
♓ & ♉	22. d. 32. m. *Meridion.*
♈	23. d. 30. m. *Meridion.*
♎	23. d. 30. m. *Septent.*

Donc pour trouuer les poincts Meridiens dans la ligne Meridienne il faut au poinct F, (qui est le bout du style) faire vn angle égal à la declinaison du degré Meridien du signe, & si la declinaison est Septentrionalle, il faut produire la ligne

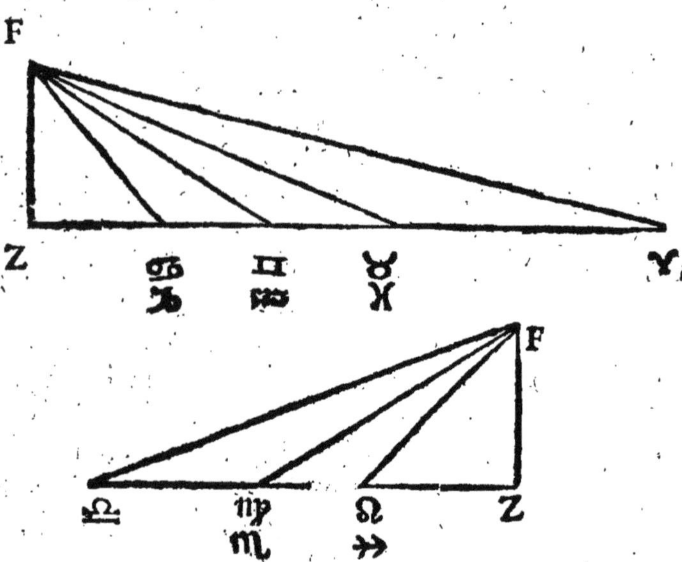

vers le midy iusques à ce qu'elle se rencontre auec la ligne Meridienne, le poinct de rencõtre sera le poinct Meridien de ce signe la. Mais si la declinaison

x - inc

www.ingramcontent.com/pod-product-compliance
Ingram Content Group UK Ltd.
Pitfield, Milton Keynes, MK11 3LW, UK
UKHW020256230726
13925UKWH00001B/78